WISSENSCHAFTLICHE FORSCHUNGSBERICHTE

WISSENSCHAFTLICHE FORSCHUNGSBERICHTE

NATURWISSENSCHAFTLICHE REIHE

Herausgegeben von

Dr. W. BRÜGEL   und   Dr. R. JÄGER
Ludwigshafen/Rh.   Bad Homburg v. d. H.

Band 65

TEMPERATURSTRAHLUNG

VERLAG VON DR. DIETRICH STEINKOPFF

DARMSTADT 1956

TEMPERATURSTRAHLUNG

Von

DR. WERNER PEPPERHOFF

Mannesmann-Forschungsinstitut · Duisburg-Huckingen

Mit 166 Abbildungen
in 221 Einzeldarstellungen und 26 Tabellen

VERLAG VON DR. DIETRICH STEINKOPFF
DARMSTADT 1956

ISBN 978-3-642-88381-1   ISBN 978-3-642-88380-4 (eBook)
DOI 10.1007/978-3-642-88380-4

Zweck und Ziel der Sammlung

Als Raphael Eduard Liesegang am 13. November 1947 starb, lagen 57 Bände der Sammlung vor, die er gegründet und mehr als ein Vierteljahrhundert lang herausgegeben hatte.

Brücken zu schlagen zwischen den einzelnen Teilgebieten von Naturwissenschaft und Medizin, ist das Ziel der „Wissenschaftlichen Forschungsberichte". Schon unter Liesegangs Herausgeberschaft wandelten und erweiterten sich Charakter und Absichten der Sammlung. Die ersten Bände erfaßten in Form kritischer Sammelreferate die Literatur einzelner Disziplinen aus der Zeit des ersten Weltkriegs. Später folgten monographische Darstellungen junger, inzwischen selbständig gewordener Zweige der Wissenschaft und neuer Methoden, die auf vielen Teilgebieten naturwissenschaftlicher Forschung allgemeine Bedeutung erlangt hatten.

Verlag und Herausgeber bemühen sich, die „Wissenschaftlichen Forschungsberichte" im Geiste Liesegangs weiterzuführen, und sie sind überzeugt, daß der Sinn dieser Tradition gerade darin besteht, die Sammlung so lebendig und wandlungsfähig zu erhalten, daß sie die Forderungen des Tages zu erfüllen vermag.

Physikalische Meßmethoden werden heute auf vielen weit auseinanderliegenden Teilgebieten der Naturwissenschaft, der Medizin und der Biologie angewandt. Wo gemessen wird, da ist Physik. Die Brücken, die die Einzeldisziplinen verbinden, sind heute zu einem guten Teil die allgemein angewandten physikalischen Methoden. Sie sollen in künftigen Bänden unserer Sammlung so dargestellt werden, daß der Physiker findet, was er braucht, also theoretische Grundlagen, Kenntnis der apparativen Hilfsmittel und eine Übersicht über die wichtigste Literatur. Der Nicht-Physiker soll aber so viel über die Grundlagen, Anwendungsmöglichkeiten und Grenzen finden, daß er die Meßergebnisse der Physiker interpretieren und für seine Wissenschaft verwenden kann.

April 1956.

Die Herausgeber:

Werner Brügel
Ludwigshafen/Rhein

Rolf Jäger
Institut für Kolloidforschung
der Johann Wolfgang Goethe-Universität
Frankfurt a. M.
Bad Homburg v. d. H.

Vorwort

In dem vorliegenden Buch werden im wesentlichen die Zusammenhänge zwischen Energie, Temperatur und Wellenlänge der Strahlung behandelt. Aufbauend auf den festen Grundlagen der Thermodynamik führen die Gesetze der Temperaturstrahlung (I. Teil) im Verein mit den Kenntnissen der Strahlungseigenschaften der Materie (II. Teil) zu zahlreichen wichtigen wissenschaftlichen und technischen Anwendungsmöglichkeiten, wie etwa die optische Pyrometrie und die Wärmeübertragung durch Strahlung, die im III. Teil mitgeteilt werden. Umgekehrt erlauben Untersuchungen über das optische Verhalten der Materie weitgehende Rückschlüsse auf deren atomistische und molekulare Konstitution. Die Theorie, die den strukturellen Aufbau der Materie mit der Entstehung der optischen Spektren verknüpft, wird jedoch nur so weit behandelt, wie es dem Verfasser zum notwendigen Verständnis des optischen Verhaltens der Materie erforderlich erschien. Dabei soll die Theorie lediglich einen Rahmen bilden, in den sich die bunte Vielfalt der Erscheinungen einordnen läßt.

Das Buch wendet sich in erster Linie an den Praktiker, der sich umfassend über die Erkenntnisse unterrichten möchte, die die physikalische Forschung auf dem Gebiet der Temperaturstrahlung erarbeitet hat. Wenn es auch nicht möglich war, alle Fragen der Temperaturstrahlung einschließlich der experimentellen Methodik ausführlich zu behandeln, so steht doch zu hoffen, daß mit Hilfe der angeführten Schrifttumshinweise der Weg zum vertieften Studium einzelner nur kurz erwähnter Probleme zu finden sein wird.

Meinem Kollegen, Herrn Dr. phil. G. GRASS, möchte ich herzlich danken für die Durchsicht des Manuskriptes und für seine Anregungen bei der Abfassung des Abschnittes über die Metallelektronentheorie und Herrn Dr.-Ing. F. ZIRM für die mühevolle Hilfe beim Lesen der Korrekturen. Den Herausgebern und dem Verleger sei gedankt für die erfreuliche Zusammenarbeit.

Schließlich gebührt mein besonderer Dank Herrn Dr.-Ing. G. NAESER für die ständige Förderung meiner Arbeiten. Ihm möchte ich das vorliegende Buch widmen.

Duisburg, im Frühjahr 1956   WERNER PEPPERHOFF

Inhaltsverzeichnis

Einleitung

Jeder Körper – sowohl im festen, flüssigen als auch im gasförmigen Zustand – sendet infolge seiner Temperatur eine Wellenstrahlung aus. Diese Wellenstrahlung läßt sich in das Spektrum der elektromagnetischen Wellen einordnen. Alle Strahlungsgattungen, die gemeinsam das elektromagnetische Spektrum bilden (elektrische oder HERTZsche Wellen, Ultrarotstrahlung, sichtbares Licht, Ultraviolett-, Röntgen- und Gammastrahlung), sind wesensgleich, unterliegen dem gleichen Mechanismus der Wellenausbreitung im Raum und unterscheiden sich lediglich quantitativ durch ihre Wellenlänge λ bzw. Frequenz ν (Anzahl der Schwingungen pro Sekunde) gemäß der für jede Wellenbewegung gültigen Beziehung

$$\nu \cdot \lambda = c.$$

c bedeutet die für alle elektromagnetischen Wellen gleiche Fortpflanzungsgeschwindigkeit; sie beträgt im Vakuum nahezu 300 000 km/sec (genau $2.99776 \cdot 10^{10}$ cm/sec) und weicht in Luft nur geringfügig von diesem Wert ab. Außer durch die Wellenlänge oder Frequenz erfolgt die Charakterisierung einer Wellenstrahlung häufig durch ihre „Wellenzahl" w, dem Kehrwert der in cm gemessenen Wellenlänge

$$w = \frac{1}{\lambda}.$$

Anschaulich bedeutet die Wellenzahl die Anzahl der Wellenlängen auf der Wegstrecke 1 cm.

Die herkömmliche Einteilung des elektromagnetischen Spektrums in verschiedene Strahlungsgattungen (*Tabelle 1*, Reihe 2), deren jeder ein bestimmtes Wellenlängen- oder Frequenzintervall zugeordnet wird, entbehrt nicht einer gewissen Willkür, denn zur Kennzeichnung der Strahlungsart dient einmal die Erzeugungs- bzw. Anregungsmethode (z. B. für elektrische Wellen, Röntgen- und Gammastrahlung) und zum andern der Strahlungsnachweis (z. B. für den dem menschlichen Auge zugänglichen Bereich des Lichtes und die an das rote und violette Ende des sichtbaren Spektrums angrenzende Ultrarot- bzw. Ultraviolettstrahlung).

Eine einheitliche Betrachtung der elektromagnetischen Wellen im Hinblick auf die Art der Strahlungserzeugung bzw. -anregung führt zu einer Aufgliederung des elektromagnetischen Spektrums, die physikalisch besser begründet ist. Neben den elektrisch erzeugten Schwingungen, die bis zu Wellenlängen von etwa 10^{-2} cm herabreichen, können die Materie-

Tabelle 1.: Das elektromagnetische Spektrum

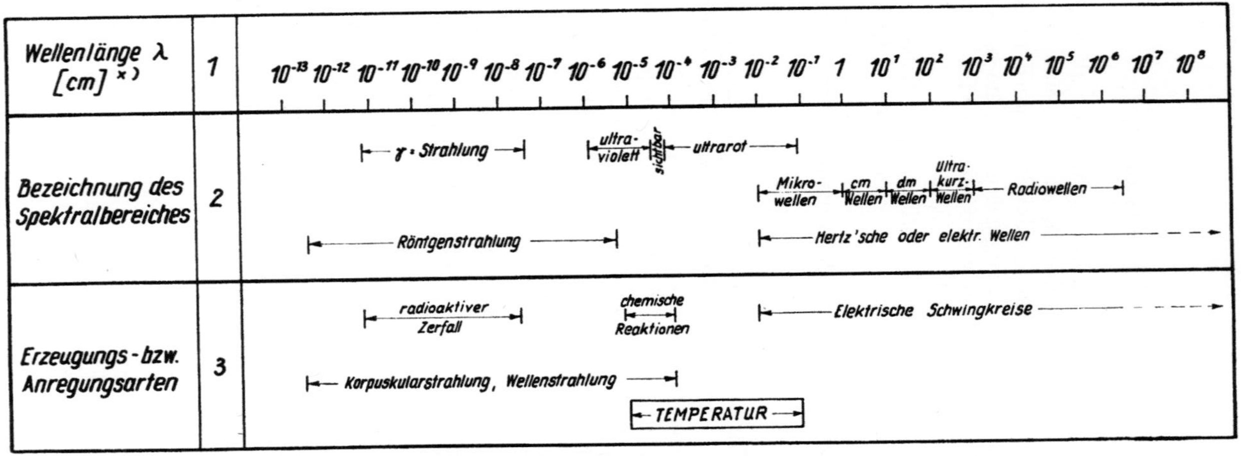

Wellenlänge λ [cm] x)	1	10^{-13} 10^{-12} 10^{-11} 10^{-10} 10^{-9} 10^{-8} 10^{-7} 10^{-6} 10^{-5} 10^{-4} 10^{-3} 10^{-2} 10^{-1} 1 10^{1} 10^{2} 10^{3} 10^{4} 10^{5} 10^{6} 10^{7} 10^{8}
Bezeichnung des Spektralbereiches	2	γ·Strahlung — ultra-violett — sichtbar — ultrarot — Mikro-wellen — cm Wellen — dm Wellen — Ultra-kurz-Wellen — Radiowellen — Röntgenstrahlung — Hertz'sche oder elektr. Wellen
Erzeugungs- bzw. Anregungsarten	3	radioaktiver Zerfall — chemische Reaktionen — Elektrische Schwingkreise — Korpuskularstrahlung, Wellenstrahlung — TEMPERATUR

x) Weitere gebräuchliche Maßeinheiten für die Wellenlänge sind :

$1\,\mu = 10^{-4}\,cm$ $1\ \text{Angström}\ (1A) = 10^{-8}\,cm$

$1\,m\mu = 10^{-7}\,cm$ $1\,x\text{-Einheit} = 10^{-11}\,cm$

teilchen aus mannigfachen Gründen zur Ausführung von Schwingungen und damit zur Strahlungsaussendung angeregt werden. Je nach Art dieser Anregung durch Stoßprozesse zwischen Materieteilchen, durch chemische Reaktionen oder durch Absorption elektromagnetischer Strahlung spricht man von *Lumineszenz* oder bei Anregung durch die Wärmebewegung, die die Materiebausteine infolge ihrer Temperatur ausführen, von *Temperaturstrahlung*[1]). In der 3. Reihe der *Tabelle 1* sind die verschiedenen Erzeugungs- bzw. Anregungsbedingungen aufgeführt und zum entsprechenden Wellenlängenbereich in Beziehung gesetzt. Die Begrenzung der sich so ergebenden Bereiche ist natürlich nicht scharf definiert, sondern durch den Entwicklungsstand der Experimentierkunst gegeben. Der Spektralbereich, in dem eine Strahlungsanregung infolge der Temperatur eines Stoffes möglich ist, erstreckt sich nach *Tabelle 1* vom Ultraviolett über das Sichtbare bis ins längstwellige Ultrarot (1 mm), das bisher nachgewiesen werden konnte.

Nur von dieser allgegenwärtigen *Temperaturstrahlung* der Körperwelt soll im Folgenden die Rede sein.

Für die Abgrenzung des in dem vorliegenden Buch dargestellten Stoffgebietes ergibt sich daraus, daß lediglich die Gesetzmäßigkeiten der Strahlung solcher Systeme behandelt werden, die sich im *thermischen Gleichgewicht* befinden, da der Begriff der Temperatur durch die Thermodynamik nur für solche Systeme definiert ist. Dabei ist es zweckmäßig, als Kriterium für das Vorhandensein des thermischen Gleichgewichtes die Gültigkeit des BOLTZMANNschen Gleichverteilungssatzes heranzuziehen. Dieser sagt aus, daß im thermischen Gleichgewicht jeder voll angeregte Freiheitsgrad des betrachteten Systems im zeitlichen und räumlichen Mittel dieselbe Energie, die nur von der absoluten Temperatur des Systems abhängt, besitzt (s. Abschn. II. 2).

Es scheint lohnend, die Fragen der Anwendbarkeit der Begriffe „Temperatur", „thermisches Gleichgewicht" präziser zu fassen und ihre Grenzen aufzuzeigen, nicht einer strengen Systematik wegen, die doch nur in dem Lernenden und Suchenden den trügerischen Glauben an ein fertiges und für sich bestehendes Wissensgebiet erwecken könnte, sondern wegen der in vielen praktischen Fällen zweifelhaften Anwendbarkeit der Temperaturstrahlungsgesetze. Für Nichtgleichgewichtszustände im thermodynamischen Sinne sind die thermodynamischen Begriffe, wie etwa die Temperatur, zunächst nicht definiert. In einem Metallstab, dessen Enden sich in Bädern verschiedener Temperatur befinden, herrscht kein thermisches Gleichgewicht, sondern ein stationäres Ungleichgewicht, ebenso wie

---

[1]) Der häufig gebrauchte Begriff „Wärmestrahlung" ist insofern etwas irreführend, als jegliche Strahlungsart durch die *Absorption* in Wärmeenergie umgewandelt werden kann.

in den Rauchgasen einer Flamme, deren Temperatur sich infolge der Wärmeverluste nach außen von Ort zu Ort ändert. Trotzdem aber wird man jeder Stelle des Stabes und jedem Volumenelement der Rauchgase in der Flamme eine Temperatur zuordnen dürfen, wenn man nur diese Volumenelemente so klein voraussetzt, daß die Temperaturunterschiede innerhalb dieser Volumenelemente gering sind, d. h. daß man thermisches Gleichgewicht annehmen darf. Der Gleichverteilungssatz wird immer dann innerhalb eines Volumenelementes erfüllt sein, wenn die Kopplung zwischen den einzelnen Freiheitsgraden sehr innig ist. Andererseits aber müssen diese Volumenelemente groß genug sein, damit die Materie innerhalb ihrer Begrenzungen noch als *kontinuierlich* angesehen werden darf. Für Gase läßt sich eine aus der Verträglichkeit dieser beiden Bedingungen folgende, anschauliche Formulierung angeben, nämlich daß das Temperaturgefälle über eine freie Weglänge klein sein muß gegenüber der absoluten Temperatur. Werden z. B. die Atome oder Moleküle eines Gases oder Festkörpers nicht etwa durch ihre Temperatur, sondern durch Korpuskularstrahlung oder durch Absorption elektromagnetischer Wellen bestimmter Frequenz zur Aussendung von Licht angeregt, so reicht – da nur einige wenige Atome an diesem Vorgang beteiligt sind – die in den angeregten Freiheitsgraden enthaltene Energie nicht aus, um alle Freiheitsgrade aller Atome des Gases mit Energie zu erfüllen. In einem solchen Falle liegt keine Temperaturstrahlung vor; die emittierte Strahlung wird, wie oben erwähnt, als Lumineszenz bezeichnet.

I. TEIL

Gesetze der Temperaturstrahlung

1. Das Kirchhoffsche Strahlungsgesetz

Die Erfahrung des täglichen Lebens zeigt, daß warme Körper Strahlung aussenden. Bei der Erwärmung eines Körpers auf eine Temperatur von etwa 550°C nimmt das menschliche Auge einen ersten Helligkeitseindruck wahr. Wird der Körper weiter erhitzt, so wird neben einer Steigerung der Helligkeitsempfindung eine Farbempfindung im Auge hervorgerufen, die mit zunehmender Temperatur des Körpers vom dunkelsten Rot über Hellrot, Gelb nach Weiß überwechselt. Unterhalb 550°C – bevor der Körper sichtbares Licht ausstrahlt – emittiert er eine dem Auge unsichtbare Strahlung, die durch den Wärmesinn unserer Haut wahrgenommen wird. Qualitativ ist festzustellen, daß mit abnehmender Temperatur des strahlenden Körpers die durch die Haut vermittelte Wärmeempfindung immer geringer wird, um bei Annäherung der Strahlertemperatur an die Temperatur der Haut aufzuhören. Auf Grund dieses Verhaltens könnte man annehmen, daß in Analogie zur Wärmeleitung die ausgestrahlte Energie eines Körpers von der Temperaturdifferenz zwischen Strahler und Umgebung abhinge. Dieses trifft jedoch nicht zu: Die scheinbare Richtungsabhängigkeit ist lediglich dadurch bedingt, daß ein kälterer Körper einem wärmeren weniger Energie zustrahlt als umgekehrt. Die Strahlung eines Körpers ist demnach nicht von seiner Umgebung abhängig, sondern nur durch seine eigene Beschaffenheit bestimmt.

Die von einem Körper je Sekunde emittierte Energie, die *Strahlungsleistung*, wird in Watt bzw. Kalorien/Sekunde gemessen. Die aus dieser Grundgröße abgeleiteten Begriffe sind mit ihren Maßeinheiten in der folgenden Übersicht zusammengestellt.

Begriff	Einheit
Strahlungsleistung	Watt
Strahlungsstärke	Watt/Raumwinkel[1]
Strahlungsdichte	$\dfrac{\text{Watt}}{\text{Raumwinkel}} / \text{cm}^2$

Die auf 1 cm² eines Körpers auftreffende Leistung stellt die Einheit der Bestrahlungsstärke dar (Watt/cm²).

---

[1] s. Fußnote S. 9.

Die Temperaturstrahlung der Materie wird von einigen wenigen grundlegenden Gesetzen beherrscht. Die Lösung der Aufgabe, die von einem Quadratzentimeter Oberfläche in der Sekunde ausgesandte Gesamtstrahlung und ihre Verteilung auf die einzelnen Wellenlängenbereiche zu berechnen, verlangt neben der Kenntnis der Temperatur des Strahlers Aussagen über seine stofflichen Eigenschaften, die in verwickelter Weise von der chemischen Zusammensetzung, von der Oberflächenbeschaffenheit, vom Aggregatzustand usw. abhängig sind. Die Fülle dieser Qualitäten wird durch das KIRCHHOFFsche *Strahlungsgesetz* geordnet, indem es die vielfältigen Zusammenhänge zwischen Strahlungseigenschaften und Stoffeigenschaften auf die Strahlung eines einzigen Körpers, nämlich des „*absolut schwarzen Körpers*" zurückführt, dessen Strahlung unabhängig von allen Materialeigenschaften ist. Das KIRCHHOFFsche Gesetz ist das einzige, das ausnahmslos für alle wirklichen Temperaturstrahler gilt. Die experimentelle Prüfung seiner Gültigkeit beweist in jedem Zweifelsfall, ob Temperaturstrahlung vorliegt. Ein schwarzer Körper ist dadurch gekennzeichnet, daß alle auf ihn treffende Strahlung absorbiert und in Körperwärme umgewandelt wird. Bezeichnet man als *Absorptionsvermögen* $a(\lambda)$ für Strahlung der Wellenlänge λ das Verhältnis des von einer auf einen beliebigen Körper auffallenden Strahlung absorbierten Anteiles $E_a(\lambda)$ zu dieser auffallenden Strahlung $E_0(\lambda)$, so ist:

$$a(\lambda) = \frac{E_a(\lambda)}{E_0(\lambda)}, \qquad 0 \leqq a(\lambda) \leqq 1. \tag{1}$$

$a(\lambda)$ ist also ein echter Bruch, der beim vollkommenen schwarzen Körper seinen oberen Grenzwert 1 erreicht. Das KIRCHHOFFsche Gesetz, das auf Grund thermodynamischer Überlegungen aus dem 2. Hauptsatz folgt, sagt nun aus, daß das Verhältnis zwischen der Strahlungsintensität $E(\lambda, T)$ eines beliebigen Temperaturstrahlers bei der Wellenlänge λ und der absoluten Temperatur T und seinem Absorptionsvermögen $a(\lambda, T)$ gleich der Strahlungsintensität $E_s(\lambda, T)$ des schwarzen Körpers bei derselben Wellenlänge und Temperatur ist. Somit gilt:

$$E(\lambda, T) = a(\lambda, T) \cdot E_s(\lambda, T). \tag{2}$$

Wie für jedes Wellenlängenintervall gilt das KIRCHHOFFsche Gesetz ebenso für die Gesamtstrahlung E_g, die bei der Temperatur T emittiert wird. Da das Absorptionsvermögen seinen Höchstwert 1 nur bei einem schwarzen Strahler erreicht, so folgt, daß dieser bei jeder Wellenlänge die intensivste Strahlung emittiert, die ein Körper bei dieser Temperatur überhaupt emittieren kann. Aus diesem Grunde auch erscheint dem Auge ein auf beispielsweise 1000°C erhitztes geschwärztes Stück Metall viel heller als ein blankes Stück derselben Temperatur. Nach Gleichung (2) stellt die Größe a somit auch das *Emissionsvermögen e* dar, d. h. für jeden Temperaturstrahler ist für jede Wellenlänge und Temperatur das so definierte Emissionsvermögen seinem Absorptionsvermögen gleich, so daß Strahlung einer bestimmten Wellenlänge, die ein Körper bei einer gegebenen Temperatur emittiert, von diesem Körper bei derselben Temperatur absorbiert wird.

Der von einem Körper nicht absorbierte Anteil der auf ihn treffenden Strahlung wird entweder reflektiert oder hindurchgelassen. Wird das *Reflexionsvermögen* mit r (λ, T), die *Durchlässigkeit* mit d (λ, T) bezeichnet, so gilt allgemein

$$a\,(\lambda,\,T) + r\,(\lambda,\,T) + d\,(\lambda,\,T) = 1. \tag{3}$$

Für nichtdurchlässige Körper gilt die gegenüber Gleichung (3) vereinfachte Beziehung

$$a\,(\lambda,\,T) = 1 - r\,(\lambda,\,T), \tag{3a}$$

und für den Fall durchlässiger Medien mit hinreichend kleinem Reflexionsvermögen (z. B. Gase) ist

$$a\,(\lambda,\,T) = 1 - d\,(\lambda,\,T). \tag{3b}$$

Jede einzelne der drei Größen a, r und d ist ihrer Definition gemäß kleiner als 1 und für fast alle realen Stoffe sowohl von der Temperatur als auch von der Wellenlänge abhängig. Ein Körper, dessen Absorptions- und somit Emissionsvermögen bei gegebener Temperatur wellenlängenunabhängig ist, wird als ,,*grauer*" *Strahler* bezeichnet; erweist sich das Absorptionsvermögen hingegen als stark wellenlängenabhängig, so spricht man von einem ,,*Selektivstrahler*". Ebenso wie das KIRCHHOFFsche Gesetz für die Gesamtstrahlung gültig ist, lassen sich auch die integralen Größen für r und d als Gesamtreflexionsvermögen bzw. als Gesamtdurchlässigkeit definieren.

2. Die Verwirklichung des schwarzen Körpers

Die Einführung des Begriffs ,,schwarzer Körper" durch KIRCHHOFF war zunächst eine Abstraktion; es gelang ihm indessen der Nachweis, daß im Innern eines Hohlraums, dessen Wände gleiche Temperatur besitzen, die Strahlung so beschaffen ist, als ob sie von einem absolut schwarzen Körper herrühre, dessen Temperatur gleich der der Wände ist. WIEN und LUMMER (1895) verwirklichten einen solchen Strahler, indem sie die Strahlung eines solchen beschriebenen Hohlraumes durch eine relativ kleine Öffnung austreten ließen. Die Wirkungsweise eines Hohlraumes läßt sich auf Grund der *Abb. 1* leicht veranschaulichen. Von einer von Punkt A ausgehenden und auf die Wand am Ort B auftreffen-

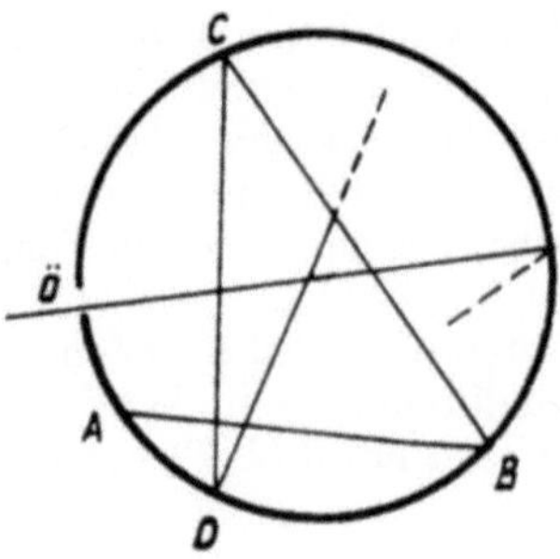

Abb. 1. Vielfachreflexionen in einem Hohlraum

den Strahlung E wird der Anteil $E \cdot r$ reflektiert, wenn r das Reflexionsvermögen bedeutet. Diesem reflektierten Anteil überlagert sich die Strahlungsemission an dieser Stelle: $E(1 + r)$. Diese Strahlung trifft wiederum die Wand am Ort C. Dort wird der Anteil $E(r + r^2)$ reflektiert, so daß gemeinsam mit der Emission in C der Anteil $E(1 + r + r^2)$ resultiert. Da die Wahrscheinlichkeit, daß eine Strahlung erst nach vielen Reflexionen an den Wänden aus der Öffnung $\ddot{O}$ austritt, sehr groß ist, ergibt sich für die Intensität der aus $\ddot{O}$ austretenden Strahlung:

$$E(1 + r + r^2 + r^3 \cdots + r^n) = \frac{E}{1-r} = \frac{E}{a} = E_s,$$

d. i. die Intensität der schwarzen Strahlung. Bedingungen für die Gültigkeit dieser Betrachtung sind nur die Strahlungsundurchlässigkeit der Wände und eine überall gleiche Temperatur der Hohlraumbegrenzung.

Sehr eindrucksvoll ist der folgende Versuch. Versieht man einen genügend großen lichtdichten Kasten mit einem kleinen Loch und schwärzt die Umgebung dieses Loches auf der Außenseite des Kastens, so erscheint bei einem Vergleich der Schwärzungen des Kastens mit dem Loch dieses immer tiefer geschwärzt als die bestmögliche Schwärzung des Kastens.

Oberflächen mit einem sehr hohen Schwärzegrad können nach Angaben von v. ANGERER durch Berußen über einem brennenden Stück Kampfer hergestellt werden. Das Reflexionsvermögen solcher Schichten beträgt im Sichtbaren nur 0,8%, bei 50 μ 1,6%. Platin- und Silberoberflächen lassen sich elektrolytisch mit einer tiefschwarzen Platinschicht überziehen, deren Reflexionsvermögen bei 0,8 μ 0,1% und bei 50 μ 1,1% beträgt. Außerdem weisen aufgedampfte Wismutschichten ein sehr geringes Reflexionsvermögen auf, das von 0,5 μ bis 13 μ kleiner als 1% ist.

Die Abweichungen der Hohlraumstrahlung von der Strahlung eines absolut schwarzen Körpers, die durch die Strahlungsaustrittsöffnung des Hohlraumes verursacht werden, sind vom Verhältnis der Größe dieser Öffnung zur Innenoberfläche des Hohlraumes abhängig. Sie sind umso geringer, je kleiner dieses Verhältnis ist.

Außerdem kann dieser Störung dadurch entgegengewirkt werden, daß man für den Hohlraum ein Material mit möglichst geringem Reflexionsvermögen wählt, so daß schon eine geringere Anzahl von Reflexionen im Innern des Hohlraumes ausreicht, um eine weitestgehende Annäherung an den idealen schwarzen Körper zu erreichen. Sehr geeignet zur Verbesserung des Absorptionsvermögens der Wände ist eine Schwärzung mit dunklen Schwermetalloxyden (Eisen-, Chrom-, Kobalt-, Nickeloxyd). Auf jeden Fall sind spiegelnd reflektierende Stoffe, wie Metalle, ungeeignet. Die Hohlraumwandung soll aus einem möglichst vollkommen diffus reflektierenden Stoff bestehen.

Zur Abschätzung des durch die Hohlraumöffnung verursachten Fehlers sei angenommen, daß eine Strahlung der Energie 1 auf eine diffus reflektierende Fläche mit dem Reflexionsvermögen r auftrifft. Von ihr geht nun in den Halbraum die Energie $E \cdot \pi = r$ aus. Ist der Halbraum geschlossen, bis auf eine Öffnung, die von der Fläche aus in Richtung ihrer Normalen unter dem räumlichen Winkel Ω erscheint, so tritt von der reflektierten Strahlung der Anteil $\Delta E = E\Omega = \dfrac{r \cdot \Omega}{\pi}$ aus der Öffnung heraus. Der Wert $1 - \dfrac{r \cdot \Omega}{\pi}$ wird in dem mit der Öffnung versehenen Halbraum absorbiert[1]). Das Absorptionsvermögen a und somit auch das Emissionsvermögen e eines solchen Hohlraumes weicht also von dem für den absolut schwarzen Körper gültigen Wert 1 ab und ergibt sich – wenn die Öffnung im Abstand von der reflektierenden Fläche kreisförmig ist und den Durchmesser d_u besitzt – zu

$$a = e = 1 - \frac{r \cdot d_u{}^2}{4\,l^2}\,.$$

Die Gleichung zeigt, wie man durch Verringerung von r und d_u eine Verbesserung des Schwärzegrades des Hohlraumes erzielen kann.

Die gebräuchlichen Bauarten des schwarzen Körpers hängen vom Temperaturbereich ab, in dem er verwendet werden soll. Für niedrige und mittlere Temperaturen wird ein Hohlraumstrahler mit einem geeigneten Flüssigkeitsbad (Wasser, Öl oder Metallschmelze) umgeben (*Abb. 2*). Der Hohlraum wird bei tieferen Tem-

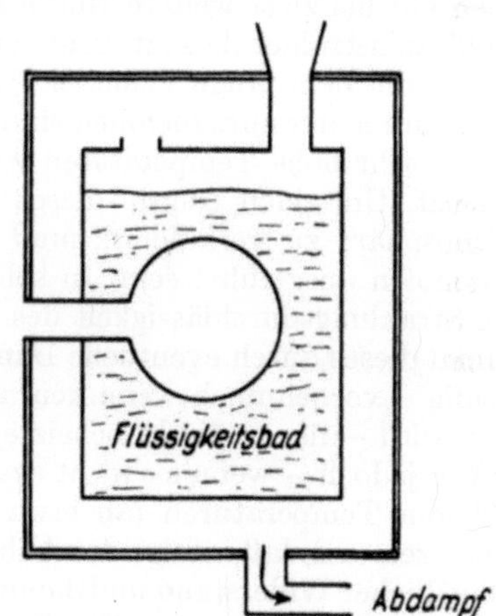

Abb. 2. Schwarzer Körper für tiefe und mittlere Temperaturen

[1]) Der Raumwinkel ist durch die Fläche F bestimmt, die ein vom Mittelpunkt einer Kugel mit dem Radius r ausgehender Kegel auf ihrer Oberfläche ausschneidet; seine Größe ist $\Omega = F/r^2$. Die Raumwinkeleinheit ($\Omega = 1$) ist derjenige Raumwinkel, der aus der Fläche einer Kugel mit dem Radius r eine Fläche r^2 ausschneidet. Ebenso wie ein ebener Winkel ist ein Raumwinkel dimensionslos. Ein *voller* Raumwinkel beträgt 4π, da die Kugeloberfläche $4\pi r^2$ ist.

peraturen entweder mit Platinschwarz oder einem Ruß-Wasserglasgemisch geschwärzt. Für höhere Temperaturen wird ein zylindrisches Rohr aus feuerfesten Materialien verwendet, das innen zur Erhöhung des Absorptionsvermögens mit dunklen Schwermetalloxyden geschwärzt wird. Eine solche Rohranordnung, die mit einer elektrischen Heizwicklung umgeben ist, wird durch eine in der Mitte angebrachte Querwand in

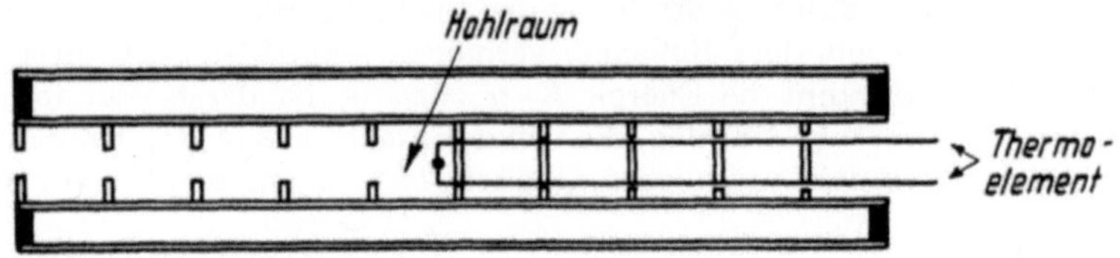

Abb. 3. Schwarzer Körper nach LUMMER und KURLBAUM

zwei Hälften geteilt, deren eine eine Anzahl Blenden zur Abschirmung der vom Rohrmantel emittierten Strahlung enthält, während durch die andere Hälfte das zur Temperaturmessung dienende Thermoelement eingeführt wird. Um diesen Hohlraumstrahler werden zur Wärmeisolierung noch ein bis zwei weitere Rohre angeordnet (vgl. *Abb. 3*). Ein solcher Hohlraumstrahler besitzt dann einen genügend großen Schwärzegrad, wenn mit dem Auge keinerlei Helligkeitsunterschied und somit keine Formen mehr wahrzunehmen sind.

Für sehr hohe Temperaturen werden Rohre aus Wolfram direkt aufgeheizt. Um einen Angriff dieses Werkstoffes durch den Sauerstoff der Atmosphäre zu verhindern, muß ein solcher schwarzer Körper als Vakuumofen ausgeführt sein. In solchen Fällen ist es jedoch unerläßlich, die Strahlungsdurchlässigkeit des Verschlußfensters zu berücksichtigen, zumal dieses durch eventuelle Dämpfe verschmutzt werden kann. Recht häufig – vornehmlich wenn kein extrem hoher Genauigkeitsgrad gefordert wird – dienen direkt beheizte Kohlerohre als Hohlraumstrahler. Sie haben jedoch – wenn sie nicht evakuiert werden – den Nachteil, daß bei höheren Temperaturen (ab etwa 1600°C) starke Rauchentwicklungen einsetzen und daß infolge des Abbrandes der Rohrwandungen ein unterschiedlicher Widerstand und damit Temperaturgradienten über die Rohrlänge hinweg auftreten. Für Temperaturen bis 1800°C können Heizwicklungen aus Iridium bzw. Rhodium verwendet werden, die vornehmlich wegen ihrer Beständigkeit in Luft von Vorteil sind.

Sehr genaue Bestimmungen der schwarzen Strahlung bei definierten Temperaturen erlauben die als Tauchstrahler gebauten schwarzen Körper. Entsprechend der für tiefere Temperaturen gebräuchlichen Bauart bestehen sie aus einem feuerfesten Hohlkörper von einigen Kubikzentimetern Inhalt, der mit einem trichterförmigen Ansatz versehen ist und in ein Metallbad eintaucht (*Abb. 4*). Während das Metall (Gold bzw. Palladium) erstarrt oder schmilzt, ist die Temperatur infolge der dabei auftretenden Schmelzwärme genügend lange sehr genau konstant, so daß einwandfreie Strahlungsmessungen an diesen Temperatur-Fixpunkten ausgeführt werden können. Ähnliche Methoden zur Herstellung der Strahlung eines schwarzen Körpers wurden an den Schmelzpunkten des Platins (ROESER u. CALDWELL) und des Iridiums (HENNING u. WENSEL) angewendet.

3. Die Gesetze der Hohlraumstrahlung

Ein Hohlraum, dessen Wände sich auf gleicher Temperatur befinden, ist durch die gegenseitige Zustrahlung der Wände fortwährend von elektromagnetischen Wellen erfüllt. Ein solcher strahlungserfüllter Hohlraum hat viele Analogien mit einem gasgefüllten Hohlraum. Während jedoch bei einem Gas, das in einem gegebenen Volumen eingeschlossen ist, neben der Temperatur noch die Dichte bzw. der Druck als freie veränderliche Größe auftritt, ist die Energiedichte der eingeschlossenen Strahlung allein durch die Temperatur

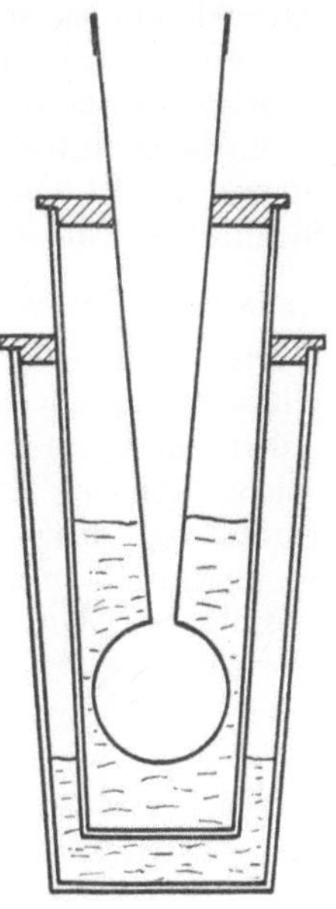

Abb. 4. Tauchstrahler (nach HOFFMANN und MEISSNER)

bestimmt. Aber ebenso wie die Atome eines Gases einen Druck auf die Wände ausüben, verursacht die im Hohlraum eingeschlossene Strahlung einen Strahlungsdruck, der allerdings sehr klein ist. So übt die schwarze Strahlung der Temperatur T auf ein blankes Metall einen Druck $p = 2 \cdot 10^{-18} \cdot T^4$ mm Hg aus.

Da das Spektrum eines schwarzen Körpers – wie die Erfahrung lehrt – kontinuierlich ist, d. h. daß alle Frequenzen in ihm vorkommen, ist dann eine vollständige Beschreibung der Strahlungseigenschaften eines schwarzen Körpers möglich, wenn die spektrale Energieverteilung, d. h. die Verteilung der Energie auf die einzelnen Wellenlängenbereiche, bekannt ist. Auch diese Aufgabe ist ähnlich derjenigen, die Verteilung der Energie eines Gases auf die einzelnen Geschwindigkeitsbereiche zu ermitteln, worauf schon die rein äußerliche Ähnlichkeit der spektralen Strahlungskurven (vgl. *Abb. 6*) mit der MAXWELLschen Geschwindigkeitsverteilungskurve hinweist. Wie es bei einem Gas kein Atom oder Molekül gibt, dem man exakt eine bestimmte Geschwindigkeit zuordnen kann, vielmehr nur die Zahl der Atome angegeben werden kann, deren Geschwindigkeit zu bestimmter Zeit in ein gegebenes Geschwindigkeitsintervall fällt, so ist es auch in der Temperaturstrahlung unmöglich, einer gewissen scharfen Frequenz v bzw. Wellenlänge λ eine ganz bestimmte Energie zuzuschreiben. Es ist nur sinnvoll, von einem dem vorgegebenen Wellenlängenintervall $\Delta\lambda$ zugehörigen Energieintervall ΔE zu sprechen. So erklärt sich auch die in den *Abb. 6* bis *8* aufgeführte Dimension der Strahlungsdichte $E_{\lambda,T}$ in Watt $\cdot$ cm^{-3}.

a) Das Lambertsche Cosinusgesetz

Die von der Oberfläche eines absolut schwarzen Körpers bzw. der Austrittsöffnung eines Hohlraumstrahlers ausgehende Strahlung ist unpolarisiert[1]) und ihre Intensität unabhängig von der Austrittsrichtung. Für solche „schwarz" strahlenden Flächen gilt das LAMBERTsche Cosinusgesetz, nach dem die von einem Flächenelement dF nach jeder Richtung in gleiche Raumwinkel[2]) ausgestrahlte Energie proportional ist dem Cosinus des Winkels φ zwischen der Richtung der Strahlung und der Normalen des Flächenelementes:

$$E_{\lambda,\varphi} = E_\lambda \cdot \cos\varphi. \tag{4}$$

Abb. 5 veranschaulicht dieses Gesetz; die abgestrahlten Energien sind in Abhängigkeit vom Winkel als Radienvektoren aufgetragen. Das

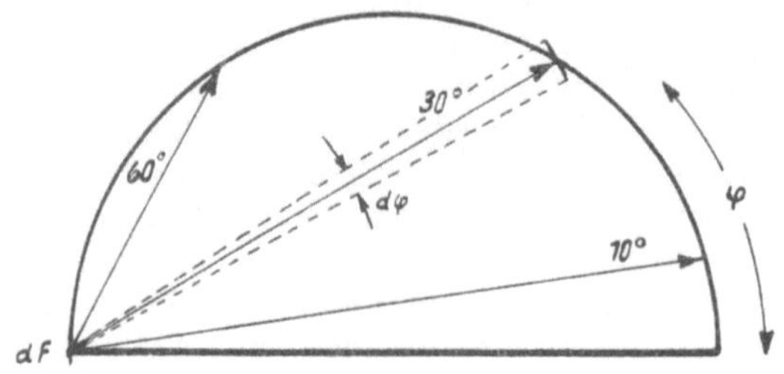

Abb. 5. Zum LAMBERTschen Cosinusgesetz

LAMBERTsche Gesetz, das für alle realen Körper nur mehr oder weniger gut erfüllt ist, bewirkt z. B., daß eine glühende Kugel als gleichmäßig leuchtende Kreisscheibe, ein glühender Zylinder als gleichmäßig leuchtendes Rechteck erscheint.

---

[1]) Das Licht zeigt als transversale Wellenbewegung, bei der die Schwingungsrichtung senkrecht zur Ausbreitungsrichtung erfolgt, die Erscheinung der Polarisation. Man bezeichnet einen Lichtstrahl – im Gegensatz zum „natürlichen" Licht – als vollständig polarisiert, wenn die Komponenten der elektrischen und magnetischen Feldstärke in zwei aufeinander senkrecht stehenden Richtungen in einer festen Phasenbeziehung zueinander stehen. Polarisiertes Licht kann durch Reflexion, Brechung, Doppelbrechung und durch Streuung aus „natürlichem" unpolarisiertem Licht erzeugt werden.

[2]) Über die Definition des Raumwinkels siehe Anmerkung S. 9.

b) Das Plancksche Strahlungsgesetz

Die Strahlungseigenschaften eines schwarzen Körpers in Abhängigkeit von der Temperatur und der Wellenlänge werden durch einige grundlegende Gesetze beschrieben, deren wichtigstes das PLANCKsche Strahlungsgesetz ist und das in seiner Universalität alle anderen Gesetze der Hohlraumausstrahlung in sich vereinigt. Die Energie der unpolarisierten Strahlung, *die aus den Wellenlängen λ bis $\lambda + d\lambda$ besteht* und von 1 cm² Oberfläche pro Sekunde in den Halbraum emittiert wird, beträgt

$$E_{\lambda,\,T} = \frac{2\,\pi\,c_1}{\lambda^5} \cdot \frac{1}{e^{\frac{c_2}{\lambda T}} - 1} \tag{5}$$

mit den Konstanten $c_1 = 5{,}951 \cdot 10^{-6}\ \mathrm{erg} \cdot \mathrm{cm}^2 \cdot \mathrm{sec}^{-1}$

$$= 5{,}951 \cdot 10^{-13}\ \mathrm{Watt} \cdot \mathrm{cm}^2$$

und $c_2 = 1{,}438\ \mathrm{cm} \cdot \mathrm{Grad}.$

Häufig findet man dieses Gesetz ohne den Faktor $2\,\pi$ geschrieben; es bezieht sich dann auf die in den Raumwinkel 1 emittierte polarisierte Strahlung.

Das PLANCKsche Strahlungsgesetz stellt die Krönung der Arbeiten einer ganzen Physikergeneration dar. Es wurde von M. PLANCK im Jahre 1900 abgeleitet auf Grund der revolutionierenden und als ungemein fruchtbar und grundlegend für die gesamte Entwicklung der Physik sich erweisenden Annahme über die quantenhafte Emission und Absorption der Energie durch die atomaren Gebilde, die Strahlungsimpulse aussenden und empfangen können. Diese Vorgänge werden von der von PLANCK entdeckten fundamentalen Naturkonstanten, dem „PLANCKschen Wirkungsquantum" h, beherrscht (vgl. Abschnitt II. 1).

Abb. 6 zeigt eine graphische Darstellung des durch das PLANCKsche Strahlungsgesetz gegebenen Zusammenhangs zwischen Energie, Temperatur und Wellenlänge in Form der Strahlungsisothermen, bei denen die Temperatur als Parameter auftritt. Eine andere, praktisch weniger bedeutsame Darstellungsform bilden die Strahlungsisochromaten, d. i. die Abhängigkeit der Energie von der Temperatur bei gegebener Wellenlänge. Da die Energien sich sehr stark mit der Temperatur und der Wellenlänge ändern, ist es für den Fall eines großen interessierenden Wertebereiches von T und λ vorteilhaft, statt der linearen Abszissen- und Ordinatenskalen eine logarithmische Darstellung zu wählen. In den *Abb. 7* und *8* ist $\log E_{\lambda,\,T}$ über $\log \lambda$ aufgetragen. Im Anhang (Seite 264) befindet sich eine ausführliche Zahlentafel der Werte nach Gleichung (5).

c) Das Wiensche und Rayleigh-Jeanssche Strahlungsgesetz

Schon vor der Auffindung des PLANCKschen Strahlungsgesetzes waren zwei Strahlungsformeln zur Darstellung der spektralen Energieverteilung

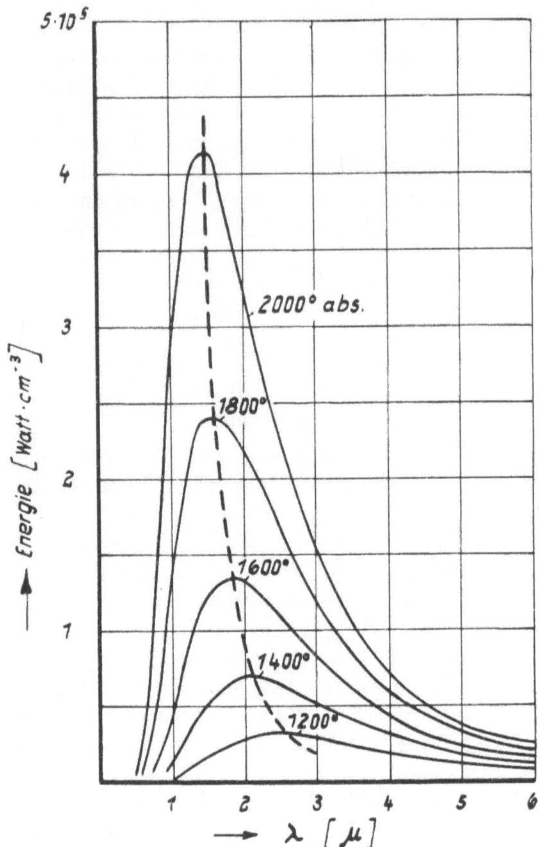

Abb. 6. Isothermen der schwarzen Strahlung

schwarzer Strahlung bekannt, die aber als Gesetze mit begrenztem
Gültigkeitsbereich in der Planckschen Formel enthalten sind. Für kleine
Werte $\lambda \cdot T$ gilt das Wiensche *Strahlungsgesetz*

$$E_{\lambda, T} = \frac{2 \pi c_1}{\lambda^5} \cdot e^{- \frac{c_2}{\lambda \cdot T}}, \tag{6}$$

in dem die 1 im Nenner des Planckschen Gesetzes gegenüber der Exponentialfunktion vernachlässigt werden kann. Die Abweichungen des
Wienschen Gesetzes vom Planckschen nehmen mit wachsendem Pro-
dukt $\lambda \cdot T$ zu und betragen z. B. für $\lambda \cdot T = 0{,}2$ cm · Grad etwa $1^0/_{00}$,
entsprechend 3° bei 3000° für $\lambda = 0{,}665 \cdot 10^{-4}$ cm; für $\lambda \cdot T = 0{,}3$ cm · Grad

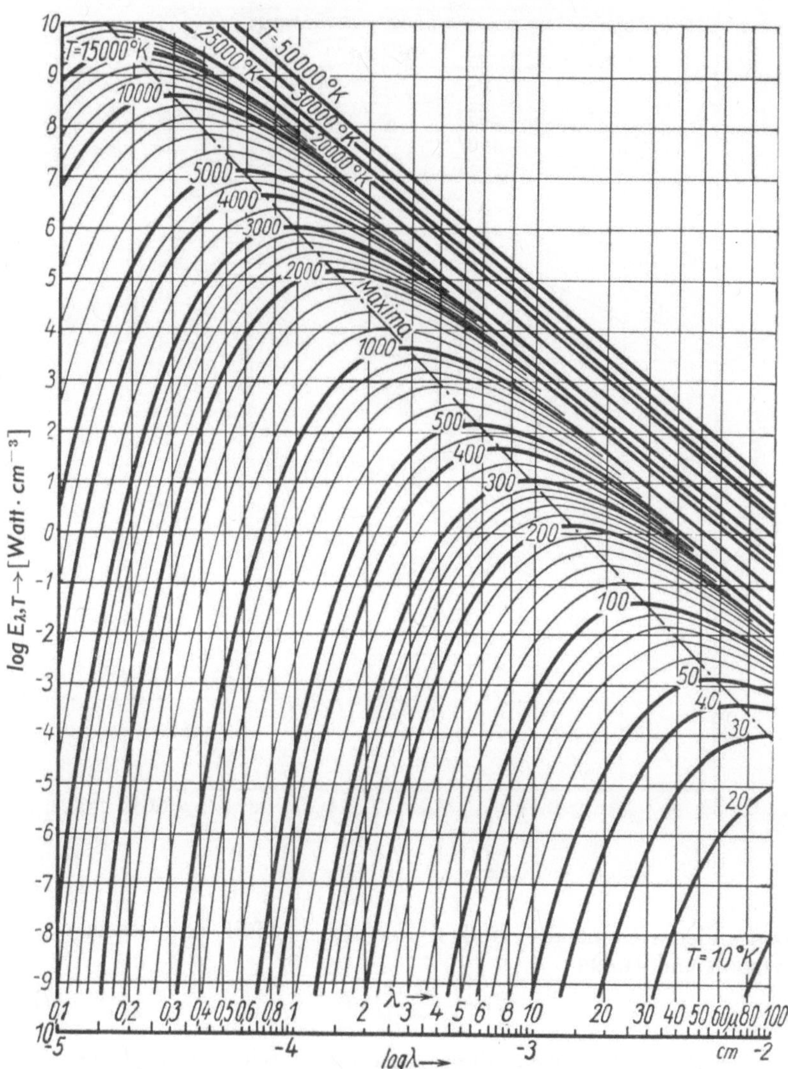

Abb. 7. Isothermen der schwarzen Strahlung in doppelt-logarithmischer Darstellung

etwa 1%, entsprechend 8,5° bei 4500° für die gleiche Wellenlänge. Für alle auf der Erde erreichbaren Temperaturen kann demnach im sichtbaren Spektralgebiet das WIENsche Gesetz mit völlig ausreichender Genauigkeit benutzt werden.

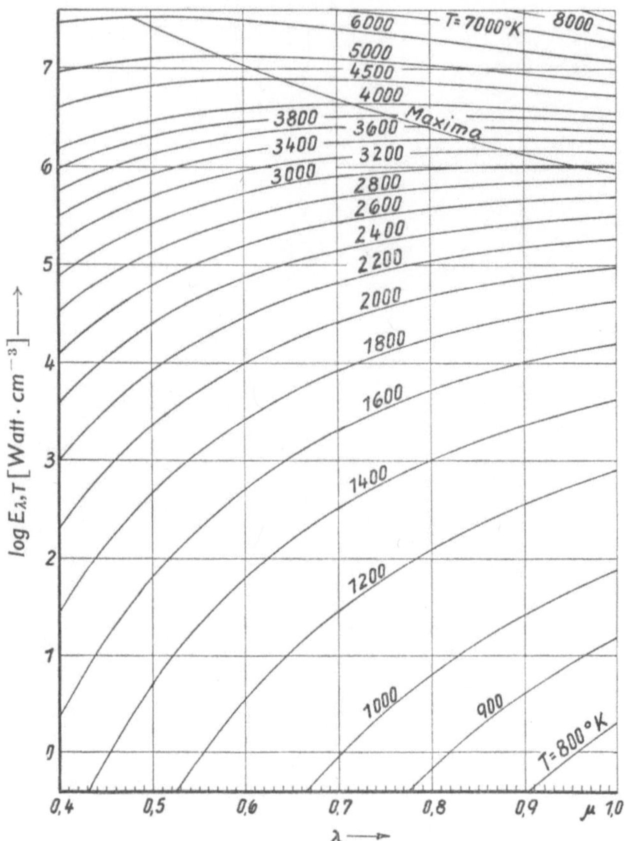

Abb. 8. Vergrößerter Ausschnitt aus Abb. 7

Den anderen Grenzfall – große $\lambda \cdot T$-Werte – erfüllt das Gesetz von
RAYLEIGH und JEANS:

$$E_{\lambda,\,T} = \frac{2\,\pi\,c_1}{c_2 \cdot \lambda^4} \cdot T. \tag{7}$$

Die praktische Bedeutung dieses Gesetzes ist sehr gering, da es bei
erreichbaren Strahlertemperaturen in recht selten benutzten sehr langwelligen Spektralbereichen gültig ist.

d) Das Wiensche Verschiebungsgesetz

Die in den *Abb.* 6 bis 8 dargestellten Kurven für die spektrale Energieverteilung weisen ein Maximum auf, das mit zunehmenden Temperaturen

nach kürzeren Wellenlängen hinrückt, und zwar gilt für die Wellenlänge λ_{max} dieses Maximums:

$$\lambda_{max} \cdot T = A = 0{,}2896 \text{ cm} \cdot \text{Grad}. \tag{8}$$

Das WIENsche Verschiebungsgesetz, dessen Aussage die gestrichelten Linien in den *Abb. 6* bis *8* wiedergeben, drückt in spezieller Form die Erfahrungstatsache aus, daß mit zunehmender Erhitzung eines Körpers seine Farbe nach kürzeren Wellenlängen verschoben wird.

e) Das Stefan-Boltzmannsche Gesetz

$$E = \sigma \cdot T^4 \tag{9}$$

besagt, daß die gesamte von einem schwarzen Körper abgestrahlte Energie, die sich durch Integration des PLANCKschen Gesetzes über die Wellenlängen ergibt, der 4. Potenz der absoluten Temperatur proportional ist. Das Gesetz wurde schon 1879 empirisch von STEFAN gefunden und von BOLTZMANN 1884 unter Bezug auf den 2. Hauptsatz der Thermodynamik theoretisch begründet. Die Konstante σ hat den Wert

$5{,}695 \cdot 10^{-5} \text{ erg} \cdot \text{cm}^{-2} \text{ sec}^{-2} \text{ Grad}^{-4} = 5{,}695 \cdot 10^{-12} \text{ Watt} \cdot \text{cm}^{-2} \text{ Grad}^{-4}$.

Da dieses Gesetz in der Technik eine bedeutende Rolle spielt, wird es häufig in der Form

$$E = C_s \left(\frac{T}{100} \right)^4 \tag{10}$$

geschrieben. Die Konstante s hat im technischen Maßsystem den Wert $C_s = 4{,}90 \text{ kcal} \cdot \text{m}^{-2} \cdot h^{-1} \text{ Grad}^{-4}$.

f) Die Strahlungskonstanten

Die interessante und wechselnde Entwicklungsgeschichte der Auffindung und der vielfachen experimentellen Nachprüfungen der Strahlungsgesetze kann heute als abgeschlossen gelten. Die Strahlungsmessungen, die auch heute noch am schwarzen Körper ausgeführt werden, haben den Zweck, die in den Strahlungsgesetzen enthaltenen Konstanten mit größtmöglicher Genauigkeit zu bestimmen (vgl. Abschn. III. 1. b). Eine kritische Beurteilung der Genauigkeit der Strahlungsgesetze, wie sie z. B. für die Aufstellung der strahlungstheoretischen Temperaturskala (Abschn. III. 2) von Bedeutung ist, erfordert eine genaue Kenntnis der Fehler, mit der die Strahlungskonstanten behaftet sind. Diese Konstanten sind mit anderen universellen Naturkonstanten durch die Beziehungen verknüpft:

$$c_1 = c^2 \cdot h, \tag{11}$$

$$c_2 = \frac{c \cdot h}{k}. \tag{12}$$

Die Konstante des WIENschen Verschiebungsgesetzes ist gegeben durch

$$A = \frac{c_2}{4{,}965\,114}\,,$$

diejenige des STEFAN-BOLTZMANNschen Gesetzes durch

$$\sigma = \frac{2\,\pi^5\,k^4}{15\,c^2\,h^3}\,.$$

In diesen Gleichungen bedeuten:

$c = (2{,}99776 \pm 0{,}00002) \cdot 10^{10}$ cm sec^{-1} = Vakuumlichtgeschwindigkeit,

$h = (6{,}623 \pm 0{,}005) \cdot 10^{-27}$ erg $\cdot$ sec = PLANCKsches Wirkungsquantum,

$k = (1{,}3805 \pm 0{,}0005) \cdot 10^{-16}$ erg $\cdot$ Grad = BOLTZMANNsche Konstante.

Aus diesen Werten ergeben sich für die Strahlungskonstanten die folgenden theoretischen Werte:

$c_1 = (5{,}951 \pm 0{,}005) \cdot 10^{-6}$ erg cm^2 sec^{-1},

$c_2 = (1{,}4380 \pm 0{,}001) \cdot$ cm $\cdot$ Grad,

$A = (0{,}2896 \pm 0{,}0002) \cdot$ cm $\cdot$ Grad

$ = (5{,}680 \pm 0{,}015) \cdot 10^{-5}$ erg cm^{-2} sec^{-2} Grad^{-4}.

Die experimentellen Bestimmungen der Strahlungskonstanten sind mit den aus den atomaren Konstanten berechneten Werten nicht ganz im Einklang. So wurden als Mittelwerte für die Konstante σ merklich höhere Beträge gefunden als bei der Berechnung. Als mittlere Werte wurden angenommen von BIRGE: $5{,}735 \cdot 10^{-5}$ mit einem wahrscheinlichen Fehler von $0{,}011 \cdot 10^{-4}$, von GERLACH: $5{,}75 \cdot 10^{-5}$ mit einer wahrscheinlichen Sicherheit von 1%.

Die älteren Bestimmungen der Konstanten c_2 haben als Mittelwert

$$c_2 = 1{,}432 \pm 0{,}006 \text{ cm} \cdot \text{Grad}$$

ergeben und für die Konstante $A = 0{,}2884$ cm $\cdot$ Grad. Zwar haben neuere Bestimmungen, die im Bureau of Standards durchgeführt wurden, zu höheren Werten geführt – im Mittel $c_2 = 1{,}4373 \pm 0{,}002$ –, doch wurden gegen die dabei verwendete Meßmethode Einwände erhoben (MOSER, STILLE u. TINGWALDT).

Da die Abweichungen zwischen den experimentellen Ergebnissen und den berechneten Werten größer sind als die angegebenen Fehlergrenzen, müssen zur endgültigen Klärung weitere Untersuchungen abgewartet werden.

II. TEIL

Die Strahlungseigenschaften der Materie

1. Wechselwirkungen der Strahlung mit der Materie

Durch das KIRCHHOFFsche Strahlungsgesetz (Gl. 2, S. 6) wird die Temperaturstrahlung aller realen Körper auf die des schwarzen Körpers zurückgeführt. Die Bestimmung der Strahlungsenergie, die aus der Flächeneinheit einer Körperoberfläche vorgegebener Temperatur austritt, erfordert somit lediglich die Kenntnis des Absorptionsvermögens des betreffenden Stoffes und seiner Abhängigkeit von der Wellenlänge. Außer durch das Absorptionsvermögen ist eine genügende Kennzeichnung der Strahlungseigenschaften durch die Angabe des Reflexionsvermögens bzw. der Durchlässigkeit gegeben, da diese drei Eigenschaftswerte nach Gleichung 3, 3a und 3b (S. 7) miteinander verknüpft sind. Von der Beschreibung der Absorptions-, Reflexions- bzw. Durchlässigkeitsspektren soll in diesem Abschnitt die Rede sein.

Fällt Strahlung auf einen realen Körper, so wird ein gewisser Bruchteil der Energie reflektiert. Das Reflexionsvermögen r ist das Verhältnis von reflektierter E_r zu auffallender Energie E_a

$$r = \frac{E_r}{E_a}.$$

Der nicht reflektierte Anteil dringt in den Körper ein und wird im Akt der Strahlungsabsorption in Körperwärme umgewandelt. Für diesen Vorgang gilt das LAMBERT-BOUGUERsche *Absorptionsgesetz*. Es sagt aus, daß Schichten gleicher Dicke von der in den Körper eindringenden Strahlungsenergie unter gegebenen Bedingungen stets den gleichen Bruchteil absorbieren. Daraus ergibt sich, daß das Verhältnis der durch eine Schicht hindurchgegangenen Strahlungsmenge zu der eintretenden von dieser unabhängig ist und, falls die Schichten in arithmetischer Reihe wachsen, die durch die verschiedenen Schichten hindurchgegangene Strahlungsenergie in geometrischer Folge abnimmt. Die Gesetzmäßigkeiten sind daher durch die Formel bestimmt:

$$E = E_0 \cdot e^{-k \cdot s}, \tag{13}$$

wobei E_0 die Intensität der eintretenden, E die Intensität der austretenden Strahlung, e die Basis der natürlichen Logarithmen, k die Absorptionskonstante und s die Schichtdicke in cm bedeuten. Der Kehrwert der

Absorptionskonstante hat die anschauliche Bedeutung der Eindringtiefe W der Strahlung, d. h. derjenigen Schichtdicke, innerhalb derer die Strahlung auf den e-ten Teil, also auf 36,8% geschwächt wird. Man unterscheidet starke (metallische) und schwache Absorption, je nachdem ob $W < \lambda$ oder $W > \lambda$ ist. Die geringsten Eindringtiefen weisen die Metalle und andere Kristalle in gewissen bevorzugten Spektralbereichen auf (s. S. 103); die mittleren Reichweiten des Lichtes in diesen Medien betragen größenordnungsmäßig einige Hundert Å. Die in diesem Sinne stark absorbierenden Stoffe besitzen gleichzeitig ein großes Reflexionsvermögen, so daß die Kennzeichnung ,,stark absorbierend“ nicht etwa bedeutet, daß diese Körper auch ein großes Absorptionsvermögen im Sinne des KIRCHHOFFschen Strahlungsgesetzes besitzen.

Das Verhältnis der durchgelassenen zur eintretenden Strahlung $d = E/E_0$ ist die Durchlässigkeit (Transparenz) und besitzt als echter Bruch für absolut durchlässige Schichten den Wert 1, für absolut undurchlässige den Wert 0. In Abänderung der Gleichung (13) gilt demnach unter Benutzung von Gleichung (3b) für nicht reflektierende Körper:

$$d = 1 - a = e^{-k \cdot s}, \tag{14}$$

$$a = \text{Absorptionsvermögen}.$$

Die reinen Materialeigenschaften sind nur in k enthalten; sie sind zumeist wellenlängenabhängig und für solche Fälle durch Anfügen des Index λ kenntlich gemacht.

In der Optik der Festkörper ist das Absorptionsgesetz häufig durch die Beziehung

$$E = E_0 \cdot e^{-\frac{4\pi n\varkappa \cdot s}{\lambda}} \tag{15}$$

dargestellt. Die Absorptionskonstante ist in dieser Formel definiert durch $k = \dfrac{n \cdot \varkappa \cdot 4\pi}{\lambda}$, worin $n\varkappa$ als Absorptionskoeffizient, $\varkappa$ allein als Absorptionsindex und n als Brechungsindex bezeichnet werden. Diese Art der Darstellung ist in vielen Fällen von Vorteil, da in Anpassung an die Wellennatur der Strahlung als Einheit der Schichtdicke die Länge der Lichtwelle dient.

Das LAMBERT-BOUGUERsche Absorptionsgesetz gilt nur dann, wenn lediglich eine Veränderung der Schichtdicke vorgenommen wird, ohne andere Stoffvariablen, wie etwa die Konzentration oder bei Gasen den Druck, zu ändern. Über die Zusammenhänge zwischen Absorption und Konzentration eines Stoffes gibt das sehr häufig gültige BEERsche *Absorptionsgesetz* Auskunft, nach dem zwischen Absorptionskonstante und Konzentration Proportionalität besteht. BEER fand, daß beispielsweise eine 10 cm dicke Schicht eines Stoffes die gleiche Strahlungsschwächung ergibt wie eine 1 cm dicke Schicht in 10-facher Konzentration. Mathematisch wird dies durch Einführen des Produktes aus Schichtdicke s und Konzentration c in Gleichung (12) zum Ausdruck gebracht, die dadurch die Form

$$d = 1 - a = e^{-\bar{k}\cdot c \cdot s}, \qquad c \cdot \bar{k} = k \qquad (16)$$

annimmt. Die Gültigkeit des BEERschen Gesetzes ist auf solche Medien beschränkt, bei denen die Absorptionskonstante nur von der Zahl der in der Volumeneinheit enthaltenen absorbierenden Teilchen abhängt, d. h. wenn die Absorptionskonstante gleich dem Produkt aus Teilchenzahl und spezifischer Absorption eines Teilchens ist. Dieser Zusammenhang ist immer dann gewährleistet, wenn zwischen den Einzelteilchen keine Wechselwirkungen bestehen. Vornehmlich gilt das BEERsche Gesetz bei kleinen Konzentrationen der absorbierenden Zentren, bei geringen Gasdrucken usw. Letztlich ist in jedem Fall empirisch zu prüfen, ob das BEERsche Gesetz erfüllt und anwendbar ist. Bei der Besprechung der Strahlungseigenschaften der Materie wird noch des öfteren von den Gültigkeitsgrenzen des BEERschen Absorptionsgesetzes die Rede sein.

In der Einleitung war auf die Identität der elektrischen und optischen Wellen hingewiesen worden. Einen ersten Anhalt über die optischen Eigenschaften der Materie gegenüber elektromagnetischer Wellenstrahlung bietet somit die elektromagnetische Lichttheorie von MAXWELL, die die optischen Eigenschaften der Materie mit den elektrischen verbindet. Für Isolatoren, deren optisches Verhalten allein durch den Brechungsindex n bestimmt ist, die deshalb völlig strahlungsdurchlässig sind und selbst nicht emittieren können, gilt die MAXWELLsche Beziehung, die aussagt, daß der Brechungsindex gleich der Wurzel aus der Dielektrizitätskonstanten ε ist:

$$n = \sqrt{\varepsilon}.$$

Für metallische Leiter, in die die Strahlung wegen der starken Absorption nur sehr gering eindringen kann, gilt eine erweiterte Beziehung, die die Leitfähigkeit der Metalle berücksichtigt (s. Abschn. II. 3). Da die MAXWELLschen Beziehungen auf Grund einer Kontinuumstheorie abgeleitet sind, darf man von ihnen keine Allgemeingültigkeit erwarten. Während sie für sehr große Wellenlängen gültig sind, zeigen sich bei kleineren Wellenlängen Abweichungen, die nur mit Hilfe atomistischer Vorstellungen über den Aufbau der Materie erklärt werden können. Die Theorie der Struktur der Materie betrachtet letztlich als Bausteine der Materie geladene Massenteilchen: Elektronen, Atome, Ionen, Moleküle, Molekülverbände. Solchen Systemen materieller Punkte kommt – so lehrt die Mechanik – eine der Zahl ihrer Freiheitsgrade entsprechende

Anzahl von Eigenschwingungen zu, deren Frequenzen Funktionen der Massen und der zwischen ihnen herrschenden Bindungskräfte sind. Im Sinne der klassischen Physik kann somit das gesamte elektromagnetische Spektrum aufgefaßt werden als Wirkung der Eigenschwingungen von Konfigurationen materieller Teilchen. Während man demnach unter elektrischen oder HERTZschen Wellen diejenigen versteht, die durch makroskopische Oszillatoren in elektrischen Schwingkreisen entstehen, fallen in den ultraroten Spektralbereich Schwingungen von Atommassen, sei es, daß diese entweder unter gegenseitiger Beeinflussung ihrer Kraftfelder im Molekülverband oszillieren oder daß Komplexe einer geringen Anzahl von Atomen im ganzen schwingen oder rotieren. Weiterhin sind als Lichtwellen alle die Frequenzen aufzufassen, die durch die äußeren Elektronen einer Atomhülle ausgesandt werden, als Röntgenstrahlen die von inneren Elektronenschalen und als Gammastrahlung die von Energieänderungen des Atomkerns herrührenden Frequenzen. Nach der klassischen Physik führen jedoch nur solche Eigenschwingungen zur Ausstrahlung elektromagnetischer Wellen, bei denen ein vorhandenes Dipolmoment periodisch mit der Schwingungsfrequenz verändert wird. Ein Dipol wird durch ein Ladungssystem gebildet, das aus einer positiven Ladung und einer gegen sie um eine kleine Strecke verschobenen negativen Ladung besteht. Ändert sich das Moment eines Dipols dadurch periodisch, daß eine der beiden Ladungen um die andere hin- und herschwingt, so entsteht ein Oszillator, an dem sich elektromagnetische Wellen ausbilden können, die in den Raum hinauswandern. Auf diese Weise werden elektrische Wellen durch einen HERTZschen Dipol abgestrahlt, der durch eine lineare Antenne realisiert wird, in welcher die Elektronen um ihre Ruhelage oszillieren. Moleküle, Atome, Ionen stellen häufig solche Dipole dar und sind somit zur Ausstrahlung elektromagnetischer (zumeist ultraroter) Wellen befähigt. Ebenso bewirkt nach der Quantentheorie der Übergang eines Atoms von einem stationären Zustand in einen anderen eine Ausstrahlung von sichtbarem oder ultraviolettem Licht.

2. Strahlung der Gase

a) Allgemeines

Die Auffassung der Spektren als Wirkungen von Eigenschwingungen der Materiebausteine führt zu dem Schluß, daß nur dann Temperaturstrahlung emittiert wird, wenn gemäß dem BOLTZMANNschen Gleichverteilungssatz jedem voll angeregten Freiheitsgrad im Mittel dieselbe Energie zukommt (s. S. 3). In der kinetischen Wärmetheorie bezeichnet der Begriff „Freiheitsgrad" alle die Phasen- (d. h. Lagen- und Impuls-) Koordinaten, von denen die Energie der Materieteilchen abhängt, soweit sie am Wärmegeschehen beteiligt sind.

In einem Gas kann die Energie in verschiedenen Formen, d. h. in der Anregung verschiedener Freiheitsgrade auftreten:

1. Translationsenergie;
2. Rotationsenergie;
3. Energie der Kernschwingungen;
4. Energie der angeregten Elektronenterme;
5. Potentielle Energie energiereicherer Modifikationen, die z. B. durch Ionisation und Dissoziation entstehen.

Von diesen Energiespeichern schreibt man einem „idealen" Gas, bei dem keine Wechselwirkungen der Atome untereinander auftreten, nur den der Translation zu. Ein einatomiges „reales" Gas besitzt neben seiner Translationsenergie je nach der vorhandenen Temperatur noch die Elektronenterm- und Ionisationsenergie, und ein zweiatomiges Gas kann alle aufgeführten Energien enthalten. Den einzelnen Energiespeichern kommen dabei verschiedene Anzahlen der Freiheitsgrade zu, so z. B. der Translation 3, der Rotation eines zweiatomigen Moleküls 2, da bei normalen Temperaturen die Rotation um die Verbindungslinie der beiden Atome nicht angeregt ist, der Kernschwingung des zweiatomigen Moleküls ebenfalls 2. Aus der spezifischen Wärme kann man z. B. bei Gasen auf die Zahl der bei der betreffenden Temperatur angeregten Freiheitsgrade schließen. Jeder angeregte Freiheitsgrad trägt zur spezifischen Wärme den Anteil $0{,}5\,kT$ bei ($k =$ BOLTZMANNsche Konstante, $T =$ absolute Temperatur). Auch der Elektronenanregung werden drei Freiheitsgrade zugeordnet, während die Anzahl der Freiheitsgrade der Ionisation und Dissoziation unbestimmt und von Druck und Temperatur abhängig ist. Es sei aber nochmals darauf hingewiesen, daß von allen diesen möglichen „Eigenschwingungen" nur diejenigen optisch wirksam sind, für die das elektrische Moment veränderlich ist.

Wird einem Gas Energie zugeführt, z. B. durch Energieübertragung von einer heißen Wand, so wird die Energie zunächst bevorzugt in einen Energiespeicher, in diesem Fall in den der Translation, fließen. Der Weiterfluß der Energie in andere Speicher erfolgt durch die Wechselwirkung der Atome bzw. der Moleküle untereinander. Ist ein genügend intensiver, d. h. zeitlich genügend schneller Energieaustausch durch Zusammenstöße der Atome oder Moleküle möglich, so werden der herrschenden Temperatur entsprechend alle Freiheitsgrade mit Energie erfüllt, wie es dem Temperaturgleichgewicht nach dem BOLTZMANNschen Gleichverteilungssatz entspricht. In diesem Fall emittieren die angeregten und optisch wirksamen Freiheitsgrade Temperaturstrahlung. Eine Temperaturbestimmung des Gases, die auf der Translationsenergie basiert, wird dann die gleichen Werte liefern wie eine solche, die die Energie der Rotation, der Elektronenterme, der Dissoziation usw. ausnutzt. Während

die Kopplung im Festkörper und in der Flüssigkeit infolge der dichten
Packung der Atome und Moleküle sehr innig ist, gelten für die Größen-
ordnung der Kopplung der Freiheitsgrade in Gasen etwa die folgenden
Angaben:

1) Druckeinfluß (Pirani u. Rompe)

Bei Drucken von einer Atmosphäre ist ein Energieausgleich zwischen
allen Energiespeichern gewährleistet, wenn die Anregung eines Freiheitsgrades länger als 10^{-5} Sekunden andauert. Bei Drucken von etwa $^1/_{10}$ at
entfällt schon teilweise die Gleichverteilung auf die Elektronenterme,
Ionisation und Dissoziation und bei Drucken von etwa $^1/_{100}$ at auch die
auf die Kernschwingung, während die Rotation bis zu sehr kleinen
Drucken mit der Translation im Gleichgewicht steht.

2) Temperatureinfluß

Schon bei niedrigen Temperaturen besteht Gleichgewicht zwischen Trans-
lation und Rotation. Oberhalb 500°C sind auch die Freiheitsgrade der
Kernschwingung angeregt, während die Elektronenterme, Ionisation und
Dissoziation erst bei noch höheren Temperaturen folgen.

Erfolgt die Energiezufuhr der Gase etwa durch Einstrahlung von Licht,
das von den Gasatomen absorbiert wird, so findet, da die Erregungsdauer
in der Größenordnung 10^{-8} sec liegt, kein Energieaustausch zwischen den
einzelnen Freiheitsgraden statt. Das Licht wird wieder emittiert, während das Gas „kalt" bleibt. In diesem Falle käme man zu einem völlig
falschen Ergebnis, wenn man aus der Energie dieses einen angeregten
Freiheitsgrades auf die Temperatur des Gases schließen würde. Diese Art
der Strahlung wird im Gegensatz zur Temperaturstrahlung allgemein als
Lumineszenz bezeichnet.

b) Einatomige Gase

Während die Spektren der Festkörper und Flüssigkeiten kontinuierlich
sind, d. h. daß alle Wellenlängen absorbiert werden und lediglich breite
Wellenlängenbereiche mit bevorzugter, selektiver Absorption auftreten,
emittieren und absorbieren die Gase nur diskrete, sehr enge Wellenlängenintervalle. Die einatomigen Gase weisen ein Spektrum auf, das aus feinen
schmalen Linien besteht, die gesetzmäßig in Serien angeordnet sind. Die
klassische Theorie der Spektren faßt – wie weiter oben ausgeführt
wurde – die Emissions- und somit Absorptionsstellen als Resonanzstellen
der schwingenden Materieteilchen auf. Dieses Bild ist indessen, wie man
heute weiß, unzureichend und muß durch die Quantentheorie ergänzt
werden. Die Gesetzmäßigkeiten der Linienspektren fanden eine erste
theoretische Deutung durch Bohr. Die Bohrsche Fassung der Quantentheorie, welche die für die Systematik der Linienspektren wesentlichen

Gesichtspunkte liefert, führt zu folgendem Bild vom Aufbau des Atoms und des Emissionsvorganges: Das Atom, das aus einem Kern mit der Hauptmasse des Atoms und der Ladung $+Z \cdot e$ ($Z = $ Ordnungszahl, $e = $ Elementarladung) und aus Z gesetzmäßig um diesen kreisenden Elektronen gebildet wird, kann sich in diskreten Zuständen (Termen) bestimmter Energie E_1, E_2, ... befinden. Die Energiedifferenz (Term-differenz) zwischen diesen Zuständen ist durch die Bindungskräfte der Elektronen an den Kern bedingt. Durch Energiezufuhr (Zusammenstöße, Einstrahlung von Licht usw.) kann das Atom aus dem energieärmsten Grundzustand in energiereichere „angeregte Zustände" übergehen. Bei genügend starker Energiezufuhr kann das unangeregte Atom durch Abtrennung eines Elektrons in den einfach ionisierten Zustand übergeführt werden, dem die größte Energie (E_∞) zukommt. Auch von jedem Zustand

der Energie E_n aus kann das Atom durch Zufuhr der „Ablöseenergie" $W_n = E_\infty - E_n$ ionisiert werden, und zwar ist die Ablöseenergie umso größer, je kleiner die Energie des Zustandes ist. Das Energie-Niveau-Schema oder Term-Schema in *Abb. 9* erläutert diese Verhältnisse. Da die Energiewerte E_n selbst nur bis auf eine additive Konstante bestimmt sind, ist die Wahl

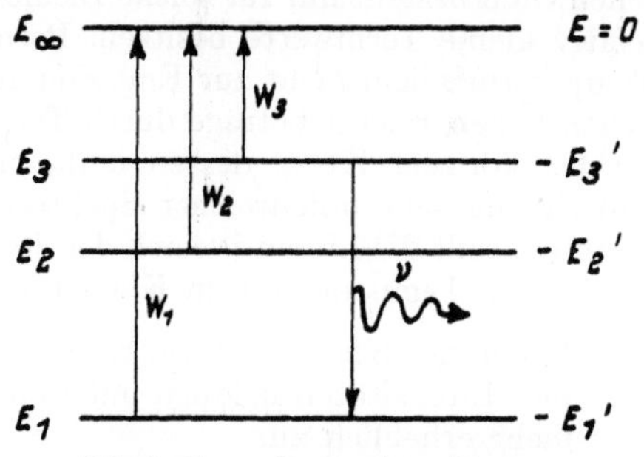

Abb. 9. Termschema eines Atoms

des Bezugsnullpunktes frei. Zumeist ordnet man der Energie des Ions den Wert Null zu, so daß sich für die Energie des Atoms negative Zahlenwerte ($- E_n{}'$) ergeben. Geht das Atom durch einen „Quantensprung" von einem Zustand höherer Energie E_2 in einen Zustand kleinerer Energie E_1 über, so ist dieser Übergang mit der Emission elektromagnetischer Energie verbunden. Für diesen Vorgang gilt ein Grundprinzip der Quantentheorie, die sog. „BOHRsche *Frequenzbedingung*"

$$h \cdot \nu = E_2 - E_1, \tag{17}$$

in der h das PLANCKsche Wirkungsquantum und ν die Frequenz der Strahlung bedeuten.

Beim Akt der Lichtabsorption geht umgekehrt das Atom bzw. das Elektron in einen energiereicheren Zustand über, etwa von E_1 nach E_2. Aus dem Termschema eines Atoms folgt, daß die Schwingungszahl einer Spektrallinie durch die Differenz der Energie zweier Atomzustände gegeben ist. Wenn auch der BOHRschen Fassung der Quantentheorie manche

Mängel anhaften, die erst durch eine wellenmechanische Behandlung der Probleme behoben werden können, so sind in ihr aber doch die Grundzüge unserer heutigen Auffassung vom Wesen der Atomspektren schon enthalten.

Die Atome eines Gases können durch die Temperatur, durch elektrische Entladungen im Lichtbogen, im Funken usw. zur Emission angeregt werden. In der vorliegenden Betrachtung interessiert lediglich das Strahlungsverhalten im Temperaturgleichgewicht. Da die in einem einatomigen Gas enthaltene Translationsenergie optisch inaktiv ist, verbleibt lediglich die Elektronenenergie, die zur Strahlungsemission führt.

Eine rein thermische Anregung der Atomspektren erfolgt nach KING in einem elektrischen Kohlerohrofen, in dem Temperaturen bis zu etwa 3000° erreicht werden können. Eine Anregungsmöglichkeit im elektrischen Ofen besteht nur für solche Elemente, die, wie die meisten Metalle, relativ kleine Termwerte besitzen. Permanente Gase können durch die Temperatur allein nicht zur Emission angeregt werden, da die erforderlichen hohen Energiebeträge durch Temperatursteigerung nicht erreicht werden können. KING, dessen umfangreiche Arbeiten speziell bei der Entwirrung sehr linienreicher Spektren ausgezeichnete Dienste leisten konnten, teilt die Linien je nach der Stärke ihres Auftretens bei den verschiedenen Temperaturen in Klassen ein.

I. Linien der Klasse I treten bereits bei relativ tiefer Temperatur auf; ihre Intensitäten nehmen mit weiterer Temperatursteigerung nicht mehr erheblich zu.

II. Linien der Klasse II erscheinen ebenfalls bei niedrigen Temperaturen, erfahren jedoch bei weiterer Steigerung eine Intensitätsvergrößerung.

III. Linien der Klasse III werden bei mittleren Temperaturen (um etwa 2000° C) deutlich sichtbar.

IV. Linien der Klasse IV erscheinen erst bei den höchsten erreichbaren Temperaturen.

Zu den Klassen I und II gehören die meisten Linien, die aus Kombinationen mit dem Grundterm oder den nächst höheren Termen entstehen, während die Klasse III die höher angeregten Terme des Bogenspektrums und Klasse IV schon einzelne Linien des Funkenspektrums liefert. *Abb. 10* gibt ein Beispiel einer stufenweisen Anregung durch Temperatursteigerung im Kohleofen. Der violette und blaue Bereich des Eisenspektrums zeigt die Änderungen in der Linienzahl und -intensität mit der Änderung der Temperatur.

Für die Temperaturstrahlung haben diejenigen Spektrallinien eine besondere Bedeutung, die dadurch entstehen, daß das Atom vom Grund-

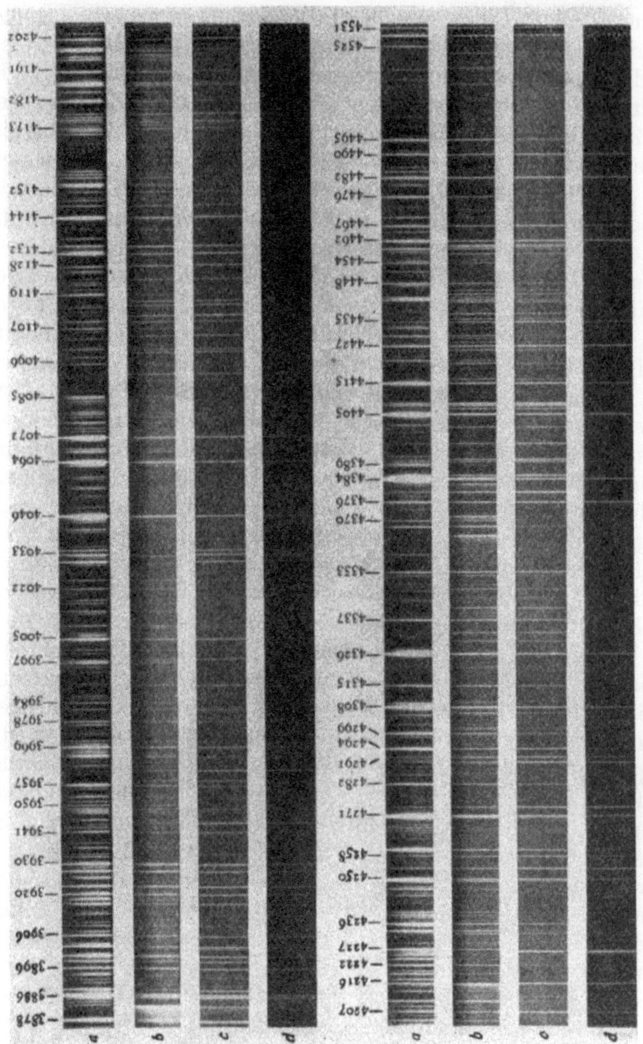

Abb. 10. Bogen- und Ofenspektren des Eisens.
a) Bogenspektrum. – b c d) Ofenspektren bei 2600, 2000 und 1650° C

zustand E_1 in den Energiezustand E_2 gehoben wird bzw. daß es von E_2 auf E_1 herunterfällt, je nachdem ob die Spektrallinie absorbiert oder emittiert wird. Diese Linien werden Resonanzlinien genannt, weil eine Absorption der Lichtenergie dieser Frequenzen eine unmittelbar folgende Emission mit ungeänderter Frequenz bewirkt, wenn nur die Zahl der gaskinetischen Zusammenstöße (infolge geringer Dichte) so klein gehalten wird, daß kein merklich großer Energieaustausch zwischen den Atomen möglich ist. Die Bedeutung dieser Resonanzlinien für die Temperaturstrahlung liegt nun darin, daß nur für sie eine dem KIRCHHOFFschen Strahlungsgesetz entsprechende Gleichheit von Emissions- und Absorptionsvermögen gewährleistet sein kann. Würde bei der Absorption einer bestimmten Lichtfrequenz ein Elektron um zwei Quantenstufen gehoben, z. B. von E_1 auf E_3, so könnte bei der Emission der absorbierten Energie diese in drei verschiedenen Spektrallinien enthalten sein, nämlich in den Frequenzen, die den Termdifferenzen $E_3 - E_2$, $E_2 - E_1$ und unmittelbar $E_3 - E_1$ entsprechen. Hieraus ergibt sich für den speziellen Fall der linienhaften Emission der Gase, daß das Vorliegen von Temperaturstrahlung zwar eine notwendige Voraussetzung für die Gültigkeit des KIRCHHOFFschen Strahlungsgesetzes bildet, daß aber die Umkehrung dieser Aussage nicht richtig ist, da – der gegebenen Definition gemäß – elektromagnetische Strahlung immer dann als Temperaturstrahlung bezeichnet werden soll, wenn die Strahlungsenergie dem Wärmeinhalt eines im thermischen Gleichgewicht befindlichen Systems entstammt. Resonanzlinien sind z. B. beim Lithium die rote Linie $\lambda = 670{,}8$ mμ, beim Natrium die gelbe Doppellinie $\lambda = 589{,}0$ und $589{,}6$ mμ, beim Thallium die grüne Linie $\lambda = 535{,}0$ mμ und beim Quecksilber die Linie im Ultravioletten $\lambda = 254$ mμ. Für diese Resonanzlinien nun gilt das KIRCHHOFFsche Strahlungsgesetz, wie auch experimentell von KOHN bestätigt werden konnte. Eine praktische Anwendung der Strahlung der Resonanzlinien zur Messung der Temperaturen heißer Gase und Flammen erfolgt im sog. Spektrallinien-Umkehrverfahren (Abschn. III. 2. g).

Nach dem Vorhergesagten könnte man annehmen, daß jede von einem Atom emittierte Spektrallinie streng eine bestimmte Frequenz und Wellenlänge besitzt. Sie umschließt indessen ein endliches Frequenzintervall, und die Ursache hierfür sind Störungen, die das Atom durch seine Umgebung erleidet. Selbst eine Spektrallinie eines ruhenden, isolierten Atoms weist eine endliche Breite auf infolge der Tatsache, daß jedes Atom nur mit der Zeit abklingende Wellenzüge aussendet. Diese „natürliche" Linienbreite ist sehr gering und von der Größenordnung 10^{-5} mμ. Ein Einfluß der Umgebung eines Atoms äußert sich in der „Stoßverbreiterung" einer Linie, die z. B. durch Druckerhöhung und damit durch Vergrößerung der Stoßzahl der Atome bewirkt wird.

Der wichtigste Einfluß auf die Linienbreite bezüglich der Temperaturstrahlung der Gase wird durch den DOPPLER-Effekt hervorgerufen, der an den in lebhafter Bewegung befindlichen Gasatomen stattfindet. Wenn die Translationsenergie eines Gases auch nicht unmittelbar optisch aktiv ist, so äußert sie sich doch durch diesen Sekundäreffekt in der DOPPLER-Breite der Spektrallinie. Der DOPPLER-Effekt beschreibt folgende Tatsache: Wenn sich ein Körper mit der Geschwindigkeit v relativ zum Beobachter bewegt, so erscheint jede seiner ausgestrahlten Frequenzen v um den Betrag $dv = v \cdot v/c$ verschoben, wobei c die Lichtgeschwindigkeit bedeutet. Bewegt sich der emittierende Körper in Richtung auf den Beobachter, so empfängt dieser pro Zeiteinheit mehr Schwingungen; im umgekehrten Falle einer Fortbewegung vom Beobachter weg empfängt dieser eine kleinere Frequenz als der bewegte Körper ausstrahlt. Kombiniert man die Gleichung für den DOPPLER-Effekt mit derjenigen für die

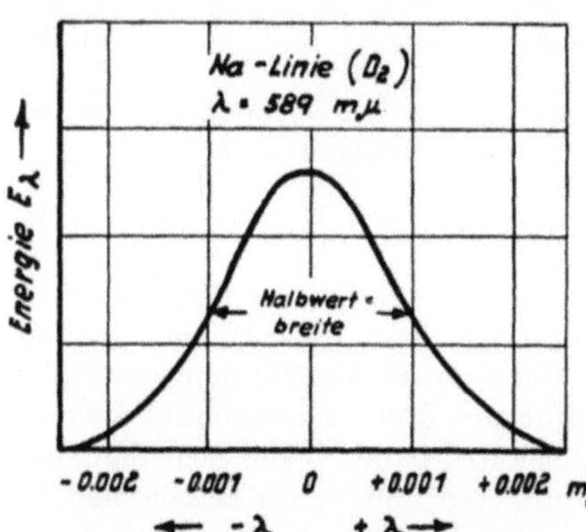

Abb. 11. Gestalt einer Spektrallinie

Geschwindigkeitsverteilung der Atome, so wird eine Spektrallinie durch die regellose Bewegung der Atome verbreitert und erzeugt eine Intensitätsverteilung über die Frequenzen nach der Formel

$$E_v \sim \exp - \frac{M c^2}{2 R T} \left(\frac{d v}{v_0} \right)^2 , \qquad (18)$$

M = Atom- bzw. Molekulargewicht, R = Gaskonstante.

Die Halbwertbreite dieser glokkenförmigen Verteilung (*Abb.11*) ergibt sich nach Einsetzen der

Zahlenwerte im Wellenlängenmaß zu

$$\varDelta \lambda = 7{,}2 \cdot 10^{-7} \lambda \sqrt{\frac{T}{M}} . \qquad (19)$$

Für die gelbe Natriumlinie D_2 bedeutet dies bei 300°C eine Halbwertbreite von etwa 0,002 mμ.

c) Bandenspektren der Molekülgase

Von den Linienspektren, deren Träger die freien Atome eines Gases sind, unterscheidet man die Bandenspektren, die sich durch eine sehr große Anzahl dicht beieinander liegender Linien auszeichnen. Dabei zeigt sich eine Anhäufung der Linien bei bestimmten Wellenlängen und eine gesetzmäßige Abnahme der Liniendichte nach kürzeren oder längeren Wellenlängen hin. Die Träger dieser sehr verwickelt aufgebauten Spektren sind die Moleküle. Doch ebenso wie die Entwirrung der Linienspektren ungeahnte Einblicke in den Aufbau der Atome ermöglichte, erlauben die Bandenspektren, die konstitutionellen Zusammenhänge im Molekül zu erforschen. Bandenspektren lassen sich ebenso wie die Linienspektren in Emission und Absorption beobachten. Treten in einem Spektrum außer Banden noch Linien auf, so hat man auf Dissoziation und damit auf die Gegenwart von Atomen zu schließen.

Die Komplikation der Bandenspektren ist dadurch bedingt, daß ein Molekül nicht nur Energie in Form von Elektronenenergie enthält und aufnehmen oder abgeben kann, sondern daß die Energie der Rotation und der Schwingung der Atomkerne gegeneinander hinzukommt. Die Energie eines Moleküls wird also dargestellt durch:

$$E = E_{el} + E_s + E_{rot}. \tag{20}$$

Geht das Molekül vom Energiezustand E in den Zustand E' über, so ergibt sich nach der BOHRschen Frequenzbedingung

$$h \cdot \nu = E - E' = (E_{el} - E'_{el}) + (E_s - E'_s) + (E_{rot} - E'_{rot}). \tag{21}$$

Über die Größenordnung der einzelnen Energiesprünge und der dabei emittierten oder absorbierten Frequenzen bzw. Wellenlängen ist zu sagen, daß den Elektronensprüngen infolge der starken Bindung der Elektronen an das Atom eine wesentlich höhere Frequenz zukommt als den Schwingungen der Atomkerne im Molekülverband. Deren Schwingungsenergie liefert aber wiederum einen größeren Beitrag zur Gesamtenergie eines Moleküls als die Rotationsbewegung. Es ergibt sich somit, daß das sichtbare und ultraviolette Bandenspektrum den Änderungen der Elektronenenergie zuzuschreiben ist, während im ultraroten Bereich bis etwa $20\,\mu$ die Wirkungen der Kernschwingungen sich äußern und das langwellige Ultrarot (bis zu einigen Hundert μ) das Gebiet der Rotationsfrequenzen darstellt. Der Wert von $(E_{el} - E'_{el})$ gibt als größter die Lage der Bande im Spektrum an. Alle möglichen Werte von $(E_{el} - E'_{el})$ liefern ein System von Banden, die ihrerseits wieder nach den Werten $(E_s - E'_s)$ und $(E_{rot} - E'_{rot})$ geordnet sind.

Bleibt die Elektronenanordnung die gleiche, d. h. $(E_{el} - E'_{el}) = 0$, so erhält man nur Systeme ultraroter Banden. Ändert sich nur der Rotationszustand, so entsteht das reine Rotationsspektrum, das bei polaren Molekülen beobachtet wird. Es besteht aus einzelnen Linien, deren Lage durch den jeweiligen Betrag $(E_{rot} - E'_{rot})$ gegeben ist.

Im Falle $(E_{rot} - E'_{rot}) = 0$ ergibt sich das reine Schwingungsspektrum im kürzerwelligen Ultrarot. Erfolgen sowohl Änderungen im Rotations- als auch im Schwingungszustand eines Moleküls, so spiegeln sich die Rotationsfrequenzen im Schwingungsspektrum ebenso wieder, wie sich Rotation und Schwingung in den Elektronenbanden auswirken, und man erhält das Rotations-Schwingungsspektrum. Ein Schema über das Aussehen eines Bandenspektrums und die in ihm enthaltenen Wellenlängen ist in *Abb. 12* am Beispiel des HCl gegeben.

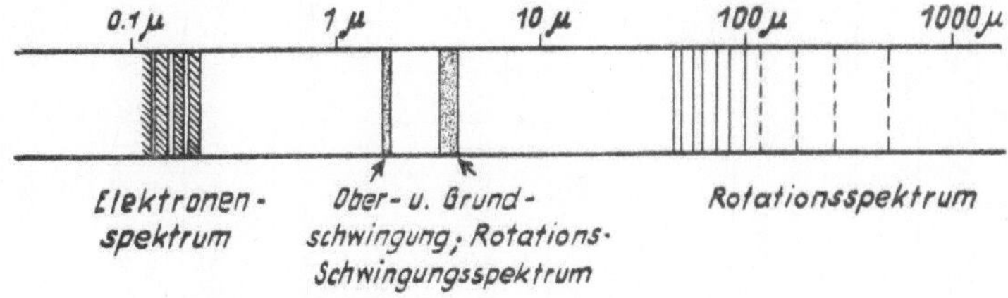

Abb. 12. Übersicht über das Bandenspektrum von HCl

α) *Die Banden im sichtbaren und ultravioletten Spektralgebiet*

Die eingehenden und umfassenden Untersuchungen der Molekülspektren haben vornehmlich das Ziel, Aussagen zu gewinnen über den Aufbau der Moleküle, über deren Trägheitsmomente usw. Aber auch dem Studium der Molekülspektren im thermischen Gleichgewicht und dem der thermisch erzeugten Radikale kommt eine besondere Bedeutung bezüglich der Bestimmungsmöglichkeit thermochemischer Eigenschaften des Systems zu. Falls nämlich ein solches Absorptions- oder Emissionsspektrum im Temperaturgleichgewicht beobachtet werden kann, besteht immer die Möglichkeit, aus der Intensitätsänderung einer Linie oder Bande mit der Temperatur die Bindungsenergie zu ermitteln. Das bestbekannte Beispiel ist die thermische Dissoziation von erhitztem Wasserdampf in Wasserstoff und freies Hydroxyl ($H_2O \leftrightarrows OH + \frac{1}{2} H_2$) (BONHOEFFER u. REICHARDT). Durch eine Ausmessung des Absorptionsspektrums des OH-Radikals im thermischen Gleichgewicht in Abhängigkeit von der Temperatur konnte die Gleichgewichtskonstante und damit die Wärmetönung der Reaktion nach dem zweiten Hauptsatz der Thermodynamik bestimmt werden. Aus ihr folgte dann weiter die H-OH-Bindungsenergie.

Quantitative Intensitätsmessungen an Emissionsbanden von Molekülen oder Radikalen, deren thermische Anregung recht hohe Temperaturen erfordert, sind bisher nur in wenigen Fällen angewendet worden, obwohl die klassischen Untersuchungen von KING an Atomlinien (s. S. 26) beweisen, daß sie experimentell mit gutem Erfolg durchgeführt werden können. In neuerer Zeit indessen konnten BREWER und Mitarbeiter unter Verwendung eines KINGschen Kohleofens die Reaktions-

Tabelle 2. Vorkommen zweiatomiger Spektren

Gruppe		gleichkernige Partikel	H	N	O	S	Se	F	Cl	Br	J
I	H	o ◉									
	Li	o ◉	o ◉						◉		◉
	Na	o ◉	o ◉					◉	o ◉	o ◉	o ◉
	K	o ◉	o ◉					◉	o ◉	o ◉	o ◉
	Rb	o ◉	o					◉	◉	◉	◉
	Cs	o ◉	◉					◉	◉	◉	◉
	Cu	? o	o ◉					o ◉	o ◉	o ◉	o ◉
	Ag		o ◉		o				o ◉	o ◉	o ◉
	Au		o ◉						o ◉		
II	Be		o		o			o ◉	o		
	Mg	o	o		o ◉	o		o ◉	o ◉	o ◉	o ◉
	Ca	? o	o ◉		o	◉?		o ◉	o ◉	o ◉	o ◉
	Sr		o ◉		o	◉?		o ◉	o ◉	o ◉	o ◉
	Ba		o ◉		o	◉?		o ◉	o ◉	o ◉	o ◉
	Zn	o ◉	o			◉		◉	o ◉	o ◉	o ◉
	Cd	o ◉	o			◉	◉	◉	o ◉	o	o ◉
	Hg	o ◉	o		◉?	◉	◉	o	o ◉	o •	o ◉
III	B	o	o	o	o	o	o	o	o	o •	o •
	Al		o ◉		o ◉			o ◉	o ◉	o ◉	o •
	Ga		◉		o			o ◉	o ◉	o ◉	o ◉
	Jn	o	o ◉		o			o ◉	o ◉	o ◉	o ◉
	Tl	? o	o					o ◉	o ◉	o ◉	o ◉
	Sc				o						
	Y				o						
IV	C	◎ ◉	o ◉	◎ ◉	o ◉	o ◉	o	o ◉	o	? o	
	Si	? o	o	o	o ◉	o ◉	o ◉	o	o ◉	o	
	Ge				o ◉	o ◉	o ◉	o	o	o	
	Sn		o		o ◉	o ◉	o ◉	o ◉	o ◉	o ◉	o ◉
	Pb	o ◉	o		o ◉	o ◉	o ◉	o ◉	o ◉	o	
	Ti				o				o		
	Zr				o			o			
	Hf				o						
V	N	o ◉	o ◉								
	P	o ◉	o	o ◉	o						
	As	o ◉	? o	o	o ◉						
	Sb	o ◉			o			◉	o	o	
	Bi	o ◉	o		o			◉	o ◉	o ◉	o ◉
	V				o						
	Nb				o						
	Ta				o						
VI	O	o ◉	o ◉	o ◉	o ◉						
	S	o ◉	o ◉	o •	o						
	Se	o ◉	o ◉		o						
	Te	o ◉	o ◉		o ◉						
VII	Cr		o		o				o	o	
	Mn		o ◉		o		o ◉		o ◉	o ◉	◉
	Fe		? o		o				o ◉	o	
	Co		? o		o				o	o	
	Ni		o		o				o	o	
VIII	F	o ◉	o ◉	o ◉							
	Cl	o ◉	o ◉	o ◉	o	◉					
	Br	o ◉	o ◉	o ◉	o	◉		◉			
	J	o ◉	o ◉	o ◉	? o	o			o ◉	o ◉	

o = Spektrum in Emission bekannt

• =   "   in Absorption   "

◎ ◉ =   "   auch im thermischen Gleichgewicht beobachtet wärmen der Gleichgewichte $2\,C \rightleftharpoons C_2$ (BREWER, GILLES u. JENKINS) und $C + \frac{1}{2}\,N_2 \rightleftharpoons CN$ (BREWER, TEMPLETON u. JENKINS) im Temperaturbereich von 2200–2700°C aus der Intensität der Emissionsbanden von C_2 bzw. CN bestimmen. Auch zum Studium der Reaktionsgleichgewichte und Wärmetönungen in heißen Flammen wurde die Emissionsmethode mehrfach benutzt (GAYDON), wenn auch das Vorliegen eines thermischen Gleichgewichtes in den Reaktionszonen von Flammen nicht immer vorausgesetzt werden darf (s. Abschn. III. 2. g). *Tabelle 2* enthält eine Zusammenstellung von 259 spektroskopisch beobachteten zweiatomigen Gasen. 167 dieser Spektren konnten im thermischen Gleichgewicht nachgewiesen werden, davon zwei in Emission. Es gibt also eine überraschend große Anzahl von Spektren, deren Studium eine Ermittlung thermochemischer Daten ermöglichen sollte, wie sie von besonderer Bedeutung für Reaktionsabläufe bei höheren Temperaturen sind. Die Anzahl mehratomiger Radikale ist gegenüber den zweiatomigen sehr klein. Im thermischen Gleichgewicht konnte bisher lediglich das Absorptionsspektrum von CF_2 (WIELAND) in einem Kohleofen oberhalb 1600°C nachgewiesen werden und in Flammen die Emissionsspektren von NH_2 (HERZBERG u. RAMSAY) und HCO (SCHÜLER u. REINEBECK).

β) Die ultraroten Spektren der Gase

Das Hauptziel der Ultrarotphysik besteht in der Erforschung der Natur der Moleküle. Wie weiter oben angedeutet wurde, erlaubt die Feststellung der Lage der Eigenschwingungen weitgehende Rückschlüsse auf die Struktur der Moleküle und die wichtigsten Molekülkonstanten, wie etwa die Abstände der Atome im Molekül, ihre Bindungskräfte usw. Eine bedeutungsvolle praktische Anwendung haben die Erkenntnisse der Ultrarotspektroskopie in den chemischen Wissenschaften gefunden, insofern, als durch diese Forschungen eine Spektralanalyse der organischen Chemie aufgebaut werden konnte. Ebenso wie die Emissionsspektralanalyse in der anorganischen Chemie ist die Ultrarot-Absorptionsspektralanalyse in der organischen Chemie zu einem hervorragenden Hilfsmittel des Analytikers geworden. Im Rahmen dieser Darstellung kann eine Behandlung dieses Gegenstandes nicht eingefügt werden; es sei auf das entsprechende Fachschrifttum verwiesen [HERZBERG; BRÜGEL (*b*)].

Für Fragen der Temperaturstrahlung interessieren im wesentlichen die Rotationsschwingungsspektren der Moleküle, weniger dagegen die reinen Rotationsbanden, da diese im Bereich sehr großer Wellenlängen liegen und somit gemäß dem PLANCKschen Strahlungsgesetz bei Temperaturanregung eine gegenüber der kürzerwelligen Strahlung der Schwingungsbanden vernachlässigbar geringe Energie abstrahlen. Über die Entstehung der Spektren und ihre Zurückführung auf Schwingungen von

Atomen oder Atomgruppen innerhalb des Molekülverbandes sind schon einige Hinweise auf Seite 21 gegeben worden. Um aber die oftmals sehr verwickelt aussehenden Spektren dem Verständnis des Lesers näherzubringen, soll eine etwas nähere qualitative Betrachtung über die Herkunft der Spektren angestrebt werden, wenn auch auf eine eingehende Darstellung im Rahmen dieses Buches verzichtet werden muß.

Betrachtet man ein einfaches lineares Molekül, das – wie etwa das CO_2-Molekül – aus drei Atomen aufgebaut ist, so haben die Atome im Gleichgewicht bestimmte, durch die Bindungskräfte gegebene Gleichgewichtsabstände voneinander (s. *Abb. 13*). Wird das Gleichgewicht durch Abstandsänderungen gestört – etwa durch die Wärmebewegung der

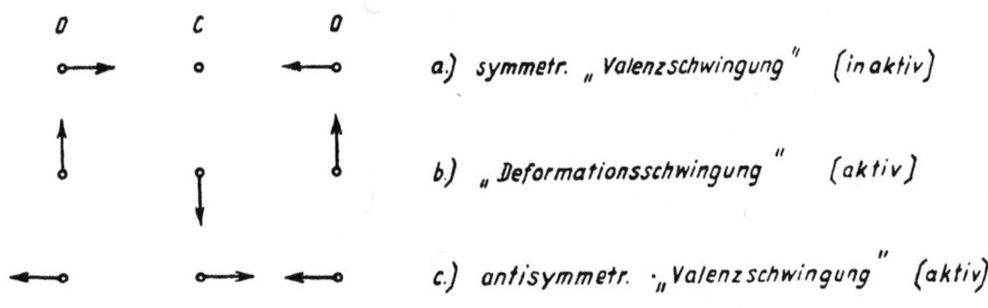

Abb. 13. Schwingungen eines CO_2-Moleküls

Atome oder durch Einstrahlung von Licht –, dann erfolgt die Rückkehr in die Gleichgewichtslage in Form einer gedämpften Schwingung, analog dem Verhalten eines angestoßenen Pendels. Frequenz und Wellenlänge dieser Schwingung sind durch die Atommassen und die zwischen den Atomen herrschenden Bindungskräfte bestimmt. Ein mehratomiges Molekül ist verschiedener Schwingungen fähig, die aus der Abbildung ersichtlich sind. Wie auf S. 22 ausgeführt, sind aber nur diejenigen Schwingungen optisch „aktiv", d. h. führen zur Ausstrahlung elektromagnetischer Wellen oder können diese im Akt der Absorption „verschlucken", bei denen die Schwingung zu einer Änderung des Dipolmomentes führt, das – falls ein Molekül im schwingungslosen Zustand kein Dipolmoment besitzt – auch durch die Deformation erst verursacht werden kann. Solche Schwingungen nennt man „aktiv" im Gegensatz zu den „inaktiven". Letztere sind im dargestellten Beispiel eines linearen Moleküls im Fall *a* wegen ihrer völligen Symmetrie verwirklicht.

Aus diesem Grunde fehlt auch den Nicht-Dipolgasen H_2, N_2, O_2 usw. das ultrarote Spektrum. Diese Gase sind im Ultraroten völlig „inaktiv", können also nicht emittieren und absorbieren.

Die je nach der Zahl der „Schwingungsfreiheitsgrade" möglichen Frequenzen werden noch vermehrt infolge Oberschwingungen, die dadurch auftreten, daß die Atomschwingungen nicht nur in Form reiner Sinus-schwingungen erregt werden. Diese nun schon sehr kompliziert auf-gebauten Spektren mit einer Vielzahl von Frequenzen werden weiterhin modifiziert durch eine Überlagerung von Rotationsfrequenzen und durch eine Reihe physikalischer Effekte, deren Einfluß bei der Besprechung der Linienspektren atomarer Gase und Dämpfe erörtert wurde. Durch eine Erhöhung des Druckes und der Temperatur des Gases werden die ur-sprünglich scharfen Frequenzen verbreitert und verschmiert, so daß die ultraroten Emissions- und Absorptionsbereiche mehr oder weniger breite und verwaschene Wellenlängenintervalle (,,Banden'') umfassen.

Die *Abb. 14* und *15* zeigen die ultraroten Bandenspektren des Kohlen-dioxyds und des Wasserdampfes in schematischer Darstellung und ge-

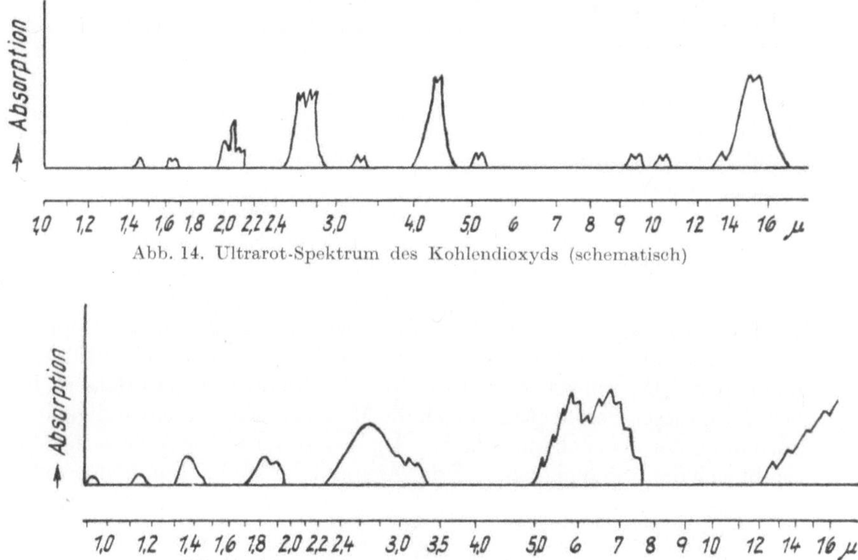

Abb. 14. Ultrarot-Spektrum des Kohlendioxyds (schematisch)

Abb. 15. Ultrarot-Spektrum des Wasserdampfes (schematisch)

währen einen Überblick über deren verwickelten Aufbau. So zeigt das ultrarote CO_2-Spektrum neben einer Anzahl schwächerer Banden stark ausgeprägte Banden bei $2{,}7\,\mu$, $4{,}3\,\mu$ und $14{,}7\,\mu$, das Wasserdampf-spektrum bei $3\,\mu$, $6\,\mu$ und oberhalb $14\,\mu$. Kohlenmonoxyd weist Banden auf bei $2{,}3$ und $4{,}7\,\mu$, die aber in ihrer Intensität weit schwächer sind als die des Kohlendioxyds und des Wasserdampfes. Sehr charakteristische Spektren besitzen die Halogenwasserstoffe, SO_2, CS_2, H_2S, O_3, NO_2, N_2O und die Kohlenwasserstoffe, und zwar ist die Anzahl der Banden im

Spektrum umso größer, je mehr Atome im Molekül enthalten sind und je geringer die Symmetrie des Moleküls ist.

Die experimentellen Hilfsmittel, mit denen die Ultrarotspektren gewonnen werden, vornehmlich das Auflösungsvermögen der benutzten Meßapparatur, d. h. die Breite des Wellenlängenintervalls, das zur Ausmessung des Spektrums verwendet wird, stellen einen weiteren sehr gewichtigen Einfluß auf das Aussehen des Spektrums dar. Je besser das Auflösungsvermögen ist, umso mehr offenbaren sich feinere Struktureigentümlichkeiten der Banden. So hat z.B. das Rotationsschwingungsspektrum von HCl, bei großem Auflösungsvermögen aufgenommen, das Aussehen in *Abb. 16a*, bei geringem Auflösungsvermögen untersucht, dagegen die Form in *Abb. 16b*. Bei hinreichend genauen Messungen zeigt sich, daß die Kurve *b* die Einhüllende der Kurve *a* ist. Eine Rotationsschwingungsbande der Form *b* wird als BJERRUMsche Doppelbande bezeichnet; sie ist immer dann zu erwarten, wenn die Auflösung nicht ausreicht, um die einzelnen Rotationsfrequenzen zu erfassen. In der Form dieser Bande spiegelt sich die MAXWELLsche Geschwindigkeitsverteilung der Gasmoleküle wieder. Aus der statistischen Wärmetheorie ergibt sich die Abhängigkeit, daß der Abstand der beiden Bandenmaxima

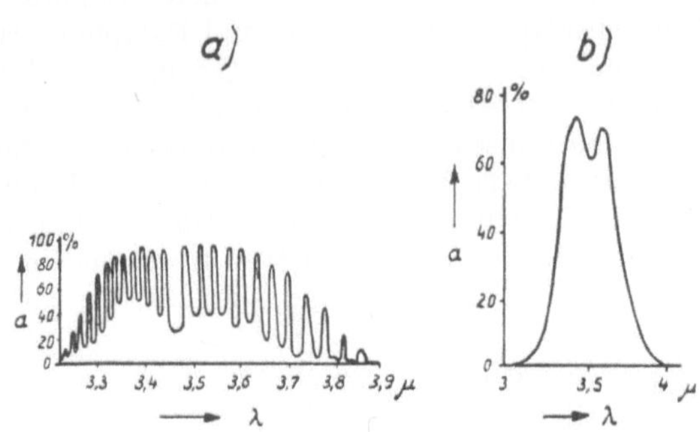

Abb. 16. Rotationsschwingungsbande von HCl bei 3,5 μ. — a) Bei großem Auflösungsvermögen   b) Bei geringerem Auflösungsvermögen

$$\Delta \nu = \frac{1}{\pi} \sqrt{\frac{k\,T}{A}} \tag{22}$$

ist. A = Trägheitsmoment des Moleküls, k = BOLTZMANN-Konstante. Die Gesetzmäßigkeit $\Delta \nu \sim \sqrt{T}$ wurde von v. BAHR an der 4,7-μ-Bande des Kohlenmonoxyds nachgeprüft und bestätigt.

Die Kenntnis der Ultraroteigenschaften von Gasen ist außer für die Strukturerforschung des Molekülbaues noch in manch anderer Hinsicht von großer Bedeutung. Es sei nur an den Wärmehaushalt der Erde erinnert, der im wesentlichen durch die atmosphärische Absorption und deren Einfluß auf die Zu- und Abstrahlung geregelt wird, oder an die

Strahlung der Flammengase, die bei höheren Temperaturen den Wärmeübergang in Feuerungen bewirkt. Bei der Behandlung solcher Fragen
handelt es sich nicht allein um die Feststellung der spektralen Lage der
Banden, sondern darüber hinaus um die Bestimmung der Intensitäten,
d. h. der Zusammenhänge zwischen Energie und Temperatur. Der Vielzahl der Untersuchungen, die auf die Aufklärung der Lage der Banden
im Spektrum ausgerichtet sind, stehen nur relativ wenig Arbeiten gegenüber, die Intensitätsfragen behandeln.

Für strahlungsdurchlässige Medien – wie z. B. die Gase – sollte das
Absorptionsvermögen durch die im LAMBERT-BOUGUERschen bzw.
BEERschen Absorptionsgesetz (S. 20) ausgedrückten Abhängigkeiten
bestimmt sein. Im BEERschen Gesetz werden zwei Aussagen gemacht:

1. Die exponentielle Abhängigkeit des Absorptions- bzw. Emissionsvermögens von der Schichtdicke und

2. die Proportionalität zwischen Absorptionskonstante k und Konzentration bzw. Dichte oder Druck des Gases; d. h. die Absorption und
   somit die Emission eines Gases soll nur von der Zahl der absorbierenden und emittierenden Moleküle abhängen.

Die Frage, ob tatsächlich das Produkt aus Druck p und Schichtdicke
s allein maßgebend ist für die Absorption, wurde in mehreren Arbeiten
eingehend untersucht.

ANGSTRÖM, der bei gleichbleibender Gasmenge (CO_2), Druck und
Schichtdicke einzeln im Verhältnis 5:1 variierte, kam zu dem Ergebnis,
daß im verdünnten Gas die Gesamtstrahlung weniger absorbiert wird als
in der gleichen Menge dichten Gases. Die absorbierte Strahlungsintensität
kann folglich nicht nur von der Zahl der absorbierenden Moleküle abhängen, da die Unterschiede trotz konstanter Gasmenge auftraten.
SCHÄFER, der die Abhängigkeit der Absorption vom Druck bei konstanter
Schichtdicke an den Banden des Kohlendioxyds untersuchte, fand mit
zunehmendem Druck eine Verbreiterung der Banden und gleichzeitig
einen Absorptionsanstieg für das Bandenmaximum. Eine spektrale Verbreiterung und eine Verstärkung der Absorption können durch eine Vergrößerung der Schichtdicke allein nicht erzielt werden, denn bei einer
Schichtdickenvergrößerung einer CO_2-Schicht von 1 atm Druck von
beispielsweise 50 auf 200 cm erfolgte keine Änderung der Bandenbreite
und der Maximalabsorption. Aus diesem Verhalten muß gefolgert werden,
daß in einer Schicht von 50 cm bei 1 atm Druck die maximale Absorption
schon erreicht ist, so daß eine weitere Schichtdickenerhöhung ohne Einfluß auf die Absorption bleibt.

Nach SCHÄFER finden die Abweichungen vom BEERschen Gesetz ihre
Erklärung durch die Annahme einer Feinstruktur der Banden, die auch
später unmittelbar bei feinerer spektraler Zerlegung der Strahlung be-

obachtet werden konnte (s. *Abb. 17* und *18*). Bei geringem Gasdruck wird
von einem einfallenden Wellenlängenintervall nur ein bestimmter Bruchteil absorbiert, während das Gas für andere Wellenlängen durchlässig ist.
Mit zunehmendem Druck werden durch Verringerung der Molekül-
abstände die einzelnen Absorptionslinien verbreitert, so daß weitere
Wellenlängen absorbiert werden. Dadurch erhöht sich die Absorption
der gesamten Bande, während – wie beschrieben – durch eine Schichtdickenvergrößerung allein, die den Molekülabstand nicht ändert, die
Absorption nicht mehr verstärkt werden kann.

Die Untersuchung der Abhängigkeit der Absorption von Druck und
Schichtdicke bei Gasgemischen (und zwar Gemischen aus einem absorbierenden und einem nicht absorbierenden Gas) zeigen ähnliche Abweichungen vom BEERschen Gesetz (v. BAHR; HERTZ; KUSSMANN). Auch
hier macht sich der Einfluß des Partialdruckes auf die Stärke der Absorption bemerkbar, und zwar wächst diese bei konstantem Gesamtgas-
druck mit ansteigendem Partialdruck des absorbierenden Gases. Noch
stärker aber nimmt die Absorption zu, wenn der Gesamtdruck des Gases
durch Zusatz eines indifferenten Gases ebenfalls vergrößert wird. Auch
aus diesem Ergebnis folgt wiederum, daß die Absorption nicht nur von
der Zahl der absorbierten Moleküle abhängt.

Das BEERsche Absorptionsgesetz ist bei Gasen nie streng erfüllt. Es
besitzt vielmehr als Grenzgesetz nur Gültigkeit für geringen Gasdruck
und kleine Schichtdicken, wenn die Wechselwirkungen der Gasmoleküle
untereinander, die zu einer von der Art des Gases, vom Druck und von
der Temperatur abhängigen Veränderung der Bandenstruktur führen,
sehr gering sind. Das BEERsche Gesetz kann allerdings oftmals mit
guter Näherung angewendet werden, wenn die Bereiche der Änderungen von $p \cdot s$ genügend klein gehalten werden. Aus diesem Grunde
müssen zur quantitativen Festlegung der Absorption-Druck-Abhän-
gigkeit von Gasen und Gasmischungen die Untersuchungen bei ausreichend vielen Variationen des Produktes $p \cdot s$ durchgeführt werden,
denn nur auf diese Weise gelangt man zu zahlenmäßig verwertbaren
Angaben.

Aus den Arbeiten über die Temperaturabhängigkeit der ultraroten
Banden folgt, daß die Banden im allgemeinen mit steigender Temperatur
nach längeren Wellen zu verbreitert werden und daß das Bandenmaximum nach längeren Wellen verschoben wird. Aus diesem Grunde
erfolgt die Emission heißer Gase bei größeren Wellenlängen als die
Absorption bei Raumtemperatur. Durch diese Verschiebung des Emis-
sionsmaximums gegenüber dem Absorptionsmaximum wird z. B. im
kalten Saum einer Flamme der kurzwellige Teil der emittierten Strahlung
einer Flamme stärker absorbiert als der langwellige, so daß eine in Wirk-
lichkeit nicht vorhandene Struktur der Emissionsbanden vorgetäuscht

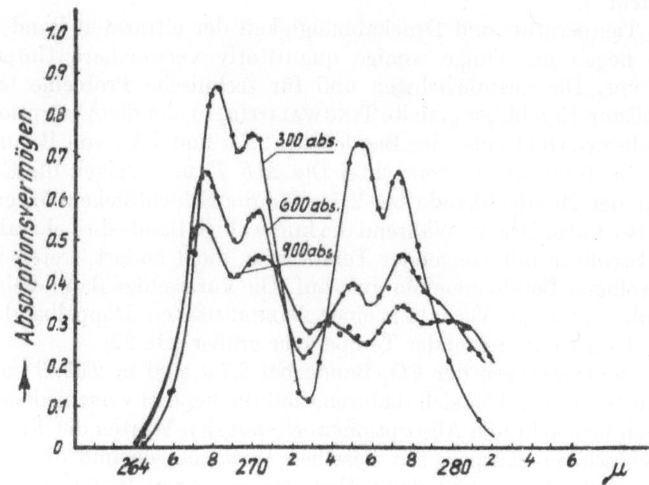

Abb. 17. CO_2-Absorption bei 2,7 μ (Schichtdicke = 5,2 cm, Druck = 1 atm)

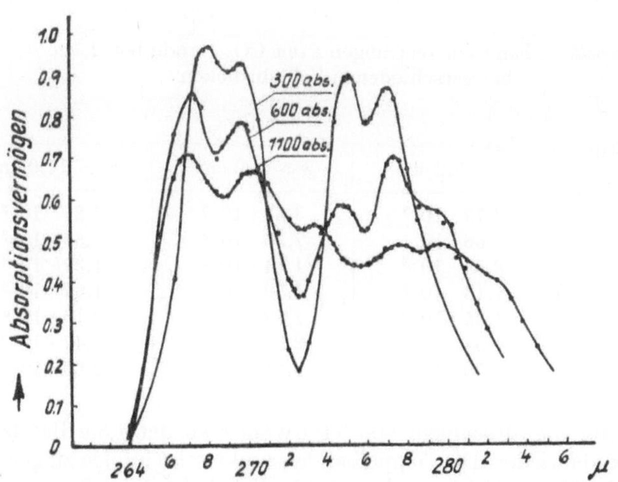

Abb. 18. CO_2-Absorption bei 2,7 μ (Schichtdicke = 11 cm, Druck = 1 atm)

werden kann (s. die in Abschn. III. 2. g behandelte Erscheinung der „Selbstumkehr").

Über die Temperatur- und Druckabhängigkeit der ultraroten Banden von Gasen liegen nur einige wenige quantitativ verwertbare Untersuchungen vor. Die ausführlichsten und für technische Probleme bedeutungsvollsten Ergebnisse erzielte TINGWALDT (a, b), der die Absorption des Kohlendioxyds im Gebiet der Banden bei $2,7\,\mu$ und $4,3\,\mu$ von Raumtemperatur bis $1000°$ abs. untersuchte. Die *Abb. 17* u. *18* zeigen die Ergebnisse an der Zweifachbande bei $2,7\,\mu$ für die Schichtdicken $5,2\,cm$ und $11\,cm$ bei $1\,atm$ Druck. Während die kurzwellige Bande ihre charakteristische Struktur mit steigender Temperatur nicht ändert, treten in der längerwelligen Bande neue Maxima auf. Die kurzwellige Bande zeigt qualitativ das typische Verhalten einer BJERRUMschen Doppelbande: Der Abstand wird mit steigender Temperatur größer (Gl. 22).

Die Emissionsvermögen der CO_2-Bande bei $2,7\,\mu$ sind in *Tab. 3* aufgeführt. Die Werte ergaben sich dadurch, daß die bei den verschiedenen Wellenlängen beobachteten Absorptionswerte mit den Werten der Emission eines schwarzen Körpers für dieselben Wellenlängen und dieselbe Temperatur multipliziert und dann über den gesamten Wellenlängenbereich der Bande numerisch integriert wurden. Dieses Ergebnis, dividiert durch die Gesamtemission eines schwarzen Körpers gleicher Temperatur, liefert nach dem KIRCHHOFFschen Gesetz das Emissionsvermögen der Kohlendioxydschicht für diese Bande und für die senkrecht aus der Schicht austretende Strahlung.

Tabelle 3. Emissionsvermögen e der CO_2-Bande bei $2,7\,\mu$
bei verschiedenen Schichtdicken

Temperatur	e für		
	$s = 5,2\,cm$	$s = 8,0\,cm$	$s = 11,0\,cm$
300	$2,79 \cdot 10^{-3}$	$3,53 \cdot 10^{-3}$	$4,27 \cdot 10^{-3}$
400	$5,66 \cdot 10^{-3}$	$7,36 \cdot 10^{-3}$	$8,89 \cdot 10^{-3}$
500	$8,65 \cdot 10^{-3}$	$1,14 \cdot 10^{-2}$	$1,37 \cdot 10^{-2}$
600	$1,13 \cdot 10^{-2}$	$1,50 \cdot 10^{-2}$	$1,81 \cdot 10^{-2}$
700	$1,35 \cdot 10^{-2}$	$1,78 \cdot 10^{-2}$	$2,16 \cdot 10^{-2}$
800	$1,54 \cdot 10^{-2}$	$2,02 \cdot 10^{-2}$	$2,47 \cdot 10^{-2}$
900	$1,70 \cdot 10^{-2}$	$2,21 \cdot 10^{-2}$	$2,69 \cdot 10^{-2}$

Abb. 19 gibt die Messungen von TINGWALDT an der $4,3\,\mu$-Bande des Kohlendioxyds wieder. Die Doppelbandenstruktur ist infolge zu geringer spektraler Auflösung nicht zu erkennen. Lediglich die durch Temperaturerhöhung bedingte Bandenverbreiterung und die Verschiebung des Ab-

sorptionsmaximums nach größeren Wellenlängen sind deutlich sichtbar.
Die Abnahme des Absolutwertes der Absorption ist auf die mit der
Temperatursteigerung ver-
bundene Dichteabnahme des
Gases zurückzuführen. Die
Absorptionskurven für reines
Kohlendioxyd und für drei
verschiedene CO_2-N_2-Ge-
mische bei Raumtemperatur
sind in *Abb. 20* aufgezeichnet.
Sie zeigen die schon weiter
oben erwähnte Bandenver-
breiterung und Absorptions-
zunahme mit wachsendem
CO_2-Partialdruck. Die Emissionsvermögen der 4,3 μ-
Bande sind in *Tab. 4* zusammengestellt. Sie wurden
auf die gleiche Art erzielt wie
die Werte für die 2,7 μ-Bande.

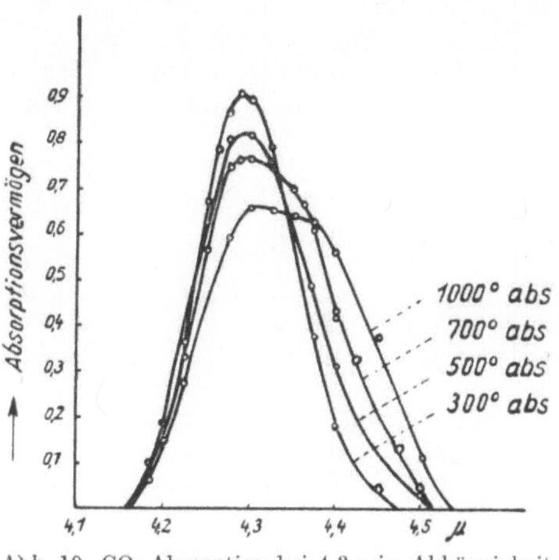

Abb. 19. CO_2-Absorption bei 4,3 μ in Abhängigkeit
von der Temperatur

d) Die Gesamtstrahlung der Gase

In vielen Fällen interessiert weniger das spektrale Verhalten als vielmehr
die gesamte abgestrahlte Ener-
gie einer Gasschicht bestimmter
Temperatur. SCHACKS Erkenntnis, daß in feuerungstechnischen
Anlagen der Energietransport
durch Strahlung einen gewichtigen, bei hohen Temperaturen
den entscheidenden Anteil der
Wärmeübertragung von der
Flamme auf das Wärmgut bei-
trägt, hatte einige bedeutungsvolle Arbeiten zur Folge. Die
Ergebnisse der ersten, noch
ziemlich groben Berechnungen
von SCHACK (*b*), die auf den
damals nur bei Raumtemperatur
bekannten Ultrarotspektren der
Gase basierten, waren überraschend genug, um experimentelle Nachprüfungen der berech-

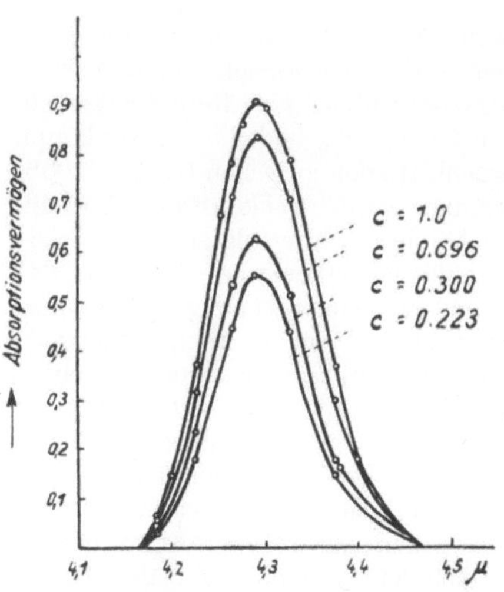

Abb. 20. CO_2-Absorption von CO_2-N_2-Gemischen
im Bereich der 4,3 μ-Bande bei Raumtemperatur

Tabelle 4. Emissionsvermögen e der CO_2-Bande bei 4,3 μ
(p = Druck in mm Hg; c = Konzentration)

Raum- tempe- ratur	p = c = $10^3 \cdot e$ =	752 1 1,013	478 1 0,762	750 1 1,022	750 0,696 0,898	757 0,300 0,655	757 0,223 0,548
500° abs.	p = c = $10^2 \cdot e$ =	749 1 1,228	758 1 1,249	758 0,668 1,013	745 0,347 0,746	— — —	— — —
700° abs.	p = c = $10^2 \cdot e$ =	745 1 2,282	751 0,653 1,806	753 0,354 1,223	— — —	— — —	— — —
800° abs.	p = c = $10^2 \cdot e$ =	760 1 2,534	752 1 2,500	764 0,655 1,959	764 0,256 1,058	— — —	— — —
1000° abs.	p = c = $10^2 \cdot e$ =	756 1 2,318	752 0,631 1,745	742 0,362 1,169	— — —	— — —	— — —

neten großen Gesamtstrahlungswerte für Kohlendioxyd und Wasserdampf zu veranlassen.

Einer ersten Arbeit von E. Schmidt (*b*) über die Gesamtstrahlung von Wasserdampf folgten sehr eingehende Untersuchungen von Hottel u. Mangelsdorf, die die Kohlendioxyd-Strahlung von Raumtemperatur bis 1370°C bei CO_2-Gehalten von 0,2 bis 100% und die Wasserdampfstrahlung bis 1030°C und bei Konzentrationen zwischen 0,5 und 100% experimentell ermittelten. Die Messungen wurden bei konstanter Schichtdicke durchgeführt. Die Partialdruckänderungen erfolgten durch Stickstoffzusätze. Die Messungen lieferten das bemerkenswerte Ergebnis, daß die Absorption des Kohlendioxyds mit steigender Temperatur zunahm, während die Absorption des Wasserdampfes nahezu temperaturunabhängig blieb. Daraus folgt für das optische Verhalten des Kohlendioxyds, daß die Verbreiterung der Absorptionsbanden mit steigender Temperatur eine stärkere Absorptionserhöhung verursacht als der entgegenwirkende Einfluß der Dichteabnahme, während sich bei Wasserdampf beide Einflüsse nahezu aufheben. Diese Feststellung ist in Übereinstimmung mit den Ergebnissen der spektralen Messungen von Tingwaldt an CO_2 (s. *Tab. 3* u. *4*). Für Wasserdampf liegen leider keine spektralen Untersuchungen der Temperaturabhängigkeit vor. Weitere Messungen der Wasserdampfstrahlung wurden von Eckert (*a*) unternommen, und im

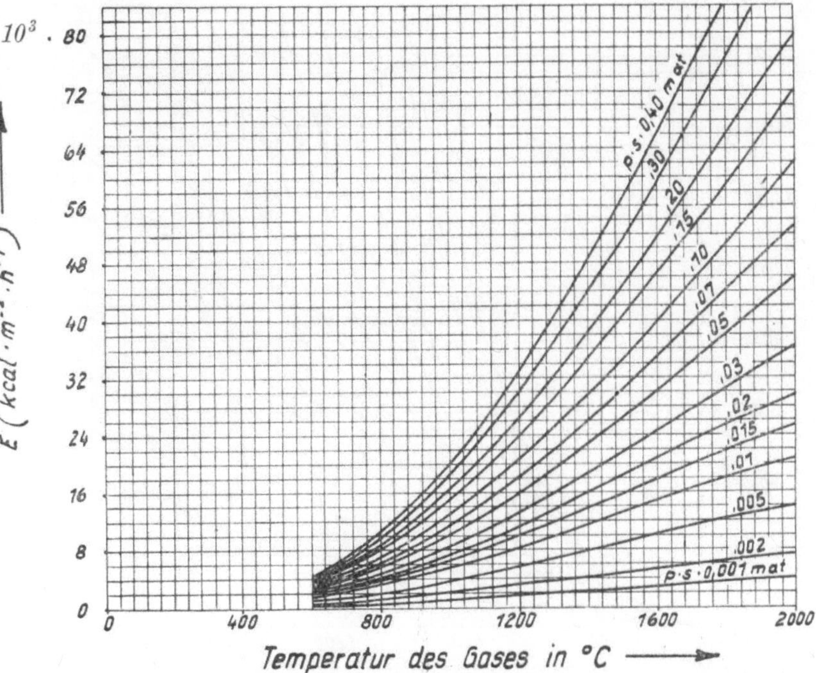

Abb. 21. Gesamtstrahlung des Kohlendioxyds (große Schichtdicken)

Jahre 1941 erschien eine alle früheren Messungen kritisch zusammenfassende Arbeit von HOTTEL u. EGBERT mit ergänzenden Messungen bis fast 2000°C. Die Messungen bei den höchsten Temperaturen wurden allerdings an Flammen erzielt und dürften wegen der Inhomogenität der Flammen nicht den gleichen Genauigkeitsgrad aufweisen wie die bei tieferen Temperaturen gewonnenen Ergebnisse. Die von HOTTEL u. EGBERT als Bestwerte beurteilten Emissionsvermögen wurden von SCHACK in Gesamtstrahlungswerte umgerechnet und in Abhängigkeit von der Temperatur und vom Produkt $p \cdot s$ dargestellt. Die *Abb. 21 u. 22* zeigen die Kurvenscharen für die Gesamtstrahlung des Kohlendioxyds.

Nach den Ausführungen auf den Seiten 37 und 38 über die begrenzte Gültigkeit des BEERschen Absorptionsgesetzes für Gase sollte eine solche Darstellung mit vertauschbaren Werten für p und s nicht möglich sein. SCHACK konnte indessen zeigen, daß ein solches Vorgehen für die Kohlensäurestrahlung in dem *angegebenen* Bereich mit guter Näherung erlaubt ist, während für Wasserdampf gewisse Einschränkungen gemacht werden müssen, die weiter unten besprochen werden. Es gelang ihm weiterhin,

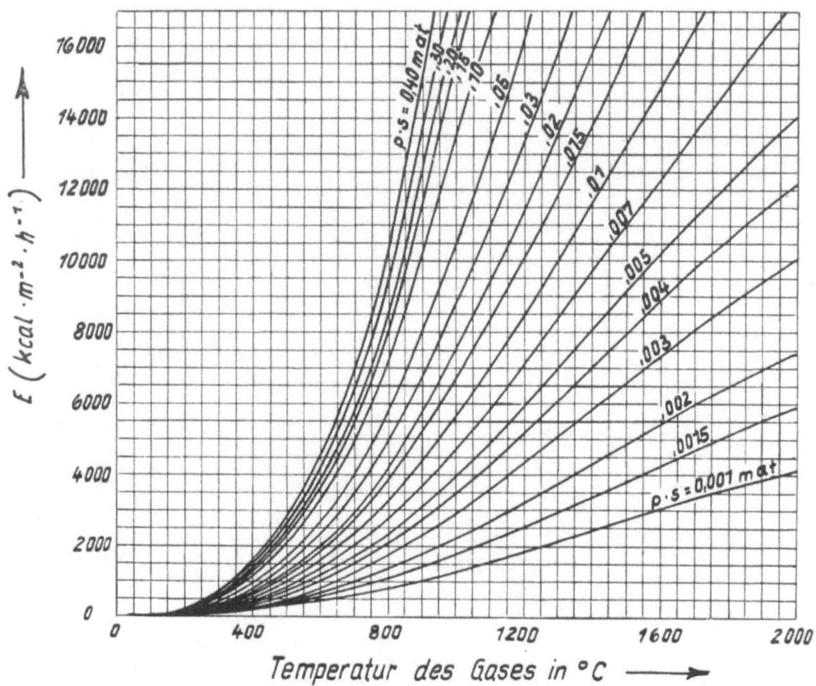

Abb. 22. Gesamtstrahlung des Kohlendioxyds (kleine Schichtdicken)

die Meßergebnisse zu empirischen Formeln auszuwerten, die in einfacher Weise eine Berechnung der Gesamtstrahlung gestatten. Für die CO_2-Strahlung lautet diese Interpolationsformel:

$$E_{CO_2} = 8{,}9\,(p \cdot s)^{0,4} \left(\frac{T}{100}\right)^{3,2} \quad \text{in kcal} \cdot m^{-2} \cdot h^{-1}\,; \quad (23)$$

p = Partialdruck von CO_2 in atm

s = Schichtdicke in m

T = Temperatur in °abs.

Der Gültigkeitsbereich der Formel erstreckt sich von $p \cdot s = 0{,}003$ bis $p \cdot s = 0{,}4$ m · atm und von 500 bis 1800°C.

Nachdem die ausführlichen Ergebnisse von TINGWALDT über die Änderungen des CO_2-Spektrums mit der Temperatur vorlagen, konnte die SCHACKsche Formel (Gl. 23) präzisiert und auf einen größeren Gültigkeitsbereich ausgedehnt werden. Die neue, nunmehr auch physikalisch besser begründete Beziehung, auf deren Ableitung hier verzichtet werden soll [SCHACK (a)], lautet:

$$E_{CO_2} = K_1 \left(1 + 0{,}026\,\frac{t}{100}\right) \varphi\left(18\,p \cdot s\,\sqrt{\frac{273}{100}}\right) + K_2\left(1 + 0{,}031\,\frac{t}{100}\right)$$

$$\times \left[1 - \frac{0{,}6}{115\,p\,s\,\sqrt{\dfrac{273}{T}}} \cdot \left(1 - e^{-115\,p\,s\,\sqrt{\frac{273}{T}}}\right)\right.$$

$$\left. - \frac{0{,}4}{p \cdot s\left(140 + \dfrac{650}{T/1000} - 115\,\sqrt{\dfrac{273}{T}}\right)} \cdot \left(e^{-115\,p\,s\,\frac{273}{T}} - e^{-\left(140 + \frac{650}{T/1000}\right)p\,s}\right)\right]$$

$$+ K_3\,\varphi\,(32\,p\,s) \qquad \text{in } \mathrm{kcal} \cdot m^{-2} \cdot h^{-1}\,; \tag{24}$$

$$t = \text{Gastemperatur in } °C, \quad T = \text{Gastemperatur in } °\text{abs.}$$

φ ist eine Abkürzung der Funktion

$$\varphi\,(x) = 1 - \frac{1 - e^{-x}}{x}\,,$$

worin z. B.

$$x = 18\,p \cdot s\,\sqrt{\frac{273}{T}}$$

ist. Die K-Werte sind die Strahlungsenergien einer unendlich starken CO_2-Schicht in den verschiedenen Banden des CO_2-Spektrums. Sie sind bei Kenntnis der Bandenbreiten (s. die Untersuchungen von TINGWALDT) nach dem PLANCKschen Strahlungsgesetz zu berechnen und in *Tab. 5* dargestellt.

In der schematischen Darstellung des ultraroten CO_2-Spektrums sind neben den in *Tab. 5* aufgeführten drei Hauptbanden noch einige schwächere Banden vorhanden. Diese sind aber so energiearm, daß sie erst bei sehr großen Schichtdicken einen merklichen Beitrag zur Gesamtstrahlung liefern. Ihr Einfluß ist durch eine entsprechende Vergrößerung der K_1-, K_2- und K_3-Werte berücksichtigt.

Ein Vergleich der Meßwerte mit den nach Gl. (23) und Gl. (24) berechneten Werten zeigt, daß die Übereinstimmung recht befriedigend ist (*Tab. 6*). Die Abweichungen betragen durchschnittlich einige Prozent und übersteigen nur in wenigen Fällen 10%. Die auftretenden Unterschiede, die mit zunehmender Temperatur leicht ansteigen und die einen bei stetiger Änderung der $p \cdot s$-Werte systematischen Gang aufzuweisen scheinen, dürften auf Abweichungen vom BEERSchen Gesetz beruhen. Die mit Hilfe der Näherungsformel Gl. (23) berechneten Werte zeigen außerhalb des Gültigkeitsbereiches erhebliche Abweichungen; sie sind besonders gekennzeichnet.

Tabelle 5. Strahlung einer unendlich starken CO_2-Schicht in 10^3 kcal $\cdot m^{-2} \cdot h^{-1}$ (nach SCHACK)

Temperatur °C	Bande 1 K_1 $\lambda_{max} = 2,7\,\mu$	Bande 2 K_2 $\lambda_{max} = 4,3\,\mu$	Bande 3 K_3 $\lambda_{max} = 15,0\,\mu$
200	0.0007	0,006	0,28
300	0,009	0,075	0,43
400	0,058	0,225	0,61
500	0,22	0,63	0,76
600	0,63	1,44	0,97
700	1,41	2,85	1,15
800	2,82	4,80	1,35
900	4,90	7,20	1,51
1000	7,79	10,2	1,72
1100	11,61	13,9	1,91
1200	16,75	18,6	2,11
1300	22,40	23,5	2,30
1400	29,25	28,9	2,50
1500	37,20	35,0	2,69
1600	45,60	41,4	2,89
1700	55,40	48,1	3,06
1800	65,75	55,4	3,27
1900	77,2	63,0	3,48
2000	89,5	70,6	3,69
2100	102,5	79,4	3,86
2200	116,2	88,0	4,06
2300	131,3	97,0	4,25
2400	145,6	105,9	4,44
2500	162,5	114,9	4,64

Die Werte für die Gesamtstrahlung des Wasserdampfes sind in den *Abb. 23* und *24* wiedergegeben. Die diesen Kurven entsprechende Interpolationsformel von SCHACK lautet für den Bereich $0 < p \cdot s < 0,36$ und zwischen 400 und 1900°C

$$E_{H_2O} = (40 - 73\,p\,s)\,(p\,s)^{0,6} \left(\frac{T}{100}\right)^{2,32 + 1,37\sqrt[3]{p \cdot s}} \quad \text{in kcal} \cdot m^{-2} \cdot h^{-1}. \quad (25)$$

Die Abweichungen vom BEERSchen Gesetz sind, wie schon SCHMIDT feststellte, bei Wasserdampf erheblich größer als bei Kohlendioxyd. Eine

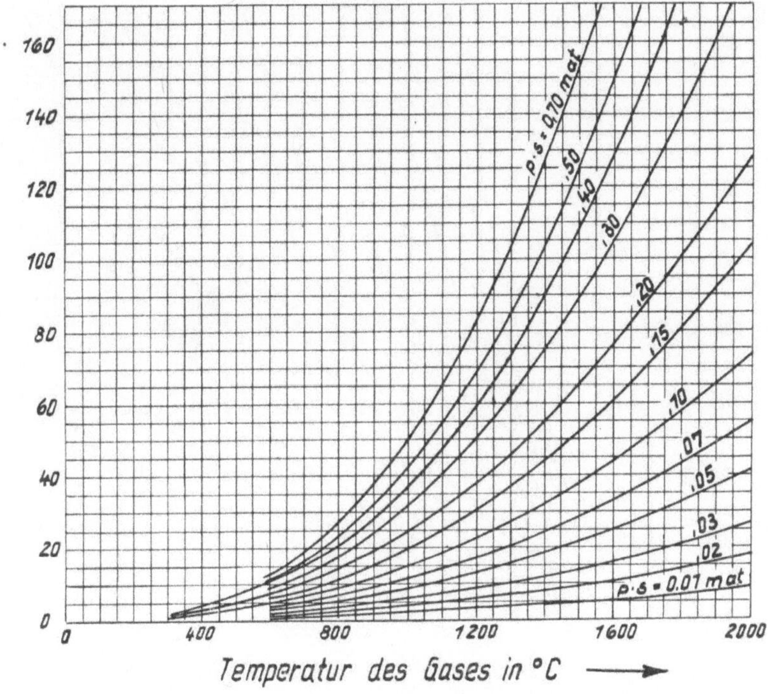

Abb. 23. Gesamtstrahlung des Wasserdampfes (große Schichtdicken)

genaue Überprüfung von HOTTEL u. EGBERT zeigte, daß diese Unterschiede vornehmlich im Temperaturgebiet unterhalb 650°C auftreten, während oberhalb dieser Temperatur das BEERsche Gesetz mit guter Annäherung erfüllt sein soll. Die Werte in den *Abb. 23* u. *24* und Gl. (25) gelten somit nur oberhalb 650°C. Für genauere Rechnungen im unteren Temperaturgebiet ist dagegen nach SCHACK in Gl. (25) bzw. in den Kurven für das Produkt $p \cdot s$ der durch die folgende empirische Formel korrigierte Wert einzusetzen:

$$(ps)_k = 0.475 \left[\sqrt{1 + 6{,}47 \, (ps)_w \, (0{,}65 + 0{,}35 \, p)} - 1 \right] \quad \text{in m} \cdot \text{atm.} \qquad (26)$$

In dieser Gleichung ist $(p \cdot s)_w$ der wirkliche Wert von $p \cdot s$ und $(p \cdot s)_k$ der in die Kurvenscharen *(Abb. 23* u. *24)* oder in Gl. (25) unterhalb 650°C einzusetzende Wert. Leider liegen für Wasserdampf keine Unter-

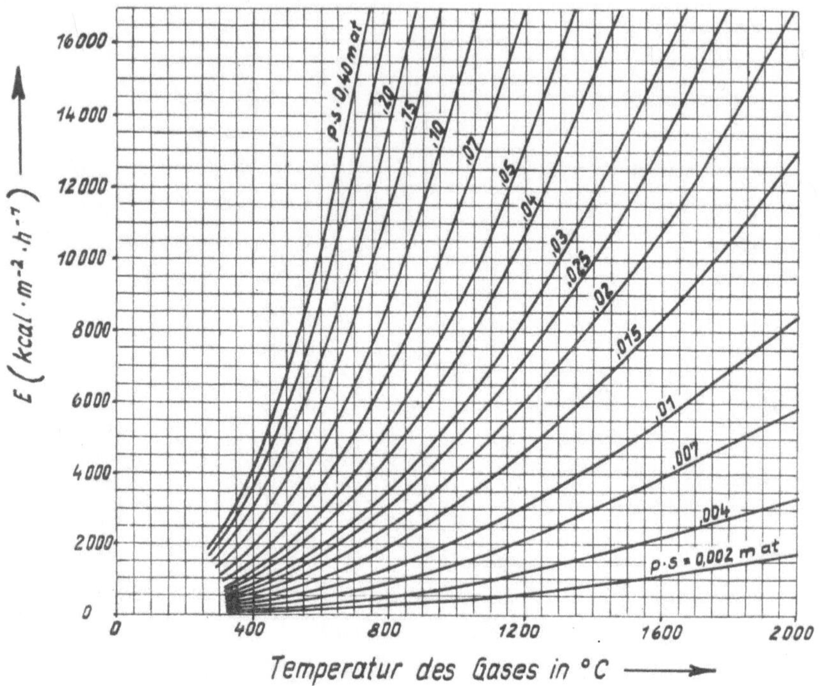

Abb. 24. Gesamtstrahlung des Wasserdampfes (kleine Schichtdicken)

suchungen über die Veränderungen des Spektrums mit der Temperatur vor. Erst solche Messungen würden Aussagen mit einem ausreichenden Genauigkeitsgrad erlauben.

Bei gleichzeitigem Vorhandensein von Kohlendioxyd und Wasserdampf – wie in der Atmosphäre der Erde oder in den verbrannten Flammengasen – beeinflussen sich die beiden Gasstrahlungen, da die ultraroten Banden von CO_2- und H_2O-Dampf nach Ausweis der *Abb. 14* u. *15* teilweise in den gleichen Wellenlängenbereichen liegen. Die Folge ist eine Absorption der Wasserdampfstrahlung durch das Kohlendioxyd und umgekehrt, so daß das Gasgemisch eine geringere Energie emittiert als der Summe der Kohlendioxyd- und Wasserdampfstrahlung entspricht. Nach HOTTEL u. MANGELSDORF und nach ECKERT sind diese Abweichungen aber nicht sehr groß. Sie betragen je nach dem Wert des Produktes $p \cdot s$ etwa 2 bis 6%, so daß sie nur für genauere Rechnungen berücksichtigt werden müssen.

Tabelle 6. Vergleich zwischen gemessener und berechneter CO_2-Strahlung

Temperatur C°	Schichtdicke $p \cdot s$ in $m \cdot$ atm	Meßwert E_{CO_2} in kcal $\cdot$ m$^{-2} \cdot$ h^{-1}	Näherungsformel Gl. (23) E'_{CO_2}	E_{CO_2}/E'_{CO_2}	Hauptformel Gl. (24) E''_{CO_2}	E_{CO_2}/E''_{CO_2}
300	0,4	744	1680	2,24 ×	760	1,02
	0,04	430	665	1,55 ×	454	1,05
	0,01	260	378	1,45 ×	240	0,92
	0,004	172	264	1,54 ×	160	0,93
	0,001	79	152	1,93 ×	73	0,93
600	0,4	4580	6330	1,39	4620	1,01
	0,04	2500	2520	1,01	2607	1,04
	0,01	1530	1440	0,94	1492	0,98
	0,004	980	1000	0,98	1006	1,03
	0,001	415	578	0,72 ×	414	1,00
900	0,4	14800	16220	1,09	14800	1,00
	0,04	7400	6470	0,87	7455	1,01
	0,01	4300	3680	0,86	4170	0,97
	0,004	2740	2560	0,94	2695	0,98
	0,001	1000	1470	1,47 ×	1034	1,03
1200	0,4	32900	34500	1,05	32780	0,99
	0,04	14800	13750	0,93	14895	1,00
	0,01	8450	7640	0,90	8230	0,97
	0,004	5160	5440	1,06	5050	0,98
	0,001	1810	3140	1,73 ×	1890	1,04
1500	0,4	57000	61200	1,08	58190	1,02
	0,04	23500	24400	1,04	24500	1,04
	0,01	13350	13900	1,04	12930	0,97
	0,004	8000	9700	1,21	7905	0,99
	0,001	2700	5580	2,06 ×	2704	1,00
1800	0,4	84600	95100	1,12	89510	1,06
	0,04	34500	37900	1,10	35660	1,04
	0,01	18000	21450	1,19	18350	1,02
	0,004	10700	15020	1,41	10995	1,03
	0,001	3600	8620	2,39 ×	3718	1,03
2000	0,4	104900	138000	1,31 ×	113280	1,08
	0,04	41400	55200	1,34 ×	44020	1,07
	0,01	20900	30500	1,45 ×	22670	1,09
	0,004	12150	21900	1,81 ×	13640	1,12
	0,001	4200	12600	3,0 ×	4424	1,05

Tabelle 7. Vergleich zwischen gemessener
und berechneter Wasserdampfstrahlung

Tempe-ratur $^\circ$C	Schichtdicke $p \cdot s$ in $m \cdot$ atm	Meßwert E_{H_2O} in kcal $\cdot m^{-2} \cdot h^{-1}$	Berechneter Wert nach Gl. (25) E'_{H_2O}	E_{H_2O}/E'_{H_2O}
400	0,36	3 900	3 870	0,99
	0,10	1 900	2 260	1,19
	0,02	580	646	1,11
	0,005	160	210	1,31
700	0,36	14 000	13 110	0,94
	0,10	6 600	6 780	1,03
	0,02	1 870	1 750	0,94
	0,005	490	536	1,09
1000	0,36	34 200	32 600	0,95
	0,10	14 900	15 000	1,00
	0,02	4 070	3 570	0,88
	0,005	1 005	1 050	1,04
1300	0,36	69 000	63 300	0,92
	0,10	26 900	27 800	1,03
	0,02	7 140	6 410	0,90
	0,005	1 850	1 820	0,98
1600	0,36	119 000	114 200	0,96
	0,10	44 700	47 300	1,06
	0,02	10 850	10 240	0,95
	0,005	2 600	2 860	1,10
1900	0,36	185 000	183 000	1,01
	0,10	65 800	72 000	1,09
	0,02	16 000	15 000	0,94
	0,005	3 800	4 150	1,09

3. Metalloptik

Ein auffälliges optisches Merkmal ist der allen Metallen gemeinsame
Glanz, der durch das sehr hohe Reflexionsvermögen dieser Körperklasse
bedingt ist. Die starke Reflexion des weißen Lichtes an Metallen ver-
hindert auch die deutliche Erkennbarkeit der Eigenfarbe der Metalle,
so daß diese mit Ausnahme von Kupfer und Gold weiß bis grau erscheinen. Nur durch Mehrfachreflexionen offenbart sich z. B. die blaue Farbe
des Zinks und die gelbe Farbe des Nickels. In Abschnitt II.2 ist aufgeführt,

wie aus den Spektren der isolierten Atome und Moleküle weitgehende Rückschlüsse auf den Atom- bzw. Molekülbau gezogen werden können. Wenn auch die Metalle im festen und flüssigen Zustand im Gegensatz zu den freien Atomen und Molekülen nicht einzelne diskrete Wellenlängen absorbieren und emittieren, sondern ihr Spektrum sich kontinuierlich vom kurzwelligen Ultraviolett bis zum langwelligen Ultrarot erstreckt, so können doch trotz der dadurch erschwerten Deutungsmöglichkeiten wichtige Aussagen über die Struktur der Metalle, insbesondere über die charakteristischen Größen der in ihnen vorhandenen Elektronen, gemacht werden. Die Zurückführung der optischen Eigenschaften der Metalle auf allgemeinere Gesetzmäßigkeiten erlaubt dann wiederum umgekehrt grundlegende Aussagen über die Metallstrahlung in Abhängigkeit von Wellenlänge und Temperatur.

a) Optische Eigenschaften der Metalle im langwelligen Ultrarot
(Hagen-Rubenssche Beziehung)

Das optische Verhalten der Metalle im langwelligen Ultrarot wird auf Grund der MAXWELLschen elektromagnetischen Lichttheorie erklärt. Da durch ihre Gültigkeit der Nachweis der Identität der elektrischen und Lichtstrahlung erbracht wurde, können die die optischen Eigenschaften bestimmenden optischen Konstanten (Brechungsindex n und Absorptionskoeffizient $n\varkappa$) auf die elektrischen Eigenschaften der Metalle – gegeben durch die Dielektrizitätskonstante ε und die elektrische Gleichstromleitfähigkeit σ_0 – zurückgeführt werden. Die Bedeutung der optischen Konstanten n und $\varkappa$ für die Beschreibung des Verhaltens eines Metalls gegenüber einer elektromagnetischen Welle folgt aus der Lösung der Wellengleichung, die z. B. für den Sonderfall einer ebenen gedämpften Welle

$$E = E_0 \cdot e^{-\frac{2\pi n \varkappa s}{\lambda}} \sin 2\pi \nu \left(t - \frac{n}{c} \cdot s \right) \tag{27}$$

lautet.

$s =$ zurückgelegter Weg im Metall,
$\nu =$ Frequenz der Welle,
$\lambda =$ Wellenlänge im Vakuum,
$c =$ Vakuumlichtgeschwindigkeit,
$n =$ Brechungsindex des Metalls,
$n\varkappa =$ Absorptionskoeffizient des Metalls.

Die optischen Konstanten sind mit den elektrischen Konstanten ε und σ_0 nach der MAXWELLschen Theorie durch die Beziehungen

$$n^2 - (n\varkappa)^2 = \varepsilon, \tag{28a}$$

$$n^2\varkappa = \frac{\sigma_0}{\nu}. \tag{28b}$$

verknüpft.

Das Reflexionsvermögen einer Metalloberfläche berechnet sich bei senkrechtem Lichteinfall nach

$$r = \frac{(n-1)^2 + (n\varkappa)^2}{(n+1)^2 + (n\varkappa)^2} \cdot \qquad (29)$$

Für sehr große Wellenlängen wird bei Metallen der Ausdruck (28a) sehr klein gegenüber (28b), da $n^2\varkappa$ mit kleiner werdender Frequenz stark anwächst, so daß

$$n\varkappa \approx n \approx \sqrt{\frac{\sigma_0 \lambda}{c}} \qquad (30)$$

wird. Führt man statt σ_0 den elektrischen Widerstand ϱ $\left(\dfrac{\text{Ohm} \cdot \text{mm}^2}{\text{m}}\right)$ ein und berechnet die Wellenlänge λ in μ, so ergibt sich für das Absorptionsvermögen auf Grund einer Reihenentwicklung

$$a_\lambda = 1 - r_\lambda = 0{,}365 \sqrt{\frac{\varrho}{\lambda}} - 0{,}0667 \frac{\varrho}{\lambda} + 0{,}0091 \left(\frac{\varrho}{\lambda}\right)^{3/2} \cdots . \qquad (31)$$

Innerhalb der Meßgenauigkeit genügt allein die Berücksichtigung des ersten Gliedes der Gleichung (31):

$$a_\lambda = 1 - r_\lambda = 0{,}365 \sqrt{\frac{\varrho}{\lambda}} . \qquad (32)$$

Diese Formel, die aussagt, daß das Reflexionsvermögen eines Metalles im fernen Ultrarot allein durch seine elektrische Leitfähigkeit bestimmt ist und daß ein Metall umso besser reflektiert, je besser es den elektrischen Strom leitet, wird die HAGEN-RUBENSsche Beziehung genannt, die HAGEN und RUBENS ohne Kenntnis der Theorie empirisch aus ihren Reflexionsmessungen an Metallen im Ultrarot gefolgert hatten. Ihre theoretische Herleitung stammt von DRUDE und PLANCK.

Durch die HAGEN-RUBENSsche Beziehung wird das spektrale Absorptionsvermögen der Metalle im allgemeinen bis zu $\lambda \approx 10\,\mu$ herab gut wiedergegeben. Für kürzere Wellenlängen kann das Reflexionsvermögen nicht mehr allein aus der Gleichstromleitfähigkeit berechnet werden. Nach *Abb. 25* treten Abweichungen in dem Sinne auf, daß bei den Edelmetallen das Absorptionsvermögen mit abnehmender Wellenlänge weniger stark ansteigt als es Gleichung (32) fordert; bei den Übergangsmetallen hingegen, die nicht voll aufgefüllte innere Elektronenschalen besitzen, nimmt das Absorptionsvermögen mit kürzer werdender Wellenlänge stärker zu. Da die HAGEN-RUBENSsche Beziehung auf Grund einer Kontinuumstheorie abgeleitet wird, die keinerlei Rücksicht auf den atomistischen Aufbau der Materie nimmt, darf auch nicht erwartet werden, daß sie Allgemeingültigkeit besitzt. Sie ist auf so große Wellenlängen beschränkt, gegenüber denen die atomistische Struktur vernachlässigt

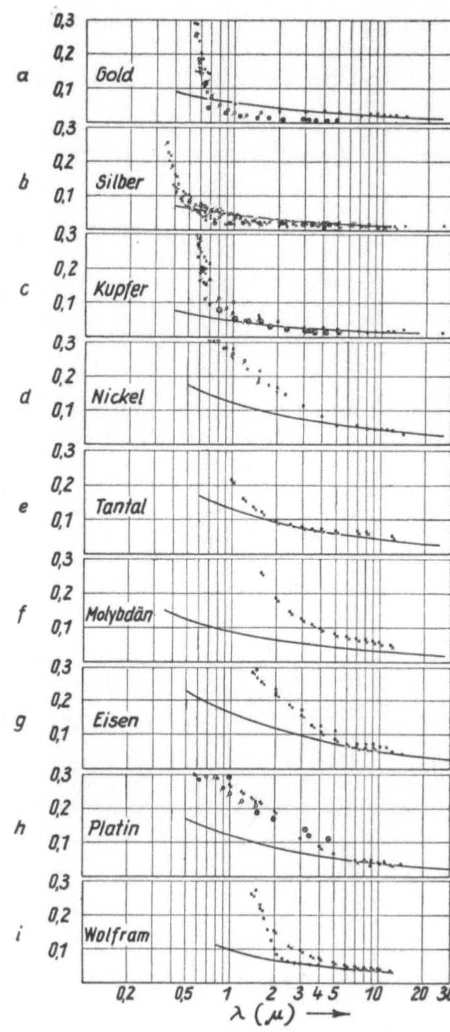

Abb. 25. Spektrales Absorptionsvermögen von Metallen nach verschiedenen Beobachtern (ausgezogene Kurven nach HAGEN-RUBENS berechnet) (nach LAX und PIRANI)

werden kann. Kommen die Wellenlängen oder die diesen entsprechenden Frequenzen in den Bereich der Eigenschwingungen der Materieteilchen – im Falle der Metalle in die Größenordnung der mittleren Stoßzeiten zwischen den freien Elektronen und den Atomrümpfen –, so tritt eine Dispersion der elektrischen Konstanten ε und σ auf, die zu einer Wellenlängenabhängigkeit der optischen Konstanten führt, die nicht mehr durch die Gleichungen (28a) und (28b) beschrieben werden kann.

Abb. 26, die als Ergänzung zur *Abb. 25* eine Übersicht über die Reflexionsspektren der Metalle bis ins kurzwellige Ultraviolett gibt, offenbart die Vielfalt der Erscheinungen in den Metallspektren. Eine rein phänomenologische Betrachtung dieser Spektren führt zu den Aussagen, daß die Alkalien, die Edelmetalle und z. T. die Erdalkalien bis zu kurzen Wellenlängen ein sehr großes, nur schwach wellenlängenabhängiges Reflexionsvermögen aufweisen, das dann plötzlich steil abfällt. Daran anschließend treten mehr oder weniger deutlich ausgeprägte „Banden" auf. Bei den Übergangsmetallen machen sich diese Banden schon an der kurzwelligen Gültigkeitsgrenze der HAGEN-RUBENS-Beziehung bemerkbar; sie erstrecken sich sehr breit von $10\,\mu$ an bis ins Ultraviolett hinein. Die höherwertigen Metalle und die Halbmetalle (Wismut, Antimon,

Selen) besitzen sehr verwickelte Spektren. In den folgenden beiden Abschnitten soll eine allgemeine Übersicht über die Theorien des optischen Verhaltens der Metalle gegeben werden. Dabei wird deutlich werden, daß

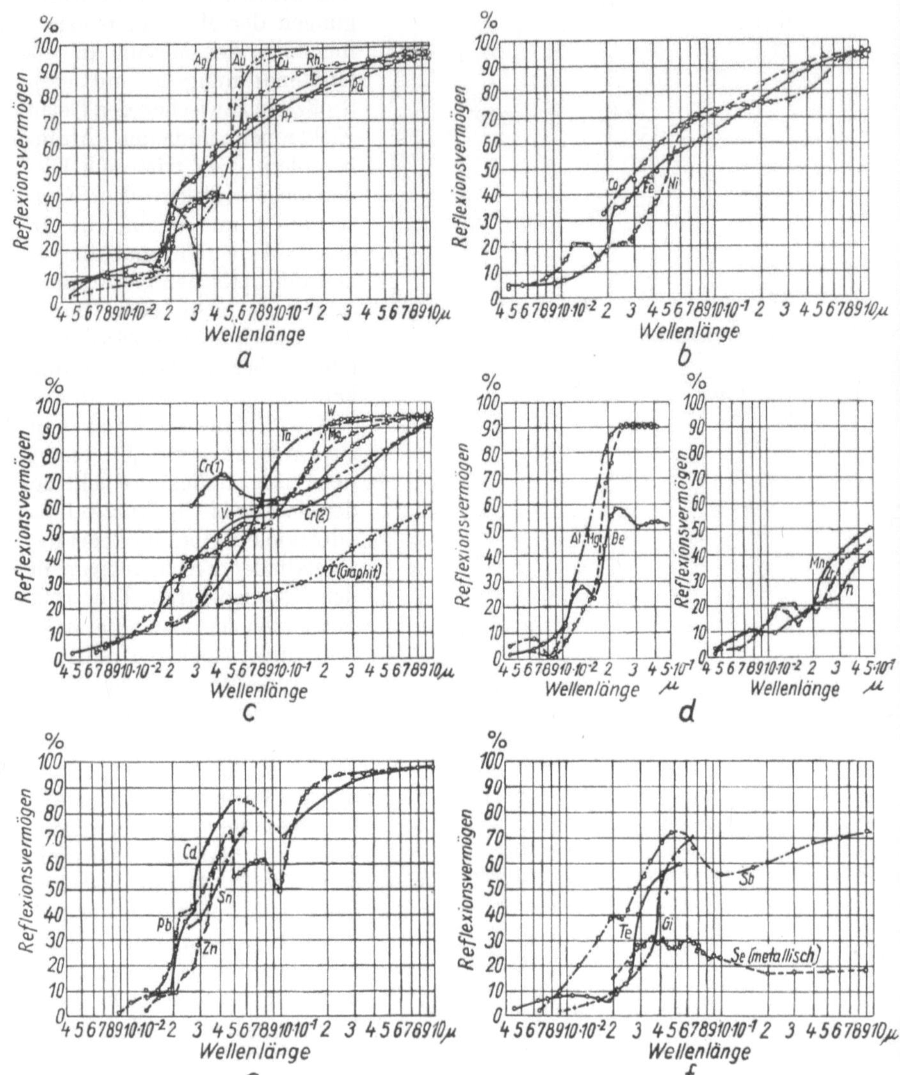

Abb. 26 a–g. Spektrales Reflexionsvermögen der Metalle im *UV*, Sichtbaren und *UR*

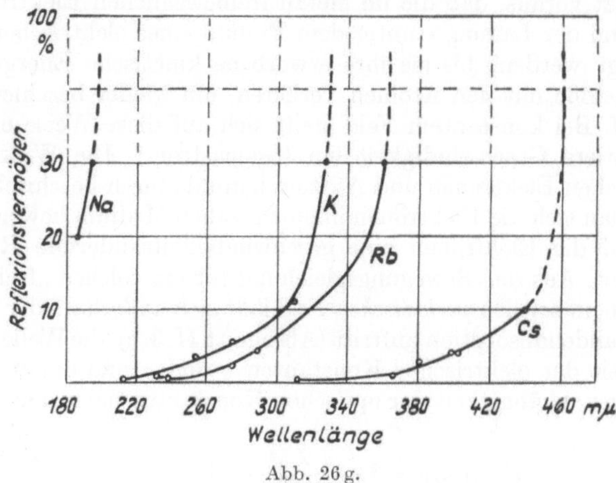

Abb. 26 g.

sie immer nur eine begrenzte Gültigkeit besitzen und nur gewisse Erscheinungen zu beschreiben vermögen, daß noch viele offene Fragen bestehen, die einer Lösung, insbesondere durch quantentheoretische Be-
arbeitungen, bedürfen.

b) Elektronengastheorie der Metalle

Um die charakteristischste Eigenschaft der Metalle – ihre hohe elektrische Leitfähigkeit – zu erklären, wurde bald nach der Entdeckung des
Elektrons die Annahme gemacht, daß es in jedem Metall eine gewisse
Anzahl frei beweglicher Elektronen gibt, die im thermischen Gleichgewicht mit den Metallatomen stehen. Schreibt man der Gesamtheit dieser
freien Elektronen ähnlich wie den Molekülen eines Gases eine völlige
statistische Unordnung zu, schließt man also jeglichen durch die Kri-
stallsymmetrie bedingten Ordnungseinfluß aus, so kann man sich – analog
der kinetischen Gastheorie – die Wechselwirkung zwischen freien Elektronen und den Atomen des Metalls durch deren gegenseitige Zusammenstöße vorstellen und diese durch eine mittlere freie Weglänge, die ein
Elektron im Mittel zwischen zwei Zusammenstößen zurücklegt, charak-
terisieren. Unter Zugrundelegung eines solchen Metallmodells spricht
man speziell von der Elektronengastheorie der Metalle, die zwar viele
physikalische Eigenschaften einwandfrei abzuleiten gestattet, andererseits aber schwerwiegende Bedenken gegen ihre Gültigkeit nicht beseitigen kann.

Zur Erklärung metalloptischer Eigenschaften, insbesondere zur Berechnung der Dispersion von n und $n\varkappa$, bot die Elektronengastheorie –
von DRUDE in eine brauchbare Form gekleidet – eine erste Handhabe.

DRUDE setzt voraus, daß die im Metall freibeweglichen Elektronen der Masse m und der Ladung e unter dem Einfluß eines elektrischen Feldes beschleunigt werden, bis sie ihre erworbene kinetische Energie durch Zusammenstöße mit den Atomen verlieren, um wieder beschleunigt zu werden usf. Bei konstantem Feld stellt sich auf diese Weise eine konstante mittlere Geschwindigkeit ein (Gleichstrom). Die Wirkung der Stöße zwischen Elektronen und Atomen kann dadurch beschrieben werden, daß man sich die Elektronen in einem zähen Medium bewegt denkt, welches auf die Elektronen eine geschwindigkeitsändernde Reibungskraft ausübt. Aus der Bewegungsgleichung für ein solches „freies Elektron" in einem zeitlich *periodischen Feld* läßt sich außerhalb der Gebiete, in denen Bandenabsorption auftritt (Abschnitt II. 3. c), die Wellenlängenabhängigkeit der elektrischen Konstanten ε und σ und damit auch die Wellenlängenabhängigkeit der optischen Konstanten nach den Formeln

$$n^2 - (n\varkappa)^2 = 1 - \left(\frac{\lambda}{\lambda_1}\right)^2 \frac{1}{1 + \left(\frac{\lambda}{\lambda_2}\right)^2} \tag{33a}$$

und
$$2\,n\,(n\varkappa) = \frac{\lambda}{\lambda_2}\left(\frac{\lambda}{\lambda_1}\right)^2 \frac{1}{1 + \left(\frac{\lambda}{\lambda_2}\right)^2} \tag{33b}$$

berechnen.

In diesen beiden Formeln sind zwei charakteristische Wellenlängen λ_1 und λ_2 als Konstante enthalten:

$$\lambda_1 = \sqrt{\frac{\pi\,m\,c^2}{N\,e^2}} \sim \sqrt{\frac{1}{N}} \,,_{\;1)} \tag{34a}$$

$$\lambda_2 = \frac{2\,\sigma_0}{c}\,\lambda_1{}^2 \sim \frac{\sigma_0}{N} \,, \tag{34b}$$

($c =$ Lichtgeschwindigkeit, $N =$ Anzahl freier Elektronen pro cm³)

und man kann mit Hilfe von (29) und (33) bei Kenntnis der Konstanten (34a) und (34b) das gesamte Reflexionsspektrum des Metalles berechnen. Da aus der Theorie nicht unmittelbar die zur Berechnung des spektralen

---

1) Es sei darauf hingewiesen, daß – im Gegensatz zur HAGEN-RUBENS-Beziehung (Gl. 32) – in dieser und in den folgenden Ableitungen der Leitfähigkeitswert nicht dem praktischen, sondern dem elektrostatischen Maßsystem entnommen und nicht auf 1 m Länge und 1 mm² Querschnitt, sondern auf 1 cm³ bezogen werden muß.

$$\left(\sigma_{\text{elektrost., cm}^3} = 8{,}9868 \cdot 10^{15}\,\frac{1}{\varrho}_{\;\text{prakt.,}}\,\frac{\Omega \cdot m}{mm^2}\right)$$

Reflexionsvermögens nach Gleichung (29) erforderlichen Werte für n und $n\varkappa$ folgen, sondern die Werte

$$\alpha = n^2 - (n\varkappa)^2 \tag{35a}$$

$$\beta = 2\,n^2 k, \tag{35b}$$

sei hier noch in Abänderung der Gleichung (29) die Abhängigkeit des Reflexionsvermögens für senkrechten Lichteinfall von den Größen α und β gegeben:

$$r = \frac{\sqrt{\alpha^2 + \beta^2} + 1 - \sqrt{2\,(\sqrt{\alpha^2 + \beta^2} + \alpha)}}{\sqrt{\alpha^2 + \beta^3} + 1 + \sqrt{2\,(\sqrt{\alpha^2 + \beta^2} + \alpha)}}. \tag{36}$$

Die charakteristischen Wellenlängen eines Metalles λ_1 (bei den meisten Metallen etwa 0,1 bis 0,5 μ) und λ_2 (zumeist 20–100 μ) hängen nur von zwei Variablen ab: der Anzahl freier Elektronen N und der elektrischen Leitfähigkeit σ_0. Setzt man die elektrische Leitfähigkeit proportional der Anzahl N freier Elektronen und der mittleren freien Weglänge $f\,(\sigma_0 \sim N \cdot f)$ (JUSTI), so zeigt sich, daß λ_1 proportional $\sqrt{1/N}$ und λ_2 proportional f ist. Da eine Möglichkeit zur Bestimmung der Anzahl freier Elektronen außer durch den HALL-Effekt nur durch optische Untersuchungen auf Grund der DRUDEschen Theorie gegeben ist, könnte λ_1 aus den Metallspektren nur durch umständliches mathematisches Probieren gefunden werden. Glücklicherweise aber bestehen für die einzelnen Spektralgebiete Näherungslösungen, deren man sich gut zur Bestimmung von λ_1 bedienen kann.

α *Näherung für kleine Wellenlängen (nahes Ultrarot, Sichtbares und Ultraviolett)*

Für Wellenlängen $\lambda \ll \lambda_2$ ist der Bruch $\dfrac{1}{1 + (\lambda/\lambda_2)^2}$ in der Gleichung (33 a) nahezu gleich 1, und man erhält statt dieser Formel näherungsweise

$$n^2 - (n\varkappa)^2 = 1 - \left(\frac{\lambda}{\lambda_1}\right)^2. \tag{37a}$$

Da bei fast allen Metallen $\lambda_2 \geqq 20\,\mu$ ist, gilt diese Näherung für das nahe Ultrarot, das sichtbare und ultraviolette Spektrum. Die Anzahl freier Elektronen ergibt sich mit (34a) aus der Bestimmung von λ_1 durch Messung von n und $n\varkappa$ bei der Wellenlänge λ nach Gleichung (37a):

$$\lambda_1{}^2 = \frac{\lambda^2}{1 - n^2 + (n\varkappa)^2} = \frac{\pi\,m\,c^2}{e^2} \cdot \frac{1}{N}. \tag{37b}$$

Abb. 27 zeigt die Werte λ_1 für die Edelmetalle nach Messungen von n und $n\varkappa$ im Sichtbaren und nahen Ultrarot. Die mittleren Werte von λ_1 und die daraus bestimmte Anzahl freier Elektronen sind in *Tab. 8* für die Edelmetalle und die Alkalien aufgeführt.

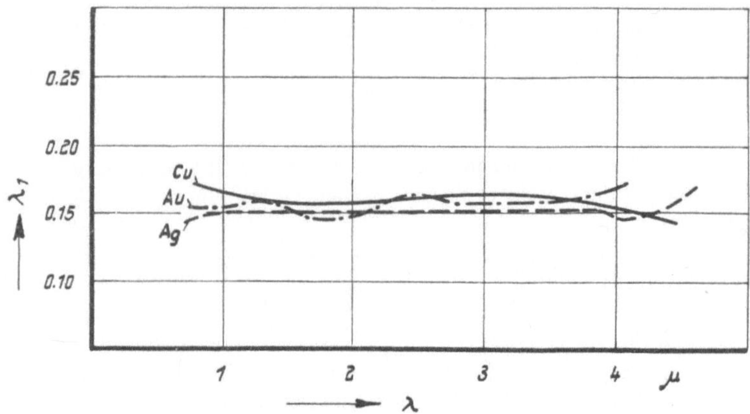

Abb. 27. Die charakteristische Wellenlänge λ_1 in Abhängigkeit von der Wellenlänge
ihrer Bestimmung (nach FRÖHLICH)

Tabelle 8. λ_1-Werte und Anzahl freier Elektronen
für die Edelmetalle und Alkalien (nach FRÖHLICH)

Metall	Na	K	Rb	Cs	Cu	Ag	Au
$\lambda_1(\mu)$	0,224	0,334	0,366	0,375	0,167	0,150	0,158
N/L[1])	0,9	0,8	0,8	0,9	0,5	0,8	0,7
					0,8[2])		

Mit den auf diese Weise gewonnenen λ_1-Werten und den aus elektrischen Leitfähigkeitsmessungen erschlossenen Werten für λ_2 (siehe Gleichung 34b) kann nunmehr der gesamte Spektralbereich, der der DRUDEschen Theorie gehorcht, berechnet werden.

β) Weitere Näherungen der Drudeschen Theorie

Da die Berechnung der Metallreflexions- und Absorptionsspektren nach den Gleichungen (29), (35) und (36) nicht sehr bequem ist, wurden von mehreren Autoren Näherungen der Dispersionsformeln für die verschiedenen Spektralgebiete abgeleitet.

Eine von diesen ist die HAGEN-RUBENSsche Beziehung, die – ursprünglich rein empirisch gefunden – aus den Formeln (29), (35) und (36) als Grenzübergang für $\lambda \to \infty$ erhalten wird und folglich für sehr lange Wellen (i. allg. $\lambda > 10\,\mu$), das ferne Ultrarot, gilt.

---

[1]) N/L ist die Anzahl freier Elektronen pro cm³, dividiert durch die Anzahl der Atome pro cm³ = die Anzahl freier Elektronen pro Atom.
[2]) Nach GRASS.

Recht übersichtlich ist auch die von Wood; Kronig und Zener für das Ultraviolett ($\lambda < 2\,\lambda_1$) entwickelte Näherung, die ausschließlich (siehe unten) an den Alkalien studiert werden kann.

Eine weitere Näherung wurde von Försterling sowie Mott und Zener unabhängig voneinander gefunden. Sie umfaßt das Gebiet zwischen λ_1 und λ_2. Ihr wesentliches Merkmal ist die Wellenlängenunabhängigkeit des Reflexionsvermögens in diesem Gebiet.

Für das kurzwellige Gebiet ($0 < \lambda < 2\,\lambda_1$) wurden von Grass drei Näherungen abgeleitet, die die letzte Lücke schlossen, so daß nunmehr für das gesamte Spektralgebiet brauchbare Dispersionsformeln vorliegen, die in *Tab. 9* zusammengefaßt sind.

Die Ableitung der Formeln würde hier zu weit führen. Es sei daher auf die in *Tab. 9* angegebenen Literaturstellen verwiesen.

Die in *Tab. 9* mitgeteilten mathematischen Näherungen gelten naturgemäß nur dort, wo die Drudesche Theorie selbst gilt, d. h. nur in Gebieten, wo lediglich die freien Elektronen maßgebend für die optischen Eigenschaften der Metalle sind.

Sobald die Energie eines absorbierten Lichtquants ($h \cdot \nu$) ausreicht, um Elektronen aus niederen Bändern in höhere zu heben, tritt ein Absorptionsmechanismus (Bandenabsorption) in Kraft, der mit der Absorption von Gasen vergleichbar ist (Termwechsel der Gaselektronen) und in II. 3. c näher beschrieben wird. Dieser Mechanismus setzt aber nie oberhalb 10μ ein, so daß die Hagen-Rubenssche Näherung bei allen Metallen gültig ist.

Alle anderen Näherungen, die erst unterhalb $\lambda_2/10$ gelten, d. h. in der Regel unterhalb $2\,\mu$, haben nur bei solchen Metallen Wert, deren Bandenabsorption erst bei noch kürzeren Wellenlängen einsetzt.

Die Försterlingsche Näherung sowie die Näherung III in *Tab. 9* sind daher nur bei den Edelmetallen sowie den Alkalien, Erdalkalien, Aluminium und deren mischkristallbildenden Legierungen zu studieren. Bei den Übergangsmetallen herrscht dagegen in diesen Spektralgebieten (zwischen 0,5 und $2\,\mu$) bereits stärkste Bandenabsorption.

Die Näherungen V und VI in *Tab. 9* können indessen nicht einmal mehr bei den Edelmetallen nachgeprüft werden, da deren Absorptionsbanden bereits bei $0,5\,\mu$ an Einfluß gewinnen.

Noch zu erwähnen ist, daß die Försterlingsche Beziehung an die Bedingung $5\,\lambda_1 < \lambda_2/10$ gebunden ist. Für Metalle, bei denen $2\,\lambda_1 > \lambda_2/10$ ist, fällt das Försterlingsche Gebiet mit wellenlängenunabhängigem Reflexionsvermögen weg und geht in einen Punktbereich mit horizontaler Tangente über.

Abb. 28 zeigt schematisch den typischen Verlauf des Reflexionsvermögens eines der Drudeschen Theorie gehorchenden Metalls und die Gültigkeitsbereiche der Näherungen (es ist hier ein reelles Försterling-Gebiet, $2\,\lambda_1 \ll \lambda_2/10$, vorausgesetzt).

Tabelle 9. Übersicht über die DRUDEsche Theorie und ihre Näherungen
(nach GRASS)

	Spektralgebiet	Absorptionsvermögen	Abhängigkeit vom Widerstand	Bemerkungen
I	Gesamtes	$a = \dfrac{2\sqrt{2\left(\sqrt{\alpha^2+\beta^2}+\alpha\right)}}{\sqrt{\alpha^2+\beta^2}+1+\sqrt{2\left(\sqrt{\alpha^2+\beta^2}+\alpha\right)}}$ $\alpha = 1-\left(\dfrac{\lambda}{\lambda_1}\right)^2\dfrac{1}{1+\left(\dfrac{\lambda}{\lambda_2}\right)^2}$ $\beta = \dfrac{\lambda}{\lambda_2}\left(\dfrac{\lambda}{\lambda_1}\right)^2\dfrac{1}{1+\left(\dfrac{\lambda}{\lambda_2}\right)^2}$	$\lambda_2 \sim \dfrac{1}{\varrho_0}$	DRUDEsche Dispersionsformeln (FRÖHLICH) $\lambda_1 = \mathrm{const} \cdot \dfrac{1}{\sqrt{N}}$ $\lambda_2 = \mathrm{const} \cdot \dfrac{\lambda_1^2}{\varrho_0}$
II	$\lambda > \lambda_2\,(?)$	$a = 2\sqrt{\dfrac{2\lambda_1^2}{\lambda\,\lambda_2}}$	$a \sim \sqrt{\varrho_0}$	HAGEN-RUBENSsche Beziehung (FRÖHLICH)
III	$2\lambda_1 < \lambda < \lambda_2/10$	$a = \dfrac{2\lambda}{\lambda_2\sqrt{\left(\dfrac{\lambda}{\lambda_1}\right)^2-1}}$	$a \sim \varrho_0$	(GRASS)
IV	$5\lambda_1 < \lambda < \lambda_2/10$	$a = \dfrac{2\lambda_1}{\lambda_2}$	$a \sim \varrho_0$	FÖRSTERLING-MOTT-ZENERsche Beziehung (FÖRSTERLING; MOTT u. ZENER)
V	$\lambda = \lambda_1$	$a = \dfrac{2}{1+\sqrt{\dfrac{\lambda_2}{2\lambda_1}}}$	$a = \dfrac{2}{1+\mathrm{const}\cdot\dfrac{1}{\sqrt{\varrho_0}}}$	(GRASS)
VI	$\lambda < \lambda_1/2$	$a = \dfrac{4\cdot\sqrt{\alpha}}{\alpha+2\sqrt{\alpha}+1}$ $\alpha = 1-\left(\dfrac{\lambda}{\lambda_1}\right)^2$	keine	(WOOD; KRONIG; ZENER; GRASS)

c) Das Bändermodell der Metallelektronen

Während die in der Elektronengastheorie angenommenen freien Elektronen nach DRUDE eine kontinuierliche Absorption über das Spektrum hinweg bedingen, treten in gewissen begrenzten Spektralgebieten Erscheinungen anomaler Absorption (Banden) auf. In der klassischen Physik wird das Auftreten von Banden – wie in Abschnitt II. 1 ausgeführt – durch die Existenz von Oszillatoren erklärt, die in der Nähe ihrer Eigenfrequenzen durch Resonanzeffekte besonders stark absorbieren. Die Annahme gebundener Elektronen als Ursache der in den Metallspektren auftretenden Absorptionsbanden führt jedoch zu keiner befriedigenden Beschreibung der Tatsachen. Die dem klassischen Modell

anhaftenden Mängel lassen sich nur durch Anwendung der Quantentheorie beseitigen, was gleichbedeutend ist mit dem Verzicht auf eine

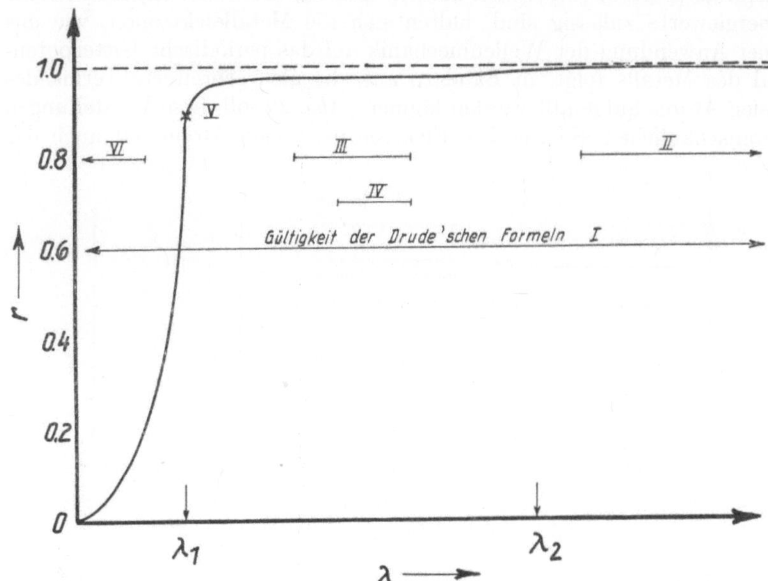

Abb. 28. Spektrales Reflexionsvermögen von Metallen nach der Drudeschen Theorie
(schematisch) (nach Grass)

anschauliche Deutung. Die Unmöglichkeit, den metallischen Zustand in
seinen Feinheiten mit Hilfe der auf einer mechanistischen Auffassung der
Naturvorgänge bauenden klassischen Physik zu erklären, zwingt zur
Anwendung der Prinzipien der modernen Physik. Diese Prinzipien –
z. B. die Heisenbergsche Ungenauigkeitsrelation und das Pauli-Prinzip –, die zwar aus der Erfahrung abgeleitet sind, sich aber unserem
vollen Verständnis noch entziehen, erfordern zu ihrer erfolgreichen Anwendung auf die Elektronentheorie der Metalle einen erheblichen Aufwand an mathematischem Formalismus, der im Rahmen dieser Darstellung nicht bewältigt werden kann. Es sei darum lediglich eine kurze
Skizzierung des Inhalts dieser Theorie in Richtung auf ihre Möglichkeiten
zur Erklärung der metalloptischen Erscheinungen gegeben[1]).
Nach der quantenstatistischen Theorie gibt es im Metall keine freien
Elektronen im Drudeschen Sinne, sondern die Elektronen im Metall-
gitter nehmen eine Mittelstellung zwischen den Elektronen eines freien

---

[1]) Ausführliche Darstellung z. B. in: Fröhlich und Mott u. Zener.

Atoms und den freien Elektronen eines Elektronengases ein. Während die Elektronen eines freien Atoms nur bestimmte diskrete Energiezustände (Terme) einnehmen können und für die freien Elektronen alle Energiewerte zulässig sind, halten sich die Metallelektronen, wie aus einer Anwendung der Wellenmechanik auf das periodische Gitterpotential des Metalls folgt, in Bändern auf, die als verbreiterte Terme des freien Atoms aufgefaßt werden können. *Abb. 29* soll diese Vorstellungen veranschaulichen. So wie das Elektron des freien Atoms hat auch das

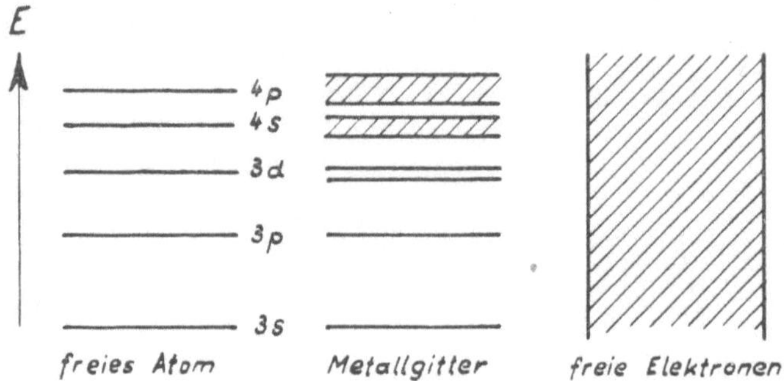

Abb. 29. Zulässige Energiezustände für die Elektronen eines freien Atoms, eines Metallgitters und für ein Elektronengas (schematisch)

Metallelektron Quantenzahlen, die seinen Zustand kennzeichnen: k_x k_y, k_z und s. Der Vektor k wird als reduzierte Wellenzahl des freien Elektrons bezeichnet, s ist die Spinquantenzahl. Durch die Wellenzahl ist auch die Energie eines Elektrons festgelegt und ihre Kenntnis ist für das optische Verhalten eines Metalles zunächst wichtiger als die Wellenzahl, da auch ein Metallelektron, wie das Elektron eines freien Atoms, von einem erlaubten Energiezustand E_1 in einen anderen E_2 unter Aufnahme eines Lichtquants $h \cdot \nu = E_2 - E_1$ übergehen kann. Die Energie oder Frequenz der Lichtquanten, die von Metallelektronen bei Übergängen aufgenommen werden können, hängt somit von der Lage der Energiebänder ab, ähnlich wie die Spektren der freien Atome von der Lage der Terme.

Für die quantenhafte Absorption ist außer der Lage der Energiebänder auch die Abhängigkeit der Energie E von der Wellenzahl k innerhalb eines Bandes von Bedeutung. In jedem Band gibt es einen charakteristischen Verlauf $E = f(k)$, der schematisch in *Abb. 30* gezeigt wird. Beim Übergang des Elektrons von einem Band ins andere muß die Wellenzahl k konstant bleiben, so daß ein Elektron aus dem Zustand E_1 k_1 in den Zustand E_2 k_2 nur für $k_2 = k_1$ übergehen kann, d. h. daß nur auf zur E-Achse parallelen Geraden ($k = $ const) Übergänge möglich

sind. Diese Aussage ist der Inhalt der sogenannten Auswahlregel: Nur
Zustände gleicher Wellenzahl können optisch kombinieren.

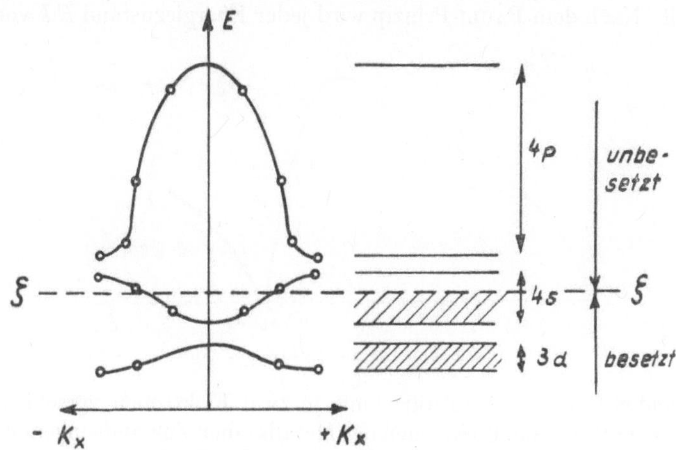

Abb. 30. Abhängigkeit der Energie von der Wellenzahl k innerhalb eines Bandes
und Lage der Grenzenergie ζ (schematisch)

In jedem Band gibt es ebensoviele Zustände $E\,k$, wie sich Atome im
Metall befinden. Da die Bänder sich mit zunehmender Energie verbreitern
und die Abstände der mittleren Energien zweier aufeinanderfolgender

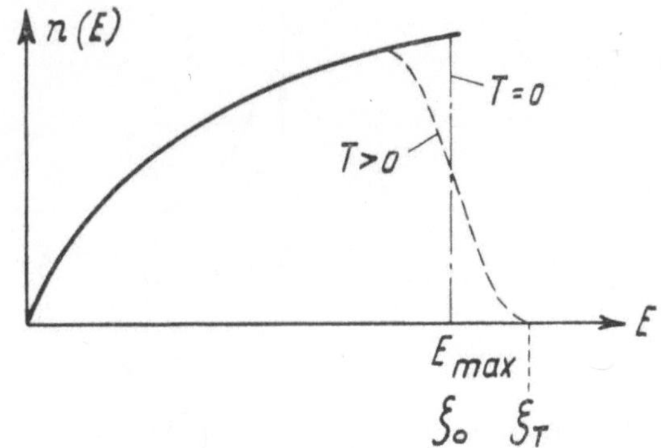

Abb. 31. FERMI-Verteilung für freie Elektronen

Bänder sich verkleinern, findet bei hohen Energien eine zunehmende
Überlagerung der Bänder statt. Sich überlagernde Bänder werden aber
in sehr nahe beieinanderliegende Bänder aufgespalten, wie beispielsweise
bei den Übergangsmetallen. Die Dichte der Zustände, d. h. die Anzahl

$N(E)$ der Elektronen, deren Energie zwischen E und $E + 1$ liegt, ist
eine verwickelte Funktion der Energie. *Abb. 31* zeigt die Dichtefunktion
(FERMI-Verteilung) schematisch für freie Elektronen, *Abb. 32* für ein reales
Metall. Nach dem PAULI-Prinzip wird jeder Energiezustand $E\,k$ von der

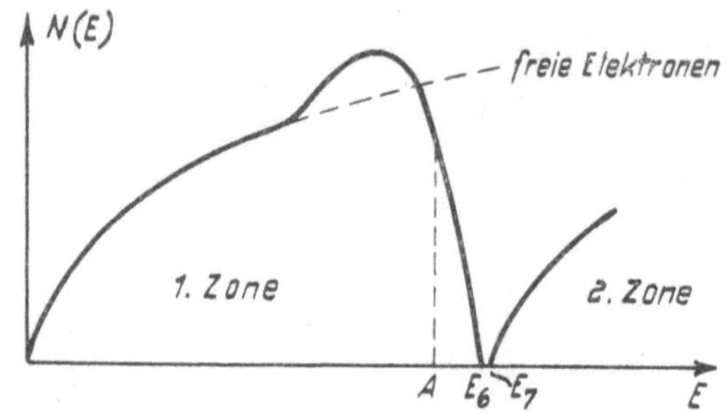

Abb. 32. FERMI-Verteilung für die Elektronen eines realen Metalles

niedrigsten Energie an aufwärts mit je zwei Elektronen verschiedenen
Spins besetzt, bis alle Elektronen des Metalls einen Zustand eingenommen
haben. Die höchste Energie, die von einem Metallelektron eingenommen
wird, ist die FERMIsche Grenzenergie ξ_0 *(Abb. 30* und *31)*; oberhalb
dieser sind die Zustände unbesetzt. Bei Temperatursteigerung ändert
sich die FERMI-Verteilung nur in der Nähe der Grenzenergie, wie in *Abb. 31*
angedeutet ist. Für Betrachtungen im Hinblick auf die optischen Eigen-

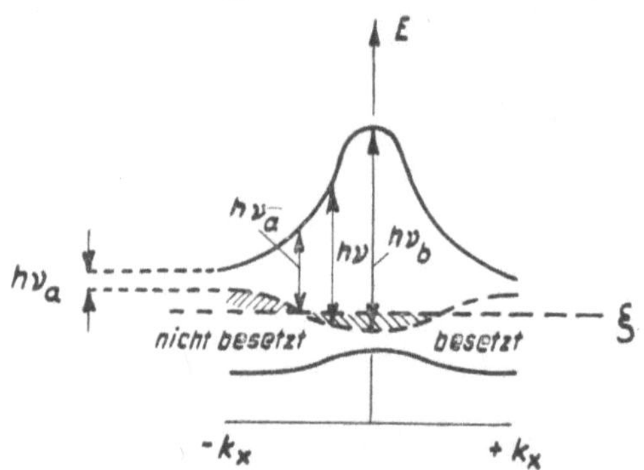

Abb. 33. Lage der oberen Energiebänder, FERMIsche Grenzenergie ζ und Lage der oberen
und unteren Grenze der Energie absorbierbarer Lichtquanten (schematisch)

schaften sind besonders die oberen besetzten Bänder der Metalle von
Interesse. Diese sind nicht vollständig besetzt, d. h. die Grenzenergie
liegt zwischen der oberen und der unteren Grenze des Bandes *(Abb. 30)*.
Die Elektronen eines solchen nicht voll aufgefüllten Bandes können sich

gleichzeitig wie freie Elektronen im DRUDEschen Sinne verhalten und Übergänge durch Absorption von Lichtquanten ausführen. Sind die oberen Bänder sehr weit voneinander getrennt, so ist auch die Mindestenergie, die einem Elektron zugeführt werden muß, um es aus dem obersten besetzten ins nächsthöhere Band übergehen zu lassen, sehr groß. *Abb. 33* zeigt, daß diese Mindestenergie durch $h \cdot \nu_a$ gegeben ist. Wäre das Band voll besetzt, so wäre sie $h \cdot \nu_a^-$. Ähnlich gibt es auch eine obere Grenze $h \cdot \nu_b$ für die Energie oder Frequenzen von Lichtquanten, die absorbiert werden können. Die Existenz einer unteren und oberen Frequenzgrenze bedeutet für das optische Verhalten, daß nur für $\nu_a^- < \nu < \nu_b$ bzw. $\lambda_b < \lambda < \lambda_a^-$ quantenhafte Absorption auftritt. Außerhalb dieser „Absorptionsbanden", insbesondere für $\lambda > \lambda_a^-$ gilt die DRUDEsche Theorie.

Nur die Elektronen der oberen, nicht vollständig besetzten Bänder können Übergänge infolge Absorption optischer Frequenzen ausführen. Um Elektronen aus den unteren besetzten Bändern herauszulösen, sind Röntgenfrequenzen erforderlich, die hier nicht betrachtet werden sollen. Ist das oberste, teilweise besetzte Band etwa das n-te, so existieren eine obere und eine untere Grenzwellenlänge λ_a^- und λ_b für Übergänge aus dem n-ten ins $(n + 1)$-te Band. Für Übergänge aus dem n-ten ins $(n + 2)$-te Band sind Wellenlängen $\lambda \ll \lambda_b$ erforderlich. Für diese Übergänge gilt $\lambda'_a^- < \lambda_b < \lambda_a^-$ und $\lambda'_b < \lambda'_a^-$. Analog können Übergänge aus dem n-ten ins $(n + 3)$-te, $(n + 4)$-te usw. Band erfolgen. So ist das Auftreten mehrerer Absorptionsbanden, wie sie sich in *Abb. 26* äußern, zu erklären; alle diese Banden aber treten bei kürzeren Wellenlängen als λ_a^- auf.

Die quantenhafte Absorption wirkt sich besonders durch die starke Erhöhung des Absorptionsindex $\varkappa$ auf das Reflexionsvermögen aus. Bei den Übergangsmetallen ($\lambda_a^- \approx 10\,\mu$) bewirkt sie im gesamten Spektralgebiet unterhalb $10\,\mu$ eine deutliche Verringerung des Reflexionsvermögens, so daß die Spektren dieser Metalle, die im periodischen System der Elemente vor den Edelmetallen stehen, sich auffällig von denen der anderen unterscheiden. Bei den übrigen Metallen, von denen das Silber ein besonders beispielhafter Repräsentant ist, treten die Absorptionsbanden erst bei kürzeren Wellenlängen auf, wo das nach DRUDE berechnete Reflexionsvermögen sich schon dem Wert Null nähert. In diesen Spektralbereichen verursacht die Erhöhung des Absorptionsindex auch eine Vergrößerung des Reflexionsvermögens, da allgemein stark absorbierende Medien ebenfalls gut reflektieren.

d) Einfluß der Oberflächenbeschaffenheit

Bevor von der Temperaturabhängigkeit der optischen Eigenschaften der Metalle als von einer wohldefinierten Stoffqualität die Rede sein soll, muß der bedeutungsvolle Einfluß der Oberflächenbeschaffenheit erörtert werden. Schon in *Abb. 25* zeigt sich eine ziemlich starke Streuung der von verschiedenen Experimentatoren erzielten Meßergebnisse. Die Ursache hierfür sind verschiedenartige Oberflächenzustände, die nicht nur zeitliche (durch Anlagerung adsorbierter Fremdschichten bedingte), sondern in verstärktem Maße temperaturabhängige Veränderungen erleiden.

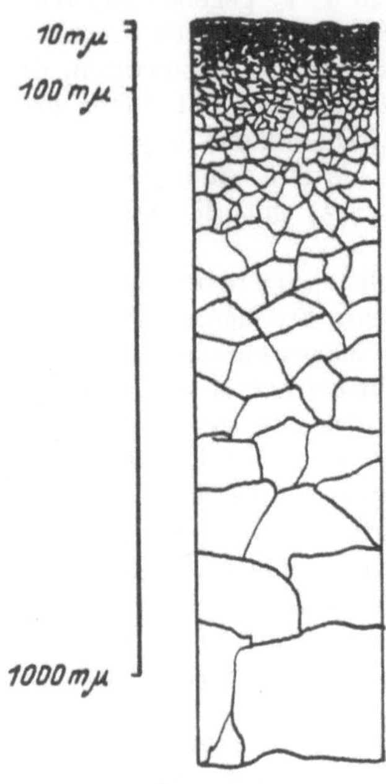

Abb. 34. Kristallines Gefüge einer bearbeiteten Metalloberfläche (nach RÄTHER)

Abgesehen davon, daß jede Grenzfläche eines Körpers infolge abweichender Bindungsbedingungen andere Eigenschaften aufweisen muß als das Innere, ist sie außerdem allen äußeren Einwirkungen ungeschützt ausgesetzt. Hinzu kommt, daß eine Lichtwelle in das stark absorbierende Metall nur sehr wenig eindringen kann und daß alle optischen Vorgänge – Reflexion, Absorption und Emission – sich in Schichttiefen von nur einigen 10^{-6} cm abspielen. Jede wirkliche, physikalische Oberfläche aber weicht erheblich von einer idealen, mathematischen Oberfläche ab. Die Metalle sind zumeist aus kleinen Kristallkörnern aufgebaut, die eine verschiedene Orientierung im Raum besitzen und dadurch eine Aufrauhung und – infolge Mehrfachreflexionen in den Vertiefungen der Oberfläche – eine Schwärzung der Metallstrahlung hervorrufen. Zwar kann durch mechanisches Polieren eine „Einebnung" der Oberflächenrauhigkeiten erreicht werden, doch besteht eine mechanische Bearbeitung der Oberfläche in einer Zerkleinerung des kristallinen Gefüges, wie in *Abb. 34* (RÄTHER) der Übergang des ungestörten Kristalls in das feinstkristalline Gefüge der oberflächennächsten Schicht zeigt. Durch diesen Vorgang der Kaltverformung aber werden die strukturempfindlichen physikalischen Eigenschaften eines Metalls verändert, wie es auch optische Messungen von MARGENAU an Silber und Beobachtungen von TAMMANN an gedehnten Gold-Silber-Kupfer-Legierungen ausweisen (s. Seite 86). Eine Absolutbestimmung der optischen Eigenschaften stark absorbierender Substanzen wird aus diesen grundsätzlichen Erwägungen heraus niemals zu völlig befriedigenden Ergebnissen führen.

Durch Temperaturerhöhung rekristallisiert ein kaltverformtes Metall unter Kornneubildung und bewirkt dadurch eine Verschlechterung des Reflexionsvermögens, bis ein Gleichgewichtszustand erreicht ist. Eine

Messung optischer Eigenschaften bei hohen Temperaturen kann erst dann einwandfreie und reproduzierbare Resultate ergeben, wenn dieses Gleichgewicht sich eingestellt hat. Wie *Abb. 35* zeigt, erfolgt der zeitliche Abfall in Übereinstimmung mit metallkundlichen Untersuchungen nach einer *e*-Funktion. Eine Bestimmung des zeitlichen Verlaufs des Reflexionsvermögens könnte somit dem Metallkundler eine einfache Möglichkeit zur Verfolgung von Rekristallisierungsvorgängen bieten.

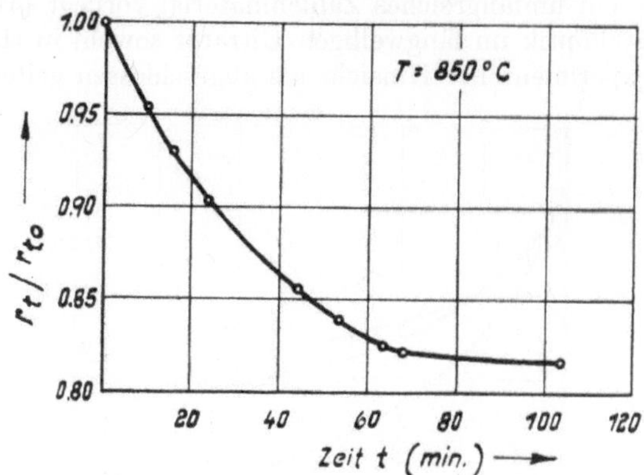

Abb. 35. Zeitlicher Abfall des Reflexionsvermögens einer Eisenoberfläche infolge Rekristallisation (nach GRASS)

Auch durch elektrolytisches Polieren läßt sich kein für optische Messungen befriedigender Oberflächenzustand erzielen, da infolge leichter Wellungen der Oberfläche eine ziemlich diffuse Reflexion hervorgerufen wird. Aufgedampfte Schichten haben zwar den Vorteil eines hohen Reinheitsgrades, neigen aber wegen ihres teilweise großen „Unordnungszustandes" zu starker „Alterung" und bei Temperaturerhöhung zu starker Rekristallisation.

e) *Temperaturabhängigkeit des optischen Verhaltens von Metallen*

Über die Temperaturabhängigkeit der optischen Eigenschaften der Metalle können auf Grund der in den Abschnitten II. 3. a bis II. 3. c gegebenen Theorie nur für die Gültigkeitsbereiche der DRUDEschen Theorie Voraussagen gemacht werden. Dabei muß natürlich berücksichtigt werden, daß durch die Näherungen nicht einzelne, scharf gegeneinander abgegrenzte Gültigkeitsbereiche beschrieben werden, sondern daß zwischen diesen ein kontinuierlicher Übergang besteht. Besonders übersichtlich liegen die Verhältnisse im HAGEN-RUBENS-Gebiet, da nach den Aussagen der Gleichung (32) nur die elektrische Leitfähigkeit für das optische Verhalten bestimmend ist. Die experimentellen Untersuchungen,

die vornehmlich von HAGEN und RUBENS sowie COBLENTZ durchgeführt
wurden, ergaben eine Übereinstimmung mit den Forderungen der Theorie,
wie es nach den Ausführungen in Abschnitt II. 3. a zu erwarten ist. Bei
den ferromagnetischen Metallen äußert sich der CURIE-Punkt in einer Unstetigkeit des Emissionsvermögens. Doch auch in diesem Falle können
die Erscheinungen mit Hilfe der Widerstandskurve gedeutet werden
(GERLACH u. LÖWE). Da über die Temperaturabhängigkeit des elektrischen
Widerstandes ein umfangreiches Zahlenmaterial vorliegt (JUSTI), kann
somit die Metalloptik im langwelligen Ultrarot sowohl in theoretischer
als auch in experimenteller Hinsicht als abgeschlossen gelten.

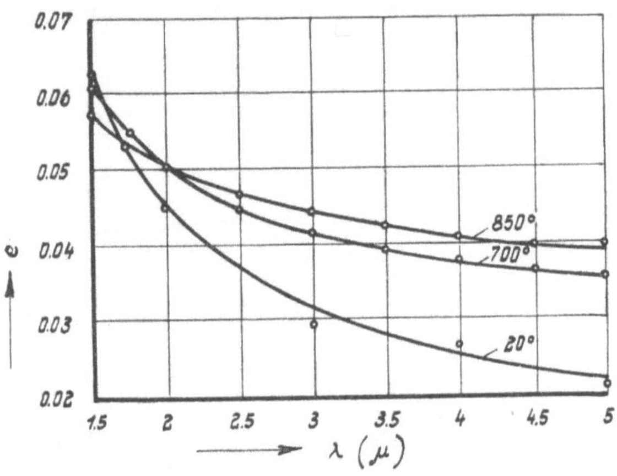

Abb. 36. Emissionsvermögen von Kupfer im nahen Ultrarot (nach HURST)

In den anderen Spektralbereichen sind diese Zusammenhänge verwickelter. Leider liegen nur wenig geeignete Untersuchungsergebnisse
vor, die sich in das ordnende Schema der Theorie einfügen lassen. Die
dem langwelligen Ultrarot ähnlich einfache Temperaturabhängigkeit der
optischen Eigenschaften im FÖRSTERLING-Gebiet nach Näherung IV
(*Tab. 9*) gilt nur mit gewissen Einschränkungen. Einmal muß die Zahl
der freien Elektronen als temperaturunabhängig angenommen werden,
zum anderen umschließt das FÖRSTERLING-Gebiet bei den verschiedenen
Metallen ein mehr oder weniger ausgedehntes spektrales Intervall. Messungen an den zur Prüfung der Theorie geeigneten Metallen Gold und
Silber zwischen $1\,\mu$ und $10\,\mu$ bei höheren Temperaturen wurden bisher
nicht durchgeführt. Lediglich das Kupfer wurde von WEISS zwischen
— 180° und + 20°C und von HURST bis 850°C (*Abb. 36*) untersucht.
Wenn auch WEISS eine gewisse Übereinstimmung zwischen Theorie und
Experiment feststellen konnte, die allerdings nicht so überzeugend ist

wie im HAGEN-RUBENSschen Gebiet, so zeigen doch die von HURST gefundenen Werte eine mit kürzer werdenden Wellenlängen abnehmende Temperaturabhängigkeit des Emissionsvermögens, die mit Näherung IV nicht verträglich ist. Dieses Verhalten legt den Schluß nahe, daß auch beim Kupfer bereits im nahen Ultrarot eine quantenhafte Absorption einsetzt. Zwar ist das Kupfer ein Edelmetall, doch seine oberen Bänder überschneiden sich wesentlich stärker als bei Silber und Gold, so daß schon energiearme Lichtquanten ausreichen, um Elektronen in höhere Bänder übergehen zu lassen. Die Folge ist eine Verschiebung der langwelligen Grenze des ersten Absorptionsbandes nach längeren Wellen.

Welche Aussagen erlaubt die DRUDEsche Theorie für den kurzwelligen Spektralbereich ($\lambda \ll \lambda_2$) bezüglich der Temperaturabhängigkeit der metallischen Eigenschaften? Da die elektrische Leitfähigkeit sich etwa umgekehrt proportional zur Temperatur T verhält, wird für $T = 0$ die Leitfähigkeit und damit nach Gleichung (34 b) auch λ_2 gleich unendlich, so daß die Dispersionsformeln in die für die Alkalien streng gültigen Gleichungen VI in *Tabelle 9* übergehen. Die Alkalien zeichnen sich gegenüber den anderen Metallen durch einen sehr plötzlichen und steilen Abfall in der Nähe von λ_1 aus. Man kann sich die Temperaturabhängigkeit des spektralen Reflexionsvermögens nach der DRUDEschen Theorie nun so vorstellen, daß oberhalb λ_1 das Reflexionsvermögen mit steigender Temperatur abnimmt und das Absinken in der Nähe von λ_1 weniger steil wird. Vergleichsmöglichkeiten mit der Erfahrung liegen nur für Silber und Gold vor. Die Ergebnisse werden aber im Zusammenhang mit der Temperaturabhängigkeit der Absorptionsbanden besprochen.

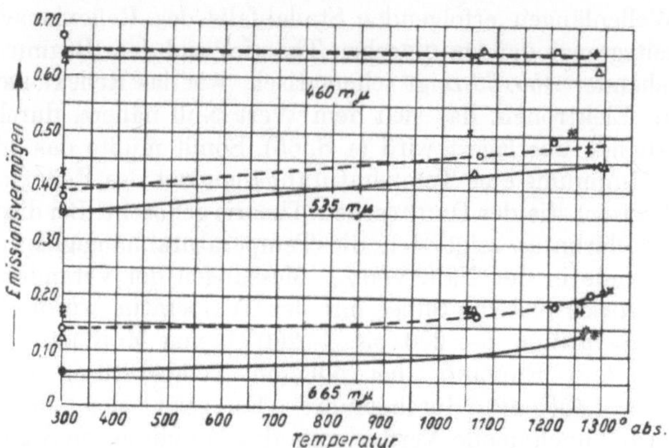

Abb. 37. Emissionsvermögen von Gold für verschiedene Wellenlängen im Sichtbaren (nach WORTHING)

Über die Veränderung der Banden mit der Temperatur kann man keine genauen theoretischen Voraussagen wagen, wie überhaupt eine theoretische Behandlung des Bändermodells noch recht unbefriedigend ist und lediglich qualitative Angaben liefert. Die vorliegenden Erfahrungen zeigen, daß die optischen Eigenschaften im Innern der Absorptionsbanden nahezu temperaturunabhängig sind und sich lediglich in der Nähe der Absorptionsbandengrenzen verändern.

Nach *Abb. 37* steigt das Emissionsvermögen für Gold in Übereinstimmung mit der DRUDEschen Theorie für $\lambda = 665$ mμ und $\lambda = 535$ mμ mit der Temperatur an, bleibt aber für die Wellenlänge 460 mμ konstant. Die letztaufgeführte Wellenlänge liegt nach *Abb. 26a* bereits in einer Absorptionsbande, für die die DRUDEsche Theorie keine Gültigkeit mehr besitzt.

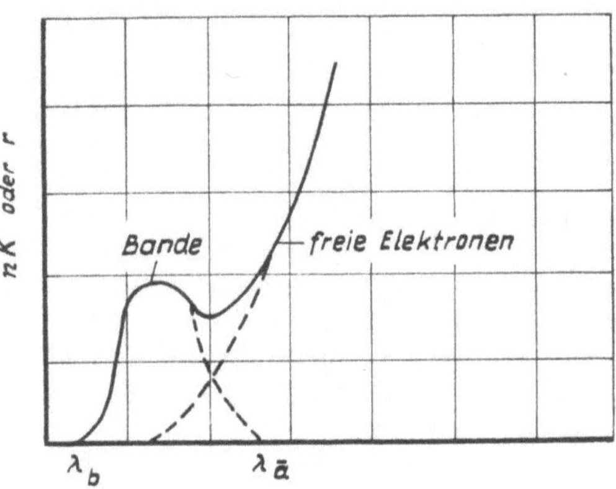

Abb. 38. Einfluß einer Absorptionsbande auf das Reflexionsspektrum freier Elektronen

Ein besonders lohnendes Untersuchungsobjekt stellt das Silber dar, das nach *Abb. 26a* bei etwa 330 mμ ein deutlich ausgeprägtes Reflexionsminimum aufweist. Dieses ergibt sich durch das Zusammenwirken des bei diesen Wellenlängen erfolgenden Steilabfalls des Reflexionsvermögens (Gültigkeitsgrenze der DRUDEschen Theorie) und dem Beginn einer Absorptionsbande. *Abb. 38* zeigt schematisch, wie das Reflexionsvermögen der freien Elektronen, das sich dem Wert Null nähert, durch die Absorptionsbande überlagert wird (s. S. 65). Somit müßte das Silber oberhalb des Minimums eine Temperaturabhängigkeit des Reflexionsvermögens aufweisen, die der DRUDEschen Theorie gehorcht. Bei diesem Minimum und darunter zeigt sich die Temperaturabhängigkeit einer Absorptionsbande in der Nähe von $\lambda_{\bar{a}}$. Messungen der Veränderungen des Reflexionsspektrums von Silber mit der Temperatur wurden bei niedrigen Temperaturen (— 200 bis + 200°C) von MOHLER, SÉLINCOURT (*Abb. 39*) und EBELING, bei höheren Temperaturen (bis 900° C) von GRASS (*Abb. 40*) durchgeführt. Es zeigt sich eine mit der Temperatur zunehmende Verflachung des Minimums und gleichzeitige Verschiebung zu längeren Wellenlängen hin. Das Minimum verschwindet oberhalb 300°C vollständig, und eine weitere Temperaturerhöhung be-

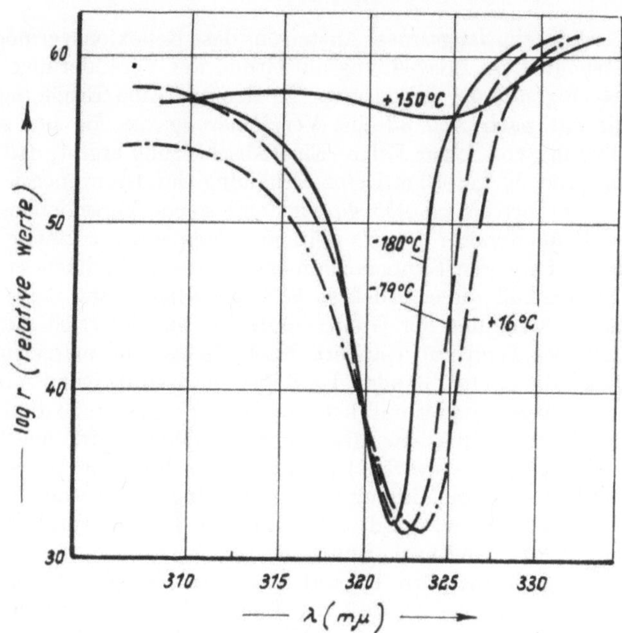

Abb. 39. Temperaturabhängigkeit des Reflexionsminimums von Silber bei tiefen Temperaturen (nach MOHLER)

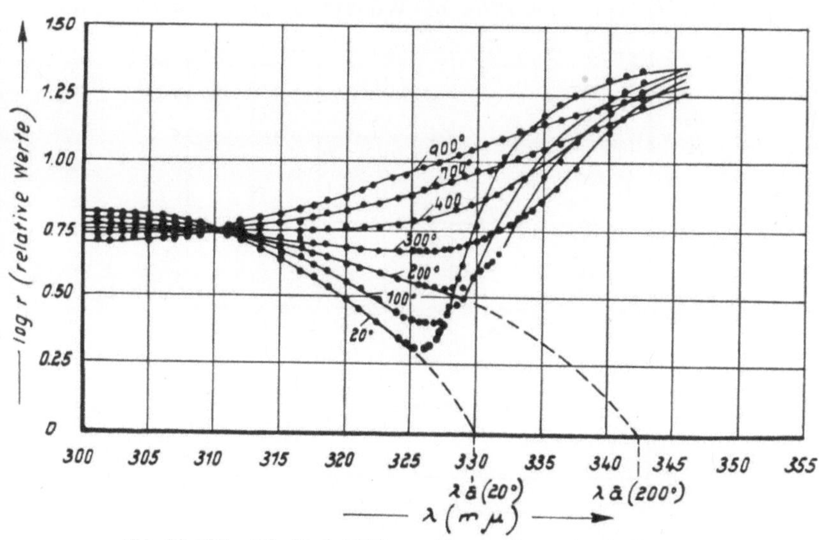

Abb. 40. Wie Abb. 39 bei höheren Temperaturen (nach GRASS)

wirkt nur noch ein langsames Ansteigen des Reflexionsvermögens. MOHLER versucht diese Erscheinung auf Grund der Veränderungen der FERMI-Verteilung mit der Temperatur zu deuten. Eine Erhöhung der Grenzenergie hat nach *Abb. 33* eine Verkleinerung von $h\nu_a^-$ und somit eine Vergrößerung von λ_a^- zur Folge. Eine Abschätzung ergibt, daß eine Verschiebung von λ_a^- um 10 mμ eine Erhöhung der Grenzenergie von etwa 0,1 eV erfordert. Nach *Abb. 40* wird eine solche Verschiebung der langwelligen Bandengrenze bereits bei einer Temperaturerhöhung von 200° erreicht; bei höheren Temperaturen beträgt sie ein Vielfaches dieses Wertes. Das Ausmaß dieses Effektes läßt sicherlich nicht mehr eine Deutung durch Erhöhung der Grenzenergie zu, da diese sich nur unwesentlich mit der Temperatur ändert. Nach GRASS muß man vielmehr annehmen, daß die oberen Bänder des Silbers sich zunehmend mit der Temperatur überlagern und somit denen der Übergangsmetalle ähnlicher werden. Ebenso wie durch eine Grenzenergieerhöhung wird hierdurch eine Verschiebung von λ_a^- bewirkt. Die Erscheinung, daß der Anstieg des Reflexionsvermögens vom Minimum zur langwelligen Seite mit zunehmender Temperatur flacher wird, kann mit der Temperaturabhängigkeit der freien Elektronen nach DRUDE erklärt werden.

Bei den Übergangsmetallen beginnt die quantenhafte Absorption schon unterhalb 10 μ. Der Einfluß der freien Elektronen nimmt mit kürzeren Wellenlängen mehr und mehr ab, so daß die Temperaturabhängigkeit immer geringer wird, wie es Messungen von HURST an Nickel (*Abb. 41*), von FORSYTHE u. WORTHING und von WENIGER

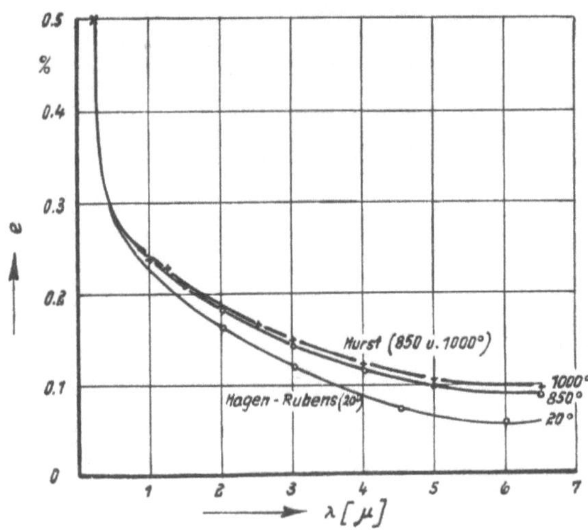

Abb. 41. Emissionsvermögen von Nickel im nahen Ultrarot und Sichtbaren (nach HURST)

u. PFUND an Wolfram (*Abb. 42*) aufzeigen. Im Innern der Absorptionsbanden ist der Einfluß der freien Elektronen ausgeschaltet und es resultiert eine sehr geringe Temperaturabhängigkeit in dem Sinne, daß das Reflexionsvermögen mit der Temperatur *zunimmt*, das Emissionsvermögen folglich verringert wird. So ergibt sich für die Übergangsmetalle Mangan, Eisen, Kobalt und Nickel und für Kupfer eine Verkleinerung des Emissionsvermögens in der Wellenlänge 450 mμ von weniger als 5% pro 1000° (GRASS). Für die Metalle Wolfram, Molybdän und Tantal ist diese Änderung etwas stärker (FORSYTHE u. WORTHING).

Während der Curie-Punkt bei ferromagnetischen Metallen sich optisch nur in den durch den elektrischen Widerstand bestimmten Spektralbereichen äußert, in den Absorptionsbanden hingegen nicht, treten die allotropen Umwandlungspunkte im gesamten Spektrum durch eine sprunghafte Eigenschaftsänderung in Erscheinung (GRASS; VAN DER VEEN u. ORNSTEIN). Ihre Deutung ist sehr schwierig, da eine allotrope Umwandlung mit einer Gefügeneubildung (Umkristallisation) verbunden ist und somit die eigentliche Änderung der optischen Eigenschaften als Materialgrößen teilweise von Oberflächeneffekten überdeckt wird. Immer nur dann, wenn die am Umwandlungspunkt stattfindende Änderung reversibel verläuft, darf auf eine reale Änderung der Materialeigenschaft geschlossen werden. So zeigt das Reflexionsvermögen des Eisens, das bei 906°C von der kubisch-raumzentrierten α-Phase in die kubisch-flächenzentrierte γ-Phase übergeht, das in *Abb. 43* dargestellte Verhalten. Das Reflexionsvermögen wurde während mehrerer Pendelglühungen um 900 °C gemessen. Während die Umwandlung beim Aufheizen stets bei 905 °C eintritt, zeigt sich bei der Abkühlung in Übereinstimmung mit anderen metallkundlichen Untersuchungen (HOUDREMONT u. RÜDIGER) eine von der Abkühlungsgeschwindigkeit abhängige Hysterese. Als Ursache für das Auftreten der Umwandlung beim Eisen, die sich in fast allen physikalischen Eigenschaften auswirkt, nimmt HOUDREMONT Übergänge der Elektronen vom unabgeschlossenen inneren Band ins äußerste Leitfä-

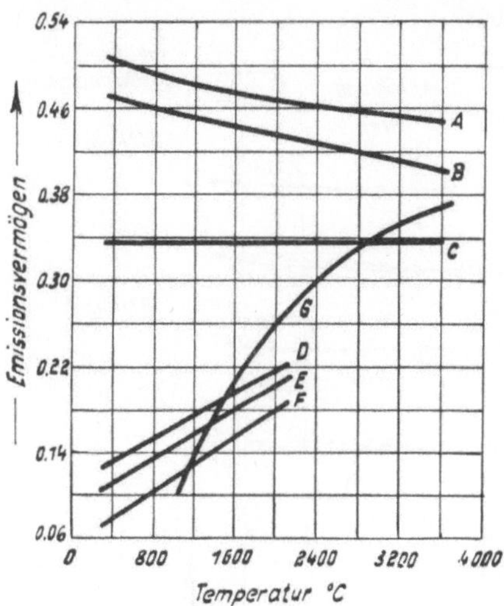

Abb. 42. Emissionsvermögen von Wolfram (nach FORSYTHE) $A = 0{,}467\,\mu$; $B = 0{,}665\,\mu$; $C = 1{,}27\,\mu$; $D = 1{,}9\,\mu$; $E = 2{,}0\,\mu$; $F = 2{,}9\,\mu$; $G = $ Gesamtstrahlung

higkeitsband an. Das um etwa 2–5% höhere Reflexionsvermögen des γ-Eisens könnte nach den Ausführungen in Abschnitt II. 3. c durchaus auf solchen Vorgängen beruhen. Mangan, das zwischen 700° und 800°C aus

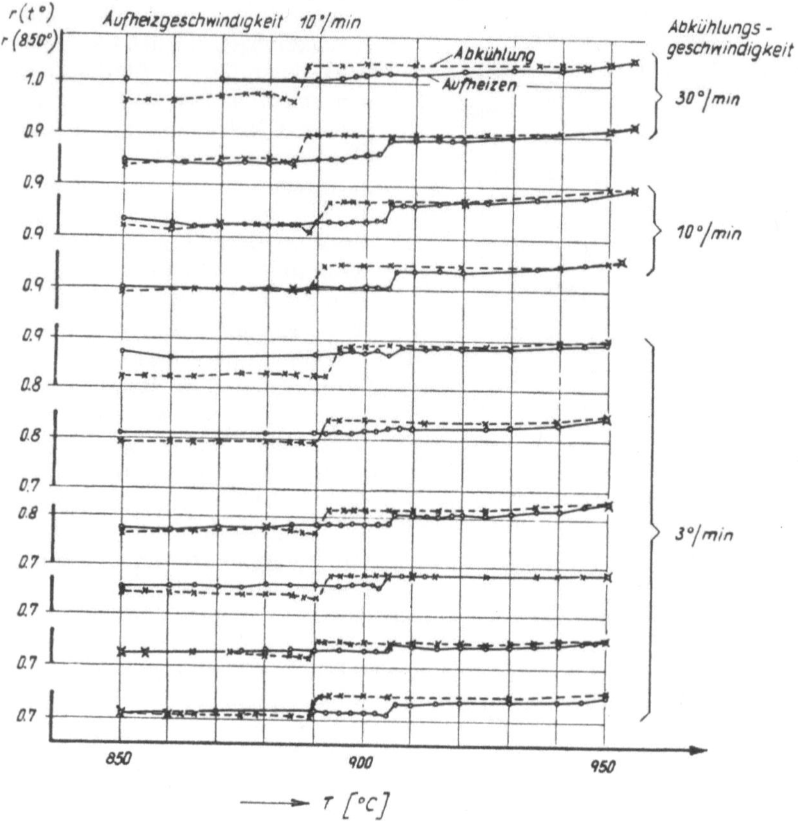

Abb. 43. Einfluß der α-γ-Umwandlung auf das Reflexionsvermögen des Eisens ($\lambda = 450\ m\mu$) (nach GRASS)

dem α- in den β-Zustand übergeht, zeigt ein ähnliches optisches Verhalten am Umwandlungspunkt wie das Eisen.

Da zur Beschreibung der Strahlungseigenschaften der Metalle noch keine umfassende, einfache Gesetzmäßigkeit gefunden werden konnte, hat man versucht, die spektrale Energieverteilung der Metallstrahlung durch eine empirische Formel, die eine dem PLANCKschen Strahlungsgesetz analoge Form hat, wiederzugeben:

$$E_{\lambda,\,T} = \frac{m_1}{\lambda^{n+1}} \cdot \frac{1}{e^{\frac{m_2}{\lambda T}} - 1} \; ; \tag{38}$$

n, m_1 und m_2 sollen Konstanten sein. Während die Messungen von PASCHEN an Platin diese Formel gut erfüllen, beobachtete COBLENTZ, daß die Meßwerte bei $3\,\mu$ kleiner, bei 5 bis $6\,\mu$ größer sind als die mit den Konstanten, die sich aus den Messungen bei anderen Wellenlängen ergaben, berechneten Werte.

Aus Formel (38) folgt für die Temperaturabhängigkeit der Wellenlänge des Intensitätsmaximums, dem WIENschen Verschiebungsgesetz entsprechend,

$$\lambda_{\max} \cdot T = \frac{m_2}{n+1} . \tag{39}$$

LUMMER u. PRINGSHEIM fanden aus ihren Messungen an Platin für $\lambda_m \cdot T$ den Wert 0,2630 cm · Grad und HASE (a) an Eisen 0,2890. Die Meßwerte von HASE an Eisen sind ihrer technischen Bedeutung wegen zusammen mit den Werten für schwarze Strahlung in *Abb. 44* wiedergegeben. Als vielseitig verwendeter Werkstoff in der Lichttechnik, als Vergleichsstrahler bei experimentellen optischen Untersuchungen usw. hat das Wolfram große Bedeutung erlangt. In *Abb. 45* ist seine spektrale Energieverteilung dargestellt (HANSEN). Die verwendeten Werte für das spektrale Emissionsvermögen beruhen auf Messungen von HAMAKER u. ORNSTEIN.

Im allgemeinen ist eine Darstellung der spektralen Metallstrahlung durch einfache empirische Formeln nicht möglich, da die Verschiedenartigkeit des optischen Verhaltens sowohl der Metalle untereinander als auch in den einzelnen Spektralbereichen desselben Metalls zu groß ist. Vielmehr wäre zu wünschen, daß auf Grund der richtungweisenden Metallelektronentheorie weiteres experimentelles

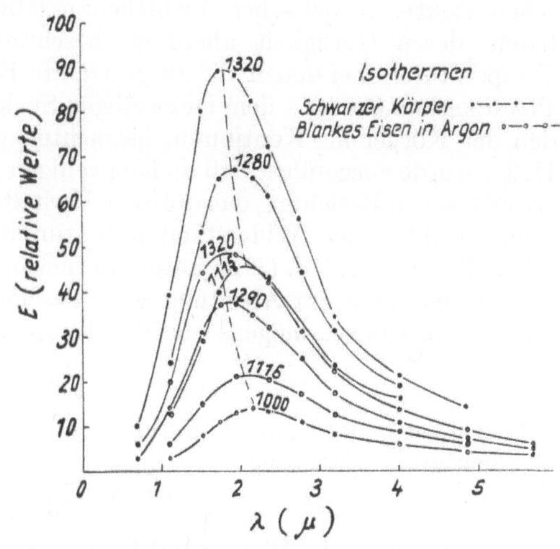

Abb. 44. Strahlungsisothermen des Eisens im Vergleich zur schwarzen Strahlung (nach HASE)

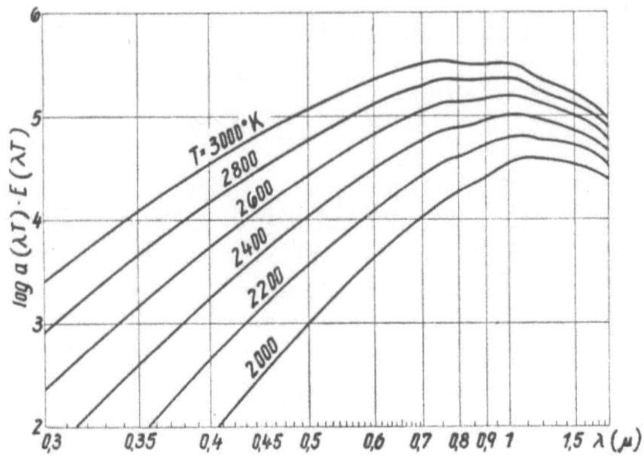

Abb. 45. Spektrale Strahlungsdichte von Wolfram (nach HANSEN)

Material gesammelt würde, um die Deutungs- und Beschreibungsmöglichkeiten, die die Theorie in ihrem jetzigen Entwicklungsstand schon bietet, voll auszunutzen zu können.

f) Gesamtstrahlung der Metalle

Für viele Fragen des Wärmeüberganges interessiert weniger das spektrale Verhalten der Metalle als vielmehr die gesamte von einer freistrahlenden Metalloberfläche ausgehende Energie. Auf Grund der MAXWELLschen elektromagnetischen Lichttheorie läßt sich eine Beziehung ableiten, deren Gültigkeit allerdings beschränkt ist auf genügend tiefe Temperaturen, bei denen die ausgestrahlte Energie – entsprechend dem PLANCKschen Gesetz – dem langwelligen Spektralbereich entstammt, für den der Körper als Kontinuum betrachtet werden kann. In Abschnitt II. 3. a wurde ausgeführt, daß im langwelligen Bereich gemäß der HAGEN-RUBENSschen Beziehung das optische Verhalten eines Metalles nur durch seinen elektrischen Widerstand ϱ bestimmt ist. ASCHKINASS benutzt diese Beziehung [Gl. (31)] unter Berücksichtigung allein des ersten Gliedes der Reihe zur Ableitung eines Gesetzes für die Abhängigkeit des Gesamtemissionsvermögens von der Temperatur:

$$e_g = 0{,}576_6 \sqrt{\varrho \cdot T} \ . \tag{40}$$

Hierin ist ϱ noch eine Funktion der Temperatur. Benutzt man die ziemlich grobe Näherung

$$\varrho = \varrho_0 \cdot \frac{T}{273} \ ,$$

wo ϱ_0 der spezifische Widerstand bei 0° ist, so erhält man

$$e_g = 0{,}0349 \sqrt{\varrho_0} \cdot T \ . \tag{41}$$

FOOTE erweiterte diese Beziehung durch Berücksichtigung des zweiten
Gliedes in Gleichung (31). Dann ergibt sich:

$$e_g = 0{,}576_6 \sqrt{\varrho \cdot T} - 0{,}178_7 \cdot \varrho \cdot T. \tag{42}$$

Die von ASCHKINASS und FOOTE abgeleiteten Formeln ergeben den
Wert für das Gesamtemissionsvermögen senkrecht zur strahlenden
Fläche. Es bestehen nun grundsätzlich zwei verschiedene experimentelle
Methoden zur Bestimmung der Gesamtstrahlung. Bei der einen benutzt
man die durch Strahlung erfolgende Erwärmung eines Strahlungs-
empfängers (Strahlungsthermoelement oder Bolometer); bei der anderen
– der wattmetrischen Methode – wird der durch elektrische Aufheizung
des Strahlers benötigte Wattverbrauch gemessen, der, wenn der Strahler
sich im Vakuum befindet, gleich der abgestrahlten Energie ist oder, wenn
der Körper in einer Atmosphäre erhitzt wird, die Summe der Wärmeverluste durch Strahlung, Leitung und Konvektion darstellt. Die nach

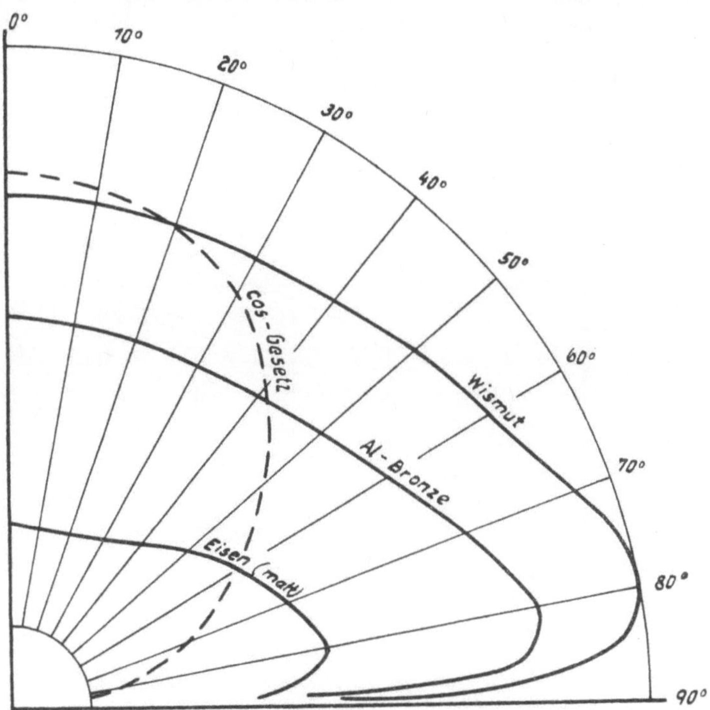

Abb. 46. Polardiagramm zur Richtungsabhängigkeit der Metallstrahlung
(nach SCHMIDT u. ECKERT)

diesen beiden Methoden erhaltenen Meßwerte ergeben eine strenge Übereinstimmung nur für einen schwarzen Strahler. Für jeden realen Körper zeigen sich oftmals beträchtliche Abweichungen, deren Ursache in der Abhängigkeit der Strahlung vom Emissionswinkel begründet ist. Bei der ersten Methode wird die Strahlung in einer bestimmten Richtung, bei der wattmetrischen Methode hingegen unter allen Emissionswinkeln gemessen. Auf Seite 12 wurde darauf hingewiesen, daß das LAMBERTsche Cosinusgesetz nur für den schwarzen Körper exakt erfüllt ist. Die Metalle zeigen Abweichungen in dem Sinne, daß die Energie ansteigt, wenn der Winkel des emittierten Strahles gegen die Flächennormale größer wird. Bis zu etwa 30° bleibt das LAMBERTsche Cosinusgesetz auch für die Metalle erfüllt; in unmittelbarer Nähe der streifenden Incidenz fällt die Intensität stark ab. Diese Richtungsabhängigkeit der Metallstrahlung wird durch das Polardiagramm *Abb. 46* veranschaulicht (SCHMIDT u. ECKERT). Parallel zu den Abweichungen vom LAMBERTschen Cosinus-Gesetz geht eine Polarisation der emittierten Strahlung. Mit größer werdendem Winkel gegen die Normale der Metalloberfläche nimmt der polarisierte Anteil der Strahlung mehr und mehr zu; bei 80° sind mehr als 70% der emittierten Strahlung polarisiert.

Die Vorgänge der Reflexion – und damit auch der Absorption und Emission – an Metalloberflächen werden durch die FRESNELschen Reflexionsformeln geregelt (POHL). ULJANIN konnte nachweisen, daß da

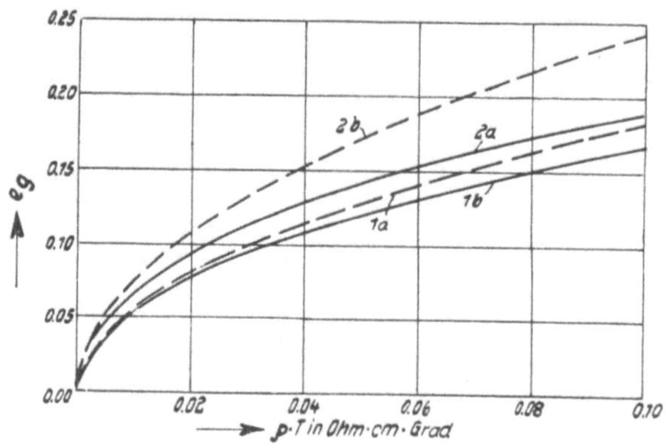

Abb. 47. Zur Theorie des Gesamtemissionsvermögens der Metalle

LAMBERTsche Cosinusgesetz unvereinbar mit den FRESNELschen Formeln ist. Unter der Voraussetzung der Gültigkeit dieser FRESNELschen Formeln wurde von DAVISSON u. WEEKS eine Beziehung für die Gesamtstrahlung der Metalle bei Berücksichtigung der Winkelabhängigkeit abgeleitet, die neben den für senkrechte Emission gültigen Gesetzen von ASCHKINASS und FOOTE in *Abb. 47* dargestellt ist. Eine von SCHMIDT gegebene Näherungslösung dagegen dürfte – wie in einer eingehenden Kritik von SCHMIDT u. FURTHMANN begründet wurde – eine zu große Korrektur bedeuten, so daß bei Benutzung der SCHMIDTschen Beziehung der Fehler größer werden kann, als wenn die Abhängigkeit der Strahlung vom Emissionswinkel unberücksichtigt bleibt.

Abb. 48 gibt die Gesamtemissionsvermögen verschiedener Metalle nach SCHMIDT u. FURTHMANN wieder. Die gestrichelte Weiterführung der Kurven deutet eine beginnende Oxydation der Metalloberflächen an. Aus den Messungen ergibt sich, daß die Gesamtemissionsvermögen sich wie die spezifischen elektrischen Widerstände ordnen. Bei unbeschränkter Gültigkeit der Gleichung (40) müßten die gemessenen Werte des Gesamtemissionsvermögens aller Metalle auf einer Kurve liegen, wenn e_g in Abhängigkeit vom Produkt $\varrho \cdot T$ aufgetragen wird. Wie *Abb. 49* zeigt, ergeben sich für die einzelnen Metalle mehr oder weniger große Abweichungen vom theoretischen Verlauf. Diese Abweichungen lassen sich erklären durch einen Vergleich mit den Ergebnissen der spektralen Messungen im ultraroten Spektrum, das für den hier besprochenen Temperaturbereich maßgeblich ist. Wie *Abb. 25* u. *26* (s. S. 53 u. 54) ausweisen, zeigen auch die spektralen Werte der Metalle unterhalb 10 bis 12 μ bei Zimmertemperatur z. T. erhebliche Abweichungen gegenüber

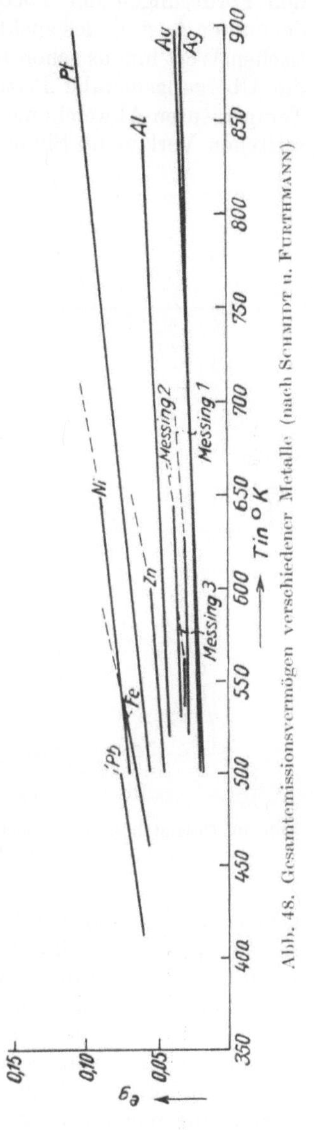

Abb. 48. Gesamtemissionsvermögen verschiedener Metalle (nach SCHMIDT u. FURTHMANN)

den Forderungen der Theorie nach HAGEN-RUBENS. Die Metalle, bei denen der Anstieg des spektralen Emissionsvermögens über den theoretischen Wert hinaus schon bei relativ großen Wellenlängen erfolgt (z. B. die Übergangsmetalle Platin, Nickel), zeigen auch schon bei tieferen Temperaturen Abweichungen des Gesamtemissionsvermögens vom theoretischen Verlauf im Sinne zu großer Werte. Für Gold und Silber hin-

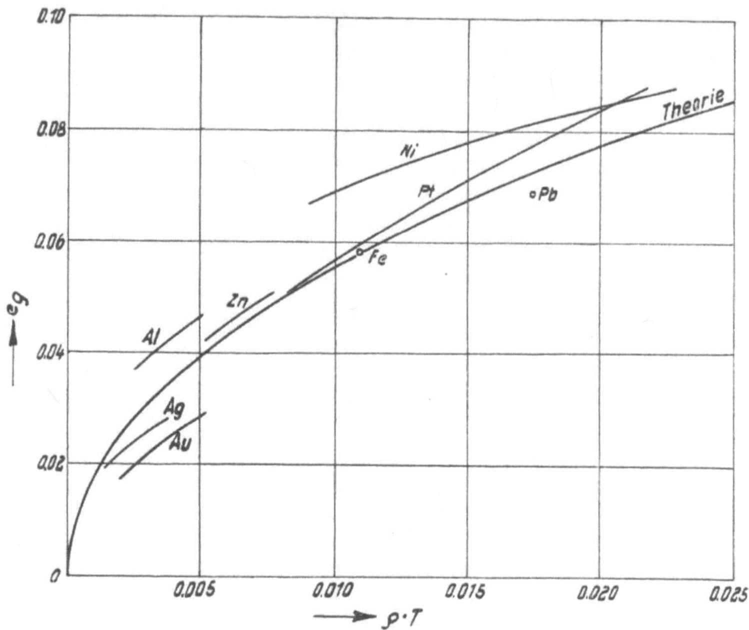

Abb. 49. Gesamtemissionsvermögen der Metalle in Abhängigkeit vom Produkt $\varrho \cdot T$ (nach SCHMIDT u. FURTHMANN)

gegen weisen die spektralen Messungen nach *Abb. 25* zu geringe Emissionswerte auf, so daß auch die zu kleinen Werte des Gesamtemissionsvermögens sich zwanglos erklären lassen. Bei diesen beiden Metallen erfolgt der Anstieg des Emissionsvermögens erst im sichtbaren Spektralbereich, so daß gemäß den Gesetzen der Temperaturstrahlung erst bei viel höheren Temperaturen ein stärkeres Anwachsen des Gesamtemissionsvermögens auftreten kann.

Eine allgemeingültige einfache Formel zur Beschreibung der Gesamtstrahlung der Metalle dürfte kaum gegeben werden können, da die Vielfalt in ihrem spektralen Verhalten zu groß ist. Es ist deshalb oftmals versucht worden, die Gesamtstrahlung durch eine dem STEFAN-BOLTZMANNschen Gesetz analoge empirische Formel wiederzugeben

$$E = k \cdot T^m \quad (k \text{ in Watt} \cdot \text{cm}^{-2}),$$

wobei k und m zwei frei wählbare optische Konstanten bedeuten. In der nachstehenden *Tabelle 10* sind diese Konstanten einiger Metalle nach den sehr zuverlässig erscheinenden Messungen von SCHMIDT u. FURTH-MANN aufgeführt.

Tabelle 10. (nach SCHMIDT u. FURTHMANN)

Metall	Temperatur-bereich (°K)	k	m
Platin	500–900	$3,07 \cdot 10^{-16}$	5,114
Silber	500–900	$6,15 \cdot 10^{-16}$	4,84
Gold	500–900	$8,65 \cdot 10^{-17}$	5,14
Zink	500–600	$6,59 \cdot 10^{-16}$	4,96
Nickel	500–650	$2,54 \cdot 10^{-15}$	4,814
Aluminium	500–850	$2,40 \cdot 10^{-15}$	4,73

g) Flüssige Metalle

Die Besonderheiten der physikalischen Eigenschaften der Metalle sind – wie am Beispiel ihrer optischen Eigenschaften in den Abschnitten II. 3. b und II. 3. c gezeigt wurde – auf die Zustände und Bewegungen der Elektronen in einem aus Metallatomen periodisch aufgebauten Kristallgitter zurückzuführen. Im schmelzflüssigen Zustand sind die Metallatome nicht mit der gleichen Regelmäßigkeit angeordnet, wenngleich sie dem heutigen Stande unserer Kenntnisse nach nicht völlig unregelmäßig, statistisch im vorgegebenen Flüssigkeitsvolumen verteilt sind (HENDUS). Der wesentliche Unterschied zwischen der Struktur des Festkörpers und der Flüssigkeitsstruktur besteht darin, daß ein fester Kristall makroskopische Ausmaße hat, während die Flüssigkeit eine nur einige Atomabstände umfassende „Nahordnung" aufweist. Die Valenzelektronen – so wurde weiter oben ausgeführt – verhalten sich im festen Metall mit gewissen Einschränkungen wie freie Elektronen; ihre Anzahl beträgt immer weniger als 1. Diese Einschränkungen bestanden gemäß der Auswahlregel in dem Auftreten verbotener Energiegebiete und verursachten die Entstehung von Absorptionsbanden. Da die Auswahlregel nur unter der Voraussetzung eines streng periodischen Gitters gültig ist, kann sie in der nur „quasikristallin" geordneten Flüssigkeit verletzt werden. Die Folge davon ist eine starke Verbreiterung und damit auch Verflachung der Absorptionsbanden. Die schmelzflüssigen Metalle gehorchen somit der DRUDEschen Theorie weit besser als im kristallinen Zustand, und zwar darf man in ihnen so viele freie Elektronen pro Atom erwarten, wie das Metall Valenzelektronen hat. Diese Vorstellungen konnten von MEIER durch optische Messungen an flüssigem Quecksilber im Bereich von $0{,}62\,\mu$–$0{,}32\,\mu$ bestätigt werden. Dabei wurden 2,1 freie Elektronen pro Atom gefunden. Weitere Untersuchungen im sichtbaren Gebiet von KENT an flüssigem Wismut, Blei, Kadmium und Zinn ergaben sehr gute Übereinstimmung mit der DRUDEschen Theorie.

Daß noch keine weiteren umfassenden Untersuchungen an flüssigen Metallen vorliegen, die allgemeingültige Aussagen zulassen, ist durch die experimentellen Schwierigkeiten der Strahlungsmessungen bei hohen Temperaturen bedingt. Die Gewinnung einwandfreier Ergebnisse setzt eine auf hoher Temperatur befindliche, völlig frei strahlende Oberfläche voraus, die nicht durch die Strahlung der Tiegelwandung usw. geschwärzt werden darf.

Untersuchungen über das Emissionsvermögen von flüssigem Eisen und flüssigen Stählen, die fast ausschließlich in nur einer Wellenlänge (im Roten), höchstens aber in zwei Wellenlängen (rot und grün) ausgeführt wurden, ergaben sich aus rein technischen Fragestellungen und dienten als Unterlagen für die Methoden der optischen Pyrometrie (s. Abschn. III. 2). Für das blanke Eisen wurde ein Emissionsvermögen e von etwa 0,35–0,40 gefunden. Die Werte für Rot und Grün unterscheiden sich um etwa 5 % und zwar in dem Sinne, daß das Emissionsvermögen im grünen Bereich größer ist als im roten, wie es nach dem allgemeinen Verlauf der Spektren bei Raumtemperatur (Abschnitt II. 3. a u. b) zu erwarten war. Die Abhängigkeit des Emissionsvermögens von der Temperatur ist wie beim festen Eisen im sichtbaren Gebiet sehr gering. Auch der Einfluß der Legierungselemente auf die Strahlung des blanken Eisens scheint nicht sehr bedeutungsvoll zu sein. In den meisten Fällen wurden – häufig absichtlich – die durch Legierungszusätze verursachten Änderungen des Emissionsvermögens von den durch dünne Oxydfilme, kleine Schlackenteilchen usw. hervorgerufenen Einflüssen nicht immer sauber getrennt. Diese meist in den Schmelzbetrieben selbst gewonnenen Ergebnisse, die für die technischen Anwendungen der Strahlungsmessungen sehr wertvoll sind, werden später eingehend behandelt.

h) Legierungen

Wenn zwei Metalle nicht ineinander „löslich" sind, sondern ein *heterogenes System* bilden, in dem die beiden Komponenten nebeneinander kristallisieren, so ist das resultierende Spektrum aus denjenigen der Komponenten zu berechnen. Das Reflexionsspektrum des heterogenen Systems ergibt sich aus dem arithmetischen Mittel der Reflexionsvermögen der beiden Metalle im Verhältnis der von ihnen eingenommenen Oberflächenanteile, die sich aus der Zusammensetzung und der Dichte der beiden Metalle berechnen lassen. Am Zweistoffsystem Cu-Bi wurden von KURODA die so berech-

neten Werte mit den beobachteten verglichen. Während die Kurven bei
größeren Wellenlängen übereinstimmen, sind im kurzwelligen Bereich
die Meßwerte kleiner als die berechneten. Die Ursache dieser Abweichungen liegt in der durch mikroskopische Untersuchungen bestätigten Tatsache begründet, daß die Oberflächengebiete, die von den Bi-Kristallen
eingenommen werden, tiefer liegen als das Kupfer und daß somit die im
Kurzwelligen besser reflektierenden Wismutkristalle nicht voll zur Wirkung kommen.

Bilden zwei Metalle echte *Mischkristalle* entweder durch Substitution
oder durch Einlagerung an Zwischengitterplätzen, so werden Abweichungen von der strengen Periodizität des Gitters hervorgerufen. Diese
Störungen verursachen eine Erhöhung des elektrischen Widerstandes,
die in der MATHIESSENschen Regel ihren Ausdruck findet: Der Gesamt-
widerstand setzt sich aus einem temperaturabhängigen Anteil ϱ_T und
einem temperaturunabhängigen Anteil ϱ_L zusammen, der eben von jenen
Gitterstörungen herrührt. Das optische Verhalten der Mischkristalle
bildenden Legierungen im langwelligen Ultrarot, für das die HAGEN-
RUBENSsche Beziehung gilt, wird somit nicht durch den aus den anteiligen Komponenten gegebenen arithmetischen Mittelwert bestimmt, sondern das Reflexionsvermögen wird geringer sein.

Im sichtbaren und ultravioletten Spektrum sind die Verhältnisse weit
verwickelter. Im allgemeinen weisen die Mischkristalle eine „Mischfarbe‟
auf, wobei allerdings der „verfärbende‟ Einfluß der einzelnen Metalle
sehr unterschiedlich ist. Für die in *Abb. 50* dargestellten optischen Eigen-

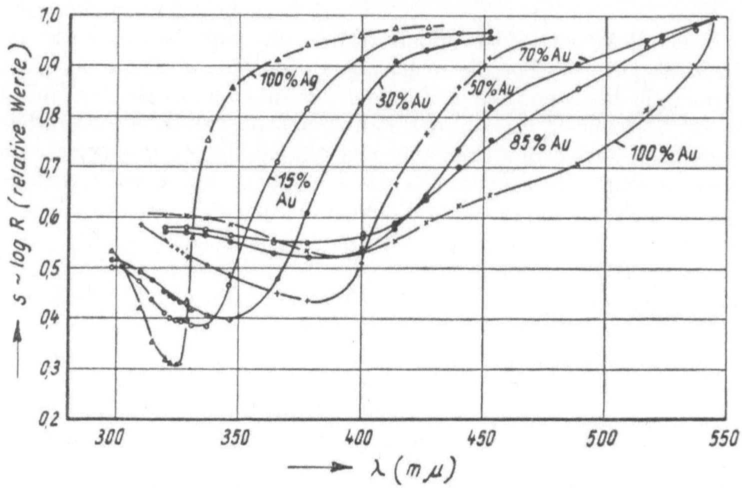

Abb. 50. Optische Eigenschaften von Gold-Silber-Legierungen
(nach unveröffentlichten Messungen des Verfassers)

schaften von Au-Ag-Legierungen ist ein stetiger Übergang vom Gold- zum Silberspektrum kennzeichnend, wobei die Farbtönungen von gelb bis grünlich und bläulich zum Weiß durchlaufen werden. Völlig anders verhalten sich die Edelmetall-Übergangsmetall-Legierungen. So zeigt

das in *Abb. 51* dargestellte System Ag-Pd, daß der Einfluß des Palladiums auf das Silber weit größer ist als umgekehrt. Schon ein Zusatz von einigen Prozent Pd verändert das Reflexionsspektrum sehr erheblich. Bei etwa 20% Pd ist schon das Palladiumspektrum vorhanden. Nach Untersuchungen von BERGMANN u. GUERTLER zeigt das System Cu-Ni ein analoges Verhalten; der selektive Charakter des Kupfers verschwindet fast sprunghaft bei einem Zusatz von 27% Ni. Zur Deutung dieses Verhaltens der Edelmetall-Übergangsmetall-Legierungen liegt die Annahme nahe, daß

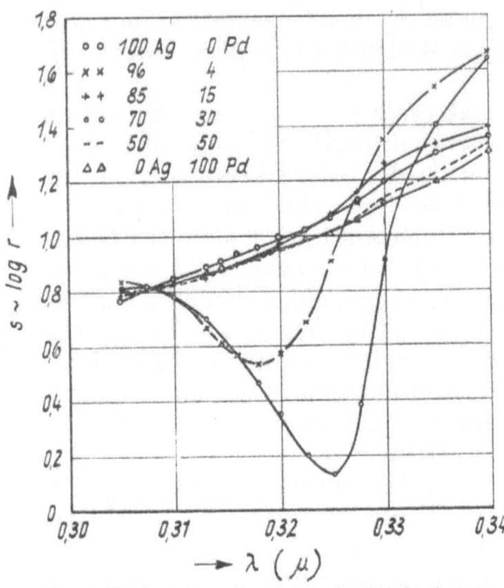

Abb. 51. Reflexionsspektren von Ag-Pd-Legierungen

die Valenzelektronen der Edelmetalle, die ein Elektron in der äußeren Schale besitzen, die nicht aufgefüllte innere Schale der Übergangsmetalle besetzen. Die Auffüllung der inneren Schale des Nickels wäre bei 73 Atom-% Cu, die des Palladiums bei 80 Atom-% Ag abgeschlossen. Diese Werte stehen aber nicht in Einklang mit magnetischen und elektrischen Messungen; für diese ergeben sich charakteristische Konzentrationen von etwa 40% Edelmetall. Offenbar ist das Bild freier Elektronen im vorliegenden Fall nicht mehr ausreichend. Nach der Vorstellung des Bändermodells rückt wahrscheinlich durch den Zusatz der Übergangsmetalle die obere Grenze des d-Bandes auch beim Kupfer (Entsprechendes gilt für Silber) nach tieferen Energiewerten.

Die übrigen möglichen Legierungskombinationen bilden – außer Au-Pd – keine ausgedehnten Mischkristallreihen miteinander. Eine sorgfältige Auswahl unter den Dreistoffsystemen könnte aber zu weiteren recht interessanten Einsichten in die Elektronenkonfiguration der Übergangsmetalle führen.

In *Abb. 52* sind die Spektren der Kupfer-Silber-Legierungen aufgeführt, die nur an der kupfer- und silberreichen Seite Mischkristalle bilden, während sich über den gesamten mittleren Konzentrationsbereich eine breite Mischungslücke erstreckt. Wie bei den Kupfer-Nickel-Legierungen hat

das Spektrum des kupferreichen Mischkristalls ein völlig anderes Aussehen als das reine Kupfer. Von $0,61\mu$ bis $0,575\mu$ ist das Reflexionsvermögen von Kupfer größer als das der Legierung mit 2% Silber, umgekehrt wie unterhalb dieses Wellenlängenbereiches. Im heterogenen Gebiet entspricht das optische Verhalten dem der heterogenen Kupfer-Wismut-Legierungen. Die berechneten Kurven stimmen

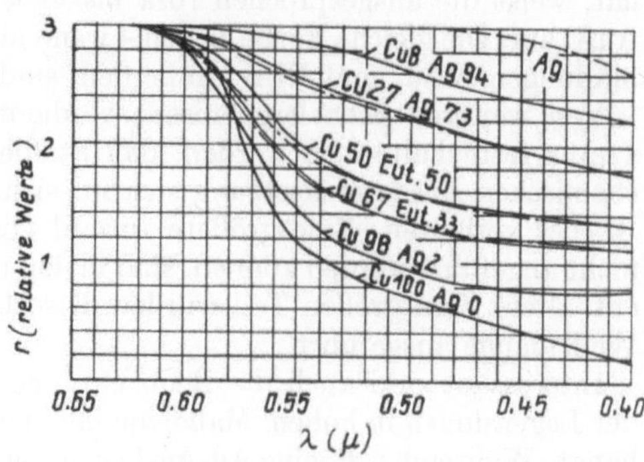

Abb. 52. Reflexionsvermögen von Kupfer-Silber-Legierungen (nach KURODA)

mit den Meßwerten in der Näherung überein, die nach den Erfahrungen am System Kupfer-Wismut erwartet werden darf.

Das Auftreten von intermetallischen Verbindungen ist zumeist mit sprunghaften Änderungen der Metallspektren verbunden. Diese Änderungen sind im allgemeinen um so stärker, je größer die chemische Affinität zur Verbindungsbildung ist. In *Abb. 53* kommen diese Änderungen deutlich zum Ausdruck. So zeichnen sich die Verbindungen Al_3Mg_2 und Al_2Mg_3 durch ein besonders hohes Reflexionsvermögen aus, während sich die Spektren der übrigen Legierungen infolge der weiten heterogenen Gebiete dieses Systems aus den anteiligen Komponenten berechnen lassen. Das System Cu-Zn, in dem die gelben Messinge auftreten, wurde von KURODA eingehend untersucht.

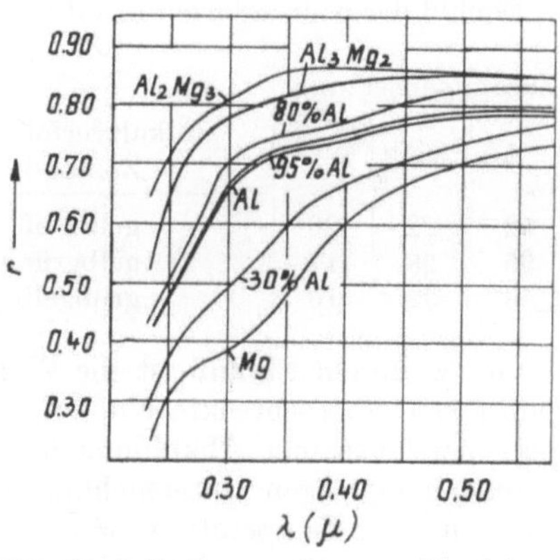

Abb. 53. Reflexionsvermögen von Aluminium-Magnesium-Legierungen (nach WULFF)

Weitere Untersuchungen der optischen Eigenschaften, die eine systematische Auswertung bezüglich der Zusammenhänge zwischen den optischen Spektren und der Legierungskonstitution zulassen, liegen noch nicht vor.

Besonders lebhaft gefärbt sind die Gold- und Kupferlegierungen. Die ausgeprägteste Färbung einer Legierung, die der Verfasser beobachtet hat, weist die ausgesprochen rosa bis violett erscheinende Verbindung AuAl auf. Die gleiche Farbe zeigen – wenn auch viel schwächer – die Verbindungen KAu_2 und NiAl. Außerdem sind TiC und TaC gelb gefärbt.

Von weiteren Einzelergebnissen verdient die Feststellung v. FRAGSTEINS festgehalten zu werden, daß Stähle fast unabhängig von ihrer chemischen Zusammensetzung sich im sichtbaren Bereich wie „graue" Körper verhalten. Eine größere Anzahl von Untersuchungen, die hier nicht angeführt werden können, sind in den umfassenden Tabellenwerken enthalten. Zum großen Teil wurden diese Untersuchungen nur in einer Wellenlänge ausgeführt.

Interessant sind auch die Beobachtungen TAMMANNs, daß die Farbe der Legierungen in hohem Maße von dem Grade der Kaltverformung abhängt. Während z. B. eine Au-Ag-Legierung mit etwa 75% eine schwach grünliche Farbe aufweist (s. *Abb. 50*), sind kaltgewalzte Legierungen dieser Zusammensetzung gelblich. Die gleichen Erscheinungen treten beim Kaltwalzen ternärer Au-Ag-Cu-Legierungen auf. Die größten Farbunterschiede der kaltverformten und ausgeglühten Legierungen liegen nach TAMMANN bei den in *Tab. 11* angegebenen Zusammensetzungen.

Tabelle 11
Einfluß der Kaltverformung auf die Farbe von Au-Ag-Cu-Legierungen

Zusammensetzung			Farbe	
% Au	% Ag	% Cu	im kaltverformten Zustand	im Gleichgewichtszustand
52	22	26	gelbweiß	weißrot
55	28	17	gelbgrün	weiß
58	32	10	grüngelb	weißgrünlich

Von weiterem Einfluß ist die Wärmebehandlung. So sind von oberhalb 500 °C abgeschreckte Kupferlegierungen mit 45–50% Zn grünlichgelb, bei langsamer Abkühlung hingegen kräftig gelb. In diesem Zusammenhang wären Untersuchungen über den Einfluß der Kaltverformung und der Temperaturabhängigkeit der optischen Eigenschaften der Legierungen von besonderem Interesse.

i) Dünne Metallschichten

Die auf dünne Metallschichten auffallende Strahlung wird mit zunehmender Schichtdicke der Metallfolien zunächst immer stärker absorbiert. Dabei wächst aber auch der reflektierte Anteil, und zwar so stark, daß bei einer gewissen Schichtdicke ein Maximum erreicht wird. In

Abb. 54 ist dieser Verlauf des Reflexionsvermögens und der Durchlässigkeit von freitragenden Goldschichten als Funktion der Schichtdicke dargestellt.

Solche dünnen Metallschichten, deren Schichtdicke kleiner oder höchstens von der gleichen Größenordnung wie die Wellenlänge der mit ihnen in Wechselwirkung tretenden Strahlung ist, zeigen in ihren optischen Eigenschaften ein vom massiven Material abweichendes Verhalten. Die immer dünner werdende Metallschicht erleidet mit zunehmender Annäherung an den „zweidimensionalen Zustand" eine so starke Änderung ihrer optischen Kennwerte, daß man von einer Anomalie der optischen Konstanten an dünnsten Metallschichten spricht. Darüber hinaus zeigt sich eine starke Abhängigkeit der optischen Meß-

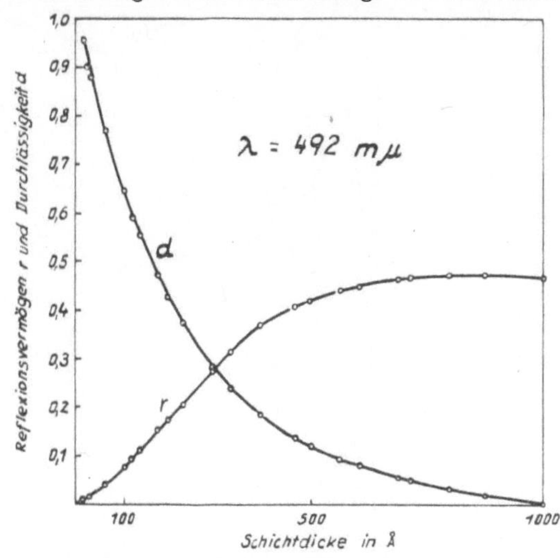

Abb. 54. Verlauf der Durchlässigkeit *d* und des Reflexionsvermögens *r* von freitragenden Goldschichten als Funktion der Schichtdicke (nach SCHULZE)

größen, wie Reflexionsvermögen, Durchlässigkeit und Absorptionsvermögen von der Schichtstruktur.

Als erster folgerte DRUDE aus seinen Untersuchungen an Silberschichten, daß dünnste Metallschichten andere optische Konstanten als das massive Metall besitzen. Wenngleich den optischen Eigenschaften dünner Metallschichten in der Folgezeit umfangreiche Studien gewidmet wurden, so reicht das heute vorliegende Beobachtungsmaterial noch keineswegs aus, um endgültige Aussagen über die Ursachen dieser Erscheinungen machen zu können. Die von den verschiedenen Autoren vornehmlich an Schichten aus Gold, Silber, Platin, Kupfer und Palladium erhaltenen Ergebnisse weichen zum Teil erheblich voneinander ab. Allen Ergebnissen ist aber trotz unterschiedlicher Herstellungsbedingungen und Meßmethoden gemeinsam, daß im Bereich dünnster Schichten, von etwa 100 Å abwärts, der Brechungsindex n stark ansteigt, der Absorptionskoeffizient $n\varkappa$ hingegen stark abnimmt. Für diesen Verlauf der optischen Konstanten dünnster Schichten geben die *Abb. 55* und *56* einige Beispiele.

Parallel mit diesen Änderungen der optischen Konstanten treten sowohl im reflektierten als auch im durchgelassenen Licht auffällige Farb-

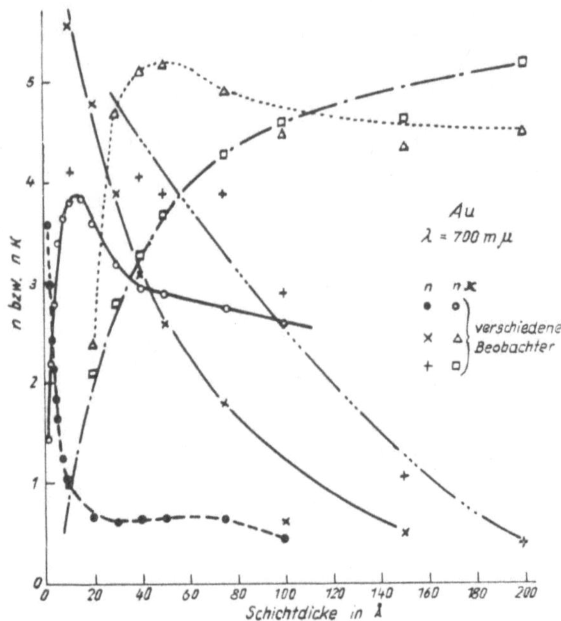

Abb. 55. Brechungs- und Absorptionsindex von Goldschichten als Funktion der Schichtdicke (nach MAYER)

erscheinungen an dünnen Metallschichten auf, die bei den Alkalimetallen am deutlichsten ausgeprägt erscheinen. Je nach Herstellungsbedingungen (durch Aufdampfen oder Kathodenzerstäubung), d. h. je nach Reinheitsgrad und Gasfreiheit, Trägermaterial, Temperatur, Geschwindigkeit der Schichtbildung, Schichtdicke usw., können die Schichten sowohl in Durchsicht als auch Reflexion fast alle Spektralfarben neben Weiß und Schwarz aufweisen. In der nachfolgenden *Tab. 12* sind die unter verschiedenen Herstellungsbedingungen mit zunehmender Schichtdicke beobachteten Farbfolgen an dünnen Goldschichten mitgeteilt.

Der Deutung dieser Farberscheinungen und der „Anomalie" der optischen Konstanten dünnster Schichten liegen verschiedenartige Vorstellungen zugrunde. Der naheliegende Versuch, die Farbfolgen dünner Metallschichten als NEWTONsche Interferenzfarben zu deuten, läßt sich nicht durchführen, da die Intensität des an der rückwärtigen Schichtgrenzfläche reflektierten Lichtes infolge des großen Absorptionskoeffizienten der Metalle schon im ersten Interferenzmaximum so gering ist, daß dieses Maximum die Beobachtbarkeitsgrenze kaum überschreitet.

Diese Deutungsmöglichkeit scheidet somit aus, wenngleich auch in vielen Fällen das Auftreten von Farbfolgen an dünnen Metallschichten auf schwach absorbierende Fremdschichten (Verunreinigungen bzw. chemische Verbindungen des Metalls) zurückzuführen sein mag. Im Abschnitt II.3.k werden die optischen Erscheinungen, die durch dünne Oxydfilme auf Metallen verursacht werden, eingehend behandelt.

Ein zweiter Erklärungsversuch geht von der Vorstellung aus, daß eine dünne Metallschicht nicht homogen, sondern aus einzelnen diskreten Körnern aufgebaut ist. Diese einzelnen Körner, denen allerdings die gleichen optischen Konstanten zukommen sollen, wie dem massiven Metall, bedingen somit eine kolloidähnliche Struktur der Schicht. Durch die Anwendung der für das optische

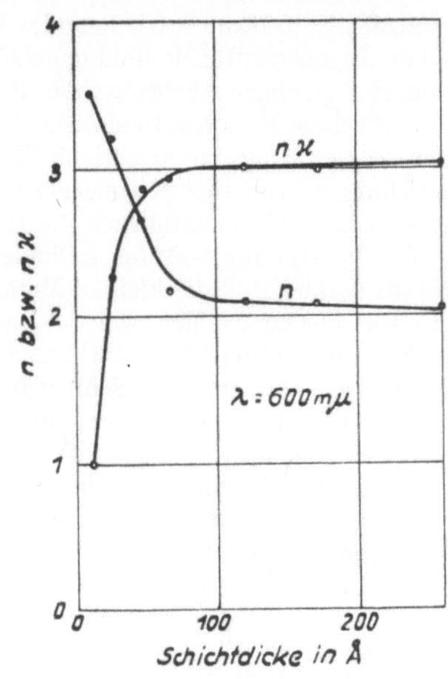

Abb. 56. Brechungs- und Absorptionsindex von Platinschichten als Funktion der Schichtdicke (nach POGANY)

Tabelle 12. Farben dünner Goldschichten als Funktion der Schichtdicke
(nach MAYER)

a) Schichten im Vakuum auf Quarz aufgedampft

Schichtdicke in Å	40	25—40	20	15	15
Farbe	blaugrün	blau	violett	rötlich	schwach gelblich

b) Schichten in strömendem Wasserstoff auf Quarz kathodenzerstäubt

Schichtdicke in Å	50	25—50	10
Farbe	blaugrün	hellblaugrün	lichtgrau

c) Schichten auf Glas kathodenzerstäubt

Schichtdicke in Å	120	von 120 abnehmend	10
Farbe	olivgrün	grün-blaugrün-hellblau	violett

Verhalten echter kolloidaler Metallösungen entwickelten Theorien auf die Farben dünner Metallschichten konnten die an diesen beobachteten Selektivitäten der Absorption und Reflexion qualitativ und vielfach quantitativ in recht befriedigender Weise erklärt werden. Von den optischen Eigenschaften kolloiddisperser „trüber" Medien und vornehmlich von der strengen theoretischen Behandlung dieser Erscheinungen für kugelförmige Metallpartikel in hochverdünnten Lösungen durch Mie und der Erweiterung der Mieschen Theorie auf dichte Lösungen und Abweichungen von der Kugelgestalt der Partikelchen durch Gans wird in Abschnitt II. 5 ausführlich die Rede sein.

Die Vorstellung von der kolloiden Struktur dünner Metallschichten setzte voraus, daß die kleinen Metallkörnchen dieselben optischen Konstanten besitzen sollen wie das massive Metall. Im Gegensatz hierzu stehen die gefundenen starken Änderungen der optischen Materialgrößen mit abnehmender Schichtdicke. Als Ursache für dieses Verhalten greifen Planck und Pogany auf die Elektronentheorie der Metalle zurück. Analog zum optischen Verhalten dünnster Metallschichten zeigen die elektrischen Eigenschaften anomale Änderungen, insofern als die elektrische Leitfähigkeit, die der Zahl und der freien Weglänge der freien Elektronen im Metall proportional ist, sehr stark abnimmt, wenn die Schichtdicke so klein gewählt wird, daß sie vergleichbare Werte mit der mittleren freien Weglänge der freien Elektronen erreicht. Diese Verminderung der freien Weglänge führt – wie Planck zeigen konnte – auf Grund der Verknüpfung der optischen Konstanten mit den charakteristischen Größen der Elektronen zu einer Änderung der optischen Konstanten, wie sie qualitativ im Experiment gefunden wurde. Die Erklärung Plancks wurde von Pogany unter der Annahme erweitert, daß nicht nur die freie Weglänge, sondern auch die Zahl der freien Elektronen sich ändert, da diese mit abnehmender Schichtdicke gesetzmäßig ansteigend in einen gebundenen Zustand übergehen sollen. Wenn auch die experimentell gefundenen Werte für die optischen Konstanten durch die theoretischen Ansätze recht gut beschrieben werden können, so bedürfen die vorliegenden Beobachtungsergebnisse doch weiterer Ergänzungen, um zu endgültig richtigen Vorstellungen über diese optischen Eigenschaften zu gelangen.

Das Verhalten dünner Metallschichten gegenüber langwelliger ultraroter Strahlung ($\lambda > 20\mu$) ist wie beim massiven Metall durch dessen elektrische Leitfähigkeit bestimmt, wie Murmann; Woltersdorff und Hettner experimentell und theoretisch feststellen konnten. Nach diesen Autoren ergeben sich für eine Metallschicht der Dicke s und der in elektrostatischen c.g.s.-Einheiten gemessenen spezifischen elektrischen Leitfähigkeit σ die folgenden Ausdrücke für den reflektierten Anteil r, die Durchlässigkeit d und für den absorbierten Anteil a einer auf die

Schicht fallenden langwelligen Ultrarotstrahlung:

$$d = \frac{1}{\left(1 + \dfrac{2\pi\sigma s}{c}\right)^2}\,, \tag{43a}$$

$$r = \frac{1}{\left(1 + \dfrac{c}{2\pi\sigma s}\right)^2}\,, \tag{43b}$$

$$a = 1 - r - d = 2\sqrt{r\,d}\,; \tag{43c}$$

c bedeutet die Vakuumlichtgeschwindigkeit.

Graphisch sind diese Verhältnisse in *Abb. 57* dargestellt. Aus den angeführten Formeln kann der wichtige Schluß gezogen werden, daß keine Wellenlängenabhängigkeit der optischen Kenngrößen auftritt, diese vielmehr nur vom Produkt aus Schichtdicke und elektrischer Leitfähigkeit abhängen. Bei gutleitenden Metallen sind die Schichten, bei denen das Maximum der Absorption von 50% auftritt, gut durchsichtige Folien; bei schlechtleitenden Metallen liegen sie an der Durchsichtigkeitsgrenze.

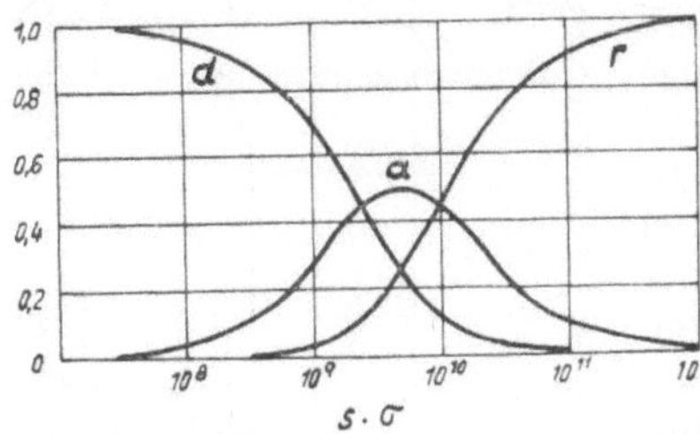

Abb. 57. Theoretischer Zusammenhang zwischen r, d, a und dem Produkt aus spezifischer Leitfähigkeit σ und Schichtdicke s. Gültig für Metalle im langwelligen Ultrarot

Aus der Kenntnis der optischen Eigenschaften dünner Metallschichten ergeben sich einerseits praktisch-technische Anwendungsmöglichkeiten: im kurzwelligen Spektralbereich die Verwendung als teildurchlässige Spiegel oder als Filter, im langwelligen Ultrarot als ideale Graufilter und als Absorberschichten mit geringer Wärmekapazität für Ultrarot-Strahlungsempfänger. In wissenschaftlicher Hinsicht stellt die Optik dünner Schichten ein Hilfsmittel dar zum Studium von Grenzflächenerscheinungen und zur Strukturerforschung der Materie beim Übergang vom kompakten Körper bis zur monoatomaren Schicht bzw. bei stark aufgelockerter Schicht bis an den Zustand kleinster isolierter Atomhaufwerke.

k) Oxydierte Metalle

Wird ein Metall in oxydierender Atmosphäre erwärmt, so steigt die abgestrahlte Leistung bei einer für jedes Metall charakteristischen Temperatur ziemlich sprunghaft an, wie es *Abb. 58* für das Gesamtemissionsvermögen des Eisens ausweist [HASE (b)]. Unterhalb 300° C unterscheiden sich die Emissionsvermögen sehr stark infolge unterschiedlicher

Oberflächenbearbeitung. Kurz oberhalb 300°C nimmt das Emissionsvermögen mit fortschreitendem Dickenwachstum der Oxydhaut stetig

und verhältnismäßig schnell zu, bis bei etwa 400°C ein fester Endwert von ungefähr $e_g = 0{,}9$ erreicht wird, der dem der strahlungsundurchlässigen dicken Oxydhaut entspricht. Viele Oxyde, insbesondere die Schwermetalloxyde, besitzen ein hohes Emissionsvermögen, so daß man in einer leicht paradox klingenden Form sagen kann: Das dunkle Metalloxyd strahlt heller als das blanke Metall. (Über die optischen Eigenschaften der Oxyde siehe nähere Angaben in Abschnitt II.4. c). Für einige oxydierte Metalle geben die *Abb. 59–61* (SCHMIDT u. FURTHMANN) die experimentellen Befunde der Abhängigkeiten der Gesamtemissionsvermögen von der Temperatur wieder. Die mitgeteilten graphischen Werte lassen erkennen, wie stark die Ergebnisse der Untersuchungen verschiedener Autoren voneinander abweichen. Die Ursachen dieser Schwankungen liegen in der Tatsache begründet, daß die Emission oxydierter

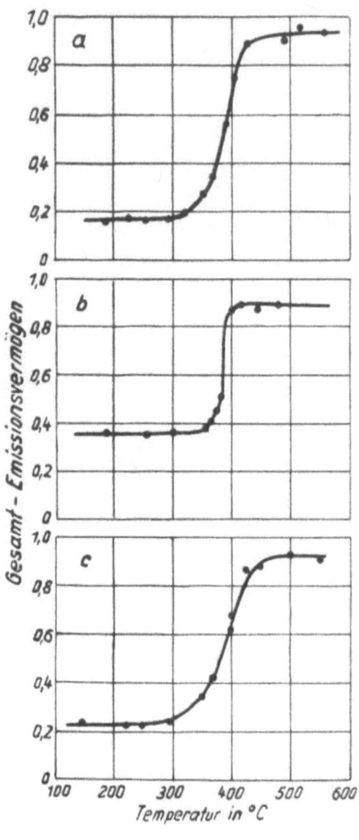

Abb. 58. Gesamtemissionsvermögen des Eisens in Abhängigkeit von der Temperatur (nach HASE). —
a) Polierter weicher Flußstahl. —
b) Grob geschmirgelter weicher Flußstahl. — c) Poliertes Gußeisen

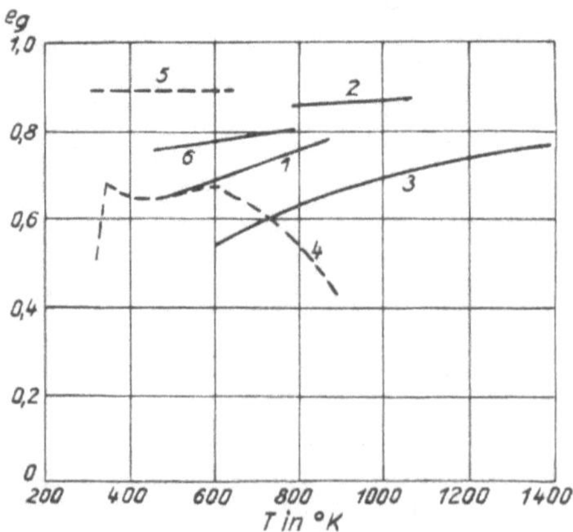

Abb. 59. Gesamtemissionsvermögen des Eisenoxyds (nach SCHMIDT u. FURTHMANN)

Metalle eine Gesamtwirkung vieler Einflüsse darstellt. Sie setzt sich zusammen aus der Eigenstrahlung des Oxydes. aus der von der Oxydschicht durchgelassenen Eigenstrahlung des Metalles und aus einer durch Risse und Poren mehr oder weniger geschwärzten Strahlung, die sowohl vom Metall als auch von der Oxydschicht herrühren kann.

Doch abgesehen von ihrem Wachstum, erleidet die Oxydschicht während der Erhitzung noch andere, das Emissionsvermögen beeinflussende Veränderungen, wie eine infolge unterschiedlicher thermischer Ausdehnung von Oxyd und Metall einsetzende Wellung und Aufrauhung der Oxydoberfläche, die z. B. beim Eisen zu einer allmählichen Loslösung der Oxydschicht von seiner metallischen Unterlage

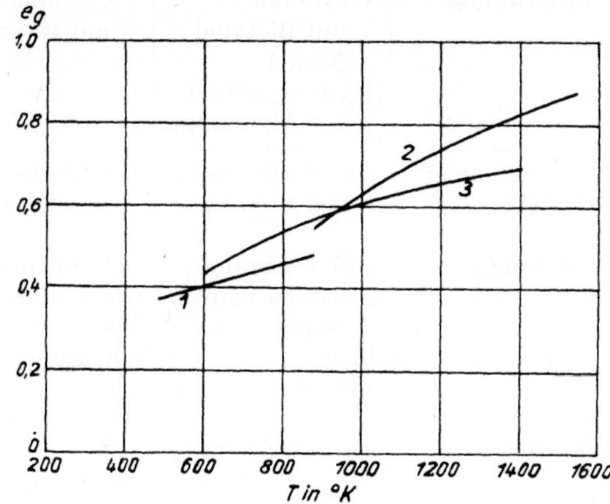

Abb. 60. Gesamtemissionsvermögen des Nickeloxyds (nach SCHMIDT u. FURTHMANN)

führen kann. Weiterhin sind die Zunderschichten oftmals nicht einheitlich, sondern bestehen aus verschiedenen Oxydationsstufen und schließ-

lich ist die chemische Zusammensetzung der oxydierenden Atmosphäre von entscheidendem Einfluß. Aus diesen Gründen können alle Angaben über die Strahlungseigenschaften oxydierter Metalle, die unter verschiedensten Bedingungen entstanden sind, nicht als definierte Kennzeichnung einer Stoffqualität, sondern lediglich als ungefähre Richtwerte angesehen werden.

Umgekehrt erlauben aber gerade diese vielen sich auswirkenden Einflüsse die An-

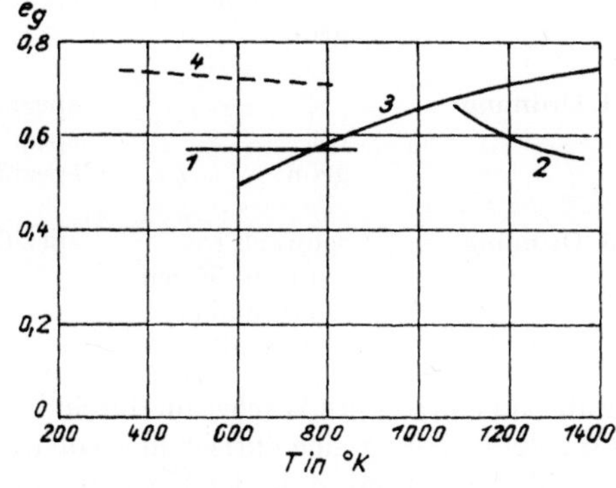

Abb. 61. Gesamtemissionsvermögen des Kupferoxyds (nach verschiedenen Beobachtern) (nach SCHMIDT u. FURTHMANN)

wendung von Strahlungsmessungen zur Untersuchung der Oxydschichtbildung. Der Beginn der Oxydation eines blanken Metalls ist bei vorgegebener Temperatur durch den Sauerstoffpartialdruck bestimmt, bei dem das Metall und sein Oxyd sich im Gleichgewicht befinden,

Tabelle 13. Anlauffarben auf Metallen (nach EVANS)

Farbordnung	Oxydfilme auf Blei und Nickel Hydroxydfilme auf Aluminium	Oxydfilme auf Eisen	Oxydfilme auf Kupfer
„Unsichtbares" Gebiet	spezifische Farbe des Metalles	spezifische Farbe des Metalles	

1. Ordnung	gelb bis braun
	rosen- bis malven-
	   farbig
	blau
	silbrig
		gelb bis braun
		malvenfarbig
		blau
		silbergrau
			braun
			rosen- bis malven-
			   farbig
			blau
			silberglänzend

2. Ordnung	gelb bis braun rot blau grün	— pinkblau blau grünlichblau	gelbbraun rot blau grün

3. Ordnung	gelb
	rot
	schwach
	   lavendelblau
	grün
		—
		blaugrau
		blaugrau
		spezifische Farbe
			braun
			rot
			schwach
			   lavendelblau
			grün

4. Ordnung	— rot grün	spezifische Farbe spezifische Farbe spezifische Farbe	— schmutzig-rot schmutzig-grün
5. Ordnung	schwach rot (in die Eigen- farbe über- gehend)	spezifische Farbe	grau (manchmal schwach rot)

während das weitere Wachstum durch die Diffusion bestimmt ist. Da die Oxydhautbildung sich optisch in so deutlicher Weise ausprägt, kann der Strahlungszustand, d. h. der Übergang blank-oxydiert, als Indikator bei der Bestimmung dieses Gleichgewichtszustandes dienen, dessen Einstellung entweder bei einer bestimmten Temperatur durch kontinuierliche Änderung des Sauerstoffpartialdruckes in einer oxydierend-reduzierenden Atmosphäre (z. B. H_2O—H_2) erfolgt oder bei vorgegebenem Sauerstoffpartialdruck durch Veränderung der Probentemperatur. Auf diese Weise untersuchten VON WARTENBERG und AOYAMA das Gleichgewicht $Cr_2O_3 + 3\,H_2 \rightleftharpoons 2\,Cr + 3\,H_2O$. In einer Metallschmelze, die reduzierende

Bestandteile enthält, z. B. Kohlenstoff im schmelzflüssigen Eisen, ist die Temperatur, bei der eine Oxydhaut gebildet wird oder durch Reduktion verschwindet, durch diese thermochemischen Gleichgewichtsverhältnisse gegeben. In der metallurgischen Großtechnik haben diese Erscheinungen und deren quantitative Erfassung durch optische Messungen in der sogenannten „Strahlungsanalyse" (s. Abschnitt III. 2. f) weitgehende Bedeutung erlangt.

Ermöglichen die Gleichgewichtsbedingungen die Bildung eines ersten monomolekularen Oxydfilmes, so erfolgt das weitere Wachstum dieses Filmes durch Diffusion der Metallatome zur Grenzfläche Oxyd/Gas. Dieses Wachstum verursacht besonders empfindliche optische Phänomene, die schon auftreten, bevor der Oxydationsbeginn sich in der Gesamtstrahlung merklich äußert. Wird ein Metall langsam erwärmt, so zeigen sich „Anlauffarben", die mit steigender Temperatur und zunehmender Erwärmungsdauer in kontinuierlicher Folge wechseln und durch die Zunahme der Oxydfilmdicke bedingt sind. Während bisher nur von der Gesamtstrahlung der oxydierten Metalle die Rede war, muß also nunmehr das spektrale Verhalten näher betrachtet werden.

Die Reihenfolge der Farben mit zunehmender Dicke ist in *Tab. 13* wiedergegeben. Bei Raumtemperatur sind die Metalle von einem farblosen durchsichtigen Film bedeckt, der erst bei Temperaturerhöhung zu einer solchen Schichtdicke anwächst, daß Anlauffarben auftreten können. Zwar sind die Farbfolgen für alle Oxydfilme fast gleichartig, doch ist die Zahl der auftretenden Farbordnungen, d. h. die Anzahl des wiederholten Auftretens derselben Farbe von der Oxydfilmdurchlässigkeit abhängig. Nickeloxyd, das fünf Ordnungen zeigt, bildet somit schwächer absorbierende Filme als Eisenoxyd, das schon nach der 3. Ordnung in seiner spezifischen Eigenfarbe erscheint.

Die Deutung der leuchtenden „Anlauffarben" als NEWTONsche Interferenzfarben[1]) ist von verschiedener Seite bezweifelt worden (MAYER), da die vollkommene Reflexion des durch den Oxydfilm hindurchgegangenen Lichtes an der Oberfläche der metallischen Unterlage solche Inter-

---

[1]) Treffen zwei oder mehrere kohärente Wellenzüge mit fester Phasenbeziehung im Raume zusammen, so zeigen sich charakteristische Überlagerungserscheinungen, die man als *Interferenz* bezeichnet. Unterscheiden sich zwei Wellenzüge gleicher Schwingungsamplitude, Schwingungsrichtung und Wellenlänge in einem Raumpunkt in ihrer Phase um 180°, d. h. fällt ein Berg der einen Welle auf ein Tal der zweiten, so tritt Auslöschung ein. Stimmen die Phasen überein, d. h. fällt Wellenberg auf Wellenberg, dann verdoppeln sich die Amplituden, während die Intensität, die quadratisch von der Amplitude abhängt, auf den vierfachen Betrag anwächst. Auf Lichtwellen angewendet heißt das, daß Licht zu Licht gebracht bei Gegenphasigkeit Dunkelheit erzeugen kann. Aus dem Auftreten von Interferenzerscheinungen muß man auf das Vorhandensein einer Wellenbewegung schließen.

ferenzeffekte unmöglich machen sollte. Nur dann sollten ausgeprägte Interferenzfarben durch dünne homogene Schichten zu erwarten sein, wenn der reflektierte Anteil an der Grenzfläche Oxyd/Metall wesentlich von 100% abweicht. Indessen konnte durch eingehende Untersuchungen dieser Erscheinungen eine eindeutige Abhängigkeit dieser Farben von der Filmschichtdicke nachgewiesen werden. Vielleicht läßt sich dieser Widerspruch zwischen den Forderungen der theoretischen Optik und den experimentellen Befunden durch die verständliche Annahme aufklären, daß die Grenzfläche Oxyd/Metall nicht scharf begrenzt ist, sondern über wechselnde Oxyd-Metall-Gemische führt, die durch Diffusion der Komponenten ineinander entstehen.

Ein wesentliches Kennzeichen für die Auslöschung des Lichtes durch Interferenz beruht darin, daß die Interferenz als solche keinen Energieverlust verursacht. Betrachtet man in *Abb. 62* einen Metallkörper, der

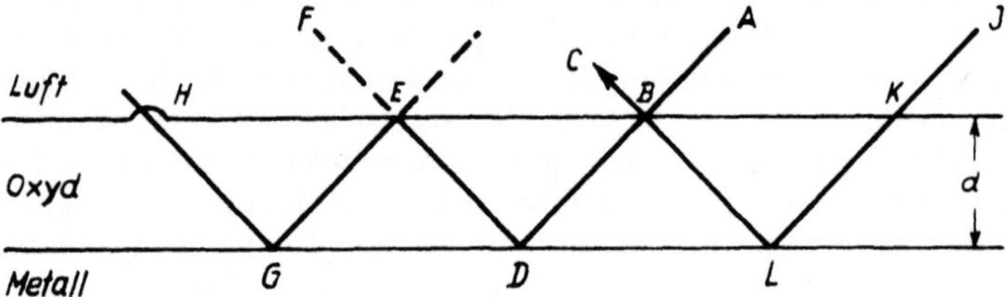

Abb. 62. Zur Interferenz des Lichtes an den Grenzflächen Metall-Oxyd-Luft

mit einem Oxydfilm der Dicke d bedeckt ist, und bestrahlt man dieses Objekt mit monochromatischem Licht einer solchen Wellenlänge $\lambda_{Int.}$, daß der an der äußeren Filmoberfläche reflektierte Strahl ABC völlig außer Phase mit dem an der inneren Oberfläche reflektierten Strahl $JKLBC$ ist, so folgt, daß die Intensität des längs BC austretenden Lichtes infolge der Auslöschung der beiden Wellenzüge durch Interferenz sehr gering ist. Das so „verschluckte" Licht, das im Anteil BD enthalten ist, hat eine weitere Gelegenheit zum Austritt in E. Bei völlig gleicher Filmschichtdicke wird es jedoch wiederum am Austritt gehindert in analoger Weise wie an der Stelle B. Diese innere Reflexion wird sich so oft wiederholen und das „verschluckte" Licht bleibt so lange „gefangen", bis es infolge nicht völliger Durchlässigkeit des Filmes durch Absorption in Körperwärme umgewandelt ist oder infolge unregelmäßiger Schichtdicke etwa an der Stelle H doch austreten kann. Für Lichtwellenlängen, die nur wenig von $\lambda_{Int.}$ abweichen, wird eine größere Lichtintensität nach jeder inneren Reflexion wieder austreten können. Je größer die Abweichungen von $\lambda_{Int.}$ sind, umso geringer wird die Zahl der stattfindenden inneren Reflexionen vor dem Austritt des Lichtes aus der dünnen Oxydhaut sein. Die Lichtschwächung durch Absorption in der Oxydschicht wird infolgedessen für $\lambda_{Int.}$ ein Maximum aufweisen. Bei Bestrahlung der Oberfläche mit weißem Licht wird die Intensität des reflektierten Lichtes bei $\lambda_{Int.}$ ein Minimum erreichen; jedoch wird die Intensität mit zunehmender Abweichung von dieser Wellenlänge zu beiden Seiten hin ansteigen, so daß eine Bande entsteht. Für einen sehr lichtdurchlässigen Film wird diese Bande breiter sein als für einen weniger durchlässigen (s. *Abb. 63a* u. *b*). Unübersichtlicher liegen diese Verhältnisse, wenn der dünne Oxydfilm selektiv absorbiert. Ein nichtabsorbierender Film sollte,

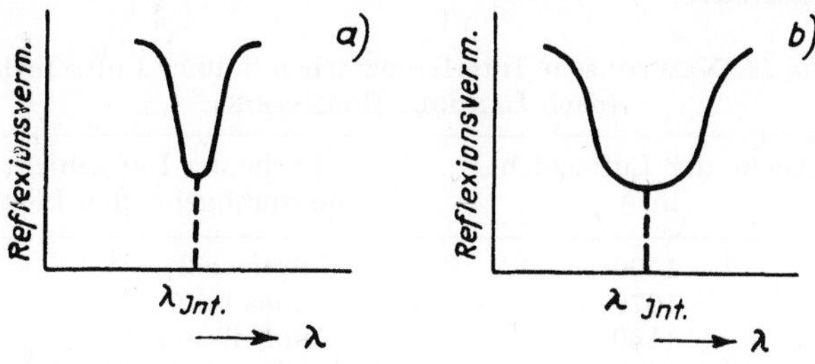

Abb. 63. Interferenzbandenbreite in Abhängigkeit vom Zustand des Oberflächenfilms

wie schon oben erwähnt, auf einer metallischen Unterlage die Bandenbreite Null ergeben, d. h. es sollten keine Interferenzfarben auftreten. Tatsächlich konnte WOOD experimentell nachweisen, daß auf hochreflektierende Silberoberflächen aufgebrachte Kollodiumfilme nur dann zu Interferenzerscheinungen führen, wenn deren Oberfläche gekräuselt ist, da jede Oberflächenunregelmäßigkeit der Filmgrenzflächen das Licht zum Austritt zwingen kann.

Tritt zwischen zwei Lichtstrahlen, die an der äußeren bzw. inneren Oberfläche des Oxydfilms reflektiert werden, keine Phasenverschiebung bei der Reflexion eines Strahles auf oder ist die Phasenverschiebung für beide Lichtstrahlen gleich, dann wird die Interferenz ein Maximum erreichen, wenn die Lichtwege sich um eine ungrade Zahl der halben Wellenlänge unterscheiden. Für senkrechten Lichteinfall wird der Wegunterschied gleich dem doppelten Betrag der Filmschichtdicke $2d$ sein, während die Wellenlänge im Oxydfilm selbst gleich λ/n ist, wobei n der Brechungsindex des Oxyds bedeutet. Interferenz wird folglich bei den Schichtdicken $\lambda/4n$, $3\,\lambda/4n$, $5\,\lambda/4n$, $7\,\lambda/4n$ … eintreten. Tritt jedoch eine Phasenänderung ein, so erfolgt Interferenz bei den Schichtdicken

$$\frac{\lambda}{4\,n}-C, \quad \frac{3\,\lambda}{4\,n}-C, \quad \frac{5\,\lambda}{4\,n}-C, \quad \frac{7\,\lambda}{4\,n}-C\ldots$$

C bedeutet die einer bestimmten Filmdicke äquivalente Phasenänderung. Im Falle von Luftfilmen zwischen Glas (NEWTONsche Farbringe) treten im *durchgehenden* Licht Minimalintensitäten bei den Schichtdicken $\lambda/4$, $3\,\lambda/4$, $5\,\lambda/4$, $7\,\lambda/4$ usw. auf, so daß für den Fall $C = 0$ die Schichtdicke eines Oxydfilms auf einem Metall aus seiner Farbe im reflektierten Licht bestimmt werden kann, indem die zur Erzeugung derselben Farbe erforderliche Dicke eines Luftfilms (im durchgehenden Licht!) durch den Brechungsindex des Oxydes dividiert wird. Die Abhängigkeit der Farben im durchgehenden Licht von der Schichtdicke ist für dünne Luftfilme zwischen Glasplatten in *Tab. 14* nach ROLLET (LANDOLT-BÖRNSTEIN) dargestellt.

Tabelle 14. NEWTONsche Interferenzfarben dünner Luftschichten
(nach LANDOLT-BÖRNSTEIN)

Ordnung	Dicke der Luftschicht in Å	Farbe der Luftschicht im durchgehenden Licht
1	1000	braunweiß
	1070	reines braun
	1160	dunkelbraun
	1240	rotbraun
	1290	dunkelpurpur
	1350	dunkelviolett
	1400	dunkelblau
	1640	klares blau nach grün
	2350	noch klareres blau
	2450	klares blaugrün
2	2570	blaßgrün
	2720	klares gelbgrün
	2820	klares (reines) gelb
	3000	goldgelb
	3520	orange
	3720	rot
	3870	tiefpurpur
	4090	violett
	4350	blau
	4650	klareres blau
	4900	bläuliches grün
3	5200	purpur
	5520	purpurviolett
	6020	blaugrün
	6660	grün
	7120	fahlgelb
4	8280	mattpurpur
	9540	graugrün

Diese einfache Methode des Farbvergleichs wurde mit gutem Erfolg erstmalig von TAMMANN zur Untersuchung der Oxydfilmbildung auf Metallen angewendet. Die auf diese Weise ermittelten Schichtdicken stimmen annähernd mit den gravimetrisch gewonnenen Ergebnissen überein. Die Abweichungen sind auf die Tatsache zurückzuführen, daß die Voraussetzungen für eine völlig gerechtfertigte Anwendung der Methode des subjektiven Farbvergleiches nicht immer erfüllt sind. Die Gültigkeit der Methode erfordert, daß $C = 0$ ist, daß der Brechungsindex n der Filmsubstanz nicht von der Wellenlänge abhängt und daß die Farbempfindung allein von $\lambda_{Int.}$ bestimmt sein soll (EVANS). Die zweite und dritte Bedingung wird niemals exakt erfüllt sein. Die Kenntnisse über die Wellenlängenabhängigkeit der optischen Konstanten der Oxydfilme sind leider sehr mangelhaft; hier wären umfangreiche Untersuchungen sehr wünschenswert. Über die im Auge hervorgerufene Farbempfindung durch Interferenzeffekte wäre zu sagen, daß sie nicht allein durch die Lage des Minimums der Interferenzbande, sondern infolge der spektralen Augenempfindlichkeit (siehe Abschn. III. 1. d) auch von der Bandenbreite bestimmt

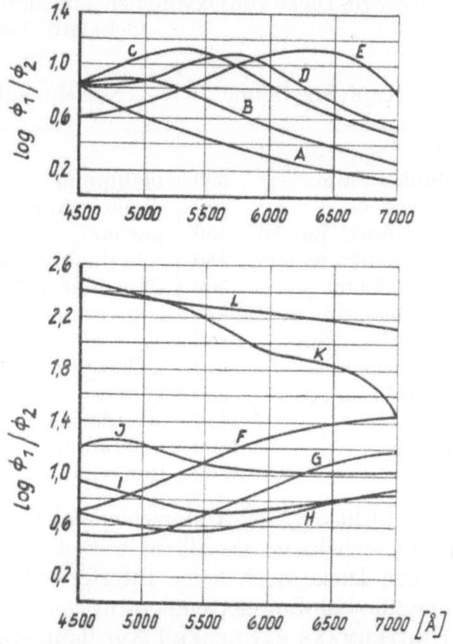

Abb. 64. Spektren der Anlauffarben auf Stahl (nach CONSTABLE) (550°C). – *A* gelblichbraun; *B* rotbraun; *C* purpur; *D* violett; *E* blau; *F* hellblau; *G* noch helleres Blaugrün; *H* silbergrün; *I* gelblich; *J* braun; *K* rotbraun; *L* blau-grau

wird. EVANS u. BANNISTER empfehlen daher für die Anwendung dieser Methode die Aufstellung von Standard-Farbenreihen, in denen durch andere Meßverfahren (gravimetrische oder chemische) die Zusammenhänge zwischen Schichtdicke und Farbe eindeutig festgelegt werden und die dann zur Untersuchung von Wachstumsvorgängen herangezogen werden können.

Die dem subjektiven Farbvergleich anhaftenden Mängel können durch objektive, spektralphotometrische Messungen der durch Interferenz ausgelöschten Spektralfarbe beseitigt werden. CONSTABLE hat verschiedene

Oxydfilme spektroskopisch untersucht (s. *Abb. 64*) und durch Bestimmung der Wellenlängen minimaler und maximaler Reflexion die in *Tab. 15* aufgeführten Schichtdicken der Oxydfilme auf Kupfer, Nickel und Eisen ermittelt. Diese durch objektive Messungen erhaltenen Werte liegen höher als die von anderen Autoren gravimetrisch ermittelten

Tabelle 15. Dicke von Oxydfilmen auf Kupfer, Nickel und Stahl (n. CONSTABLE) (Schichtdicke in Å)

Kupferoxydfilme		Nickeloxydfilme		Eisenoxydfilme (auf Stahl)	
—		—		strohfarben	460
dunkelbraun	380	blaßbraun	490	rötlichgelb	520
rotbraun	420	dunkelbraun	540	rotbraun	580
sehr dunkl. purpur	450	purpur	570	purpur	630
sehr dunkl. violett	480	sehr dunkl. violett	600	violett	680
dunkelblau	500	sehr dunkelblau	760	blau	720
blaßblaugrün	830	silbergrün	1120		
blaßsilbergrün	880	—			
gelblichgrün	970	gelbgrün	1200		
tiefgelb	980	gelb	1260		
altgold	1110	strohfarben	1350		
orange	1200	gelbbraun	1620		
rot	1260	dunkelbraun	1720		

Schichtdicken. Die Unterschiede sind aber auf das Vorhandensein einer nicht sichtbaren Oxydhaut zurückzuführen, die infolge ihrer sehr geringen Dicke noch keine Interferenzfarben aufweist, von der aber die Metalle bei Zimmertemperatur schon bedeckt sind (MAYER; HAXEL, HOUTERMANS u. SEEGER). Nur dann stimmen die Ergebnisse der gravimetrischen Methode mit denen der optischen Messungen überein, wenn bei der Wägung diese schon vorhandene Oxydhaut mitberücksichtigt wird.

Die Oxydationsgeschwindigkeit wird in einem so starken Maße von der Kristallanisotropie beeinflußt, daß auf einer polykristallinen Oberfläche sehr mannigfaltige Anlauffarben nebeneinander auftreten können. Diese Erscheinung dient in der Metallographie – als „Anlaufätzung" bezeichnet – zur Unterscheidung der einzelnen Kristallite.

Aus dem Gesagten geht hervor, daß die optischen Erscheinungen oxydierter Metalle ein wichtiges Hilfsmittel zur Untersuchung der Oxydationsvorgänge darstellen. Da letztere wiederum mit den thermodynamischen Eigenschaften der metallischen Körper verknüpft sind, erlauben die optischen Messungen weitgehende Rückschlüsse auf deren physikalisch-chemische Beschaffenheit. Von diesen Zusammenhängen – allerdings in Bezug auf die Eigenstrahlung – wird in der „Strahlungsanalyse"

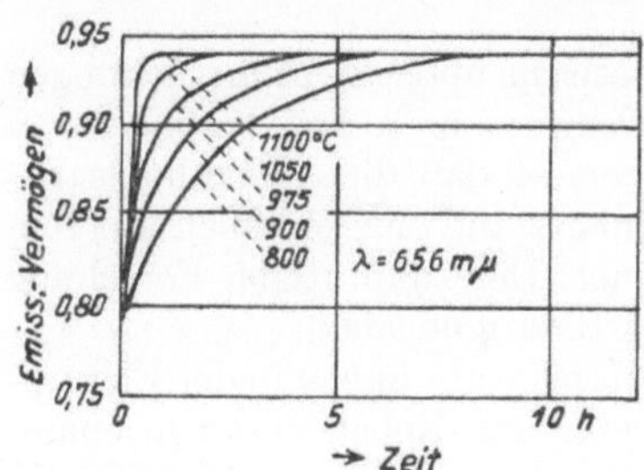

Abb. 65. Zeitliche Zunahme des Emissionsvermögens bei verschiedenen Temperaturen [nach Euler (a)]

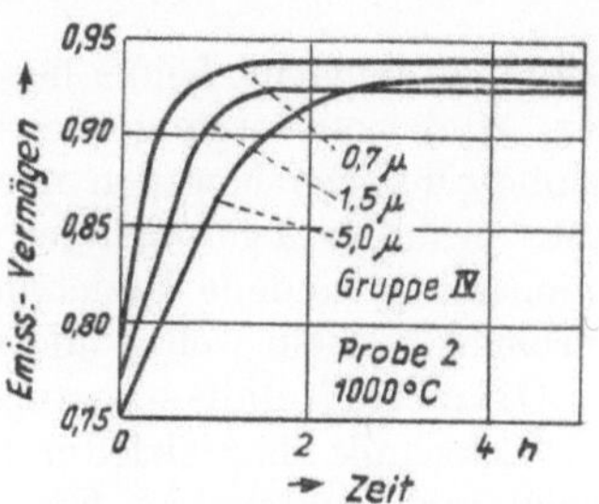

Abb. 66. Zeitliche Änderung des Emissionsvermögens für verschiedene Wellenlängen [nach Euler(a)]

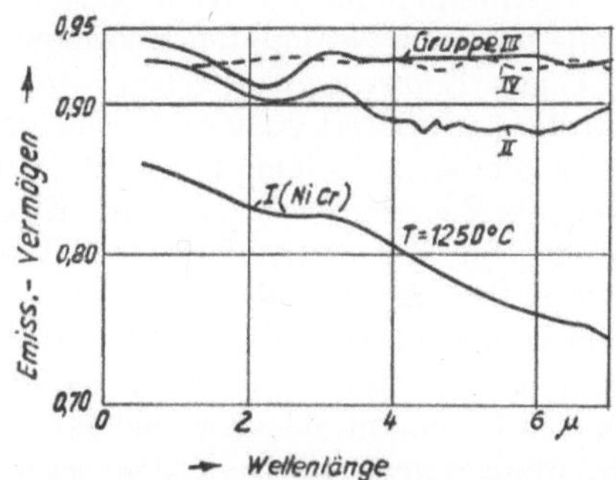

Abb. 67. Spektrales Emissionsvermögen einiger Heizleiterlegierungen [nach Euler (a)]. – *I* Chromnickel; *II* Chromnickelstähle mit hohem Ni-Gehalt; *III* Chromnickelstähle mit kleinem Ni-Gehalt; *IV* Aluminiumstähle ohne Ni

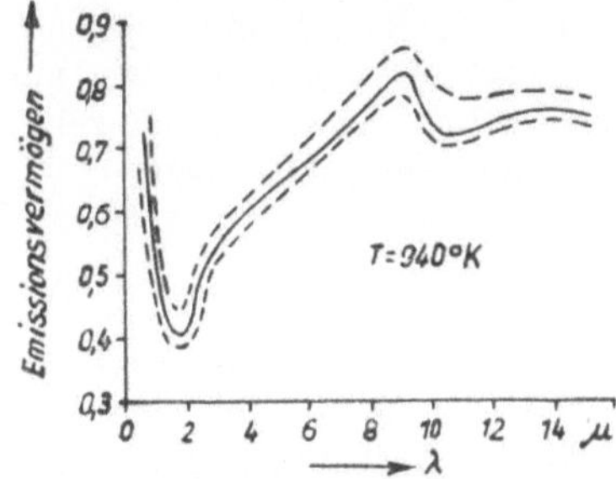

Abb. 68. Spektrales Emissionsvermögen eines Backer-Rohres mit Chromstahlmantel [nach Brügel (d)]

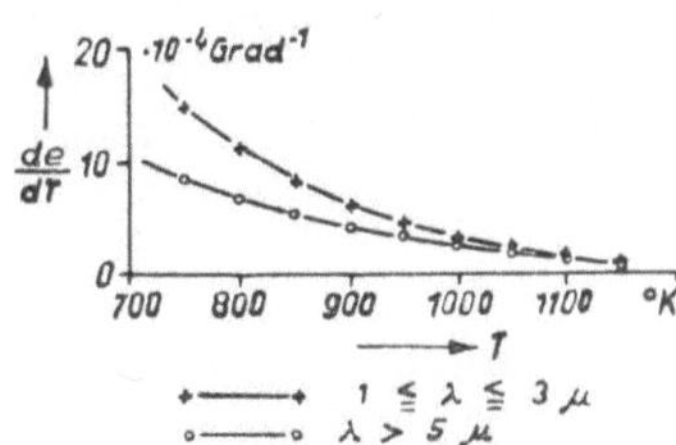

Abb. 69 Temperaturabhängigkeit des in Abb. 73 dargestellten Emissionsvermögens [nach Brügel (d)]

Gebrauch gemacht. Leider liegen systematische optische Untersuchungen der Oxydationsvorgänge bei höheren Temperaturen und besonders an schmelzflüssigen Metallen noch nicht vor, so daß die „Strahlungsanalyse" in ihrem gegenwärtigen Entwicklungsstand sich lediglich auf rein empirisch gefundene Beziehungen gründet. Der zukünftigen Forschung verbleibt hier ein weites und dankbares Betätigungsfeld.

Oxydierte Metalle – vorzugsweise in Rohrform – haben in der Elektrowärmetechnik als Heizleiter Eingang gefunden. Neben guten mechanischen und elektrischen Eigenschaften besitzen sie geeignete Wärmestrahlungseigenschaften, um sie in Ultrarot-Trocknungsanlagen einsetzen zu können. Im Anlieferungszustand sind die Heizleiter, die zumeist aus Stahl hergestellt werden, in verschiedenem Grade oberflächlich oxydiert. Mit zunehmender Betriebsdauer wird die Oxydschicht dicker, das Emissionsvermögen nimmt für alle Wellenlängen zu, um nach einer bestimmten Zeit, die für einen bestimmten Heizleiter nur von der Temperatur abhängt, einem Endwert zuzustreben (*Abb. 65*). Für größere Wellenlängen wird dieser Endwert später erreicht als für kleinere, wie *Abb. 66* für einen Heizleiter aus Aluminiumstahl zeigt. In den *Abb. 67* und *68* ist das spektrale Emissionsvermögen nach Erreichen dieses Endzustandes für verschiedene Stahlsorten dargestellt. Über die Streuungen durch Unterschiede in der emittierenden Oxydschicht, bestimmt durch Messungen an verschiedenen Heizleitern, unterrichten die in *Abb. 68* angegebenen Grenzkurven. Diese Unterschiede beruhen vor allem auf dünnen Rissen in der Oxydhaut oder auf einem Abplatzen oder Abblättern mehr oder weniger großer Teile der Oxydschicht. Die Temperaturabhängigkeit des Emissionsvermögens von oxydiertem Chromstahl (*Abb. 69*) ist oberhalb 1000°K verschwindend klein, während sie bei tieferen Temperaturen nicht unerheblich ist. In der Nähe des Minimums ist – wie aus einem Vergleich der *Abb. 68* und *69* hervorgeht – der Temperatureinfluß am größten.

Die Richtungsabhängigkeit der Strahlung (EULER) gehorcht im Endzustand nahezu dem LAMBERTschen Gesetz, während sie – wie auf S. 78 ausgeführt – für blanke Metalle beträchtliche Abweichungen zeigt, die mit zunehmender Verzunderung mehr und mehr abnehmen.

4. Optik der Festkörper

a) Elemente

Die optischen Eigenschaften aller Körper lassen sich mit Hilfe der MAXWELLschen Theorie behandeln und zwar gilt diese – da sie eine Kontinuumstheorie darstellt und den atomistischen Aufbau der Materie unberücksichtigt läßt – nur in den Spektralbereichen oberhalb der längstwelligen Eigenschwingungen des betrachteten Stoffes (s. S. 21). Zu optisch aktiven Eigenschwingungen sollten einatomige Gitter (Elemente) überhaupt nicht befähigt sein, da eine einfallende Lichtwelle den Atomabstand nicht ändern und somit kein Dipolmoment induzieren kann. Wenn trotzdem bei einigen nichtmetallischen Elementen Eigenschwingungen im Ultrarot festgestellt werden konnten (wie bei den Metalloiden Kohlenstoff, Schwefel, Selen und dem Halogen Jod), so kann dieses nur mit der Annahme erklärt werden, daß in den Gittern dieser Elemente im Gegensatz zu den Metallen „Atomkomplexe" vorhanden sind, in denen einige Atome näher beieinander angeordnet sind als zu ihren anderen Nachbarn. Auf Grund einer gegenseitigen Beeinflussung der Atome kann durch eine erregende elektromagnetische Welle ein elektrisches Dipolmoment erzeugt werden. Eingehend studiert sind diese Verhältnisse beim Schwefel, der nach ausführlichen Untersuchungen von TAYLOR u. RIDEAL selektive Absorption bei etwa 7,8, 10,8 und 12 μ zeigt. Da in allen vorkommenden Modifikationen des Schwefels – selbst in der Dampfphase – selektive Stellen beobachtet werden, kann nicht die Gitterstruktur den Charakter der Absorption bestimmen, sondern eine „Molekülstruktur", wie es überdies auch röntgenographische Messungen ausweisen. Diese Eigenschwingungen sind allerdings nur im Absorptionsspektrum dünner, d. h. strahlungsdurchlässiger Schichten zu beobachten. Für die Temperaturstrahlung dickerer Schichten sind sie unwesentlich, da sie sich im Reflexionsspektrum nicht äußern. Die Absorption ist im Sinne der Ausführungen auf S. 19 nicht stark genug. Das Reflexionsvermögen des Schwefels ist im gesamten Spektrum konstant und beträgt etwa 11%. Ebenso ist das Reflexionsspektrum des Selens im Ultrarot wellenlängenunabhängig (etwa 19%) (SCHUBERT). Jod zeigt nach COBLENTZ eine selektive Absorption bei 3 und 7,4 μ, die jedoch in Lösungen verschwindet. Während Diamant in einer Schichtdicke von 1,26 mm selektive Absorption zwischen 2,6 und 6,5 μ mit einem Maximum bei 5 μ zeigt, ist sein Reflexionsvermögen nahezu konstant (16,5% bis 19 μ) (REINKOBER). Das Reflexionsvermögen des technisch wichtigen Graphits und der „Kohle" ist in *Abb. 70* dargestellt. Während der Kohlenstoff sich im sichtbaren Gebiet nahezu als „grauer" Körper verhält, steigt sein Reflexionsvermögen im Ultrarot stetig an. Für Gaskohle findet ASCHKINASS etwas höhere Werte. Die Temperaturabhängigkeit des spektralen Reflexionsvermögens der Kohle (WARMUTH) und ebenso des Gesamtemissionsvermögens ($e_g \sim 0{,}8$) (SCHMIDT u. FURTHMANN) ist sehr gering.

b) Ionenkristalle

Bei den Ionenkristallen treten im Ultrarot Stellen sehr starker selektiver Absorption auf, die eine große „metallische" Reflexion aufweisen (s. SCHÄFER u. MATOSSI). Besonders ausgeprägte Eigenschwingungen zeigen die Kristalle mit einatomigen Ionen, z. B. die Alkalihalogenide, deren Gitterschwingungen, d. h. Bewegungen von Anionengitter und Kationengitter relativ zueinander, optisch aktiv sind. Die Reflexions-

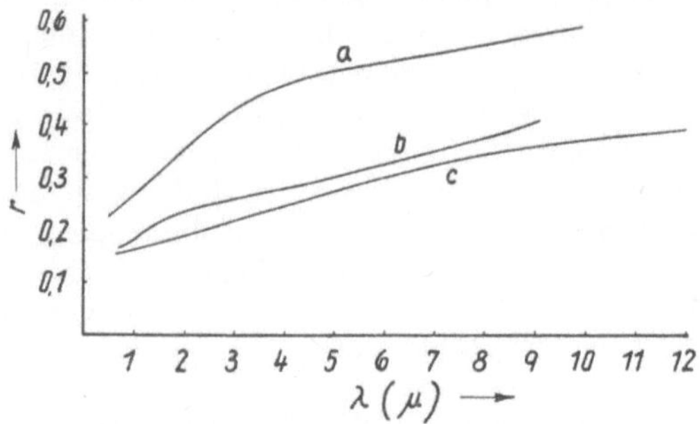

Abb. 70. Spektrales Reflexionsvermögen von Kohlenstoff. – *a* Graphit (nach SIEBER); *b* Graphit (nach COBLENTZ); *c* Bogenlampenkohle (nach SENFTLEBEN u. BENEDICT)

banden, deren Maxima im mittleren und fernen Ultrarot liegen, sind so breit, daß ihre ins nahe Ultrarot reichenden Ausläufer die Ursache für die dort beobachtete Absorption dieser Stoffe bilden (*Abb. 71*). Das

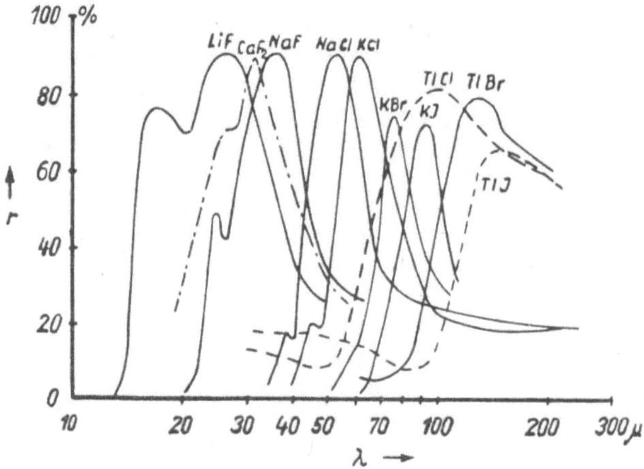

Abb. 71. Reststrahlen der Alkalihalogenide [nach BRÜGEL (a)]

Reflexionsvermögen ist in diesen Banden so groß, daß durch mehrmalige Reflexion der Strahlung an plattenförmigen Ionenkristallen ein schmaler ultraroter Wellenlängenbereich ausgefiltert werden kann (Reststrahlenmethode). Einen Überblick über die Lage der Reflexionsmaxima bei den

Alkalihalogeniden vermittelt *Abb. 72*, in der gleichzeitig die Abhängigkeit der Gitterfrequenzen von der Masse der Ionen zum Ausdruck kommt.

Das Emissionsvermögen weist demnach qualitativ den folgenden Verlauf auf: Im sichtbaren und nahen ultraroten Bereich ist für Schichtdicken der Größenordnung einiger cm die Emission verschwindend klein, da diese Kristalle durchsichtig sind, wächst dann infolge der bei längeren Wellen zunehmenden Absorption an, um dann im Gebiet der starken Reflexionsbanden wieder abzunehmen. Der quantitative Verlauf wird weitgehend durch die Schichtdicke bestimmt.

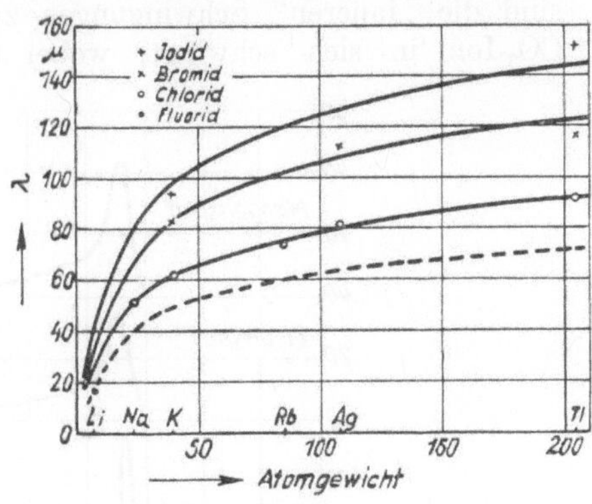

Abb. 72. Reststrahl-Wellenlängen der Alkalihalogenide (nach SCHÄFER u. MATOSSI)

Bilden zwei Alkalihalogenide Mischkristalle miteinander, so treten nicht etwa die beiden Reststrahlfrequenzen der Komponenten anteilmäßig nebeneinander auf, sondern es resultiert eine neue Eigenfrequenz, die sich – wie *Abb. 73* für das System NaCl—KCl zeigt – der Zusammensetzung des Mischkristalls entsprechend gesetzmäßig zwischen den Eigenfrequenzen der beiden Komponenten einordnet.

In den Kristallen mit zusammengesetzten Ionen sind mehrere Ionen näher benachbart, und es bilden sich Gruppen, die sich zu einem einheitlichen Ion zusammenschließen, wie etwa die CO_3-Gruppe der Karbonate. Das hat zur Folge, daß zwei Arten von Schwingungen auftreten. Einmal schwingt das CO_3-Ion als Ganzes gegen das Metallion. Wegen der großen Masse des CO_3-Ions liegen diese Schwingungen im langwelligen Ultrarot. Die spektrale

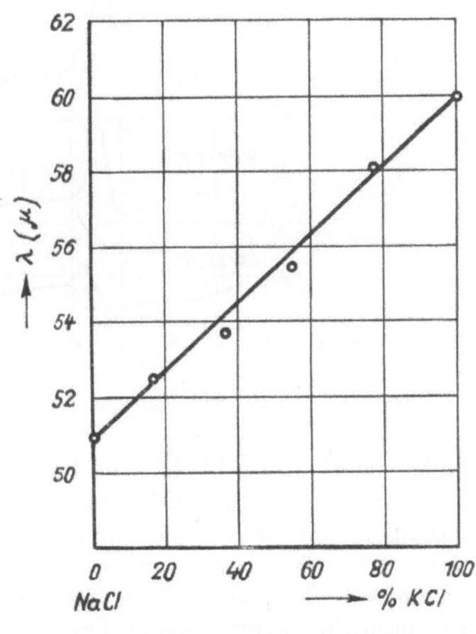

Abb. 73. Einfluß der Mischkristallbildung auf die Reststrahl-Wellenlänge (nach SCHÄFER u. MATOSSI)

Lage der Bande wird durch das jeweilige Metallion und durch die Temperatur stark beeinflußt. Von diesen „äußeren" Schwingungen sind die „inneren" Schwingungen zu unterscheiden, bei denen das CO_3-Ion in sich schwingt, wobei sein Schwerpunkt relativ zum

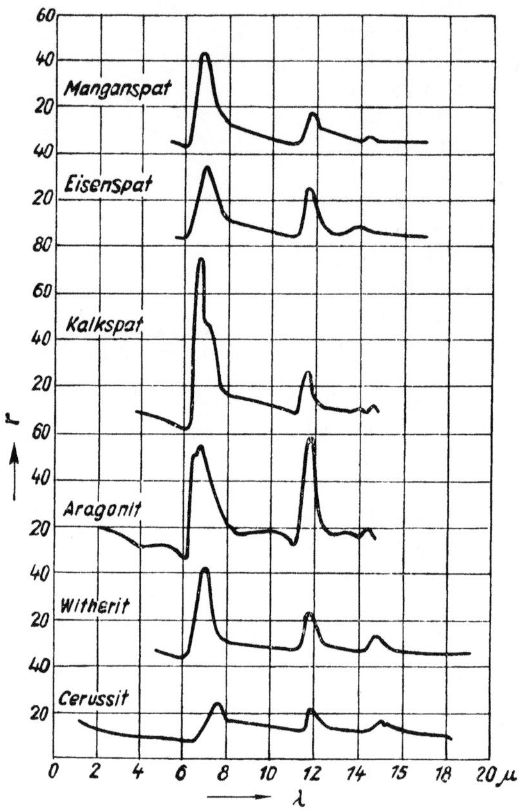

Abb. 74. „Innere" Schwingungen der Karbonate (nach SCHÄFER u. MATOSSI)

Metallion in Ruhe bleibt. Die Schwingungen haben eine relativ hohe Frequenz, liegen folglich im nahen Ultrarot, und sie werden durch das Metallion und die Temperatur nur in geringem Maße beeinflußt. Diese inneren Schwingungen sind für das betreffende Ion charakteristisch; sie treten bei allen Salzen auf, die das Ion enthalten. *Abb. 74* zeigt die inneren Eigenschwingungen verschiedener Karbonate bei 7, 11,5 und $14\,\mu$. Weitere charakteristische Frequenzen emittieren die Sulfate, Nitrate, Chlorate, Bromate, Jodate, Selenate, die Ammoniumsalze und die verschiedensten SiO_2-Varietäten. Die Reflexionsbanden einiger dieser Ionenkristalle zeigt in vereinfachter Darstellung *Abb. 75.* Auf eine eingehende

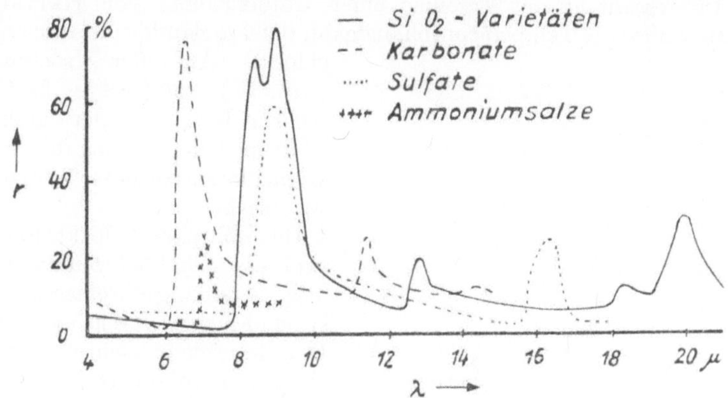

Abb. 75. Reflexionsvermögen von Ionen-Kristallen im kurzwelligen Ultrarot [nach BRÜGEL(a)]

Darstellung der ultraroten Spektren der Ionenkristalle muß hier verzichtet werden. Es sei auf die entsprechenden Tabellenwerke hingewiesen (LANDOLT-BÖRNSTEIN; D'ANS u. LAX). Aufgeführt sei nur noch das

Spektrum des Quarzes im nahen Ultrarot, dessen Banden für die weiter unten besprochenen Gläser von großer Bedeutung sind (*Abb. 76*).

Über den Temperatureinfluß auf das optische Verhalten der Ionenkristalle lassen sich folgende allgemeine Aussagen machen. Eine Temperaturerhöhung bewirkt eine durch die thermische Ausdehnung bedingte Abnahme der Bindungskräfte und somit eine spektrale Verschiebung der Bande,

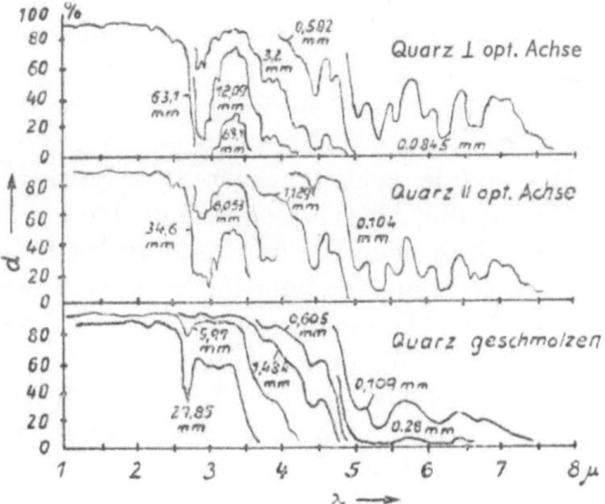

Abb. 76. Spektrale Durchlässigkeit von Quarz im kurzwelligen Ultrarot

und zwar tritt durch Temperaturerhöhung eine Verbreiterung der Banden und eine Verschiebung nach größeren Wellenlängen auf. Der Einfluß wirkt sich auf die im längerwelligen Ultrarot „äußeren" Schwingungen stärker aus als auf die „inneren" Eigenschwingungen im nahen Ultrarot.

Interessant ist das Ergebnis einer Untersuchung von HETTNER u. SIMON über die Temperaturabhängigkeit der 7 μ-Bande von Ammoniumchlorid. Auf der Isochromate (*Abb. 77*) tritt bei — 30°C ein scharfer Knick auf, der durch eine allotrope Umwandlung des Ammoniumchlorids bei dieser Temperatur verursacht wird.

Im sichtbaren Spektralbereich sind die Alkalihalogenide, Quarz usw. strahlungsdurchlässig, d. h. sie sind farblos durchsichtig. Diese Durchlässigkeit reicht teilweise bis weit ins Ultraviolett hinein. Dort beginnen aber wieder beträchtliche Absorptionen, die in so geringen Schichtdicken erfolgen wie bei den Metallen. Auf den Einfluß von „Verfärbungen" im Sichtbaren durch Einlagerungen von fremden Substanzen kann hier nicht näher

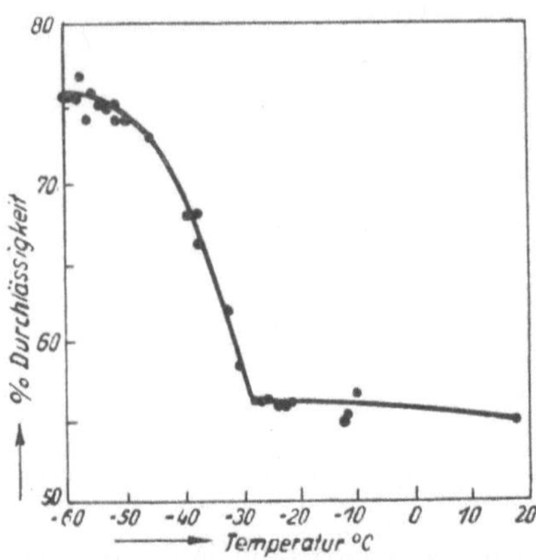

Abb. 77. Temperaturabhängigkeit der 7 μ-Bande von NH₄Cl. Einfluß einer Umwandlung (nach HETTNER)

eingegangen werden. Es sei auf die vorzügliche Monographie von PRZIBRAM verwiesen.

c) Oxyde

Die Oxyde zeigen ausgeprägte Selektivitäten in ihrem Spektrum. Während die Absorptionsbanden der zweiatomigen Leichtmetalloxyde bis ins kurzwellige Ultrarot hineinreichen, liegen die Eigenschwingungen der schwereren Moleküle im längerwelligen Ultrarot, so daß diese für Fragen der Temperaturstrahlung weniger bedeutungsvoll sind. Die Oxyde MgO, CaO und BaO mit ihren Banden im nahen Ultrarot wurden von verschiedenen Autoren untersucht (TOLKSDORF; FOCK; HUNT, WISHERD u. BONHAM; SIEBER), und es zeigt sich, daß nicht nur eine quantitative Bestimmung des gesamten Absorptionsspektrums auf erhebliche Schwierigkeiten stößt, sondern daß allein schon eine genaue spektrale Festlegung der Absorptionsbanden sehr erschwert ist. Diese Schwierigkeiten bestehen grundsätzlich immer dann, wenn das optische Verhalten solcher Stoffe ermittelt werden soll, die nur schwierig oder gar nicht in einwandfreien größeren, für Absorptions- und Reflexionsmessungen geeigneten Kristallen gewonnen werden können. Neben der empfindlichen Abhängigkeit der Absorption bzw. Reflexion vom Reinheitsgrad der

Substanzen stellt insbesondere die Korngröße die wesentlichste Einflußgröße dar, die das Strahlungsverhalten weitgehend modifiziert. Feinkristalline oder gepulverte Substanzen zeigen grundsätzlich ein gegenüber dem Einkristall abweichendes Verhalten, das durch die Lichtzerstreuung an den kleinen Körnern verursacht wird. Durch die Energiezerstreuung im gestörten Kristall ist auch allein die Tatsache zu erklären, daß außerhalb der Bereiche, in denen Banden auftreten, eine Grundabsorption vorhanden ist, die sich über das gesamte Spektrum hinzieht. Besonders SKAUPY und Mitarb. sind der Frage des Einflusses der Korngröße auf das Absorptionsvermögen der Kristalle nachgegangen. Ihre Betrachtungen über die qualitative Abhängigkeit des Ab-

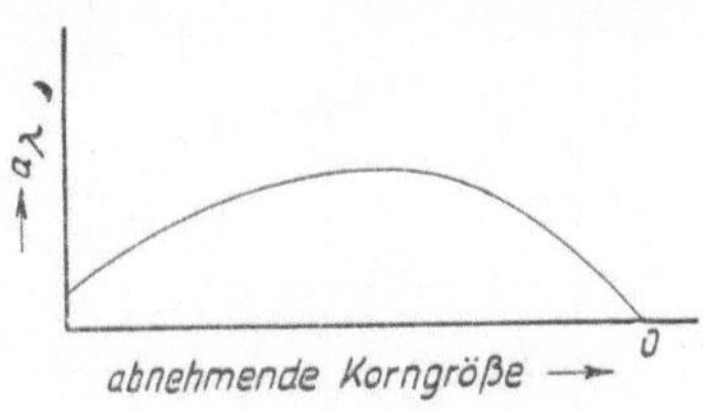

Abb. 78. Qualitative Abhängigkeit des Absorptionsvermögens von der Korngröße (nach SKAUPY u. LIEBMANN)

sorptionsvermögens von der Korngröße seien für eine beliebige Wellenlänge an Hand der *Abb. 78* erläutert. Danach ist, vom Einkristall ausgehend zu Substanzen mit abnehmender Korngröße, eine wachsende Abnahme der Durchlässigkeit infolge der vermehrten Anzahl von Grenzflächen zu erwarten. Das Reflexionsvermögen hingegen sollte mehr und

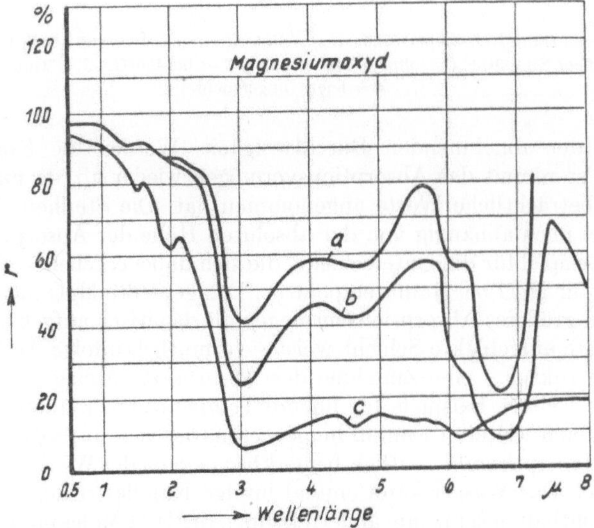

Abb. 79. Spektrales Reflexionsvermögen von MgO bei Raumtemperatur. – *a* = frisch aufgedampfte Schicht. – *b* = 14 Tage alte aufgedampfte Schicht. – *c* = gepreßt (nach SIEBER)

mehr zunehmen, je weniger tief die Strahlung wegen der vielfachen Reflexionen an den Grenzflächen eindringt, bis es bei den kleinsten Korngrenzen seinen Höchstwert erreicht. Das Absorptionsvermögen bzw. das
Emissionsvermögen wird also bei sehr großen Kristallkörnern zunächst zunehmen, wenn die Korngröße abnimmt, entsprechend dem überwiegenden

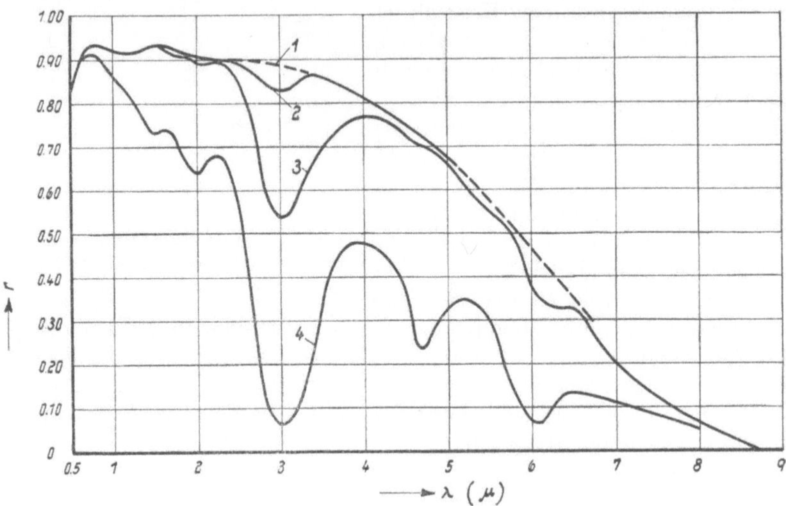

Abb. 80. Spektrales Reflexionsvermögen von Sinterkorund bei verschiedenen Feuchtigkeits-
gehalten (nach SIEBER). – *1* = ohne Wassergehalt. – *2* = bei 400° C. – *3* = Raumtemperatur.
4 = leicht angefeuchtet

Einfluß der abnehmenden Durchlässigkeit. Werden die Körner noch
kleiner, so nimmt das Absorptionsvermögen wieder ab, da nun die Reflexion beträchtliche Werte angenommen hat. Die Steilheit der Kurve
ist dabei noch abhängig von der absoluten Höhe der Absorption.

Ein Beispiel für die Unterschiede, die sich dabei ergeben können, zeigt
Abb. 79 für MgO bei Raumtemperatur. Das gepreßte MgO hat in diesem
Falle ein größeres Absorptionsvermögen als das frisch aufgeblakte. Auch
eine ältere aufgeblakte Schicht weist – vermutlich infolge Änderung der
Schichtstruktur – eine Zunahme des Absorptionsvermögens auf.

Bevor weitere Beispiele für höhere Temperaturen mitgeteilt werden,
sei auf einen weiteren Einfluß hingewiesen, der sich im Reflexions- bzw.
Absorptionsspektrum deutlich bemerkbar macht: der Wassergehalt einer
Substanz. Das Wasser kann einmal infolge Kapillarwirkung in porösen
Stoffen enthalten sein, zum andern können die H_2O-Moleküle als Kristall-
wasser bzw. die OH-Radikale als Konstitutionswasser im Wirtsgitter
gebunden sein. Durch Temperaturerhöhung wird eine Wasserabgabe er-

zwungen, und es zeigt sich alsdann das unverfälschte Spektrum der Wirtsubstanz. In *Abb. 80* sind nach Messungen von SIEBER die Änderungen
im Reflexionsspektrum von Aluminiumoxyd durch den Wassergehalt
dargestellt. Ein Vergleich mit dem Absorptionsspektrum des Wassers
(*Abb. 81*) läßt keinen Zweifel, daß die starken Banden im Al_2O_3-
Spektrum dem Feuchtigkeitsgehalt zuzuschreiben sind.

Die Ausmessung der Emissionsspektren von Oxyden bei höheren Temperaturen bereitet erhebliche experimentelle Schwierigkeiten, da eine
gleichmäßige Erhitzung der
Proben und eine genaue Bestimmung der Probentemperatur nur schwer durchführbar sind. Eine direkte
elektrische Widerstandserhitzung ist nur bei einzelnen elektrisch leitenden
Materialien möglich, so
beim Uranoxyd und bei der
Nernstmasse (d. i. Zirkonoxyd mit etwa 15% Yttriumoxyd). Eine Erhitzung
in Flammen, wie sie zu

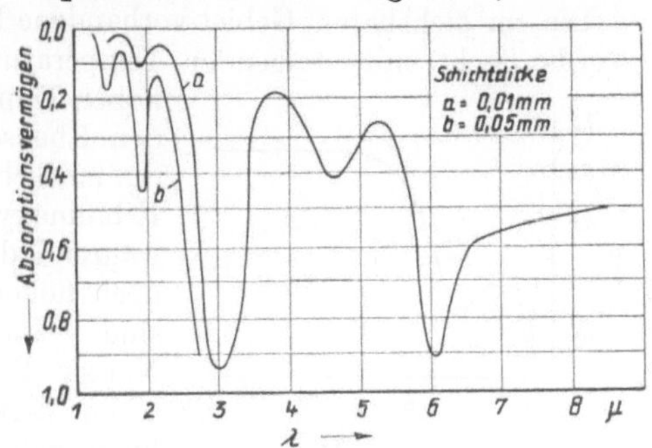

Abb. 81. Absorptionsvermögen von Wasser

meist angewendet wird, hat den Nachteil, daß sie bezüglich der Temperaturverteilung nicht einheitlich ist. Außerdem beeinträchtigt die
Flammenatmosphäre, die je nach den zur Erzeugung der Flammen verwendeten Gasen verschieden ist, die Messung sehr wesentlich, und zwar
besonders in den Spektralbereichen, in denen die Flamme selbst emittiert.
Weiterhin können die Strahlungseigenschaften der Proben durch chemische Reaktionen mit der Flammenatmosphäre verändert werden. Aus
diesen Gründen weichen die Ergebnisse verschiedener Experimentatoren
oftmals erheblich voneinander ab.

Die Ergebnisse der Untersuchungen über die Oxydstrahlung sind z. T.
so verschiedenartig, daß sie kaum einheitlich zusammengefaßt werden
können. (Eine Übersicht über ältere Untersuchungen über Oxydstrahlung wurde von E. LAX u. M. PIRANI im Handb. der Phys. Bd. XXI,
S. 261/272 gegeben). Während sich die Oxyde der seltenen Erden durch
eine Vielzahl von Banden im sichtbaren und ultraroten Spektrum auszeichnen, zeigen die meisten anderen Oxyde einen einfacheren Verlauf
in Form einer durchhängenden Kurve, d. h. die Absorption nimmt vom
Sichtbaren ausgehend sowohl zum Ultrarot als auch zum Ultraviolett
hin stark zu.

Über den Einfluß der Temperatur auf die Oxydspektren gilt die allgemeine Aussage, daß eine Temperaturerhöhung eine Verbreiterung und

Verschiebung der Maxima nach dem Langwelligen verursacht. So ist nach Untersuchungen von SCHAUM u. WÜSTENFELD eine Verschiebung der ultravioletten Bande von Zinkoxyd ins Sichtbare verantwortlich für den mit zunehmender Temperatur erfolgenden Farbwechsel von Weiß nach Gelb. Ähnlich verhalten sich Ceroxyd, dessen weiße Farbe bei Temperaturerhöhung gelb und schließlich gelblichrot wird, und das orangegefärbte Uranoxyd, dessen Absorptionsbanden im Grünen sich nach dem roten Teil des Spektrums ausdehnen.

Die im sichtbaren Gebiet vorhandene Bandenstruktur des Neodymoxyds flacht mit steigender Temperatur mehr und mehr ab, um bei hohen Temperaturen ganz zu verschwinden. Ebenso verschwinden nach MALLORY die im Sichtbaren liegenden Banden des Erbiumoxyds bei höheren Temperaturen, während die ultraroten Banden bis zu noch höheren Temperaturen vorhanden sind. Das Emissionsvermögen des NERNST-Brenners – seiner guten elektrischen Eigenschaften wegen als Strahlungsquelle in der Ultrarotspektroskopie häufig verwendet – ist für eine Brenntemperatur von etwa 1425°C in *Abb. 82* dargestellt.

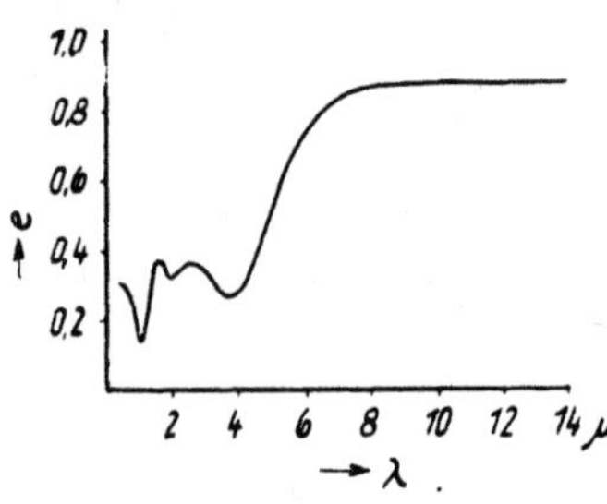

Abb. 82. Spektrales Emissionsvermögen eines NERNST-Brenners bei etwa 1425°C [nach BRÜGEL (a)]

An durchsichtigen Einkristallen werden analoge Beobachtungen gemacht. So fanden HENNING u. HEUSE beim Rubin, daß das bei Raumtemperatur vorhandene Absorptionsmaximum bei $0,51\ \mu$ durch Temperaturerhöhung stark verbreitert und verschoben wird. Bei 1100°C erstreckt sich die Absorption nahezu gleichmäßig über das gesamte sichtbare Gebiet mit einem Maximum bei etwa $0,58\ \mu$. Diese Änderungen sind in *Abb. 83* an Hand des Emissionsvermögens und der Durchlässigkeit dargestellt.

Über den Einfluß von Beimengungen auf die Strahlung der Oxyde liegen systematische Untersuchungen kaum

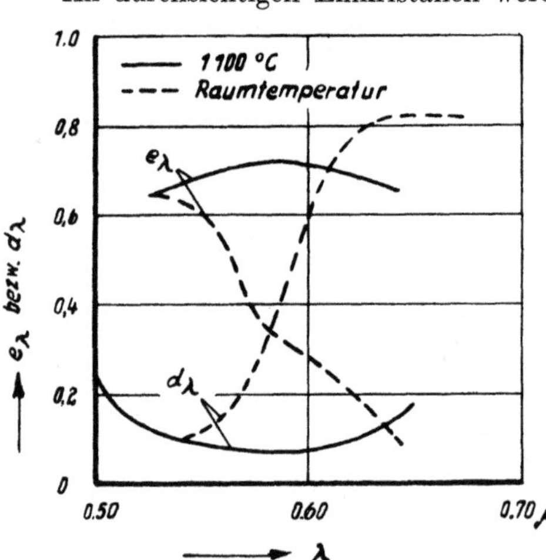

Abb. 83. Emissionsvermögen und Durchlässigkeit eines 2,39 mm dicken Rubinkristalles (nach HENNING u. HEUSE)

vor. Die interessantesten Ergebnisse wurden von SKAUPY erzielt, der die grundsätzliche Feststellung trifft, daß die Strahlung durchsichtiger Körper sich durch Zusätze weit besser und charakteristischer verändern läßt als polykristallines, strahlungsundurchlässiges Material. SKAUPY untersuchte Körper, die sich sowohl in durchsichtiger als auch in undurchsichtiger Form herstellen lassen und deren Strahlung man durch Zusätze selektiv beeinflussen kann. Ein solcher Körper ist z. B. das Aluminiumoxyd, das

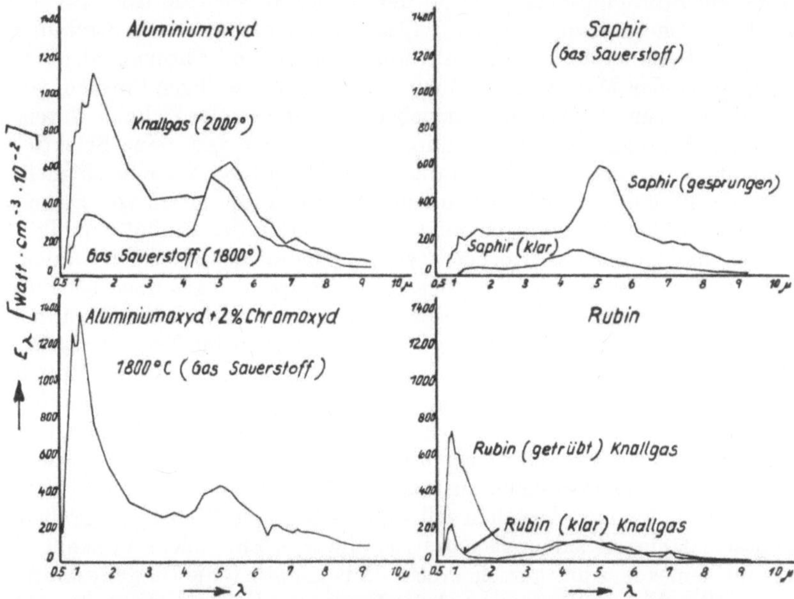

Abb. 84. Spektrale Emission von undurchsichtigem und durchsichtigem Aluminiumoxyd mit und ohne Chromoxydzusatz (nach SKAUPY)

sich mit und ohne Chromoxydzusatz sowohl auf keramischem Wege zu undurchsichtigen Körpern verarbeiten als auch nach dem Edelsteinschmelzverfahren in durchsichtige Einkristalle umwandeln läßt (weißer Saphir, Rubin). In *Abb. 84* sind die Ergebnisse dargestellt. Die in allen Kurven auftretende Bande bei 4,5 bis 5 μ rührt von der Strahlung der Flammengase her, in denen die Proben erhitzt wurden. Man sieht, daß das gepreßte, undurchsichtige Aluminiumoxyd bei etwa 1,5 μ eine starke Strahlung aufweist, die nach dem PLANCKschen Strahlungsgesetz bei den aufgeführten Untersuchungstemperaturen für einen Festkörper mit entsprechendem Absorptionsvermögen auch dort zu erwarten ist. Beim durchsichtigen Saphir fehlt dieses starke Maximum, da das Absorptionsvermögen des durchsichtigen Stoffes zu gering ist. Dieser prinzipielle Unterschied ist in so starkem Maße nicht von vornherein selbstverständlich, da das undurchsichtige „weiße" Aluminiumoxyd infolge eines großen Reflexionsvermögens weit weniger Energie abstrahlen könnte. Vergleicht man weiterhin die Strahlung des durch Chromoxydzusatz „gefärbten" Aluminiumoxyds einmal an der undurchsichtigen Probe, zum anderen am durchsichtigen Rubin, so findet man beim durchsichtigen Stück ein Strahlungsmaximum an der Stelle, wo sich die Absorptionsbande des Chromoxyds befindet, dagegen keine nennenswerte Strahlung bei $1{,}5\,\mu$. Beim undurchsichtigen Aluminiumoxyd mit Chromoxydzusatz dagegen ist das Maximum bei $1{,}5\,\mu$ mit der kürzerwelligen Chromoxydbande zu einem breiten Emissionsbereich verschmolzen. Beim durchsichtigen Strahler kann somit durch Zusätze eine fast reine Selektivstrahlung in gewünschten Spektralbereichen erzielt werden, eine Möglichkeit, die in manchen technischen Aufgabenstellungen gewiß von Bedeutung ist. In den Abbildungen zeigt sich weiterhin der Einfluß von Trübungen, die durch Risse (Korngrenzen) im Kristall hervorgerufen werden. Entsprechend den weiter oben angestellten Betrachtungen über den Einfluß der Korngröße auf das Absorptionsvermögen strahlen die getrübten Kristalle infolge der Vermehrung der Grenzflächen im Kristall stärker als im Einkristall. SKAUPY und ebenso MÖGLICH, RIEHL u. ROMPE führen die relativ starke Zunahme der Strahlung mit abnehmender Kristallitgröße nicht allein auf die veränderten geometrisch-optischen Verhältnisse bei der Strahlungsausbreitung im polykristallinen Körper zurück, sondern nehmen einen zusätzlichen Mechanismus der Strahlungsemission an, der darin bestehen soll, daß die Kornoberflächen eine größere Emissionsfähigkeit haben als das Kristallinnere. Eine solche Vorstellung scheint keineswegs unwahrscheinlich, da bekanntlich die Bindungskräfte an der Oberfläche geringer sind als im Innern des Kristalls. Nach Ansicht der genannten Autoren soll somit die Emission der Oxyde im nahen Ultrarot, in dem keine Eigenschwingungen vor allem der schwereren Moleküle sich äußern können, keine direkte Eigenschaft des Kristallgitters sein, sondern Störungen auf der Kristalloberfläche werden als Ursache für die in diesem Spektralbereich beobachtete Strahlung angesehen. Diese quantitativ nur sehr schwer erfaßbaren Verhältnisse mögen eine Erklärung sein für die ziemlich unübersichtlichen Ergebnisse, die bisher bezüglich der Strahlungseigenschaften dieser Körper erzielt wurden.

Die Oxyde weisen einen weiteren bedeutenden Unterschied gegenüber anderen Festkörpern, z. B. den Metallen, auf, der sich besonders stark bei den durchsichtigen Oxydkörpern offenbart. Während die Metalle beim Erhitzen von Raumtemperatur an aufwärts eine kontinuierliche Strahlung vom Ultrarot bis ins Sichtbare emittieren, tritt beim Erhitzen von

z. B. Quarz eine eigentliche Rot- bzw. Gelbglut gar nicht auf. Erst bei
Temperaturen etwas unterhalb des Schmelzpunktes setzt eine intensive
Weißglut ein. Diese Eigenschaft ist typisch für viele Oxydstrahler. Die
geringe Strahlung bei tieferen Temperaturen beruht, wie schon oben ausgeführt wurde, auf dem kleinen Absorptions- bzw. Emissionsvermögen
im nahen Ultrarot und Sichtbaren. Erst bei hohen Temperaturen setzt

dann eine starke Emission im
Sichtbaren ein, die der Strahlung
eines schwarzen Körpers oftmals
nicht sehr viel nachsteht. Als Beispiel möge das in *Abb. 85* dargestellte Spektrum des AUER-
Strumpfes (Thorium-Cer-Oxyd)
dienen, der für die Entwicklung
des Gasglühlichtes von besonderer Bedeutung war und dessen
Wirksamkeit darauf beruht, daß
der erhitzte Strumpf im Ultrarot
eine geringe, im Sichtbaren dagegen eine hohe Emission besitzt,

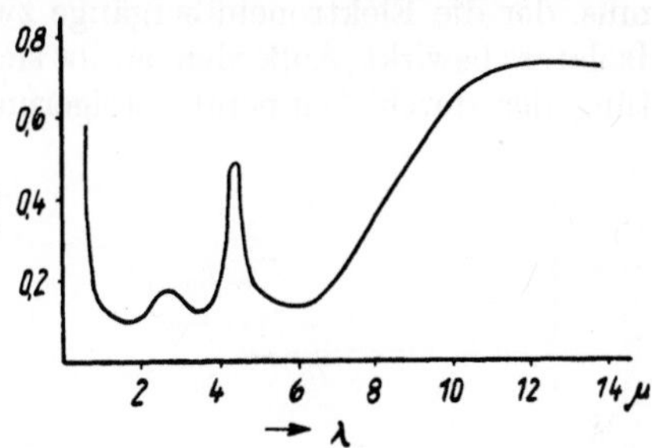

Abb. 85. Spektrales Emissionsvermögen des
AUER-Brenners (80 % ThO$_2$; 20 % CeO$_2$)
[nach BRÜGEL (a)]

so daß er infolge der geringen Strahlungsverluste im Ultrarot eine
höhere Temperatur in der Flamme annimmt als ein Körper mit großer
Ultrarotstrahlung.

Dieses Verhalten, das durch eine Anregung der Elektronen in den
oxydischen Körpern verursacht wird, läßt sich aus den verschiedenartigen Eigenschaften der Elektronenanordnung in Isolatoren gegenüber den
Metallen erklären. Die Metalle besitzen – wie in Abschnitt II. 3. c ausgeführt – Energiebänder der Elektronenterme, die nur teilweise besetzt
sind. Bei Wärmezufuhr an das Gitter wird die Energie durch Zusammenstöße zwischen den Atomen des Gitters und den Elektronen diesen mitgeteilt. Die Elektronen können, da das Energieband nur teilweise besetzt
ist, ihre Energie entsprechend steigern, ohne mit dem PAULI-Prinzip
in Widerspruch zu geraten und die so aufgenommene Energie (unter Be-
teiligung des Gitters) abstrahlen. Das resultierende Spektrum des Metalls
ist folglich kontinuierlich vom Ultrarot bis zum Sichtbaren. Außerdem
besteht die Möglichkeit eines Elektronenüberganges in ein höheres Band,
aus der das Auftreten von Banden folgt.

Die Isolatoren hingegen haben keine teilweise freien Energiebänder;
diese sind vielmehr voll besetzt. Folglich können die Elektronen des Isolators bei niedrigen Temperaturen keine Energie aufnehmen und dem-
entsprechend auch keine oder nur eine geringe Strahlung im Kurzwelligen
unterhalb der Gitterschwingungen emittieren. Wird die Temperatur hoch
genug, um hinreichend viele Elektronenübergänge in das nächsthöhere

Energieband zu ermöglichen, so daß dort eine ausreichende Elektronenzahl vorhanden ist, dann tritt die vom Elektronengas emittierte sichtbare und ultraviolette Strahlung verhältnismäßig plötzlich auf. Mit Hilfe dieses einfachen Bändermodells der Elektronen können somit die wesentlichen Erscheinungen der Emission und Absorption gedeutet werden. MÖGLICH, RIEHL u. ROMPE diskutieren auch eingehend den Mechanismus, der die Elektronenübergänge zwischen zwei Energiebändern eines Isolators bewirkt. Außerdem ergibt sich aus ihren Erörterungen eine Deutung der durch Temperatursteigerung verursachten Verschiebung der kurzwelligen Banden nach größeren Wellenlängen, die oben an einigen Beispielen rein empirisch beschrieben wurde.

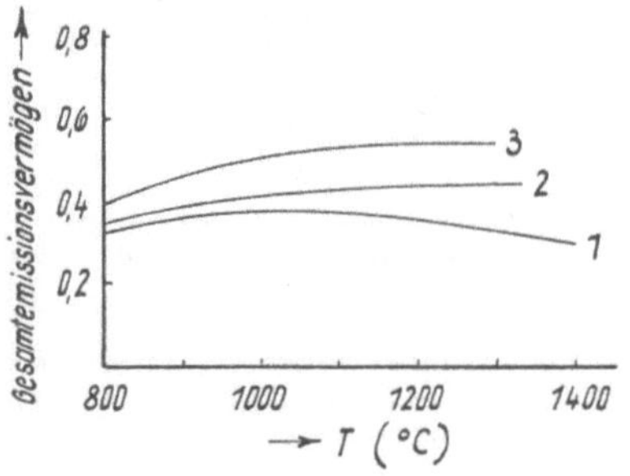

Abb. 86. Gesamtemissionsvermögen von Al₂O₃ verschiedener Korngrößen. _1_ = Korngröße 2–25 μ;   _2_ = Korngröße 15–80 μ;   _3_ = Korngröße 90–120 μ (nach HILD)

Manche technische Fragestellungen veranlaßten die Untersuchung der Gesamtstrahlung von Oxyden. In Abschnitt II. 3. k wurde bereits die Gesamtstrahlung dünner Oxydschichten auf Metallen behandelt. Über Messungen an kompakten Schichten wird in einigen Arbeiten berichtet, deren Ergebnisse mehr oder weniger voneinander abweichen. In der Gesamtstrahlung der Oxyde macht sich ebenfalls eine starke Abhängigkeit von der Korngröße bemerkbar, wie die _Abb. 86_ und _87_ für das Emissionsvermögen von Al₂O₃, MgO und Cr₂O₃ nach Messungen von HILD zeigen. Aus den Meßwerten folgt die Feststellung, daß die Strahlung von der Korngröße umso stärker beeinflußt wird, je höher das Absorptionsvermögen des Strahlers ist und daß ferner bei den „weißen" Leichtmetalloxyden die Korngröße auch den Temperaturein

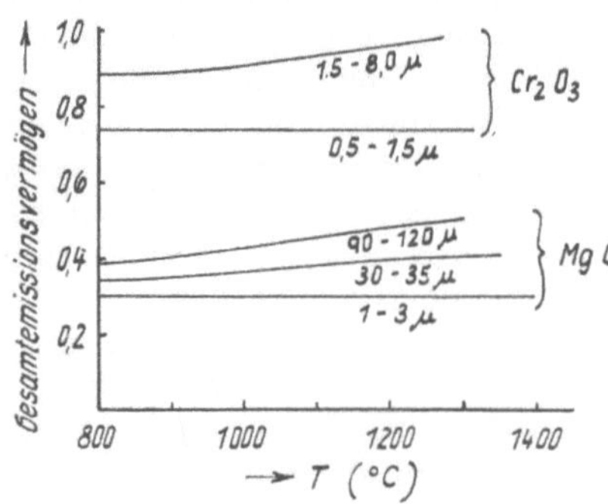

Abb. 87. Gesamtemissionsvermögen von Cr₂O₃ und MgO verschiedener Korngrößen (nach HILD)

fluß auf das Gesamtemissionsvermögen bestimmt. Bei den kleinsten Korngrößen (bis etwa 3 μ ∅) ist das Emissionsvermögen temperaturunabhängig; bei gröberen Körnern steigt das Emissionsvermögen mit der Temperatur, und zwar um so mehr, je größer das Korn ist. Die starke

Temperaturabhängigkeit bei den Schwermetalloxyden (*Abb. 88*) dürfte
weitere, durch den Korngrößeneinfluß nicht allein bestimmte Ursachen
haben: Beim Zinkoxyd mag es die oben erwähnte Bandenverschiebung
sein, beim Eisenoxyd die Tatsache,
daß mehrere Oxydstufen in wechseln-
dem Anteilverhältnis nebeneinander
existieren. Die dunkleren Schwermetalloxyde besitzen ein größeres
Gesamtemissionsvermögen als die
„weißen" Leichtmetalloxyde, und
schon kleine Beimengungen eines
Schwermetalloxydes zu einem hellen
Oxyd wirken sich stark erhöhend
auf dessen Gesamtemissionsvermögen aus. Interessant ist jedoch die
Feststellung, daß das Zinkoxyd in
einer Verbindung, dem Spinell
Al_2ZnO_4, sich wie die hellen Leicht-
metalloxyde verhält. Es dürfte überhaupt sehr aufschlußreich sein,
Untersuchungen über den Zusammenhang zwischen dem Strahlungsverhalten von Oxydgemischen und deren Konstitution durchzuführen.

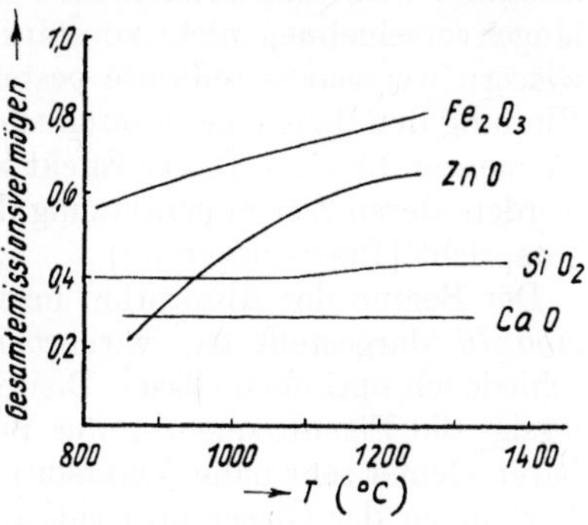

Abb. 88. Gesamtemissionsvermögen verschiedener Oxyde (nach HILD)

d) Gläser

Die Gläser, die aus dem flüssigen Zustand durch Unterkühlung kontinuierlich in den elastisch-starren Zustand übergehen, zeigen den Metallschmelzen (Abschn. II. 3. g) analoge Struktureigentümlichkeiten, d. h.
sie sind nicht „amorph" in dem Sinne, daß ihr Aufbau gekennzeichnet
wäre durch eine völlig regellose Anordnung der Atome. Vielmehr herrscht
in ihnen eine „Nahordnung", das Kennzeichen einer „flüssigkeitsähn-
lichen" Struktur. So tritt im glasigen Zustand – etwa in Quarzglas – das
gleiche Baugerüst auf wie in kristallinem SiO_2, das aus SiO_4-Tetraedern
besteht, deren Aneinanderkettung durch Symmetriegesetze bestimmt ist.
Im Glas jedoch sind diese SiO_4-Tetraeder im Gegensatz zum Kristall
regellos aneinandergefügt, so daß lediglich eine „quasikristalline" Struktur resultiert. Für das optische Verhalten folgt daraus, daß die Banden
der Gläser nicht mehr so scharf sind wie die der Kristalle; sie liegen jedoch
bei fast denselben Wellenlängen und sind lediglich verwaschener und
breiter (s. *Abb. 76*). In den Silikatgläsern mit Alkalien, Erdalkalien, Ba-
rium oder Blei sind diese Zusatzstoffe in den freien Zwischenräumen des
SiO_4-Netzwerkes als Ionen eingelagert. Durch diese Ioneneinlagerung
wird z. B. die ultrarote Reflexionsbande von SiO_2 bei $9\,\mu$ (s. *Abb. 75*)
beeinflußt, und zwar besonders stark durch schwere Ionen. So tritt durch
den Einbau von Blei- oder Bariumionen eine Verschiebung der Bande

nach größeren Wellenlängen auf, da die innere Verknüpfung der Bausteine geschwächt wird und somit die Eigenfrequenz absinkt (MATOSSI u. BLUSCHKE). Bei solchen Gläsern, deren Zusammensetzung einer im kristallinen Zustand auftretenden Verbindung entspricht, ist diese Wellenlängenverschiebung nicht so stark, da die Verbindungsbildung in den Gläsern wenigstens teilweise bestehen bleibt und infolge der stärkeren Bindung der Bausteine untereinander auf eine Vergrößerung der Eigenfrequenzen hinzielt. Dieser Effekt konnte an binären Gläsern festgestellt werden, deren Zusammensetzung der kristallinen Verbindung $PbO \cdot SiO_2$ entspricht [PEPPERHOFF (c)].

Der Beginn der Absorption im nahen Ultrarot, der für Quarzglas in *Abb. 76* dargestellt ist, variiert mit der Zusammensetzung der verschiedenen optischen Gläser. Blei-Silikatgläser sind am weitesten durchlässig; die Eigenfrequenzen der Boratgläser hingegen liegen dem sichtbaren Gebiet sehr nahe (DREISCH). Durch Zusätze können sehr lebhafte Färbungen der Gläser im sichtbaren Spektrum hervorgerufen werden, die einmal durch eine Suspension kolloider Partikel (s. S. 147), zum andern durch Ioneneinlagerung verursacht werden können. So färbt Kobaltoxyd die Gläser durch starke Absorptionsbanden im Roten blau, Kupferoxyd in geringen Mengen blau, in größeren Konzentrationen grün. Chrom färbt gelbgrün und Eisenoxydul hellgrün. Mehrere der färbenden Ionen weisen auch im nahen Ultrarot starke Absorptionsbanden auf, so Cu, Co, Fe und Ni. Sehr scharfe Absorptionsstreifen bewirken Zusätze von seltenen Erden, wie Samarium, Neodym und Praseodym. Die genaue Lage der Banden im Spektrum ist abhängig von der Zusammensetzung des Grundglases. Eine gewisse Analogie besteht mit den Färbungen wäßriger Lösungen durch die Salze der entsprechenden Elemente.

Den Einfluß der Temperatur auf die spektrale Absorption von Gläsern im ultraroten Bereich behandeln einige neuere Arbeiten [GENZEL (*b*); NEUROTH; GROVE u. JELLYMANN]. Das Bedürfnis nach Kenntnis der spektralen Strahlungseigenschaften von Gläsern bei höheren Temperaturen ist durch mannigfaltige technische Problemstellungen vorhanden. Einmal ist für optische Temperaturmessungen an Gläsern die Kenntnis des Absorptionsvermögens erforderlich, zum andern, um den Einfluß kennenzulernen, den die Temperaturstrahlung bei der Wärmeübertragung in Glasschmelzöfen besitzt, und letztlich um die beiden Mechanismen des Wärmetransportes im Glas – die echte Wärmeleitung und die Wärmefortpflanzung durch Strahlung – voneinander trennen und in ihrem gegenseitigen Ausmaß beurteilen zu können.

Einige Ergebnisse der erwähnten Arbeiten sind in isothermischer Darstellung in den *Abb. 89* bis *94* wiedergegeben. Da für Gläser – wie nachgewiesen wurde – das LAMBERT-BEERsche Absorptionsgesetz mit hinreichender Genauigkeit erfüllt ist, ist der spektrale Verlauf der Absorptionskonstante dargestellt. Allgemein lassen sich aus den gewonnenen Ergebnissen folgende Aussagen machen, die z. T. deutlicher hervorträten, wenn statt der isothermischen Darstellung eine isochromatische – wie die genannten Autoren es er gänzend getan haben – gewählt worden wäre: Solange ein Glas sich im festen Zustand befindet (bis 500 – 600° C), ist allgemein eine Absorptionsabnahme festzustellen, und zwar beträgt die Verringerung der Absorptionskonstante etwa 10–20% gegenüber den Werten bei Raumtemperatur. Im Bereich von Banden ist diese Abnahme größer als in den Nachbargebieten. Außerdem schwanken die Werte je nach Glaszusammensetzung. Eine weitere Folge der Temperaturerhöhung ist eine Verflachung der Absorptionsbanden, wie schon des öfteren bei verschiedenen Substanzen festgestellt wurde. Im Transformationsbereich ändern sich die Absorptionseigenschaften der Gläser sehr stark, und zwar je nach Glassorte in verschiedener

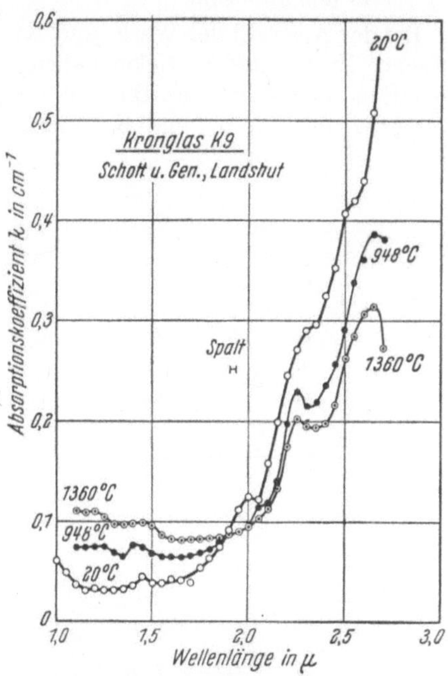

Abb. 89. Spektraler Verlauf der Absorptionskonstante von Kronglas (nach NEUROTH)

Weise. Außer bei Röntgenschutzglas (mit hohem Pb-Gehalt), bei dem die Absorptionskonstante in diesem Bereich um den Faktor 10 zunimmt, wird die Absorption der Gläser merklich geringer. Im flüssigen Zustand nimmt die Absorption bei allen untersuchten Glassorten wieder zu. Manche Gläser zeigen beim Erhitzen auf höhere Temperaturen irreversible Eigenschaftsänderungen, die auf sehr träge verlaufende Umwandlungsvorgänge zurückzuführen sind. Beim Grünglas gehen sie so langsam vor sich, daß sie im Verlauf der Absorptionsänderungen zeitlich zu verfolgen sind (Abb. 94). Ähnlich verhält sich auch Röntgenschutzglas. Es ist möglich, daß Oxydationsvorgänge bei höheren Temperaturen eine wesentliche Ursache für diese irreversiblen Änderungen darstellen.

Weitere Untersuchungen über die Temperaturabhängigkeit der optischen Eigenschaften von Gläsern wurden im sichtbaren Spektralbereich von HOLLAND u. TURNER bis 600°C und von MERREM bis 1350°C durchgeführt.

e) Werk- und Baustoffe

Bei der Auswahl der Werk- und Baustoffe für einen bestimmten technischen Zweck sind in vielen Fällen nicht zuletzt ihre Strahlungseigenschaften mitbestimmend. Dies gilt nicht allein für den industriellen Ofenbau, für die Wärme- und Kälteschutztechnik, sondern ebenso für das

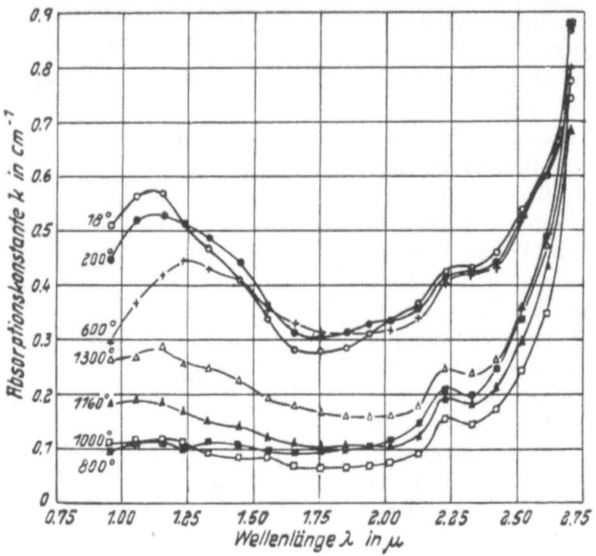

Abb. 90. Spektrale Absorption von Fensterglas (nach GENZEL)

Bauwesen und für viele Einrichtungen, die dem täglichen Leben dienen. Man denke nur daran, daß etwa die Hälfte der Wärmeenergie, die ein Kachelofen abgibt, und 30% bei Zentralheizungskörpern in Form von Strahlung ausgesendet wird. Die Oberfläche, die ein solcher Körper zweckmäßigerweise besitzen soll, um möglichst viel Energie abstrahlen zu können, muß natürlich ganz anders geartet sein als die eines Benzintanks oder eines Gasbehälters, der vor intensiver Sonneneinstrahlung zu schützen ist. Diese Beispiele, die sich beliebig vermehren lassen, zeigen die Notwendigkeit einer Kenntnis der Strahlungseigenschaften unserer Werk- und Baustoffe. Da je nach Verwendungszweck – zum Strahlungsschutz oder zur Strahlungsheizung – andere Spektralbereiche interessieren, ist die Kenntnis des Gesamtstrahlungsverhaltens allein nicht ausreichend zur Beurteilung dieser Fragen. Vielmehr muß beachtet werden,

daß die optischen Eigenschaften der Werk- und Baustoffe teilweise einen
sehr selektiven Charakter besitzen.

α) *Feuerfeste Stoffe*

Die feuerfesten Baustoffe einer Feuerungsanlage haben für den Wärmeübergang eine erhebliche Bedeutung, da sie als Sekundärstrahler in

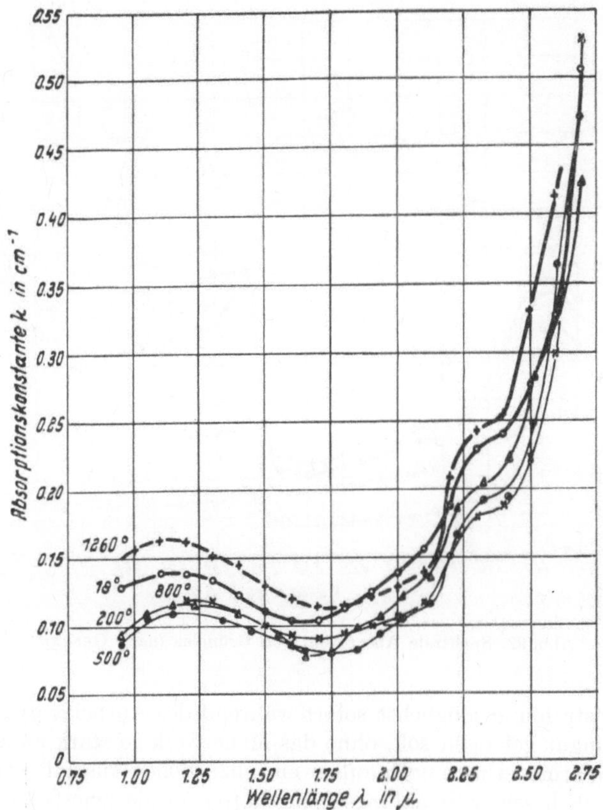

Abb. 91. Spektrale Absorption von Wirtschaftsglas (nach GENZEL)

weitem Maße den Strahlungshaushalt des Ofens mitbestimmen. Es sind
zwei grundsätzlich verschiedene Funktionen, die das Mauerwerk
je nach Betriebsweise des Ofens erfüllen soll. Beim Dauerbetrieb
befindet sich die feuerfeste Auskleidung ständig auf hoher Temperatur.
Sie stellt infolge ihrer großen Oberfläche den Strahler dar, der das Wärm-

gut aufheizt. Die Wärmequelle selbst – z. B. eine im Ofenraum brennende Flamme – deckt die Wärmeverluste, die der Ofen nach außen an seine Umgebung abführt. Die feuerfesten Stoffe sollen also zweckmäßig ein hohes Emissionsvermögen besitzen, um möglichst viel Energie dem Wärmgut zustrahlen zu können. Beim stoßweisen Betrieb dagegen, wenn das Ofensystem immer wieder aufgeheizt werden muß, anschließend wieder erkaltet usf., ist ein hohes Reflexionsvermögen erwünscht, da die

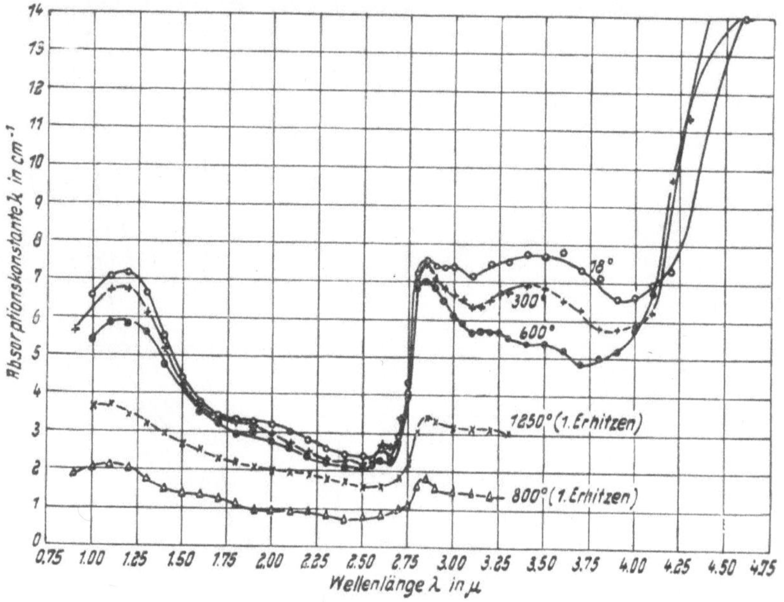

Abb. 92. Spektrale Absorption von Grünglas (nach GENZEL)

Flammenstrahlung möglichst sofort während des Aufheizvorganges auf das Wärmgut gelangen soll, ohne das Mauerwerk so stark aufzuheizen, daß die Wärmeverluste nach außen ein allzu hohes Ausmaß annehmen. Der bezüglich seiner Strahlungseigenschaften ideale feuerfeste Baustoff müßte folglich in den Spektralbereichen, in denen die Flamme strahlt, ein hohes Reflexionsvermögen besitzen und in jenen Bereichen, in denen die Flamme strahlungsdurchlässig ist, ein hohes Emissionsvermögen. Für eine nichtleuchtende Kohlenwasserstoffflamme als Strahlungsquelle wird also ein hohes Reflexionsmögen im Gebiet der Flammenbanden gefordert (um 2,7 μ; 4,5–5 μ und oberhalb 6 μ) und ein großes Emissionsvermögen im nahen Ultrarot und im Sichtbaren.

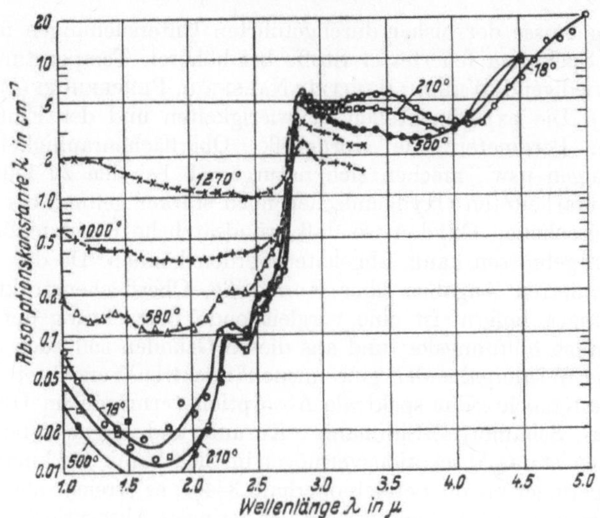

Abb. 93. Spektrale Absorption von Röntgenschutzglas (nach GENZEL)

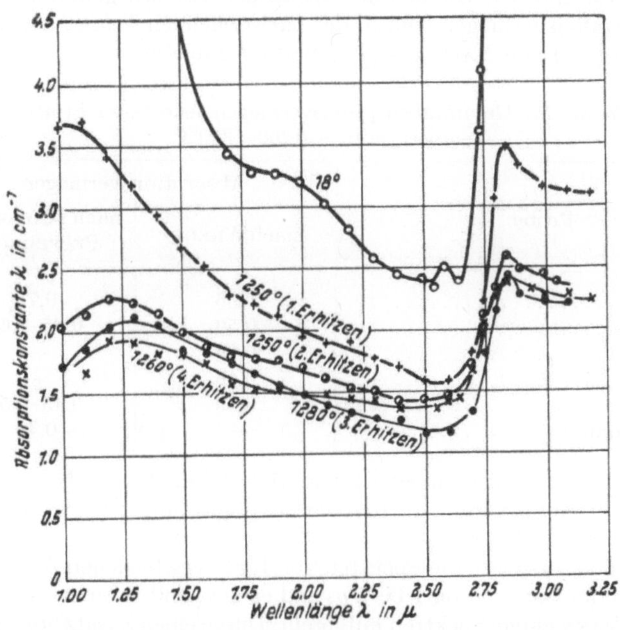

Abb. 94. Veränderung der spektralen Absorption von Grünglas bei mehrmaligem Erhitzen
(nach NEUROTH)

Die Ergebnisse der bisher durchgeführten Untersuchungen über das ultrarote Spektrum feuerfester Stoffe bei höheren Temperaturen sind wenig befriedigend [WREDE; BARITEL; NAESER u. PEPPERHOFF (a); LAND-FERMANN]. Die experimentellen Schwierigkeiten und der Einfluß der stofflichen Parameter, wie Korngröße, Oberflächenrauhigkeit, Verunreinigungen usw., machen sich naturgemäß bei den zu feuerfesten Steinen verarbeiteten Oxydgemischen noch stärker geltend als bei den oben besprochenen Oxyden, so daß grundsätzliche Gesetzmäßigkeiten aus den Ergebnissen kaum abgeleitet werden können. Da die Autoren keine definierten Angaben über Korngröße, Oberflächenstruktur und Beimengungen liefern, ist eine vergleichende Betrachtung der Ergebnisse ziemlich hoffnungslos, und aus diesen Gründen soll auch auf eine graphische Wiedergabe der gewonnenen Spektren verzichtet werden. WREDE untersuchte das spektrale Absorptionsvermögen im Ultraroten von Silika-, Schamotte-, Sillimanit-, Korund- und Magnesitsteinen. Im allgemeinen ist das Absorptionsvermögen im Sichtbaren und kurzwelligen Ultrarot geringer als im Bereich oberhalb $3\text{--}4\,\mu$; es erreicht oberhalb 4μ fast die Absorption 1. Sillimanit weist das geringste Absorptionsvermögen auf, und Magnesit zeigt ein besonders niedriges Absorptionsvermögen zwischen 1,5 und $5\,\mu$. Die aus den spektralen Kurven gewonnenen Gesamtabsorptionsvermögen sind in der nachstehenden *Tab. 16* zusammen mit den Werten von NAESER u. PEPPERHOFF aufgeführt.

Tabelle 16. Gesamtabsorptionsvermögen feuerfester Stoffe
Temperaturen $\sim 1200\text{--}1300°\,\mathrm{C}$

Probe	Absorptionsvermögen	
	nach WREDE	nach NAESER u. PEPPERHOFF
Silika............................	0,66	0,78
Schamotte	0,59	0,65–0,68
Sillimanit	0,29	—
Korund	0,46	—
Magnesit	0,39	0,45–0,51
Chrom-Magnesit	—	$\sim 0{,}40$

Da das Absorptionsvermögen für größere Wellenlängen höher ist als im kurzwelligen Spektrum, dürften die Gesamtstrahlungswerte für tiefere Temperaturen größer sein.

BARITEL untersuchte die Spektren von fünf verschiedenen $Al_2O_3\text{-}SiO_2$-Gemischen im Bereich von 1 bis $5\,\mu$, und ebenso sind in einer Arbeit von LANDFERMANN einige Spektren mitgeteilt. Durch einen Zusatz von Chromoxyd wird der Anstieg des Absorptionsvermögens bei etwa $4\,\mu$ nach größeren Wellenlängen verschoben (LANDFERMANN). Eine genauere Untersuchung über die Wirkung von Zusatzstoffen scheint insofern von technischer Bedeutung zu sein, als dadurch vielleicht Möglichkeiten gefunden werden könnten, durch die das Reflexionsvermögen im spektralen Bereich der Flammenstrahlung erhöht wird [NAESER u. PEPPERHOFF (a)]. Bisher noch nicht untersucht wurde der Einfluß, den die Ofenatmosphäreauf die Oberfläche der Steine ausübt. Diese Frage ist vor allem in metallurgischen Öfen von großer Bedeutung, da durch Verdampfungsvorgänge sich Niederschläge auf dem Mauerwerk bilden, die die Strahlungsvorgänge gänzlich verändern können. Auch über die Richtungsabhängigkeit der emittierten bzw. reflektierten Strahlung feuerfester Stoffe liegen noch keine systematischen Untersuchungen vor. In welchem Grade die Art der Reflexion, ob spiegelnd oder diffus, von der Oberflächenbeschaffenheit der Körper abhängt, zeigt *Abb. 95*. Zur Herstellung der Bilder wurden die Probekörper auf eine matte, weiße Unterlage gestellt und senkrecht zur Oberfläche bestrahlt. Das von der diffus reflektierenden Unterlage ausgehende Licht vermittelt ein anschauliches Bild der Winkelabhängigkeit der Reflexion an den Proben. Während eine rauhe Oberfläche, zum Beispiel die des Graphits (a), nahezu eine Kosinus-Verteilung des reflektierten Lichtes aufweist, geht diese in dem Maße, wie die Oberflächenrauhigkeiten durch Polieren eingeebnet werden,

Abb. 95. Winkelabhängigkeit der Reflexion an feuerfesten Stoffen

in eine spiegelnde Reflexion über (b). Die diffuse oder Streureflexion ist aus der spiegelnden Reflexion herleitbar unter der Vorstellung, daß sich die matte Oberfläche eines diffus reflektierenden Stoffes aus einer großen Zahl kleiner regulär spiegelnder Flächen zusammensetzt, die unter allen möglichen Winkeln gegen die makroskopische Oberfläche geneigt sind. Die polierte Schamotteprobe d zeigt zwar schon eine gewisse Vorzugsrichtung der reflektierten Strahlung, doch sind noch so viele Unebenheiten auf der Oberfläche vorhanden, daß der Hauptanteil des Lichtes diffus reflektiert wird. Das untere Bild e zeigt die Wirkung einer Glasur der rauhen Schamotteoberfläche, die nach dieser Oberflächenbehandlung fast spiegelnd reflektiert. Die Unregelmäßigkeiten im reflektierten Lichtbündel sind auf „makroskopische" Unebenheiten des glasigen Überzuges zurückzuführen. Der Gedanke, die Oberflächen des Ofenmauerwerks mit Anstrichen zu versehen, scheint aus zwei Gründen erfolgversprechende Möglichkeiten in sich zu bergen. Einmal kann auf diese Weise eine Beeinflussung des Absorptionsspektrums der Innenoberfläche des Ofens erfolgen mit den einleitend angeführten Zielen, zum andern wäre durch die Herstellung einer glatten, im Idealfall einer optisch planen Oberfläche, die Möglichkeit einer Richtwirkung der Strahlung gegeben. Der oftmals geäußerte Gedanke, dem Ofengewölbe eine parabolische Form zu geben, durch die die Strahlung einer stabförmigen Flamme auf das Wärmgut möglichst konzentriert wird, ist auch annähernd nur dann zu verwirklichen, wenn es gelingt, möglichst glatte Oberflächen durch das Aufbringen einer Glasur herzustellen.

β) Heizleiter

Die Materialien, die als Heizleiter Verwendung finden (blanke und oxydierte Metalle, NERNST-Masse usf.), sind in den entsprechenden Abschnitten abgehandelt worden. Ein weiterer Heizleiter bleibt noch zu erwähnen, der in den bisher behandelten Stoffgruppen nicht enthalten, aber vielfacher Verwendungsmöglichkeiten wegen bedeutungsvoll ist: das Siliziumkarbid. Heizleiter aus diesem Material, die in Deutschland unter der Bezeichnung Silitstab, in den USA als Globar im Handel erhältlich sind, besitzen neben einer ausreichenden mechanischen Festigkeit gute elektrische Eigenschaften und sind bis zu Temperaturen von 1300 bis 1400° C im Dauerbetrieb ver-

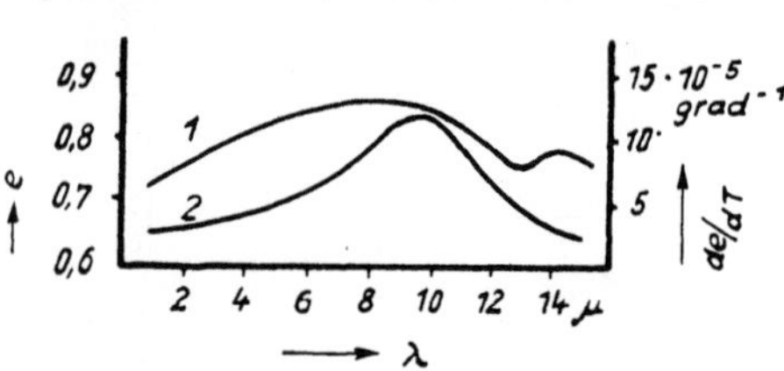

Abb. 96. Spektrales Emissionsvermögen von SiC bei $T = 975°C$ (1) und Temperaturkoeffizient des Emissionsvermögens im Bereich 700—1500°C (2) [nach BRÜGEL (c)]

wendbar. In *Abb. 96* sind nach Messungen von BRÜGEL (*c*) das spektrale Emissionsvermögen bei 970 °C und dessen Temperaturkoeffizient im Temperaturbereich von 750 bis 1550 °C dargestellt. Danach steigt das Emissionsvermögen vom Sichtbaren her im nahen Ultrarot zunächst an, erreicht zwischen 7 und 10 μ ein Maximum, durchläuft bei 13 μ ein deutliches Minimum, um nach einem weiteren Maximum bei 14 μ allmählich abzusinken. Der Temperaturkoeffizient besitzt – wie aus physikalischen Gründen auch zu erwarten ist – in der Nähe des Maximums seinen größten Wert.

Weitere Bau- und Werkstoffe wurden von SIEBER bezüglich ihres diffusen ultraroten Reflexionsvermögens untersucht. Eine Auswahl der ausgemessenen Spektren ist in *Abb. 97* dargestellt. In den Abbildungen ist der Winkel, unter dem die Reflexionsmessungen ausgeführt wurden, angegeben. In den Spektren von Gips und Verputz äußern sich wiederum die Wasserbanden (vgl. auch *Abb. 80*). In allen SiO_2-haltigen Materialien tritt die Reflexionsbande bei 9 μ in Erscheinung: Verputz, Fliese, Schamotte, Dachziegel und Porzellan. Der CO_3-haltige Beton zeigt bei etwa 7 μ ein Maximum (vgl. *Abb. 74*). Viele Substanzen, die im Sichtbaren weiß aussehen, zeigen beim Übergang zum Ultraroten einen starken Abfall ihres Reflexionsvermögens. So ist weiße Emaille im Ultrarot oberhalb 3 μ praktisch als schwarz anzusehen und ebenso die im sichtbaren Bereich „weißen" Anstriche, wie Weißlack und Lithopon. Das Reflexionsvermögen der organischen Substanzen nimmt an der Grenze sichtbar – ultrarot stark zu, oberhalb 1 μ jedoch fällt es infolge der Absorption des Zellwassers wieder stark ab. Außer an Laub und Kork treten die gleichen Erscheinungen an Hölzern, Textilien, Leder und Papier auf.

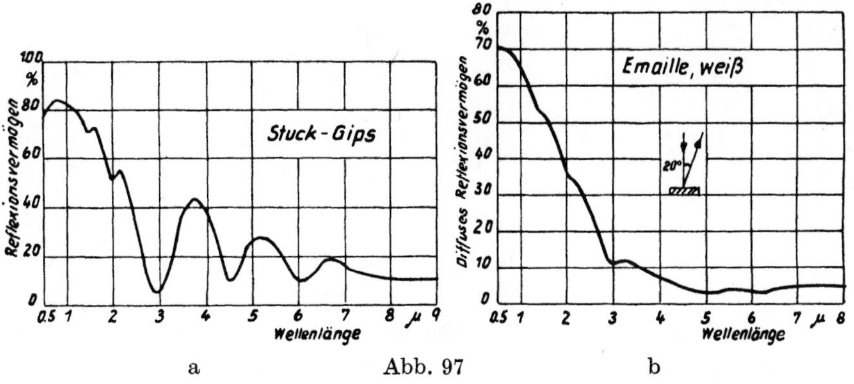

a   Abb. 97   b

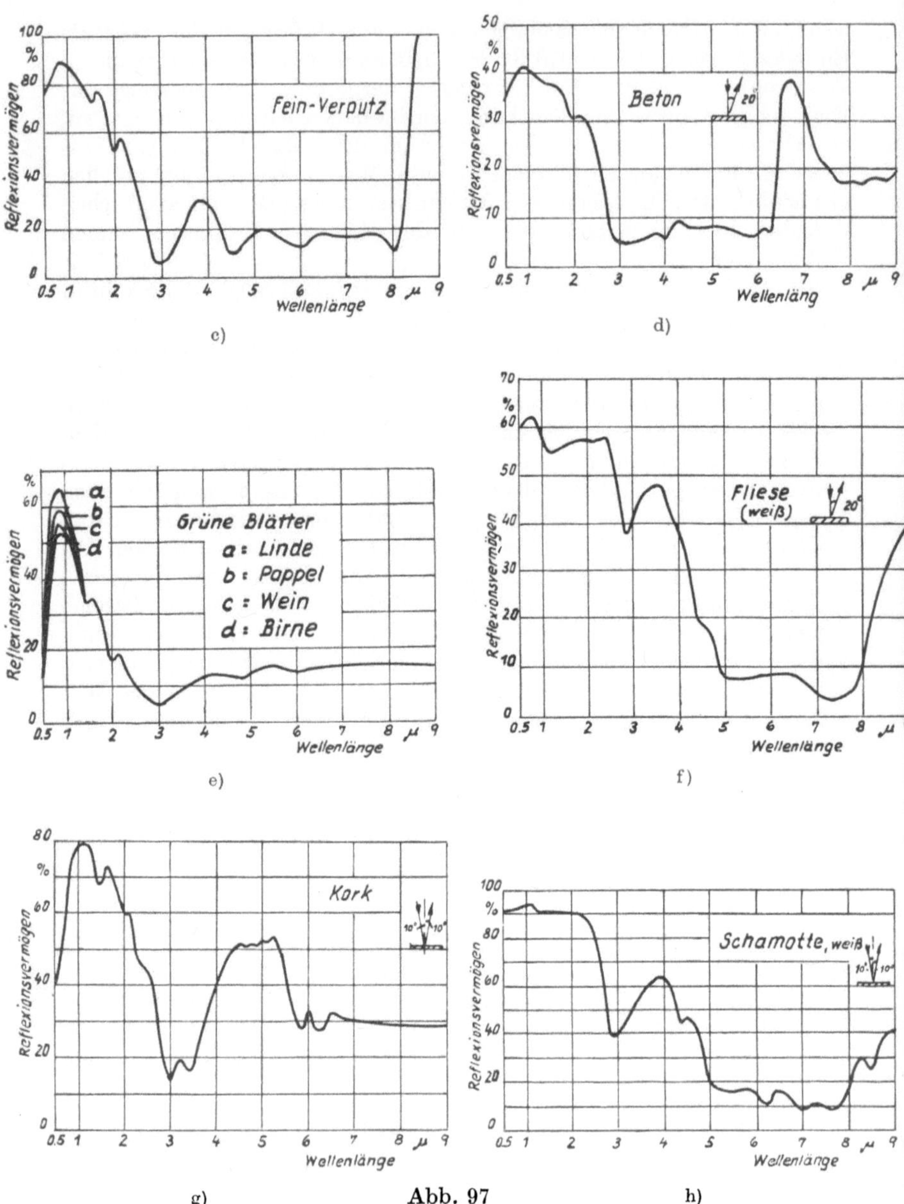

Abb. 97

Abb. 97. Ultrarotes Reflexionsvermögen verschiedener Werkstoffe (nach SIEBER)

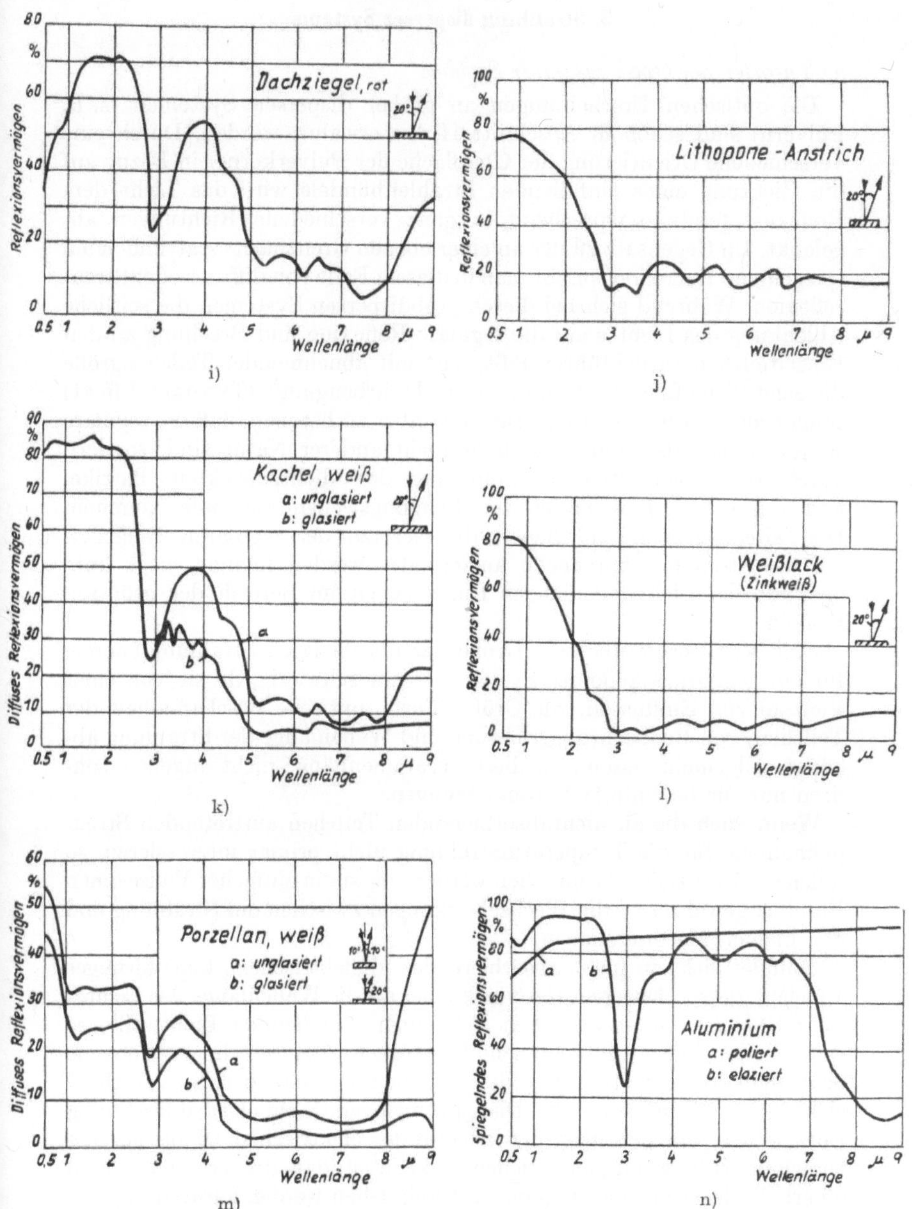

Abb. 97. Ultrarotes Reflexionsvermögen verschiedener Werkstoffe (nach SIEBER)

5. Strahlung disperser Systeme

a) Theorien der Optik disperser Systeme

Die optischen Erscheinungen an gröber dispersen Systemen (z. B. Pulvern) sind schon in Abschnitt II. 4. c erwähnt worden. Durch eine verschiedene Orientierung der Oberfläche der Pulverkörner in Bezug auf die Richtung eines einfallenden Strahlenbündels wird das Licht dem Reflexionsgesetz entsprechend in ganz verschiedene Richtungen abgelenkt. Im Gegensatz zu der an einer ebenen Grenzfläche stattfindenden spiegelnden Reflexion spricht man in diesem Falle von diffuser oder Streureflexion. Während sich bei diesen grobdispersen Systemen die seitliche Ablenkung des Lichtes auf die reguläre Reflexion und Brechung an den Einzelteilchen zurückführen läßt, tritt mit abnehmender Teilchengröße die eigentliche Lichtzerstreuung oder „Lichtbeugung" (Tyndall-Effekt) immer mehr in Erscheinung. Dabei ist aber zu betonen, daß die reguläre Reflexion und Brechung durchaus nicht anderer Natur sind, sondern durch die gegenseitige Beeinflussung der dichtgepackten Partikel und durch die Interferenz der Beugungswellen zustande kommen. Die Teilchengrößen, bei denen die Gesetze der regulären Reflexion auf die Streuungsphänomene angewendet werden können, liegt kurz oberhalb der Lichtwellenlängen-Dimensionen im Bereich der gröbsten Kolloide.

Eine Voraussage über die Größe der abgebeugten Strahlungsenergie für ein gegebenes kolloides System ist sehr schwierig, da sie von einer Vielzahl von Einflüssen, wie Größe, Form, optische Beschaffenheit der Teilchen, von Beobachtungsrichtung und Wellenlänge der Strahlung abhängt. Allgemein lassen sich diese Zusammenhänge nicht angeben, sondern nur für bestimmte Voraussetzungen.

Wenn auch die an nichtabsorbierenden Teilchen auftretenden Streuphänomene für die Temperaturstrahlung nicht primär interessieren, so sollen sie doch zuerst besprochen werden, da sie in einfacher Weise einen Einblick gewähren in die Wechselwirkungen zwischen der Strahlung und den kleinen Materieteilchen.

Befindet sich ein nicht absorbierendes (dielektrisches), kugelförmiges Teilchen, dessen Durchmesser viel kleiner als die Wellenlänge des Lichtes ($< 1/10\ \lambda$) ist, im elektrischen Feld einer einfallenden Lichtwelle, so werden die locker gebundenen Elektronen dadurch in erzwungene Schwingungen versetzt, daß das Teilchen ein induziertes, variables, elektrisches Moment erhält. Dieser schwingende Dipol strahlt ständig Energie aus, die sich nach der Theorie des elektrischen Dipols einfach berechnen läßt, wenn das Teilchen so klein ist, daß das erregende Feld innerhalb des Teilchens als konstant angesehen werden kann, d. h., daß alle Volumenelemente des Teilchens in Phase schwingen.

Die Intensität des abgebeugten Lichtes ist von der Richtung in der Weise abhängig, daß sie in Richtung des auffallenden Lichtes und entgegengesetzt dazu gleich und weiterhin doppelt so groß ist wie in den dazu senkrechten Richtungen. Bildet ψ den Winkel zwischen Einfalls- und Beobachtungsrichtung, so gilt, wenn E_ψ die Streuintensität für unpolarisiertes Licht in Richtung ψ bedeutet (s. *Abb. 98*),

$$E_\psi = \text{const.} \, (1 + \cos^2 \psi). \qquad (44)$$

Die gesamte zerstreute Energie aller Einzelteilchen des Systems setzt sich für den Fall hinreichend großer Verdünnung aus der Summe der Einzelstrahlungen

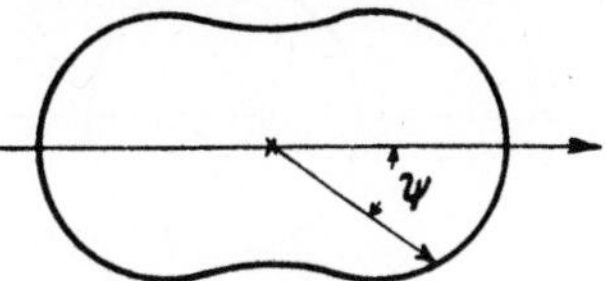

Abb. 98. Polardiagramm der Streustrahlung für Teilchendurchmesser $< {}^{1}/_{10} \, \lambda$

zusammen. Durch die seitliche Zerstreuung des Lichtes erfährt die ein „trübes" Medium durchsetzende Strahlung einen Energieverlust. Diese Schwächung ist natürlich mit dem Absorptionsbegriff nicht zu erfassen, wirkt jedoch in Bezug auf das einfallende Licht in der gleichen Weise wie die wahre Absorption und gehorcht bei nicht zu dicht gepackten Systemen dem LAMBERT-BEERschen Gesetz. Zur äußeren Kennzeichnung der Tatsache, daß die Energie nicht durch Absorption in Körperwärme übergeht, wird in diesem Fall statt der Absorptionskonstante eine Extinktionskonstante eingeführt, durch die im Experiment allerdings oftmals sowohl der Verlust durch Streuung als auch durch wahre Absorption zusammen ermittelt wird. Unter den oben vorausgesetzten Bedingungen ergibt sich nach RAYLEIGH der Zusammenhang, daß die Extinktionskonstante mit der 4. Potenz der Wellenlänge abnimmt:

$$k' \approx \lambda^{-4}. \qquad (45)$$

Die Streuerscheinungen, die im bisher betrachteten Fall – Teilchengrößen $< 1/10 \, \lambda$ – einfachen Gesetzmäßigkeiten gehorchten, werden mit zunehmender Teilchengröße immer verwickelter. In ausgedehnteren Teilchen schwingen die angeregten Elektronen in den verschiedenen Volumenelementen eines Teilchens nicht mehr in Phase. Da aber die von ihnen ausgehenden Wellenzüge, als von ein und derselben Welle erregt, kohärent, d. h. interferenzfähig sind, können sie sich in gewissen Richtungen durch Interferenz schwächen oder verstärken. Einigermaßen übersichtlich sind die Verhältnisse, solange die Teilchengröße kleiner als die Wellenlänge bleibt und somit nur Interferenzen 1. Ordnung auftreten. Betrachtet man in *Abb. 99* die beiden Volumenelemente A und B eines streuenden kugelförmigen Teilchens, so wird, da die einfallende Welle zum Volumenelement B einen zusätzlichen Weg zurücklegen muß, der in B erregte Dipol phasenverschoben gegenüber dem in A schwingen-

9*

den. Die von A und B ausgehenden Wellenzüge interferieren, wobei sie sich wegen der weiteren Wegunterschiede zwischen den Dipolen A und B zu den angenommenen Beobachtungsorten 1 bis 4 je nach den geometri-

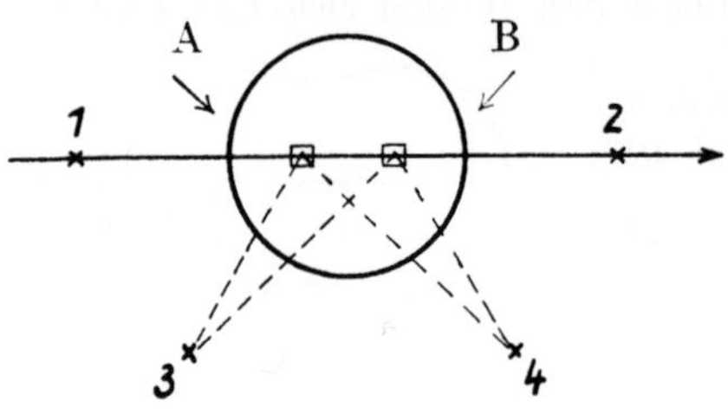

schen Anordnungsverhältnissen verstärken bzw. schwächen und zwar derart, daß sich in Richtung der einfallenden Strahlung die Gangunterschiede gerade aufheben, die beiden Wellenzüge sich also addieren. Für die Beobachtungsrichtung 4 werden sich die Wellenzüge wenigstens teilweise addieren, und für die Richtungen 3 bzw. 1 liegen die Verhältnisse

Abb. 99. Zur Interferenz der Streustrahlung für Teilchengrößen etwas kleiner als λ

umgekehrt. Wie das Polardiagramm *Abb. 100* zeigt, wird durch diesen Interferenzeffekt die Streustrahlung also insgesamt geschwächt, am stärksten nach rückwärts, während für die genaue Einfallsrichtung die Intensität unverändert bleibt.

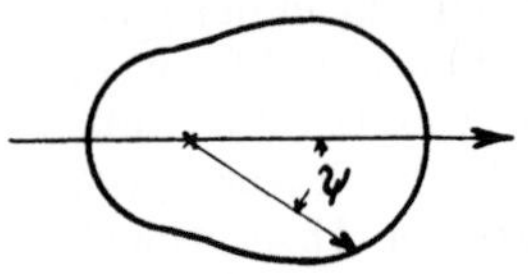

Eine allgemeingültige Berechnung der Streuintensität und deren Richtungsabhängigkeit als Funktion der Teilchengrößen und -formen ist mathematisch sehr umständlich und langwierig und scheint in vielen praktischen Fällen

Abb. 100. Polardiagramm der Streustrahlung für Teilchengrößen etwas kleiner als λ

unmöglich zu sein. Für den Sonderfall, daß die optischen Konstanten des dispergierten Stoffes und des Dispersionsmittels nicht sehr stark voneinander abweichen – das elektrische Feld im Innern der Teilchen ist dann nahezu gleich dem primären Feld –, wurde von DEBYE eine Lösung für drei verschiedene Teilchenformen (Stäbchen, statistisches Knäuel und Kugel) angegeben, die aus der Theorie der Röntgeninterferenzen an einem Molekülgas folgt. Die Aussagen dieser Theorie, die hier nicht weiter behandelt werden soll, hat für die makromolekulare Chemie eine große Bedeutung erlangt, insofern als die Messung der Streustrahlung Möglichkeiten zur Molekulargewichtsbestimmung bietet. Darüber hinaus können auf Grund der Ermittlung von Teilchengrößen und -formen wichtige Aussagen über die Ordnungs- und Assoziationszustände der Hochpolymeren gewonnen werden.

Die Behandlung der Streuphänomene an dielektrischen Teilchen ist – da keine wahre Absorption, d. h. keine Umwandlung in Körperwärme, eintritt – für Fragen der Temperaturstrahlung von weniger großem Interesse. Eine allgemeingültige Behandlung des Problems für kugelförmige, sowohl dielektrische als auch *stark absorbierende* Teilchen führt MIE durch. MIE gibt eine Darstellung der Integration der MAXWELLschen

Gleichungen für eine Kugel und der Induktion einer Kugel durch eine einfallende elektromagnetische Welle. Die Integrationskonstanten sind dabei durch die an der Kugeloberfläche geltenden Grenzbedingungen – die optischen Konstanten des Kugelmaterials – bestimmt. Die so ermöglichte Berechnung des elektromagnetischen Feldes um und in der Kugel erlaubt damit eine Bestimmung des durch die Kugel verursachten Energieverlustes beim Durchgang einer Lichtwelle. Dieser Verlust setzt sich aus zwei Anteilen zusammen, einmal der eigentlichen Absorption in der Kugel und die dadurch erfolgende Energieumwandlung in Körperwärme und zum andern dem Energieverlust durch diffuse Zerstreuung. Diese zunächst nur für eine Kugel geltende Behandlung des Problems wird in der Weise auf das ganze „trübe Medium" übertragen, daß man die Wirkung eines einzelnen Teilchens mit der Gesamtzahl der in dem betrachteten dispersen System eingelagerten Teilchen multipliziert. Hierbei ist wiederum ein solcher Verdünnungsgrad vorausgesetzt, daß die von einer Kugel ausgehende Strahlung von den in genügend großem Abstand befindlichen Nachbarkugeln nicht beeinflußt wird. Für die Gesamtabsorptionskonstante des trüben Mediums ergibt sich nach MIE

$$k = N \frac{\lambda^2}{2\pi} Im \left[\sum_1^\infty \nu\,(-1)^\nu\,(a_\nu - p_\nu) \right], \qquad (46)$$

wobei N die Teilchenzahl pro Volumeneinheit bedeutet und das Symbol Im angibt, daß von der eingeklammerten komplexen Größe nur der imaginäre Anteil zu nehmen ist. Die durch diffuse Zerstreuung hervorgerufene scheinbare Absorption k' beträgt:

$$k' = N \frac{\lambda^2}{2\pi} \sum_1^\infty \nu \frac{|a_\nu|^2 + |p_\nu|^2}{2\nu + 1}. \qquad (47)$$

Die durch die eigentliche Absorption in den Teilchen selbst verlorene Energie k'' ist dann durch die Differenz zwischen (46) und (47) bestimmt:

$$k'' = k - k'. \qquad (48)$$

Die Glieder mit den Koeffizienten a_ν entsprechen den elektrischen, die Glieder mit p_ν den magnetischen Partialwellen. Da – wie MIE nachweist – die νte elektrische Welle die gleiche Größenordnung besitzt wie die $(\nu - 1)$te magnetische Welle, benötigt man zur Berechnung der Absorption von den Gliedern p_ν nur eines weniger. Die Gleichungen, nach denen die elektrischen und magnetischen Partialwellen berechnet werden, enthalten den Zylinderfunktionen ähnliche Funktionen mit den beiden Veränderlichen α und β. Während $\alpha = \frac{2\pi\varrho}{\lambda}$ das die optischen Eigenschaften trüber Medien bestimmende Verhältnis Teilchenradius ϱ : Wellenlänge λ

berücksichtigt, ist in $\beta = m \cdot \alpha$, wobei $m = n - i\,n\varkappa$, der komplexe Brechungsindex des Materials, aus dem die Teilchen bestehen, enthalten.

Aus der MIEschen Theorie ergibt sich, daß bei kleineren, stark absorbierenden Teilchen die diffuse Streustrahlung nur einen sehr geringen Bruchteil der wahren Absorption ausmacht und daß sie um so schwächer wird, je kleiner die Teilchen sind. Erst bei gröberen Verteilungen ist ein nicht mehr vernachlässigbarer Anteil der Gesamtabsorption auf die diffuse Zerstreuung zurückzuführen. Die Spektren kolloider Systeme werden demnach im Bereich kleiner Teilchengrößen allein durch die wirkliche Absorption des dispersen Anteils bestimmt, während erst bei gröberen Teilchen eine wesentliche Beeinflussung der Farbe durch die seitliche Zerstreuung eintritt. Aus diesem Grunde treten auch an Systemen mit einem nicht oder nur schwach absorbierenden dispersen Anteil lediglich schwache Farberscheinungen auf.

Auf Grund der MIEschen Theorie wurden verschiedene umfassende Berechnungen der MIEschen Koeffizienten a_ν und p_ν und einer großen Anzahl von Strahlungsdiagrammen für dielektrische Kügelchen durchgeführt, so vor allem von BLUMER; HOLL und LOWAN. Es sei hier noch angeführt, daß McCARTNEY die DEBYEsche Theorie mit den strengen Rechnungen nach BLUMER verglichen hat und dabei fand, daß für Teilchen mit $2\,\varrho/\lambda = 1,3$ und einem Verhältnis der Brechungsindizes von $n = 1,5$ die Abweichungen selbst für den Quotienten aus Vorwärts- zur Rückwärtsstreuung (E_{0^0}/E_{180^0}) unter 10% bleiben.

Die Wirkung der Abweichungen von der Kugelform hat GANS unter der RAYLEIGHschen Voraussetzung sehr kleiner Partikel mit beliebigem Verhältnis der Quer- zur Längsdimension (Ellipsoide) berechnet. Solche Abweichungen von der Kugelgestalt der Teilchen und ebenso der Einfluß einer Konzentrationserhöhung wirken ähnlich wie eine Teilchenvergröberung.

Die vielen Einflüsse, die sich im optischen Verhalten disperser Systeme geltend machen, lassen es verständlich erscheinen, daß eine allgemeine Theorie der Beugung durch Partikel beliebiger Form, Größe usw. kaum zu geben ist und daß eine solche überhaupt entwickeln zu wollen, wegen der großen Variabilität der Objekte kaum lohnend sein dürfte. Trotzdem können mit den vorstehend mitgeteilten Theorien eine Reihe optischer Erscheinungen an dispersen Systemen quantitativ dargestellt werden, so daß sich fruchtbare Nutzanwendungen – wie Teilchengrößen und Konzentrationsbestimmungen – hieraus ableiten lassen.

b) Optische Eigenschaften disperser Systeme

Im Rahmen dieses Buches kann keine Vollständigkeit in Bezug auf die Darstellung möglichst aller optisch untersuchten Systeme angestrebt werden, vielmehr sollen nur einige ausgewählte disperse Systeme in die

Betrachtung einbezogen werden, die für die Temperaturstrahlung von Interesse sind. Die optischen Eigenschaften bilden eines der wichtigsten Hilfsmittel zur Bestimmung des Gehaltes an trübenden Teilchen, da der Trübungsgrad in ziemlich weiten Grenzen ein Maß für die Konzentration darstellt. Entweder wird das Streulicht im Vergleich zu einem Trübungsstandard gemessen oder man beschränkt sich – wenn es sich lediglich um die Erfassung zeitlicher Änderungen eines Vorganges handelt – auf Relativmessungen ohne Bezugsstandard. Bei nicht ausreichender Streulichtintensität werden Absorptionsmessungen mit gutem Erfolg angewendet.

α) Systeme mit gasförmigen Dispersionsmitteln

Absolutbestimmungen der Teilchengrößen bzw. Teilchenzahlen aus der Messung der Streustrahlungsdiagramme bzw. aus der Absorption wurden von ENGELHARDT u. FRIESS an organischen Nebelteilchen, von LOWAN an Schwefelrauch und von PEPPERHOFF u. ZIRM an Eisen(III)-oxydrauch durchgeführt. Letztere konnten auf diese Weise die jeder wägenden Messung unzugänglichen Verluste erfassen, die bei der Stahlherstellung durch Windfrischen in einem THOMAS-Konverter infolge Verdampfung auftreten. Aus den elektronenmikroskopisch ermittelten Teilchengrößen (im Mittel 55 mμ) und den mit Hilfe der MIEschen Theorie berechneten Absorptionswerten ergab sich ein Gesamtblaseverlust, der mit dem aus dem Dampfdruck des Eisens folgenden Wert übereinstimmte.

β) Kolloider Kohlenstoff

Eine bedeutungsvolle Rolle kommt dem kolloiden Kohlenstoff zu, der in leuchtenden Kohlenwasserstoffflammen enthalten ist. Die kleinen, festen Rußteilchen tragen als Strahler mit kontinuierlicher Energieverteilung wesentlich zur Strahlungsleistung der Flammen bei, so daß die Kenntnis ihrer optischen Eigenschaften eine wesentliche Voraussetzung zur Beurteilung und Berechnung des Wärmetransportes durch Strahlung in flammenbeheizten Feuerungen bildet. Diese Bedeutung für die Temperaturstrahlung dürfte eine eingehende Behandlung der Optik der Flammenruße rechtfertigen (PEPPERHOFF u. BÄHR).

Der Nachweis, daß leuchtende Kohlenwasserstoffflammen tatsächlich „trübe Medien" darstellen, wurde von SENFTLEBEN u. BENEDICT erbracht, insofern als es ihnen gelang, das bei genügend intensiver Bestrahlung einer solchen Flamme seitlich zerstreute Licht objektiv darzustellen und seine Intensität zu messen. Durch übermikroskopische Aufnahmen konnten die genauen Teilchengrößen von Rußen aus verschiedenen Flammen ermittelt werden (*Abb. 101*) [NAESER u. PEPPERHOFF (*d*)]. Diese Flammenruße zeigen im Gegensatz zum „grau" absorbierenden Kohlenstoff in kompakter Form eine starke Wellenlängenabhängigkeit ihrer Absorptionseigenschaften, eine Folge der in feindispersen Systemen statt-

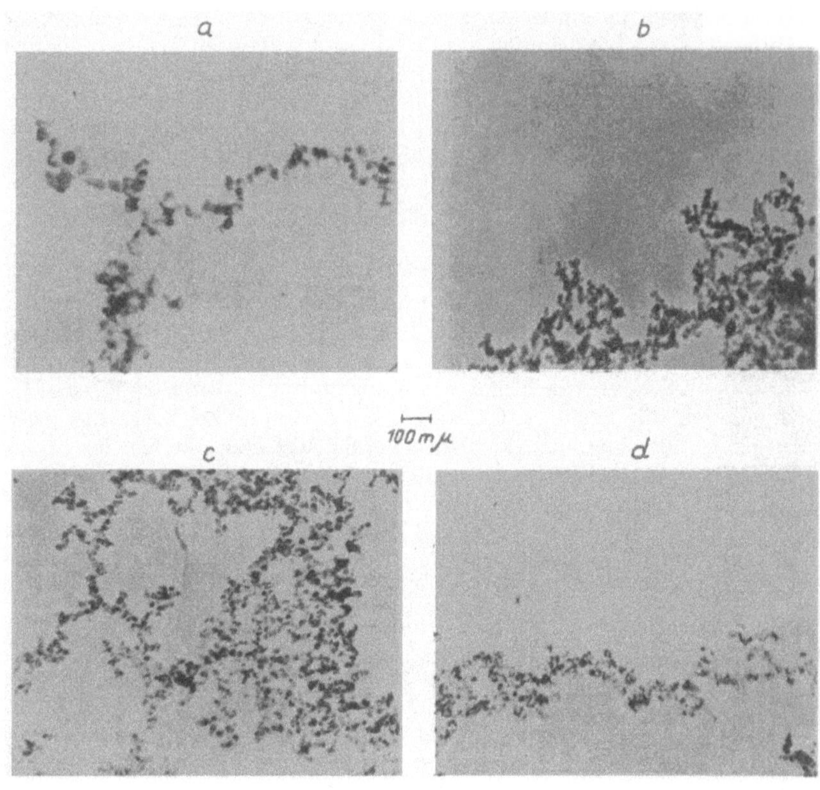

Abb. 101. Übermikroskopische Aufnahmen von Flammenrußen

a) HEFNER-Flamme b) Leuchtgas-Luft
c) Stearinkerze d) Azetylen-Luft

findenden Beugung des Lichtes an den kolloiden Teilchen. Wenn diese
Wellenlängenabhängigkeit des Absorptionsvermögens nur durch den
Verteilungsgrad der Rußteilchen in der Flamme verursacht wird, so ist
die Feststellung von BECKER verständlich, daß eine leuchtende Flamme
die gleiche Wellenlängenabhängigkeit aufweist wie der aus dieser Flamme
auf einer kalten Fläche niedergeschlagene Ruß, zumal die optischen
Konstanten des Rußes nahezu temperaturunabhängig sind. Weiterhin
konnte BECKER die Gültigkeit des BEERschen Absorptionsgesetzes für

Ruß nachweisen und die Dispersion der Absorptionskonstante k durch die einfache empirische Formel $k \sim \lambda^{-n}$ darstellen, wobei der Wert für n für eine vorgegebene Flammenart im sichtbaren Spektralgebiet konstant ist. Das BEERsche Absorptionsgesetz (siehe S. 20) läßt sich demnach für Flammenruße in der einfachen Form

$$a_\lambda = 1 - e^{-\frac{C}{\lambda^n}} \tag{49}$$

niederschreiben, wobei die Konstante C ein Maß für das Produkt aus Schichtdicke und Konzentration der Rußteilchen ist.

Die Möglichkeit, den Verteilungsgrad der in leuchtenden Flammen schwebenden Rußpartikel auf einer durchsichtigen Unterlage „einzufrieren", führte zu mehreren experimentell einfach durchführbaren Untersuchungen über den spektralen Verlauf der Absorptionskonstanten leuchtender Flammen [NAESER u. PEPPERHOFF (d); HOTTEL u. BROUGHTON; RÖSSLER u. BEHRENS; PEPPERHOFF u. BÄHR]. In *Tab. 17* sind die für das sichtbare Spektrum gültigen n-Werte einiger Brennstoffe aufgeführt, die wegen des einfacheren experimentellen Untersuchungsverfahrens sicherer sind als die an den Flammen selbst gewonnenen Werte. Im ultraroten Bereich ist n von der Wellenlänge abhängig, und zwar nimmt der Wert für n mit steigender Wellenlänge so ab, daß die Absorptionskonstante durch eine empirische Gleichung der Form

$$k_\lambda = C \cdot \lambda^{-(n-m\log\lambda)} \tag{50}$$

wiedergegeben werden kann (PEPPERHOFF u. BÄHR). Die für verschiedene Flammenarten gefundenen Werte der Konstanten m und n sind ebenfalls in *Tab. 17* mitgeteilt.

Tabelle 17. Dispersion der Absorptionskonstanten
für verschiedene Flammenruße

Flammenart	Sichtbares Spektrum		Ultrarotes Spektrum nach PEPPERHOFF u. BÄHR		Mittlerer Teilchendurchmesser $d\,(m\mu)$
	nach NAESER u. PEPPERHOFF	nach RÖSSLER u. BEHRENS	m	n	
Azetylen	0,80	0,75, 0,69 0,66[1])	0,25	0,83	2,0
Stearinkerze	1,20	1,20	0,45	1,12	12,5
Leuchtgas	1,30	1,29	0,50	1,30	17,5
Amylazetat (HEFNER-Flamme)	1,35	1,39	0,55	1,20	25,0

[1]) Werte für verschiedene Brennstoff-Sauerstoff-Verhältnisse.

Nach dieser rein empirischen Beschreibung der Wellenlängenabhängigkeit des Absorptionsverhaltens von Ruß aus verschiedenen Flammen soll versucht werden, dieses unterschiedliche optische Verhalten aus der verschiedenartigen Konstitution der Flammen zu erklären. Setzt man die mit Hilfe des Übermikroskops ermittelten Teilchendurchmesser 2ϱ der Flammenruße, die in *Tab. 17* aufgeführt sind, in Beziehung zur Dispersion der Absorptionskonstanten – ausgedrückt durch den n-Wert –, so ergibt sich die in *Abb. 102* dargestellte Abhängigkeit. Bei $2\varrho = 0$ wird n ebenfalls Null; mit wachsendem Teilchendurchmesser wird die Kurve immer steiler. Berechnet man die Absorption von Rußteilchen verschiedenen Durchmessers nach der strengen MIEschen Theorie, so gelangt man zu Werten, die mit den experimentellen Ergebnissen in Einklang stehen [PEPPERHOFF (a)]. Aus diesen Rechnungen verdient als erstes festgehalten zu werden, daß der Anteil des diffus zerstreuten Lichtes für eine Teilchengröße von 25 mμ kleiner als 0,006 ist, bezogen auf die auffallende Energie als Einheit. Dieses Ergebnis ist in Übereinstimmung mit den experimentellen Ergebnissen verschiedener Forscher und gestattet eine meßtechnisch vorteilhafte Vernachlässigung des durch diffuse Zerstreuung hervorgerufenen Absorptionsanteils.

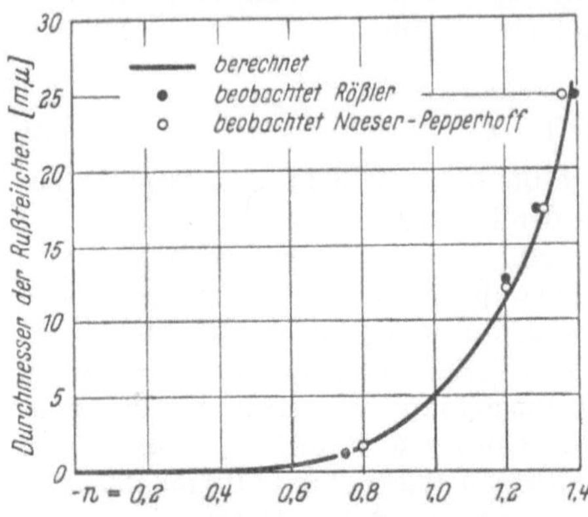

Abb. 102. Dispersion der Absorptionskonstanten $k_\lambda \sim \lambda^{-n}$ als Funktion der Teilchengröße

Tabelle 18. Absorption eines Rußteilchens in Abhängigkeit von der Teilchengröße

2ϱ [mμ]	$\alpha_\lambda = 490$ mμ	$\alpha_\lambda = 580$ mμ	$\alpha_\lambda = 600$ mμ	$\alpha_\lambda = 700$ mμ
1	2	3	4	5
6,0	$8,84 \cdot 10^{-17}$	$7,65 \cdot 10^{-17}$	$7,32 \cdot 10^{-17}$	$6,24 \cdot 10^{-17}$
10,0	$3,23 \cdot 10^{-16}$	$2,76 \cdot 10^{-16}$	$2,66 \cdot 10^{-16}$	$2,30 \cdot 10^{-16}$
12,5	$7,99 \cdot 10^{-16}$	$6,70 \cdot 10^{-16}$	$6,43 \cdot 10^{-16}$	$5,41 \cdot 10^{-16}$
15,0	$1,53 \cdot 10^{-15}$	$1,27 \cdot 10^{-15}$	$1,22 \cdot 10^{-15}$	$1,01 \cdot 10^{-15}$
20,0	$3,75 \cdot 10^{-15}$	$3,08 \cdot 10^{-15}$	$2,96 \cdot 10^{-15}$	$2,43 \cdot 10^{-15}$
25,0	$6,99 \cdot 10^{-15}$	$5,75 \cdot 10^{-15}$	$5,49 \cdot 10^{-15}$	$4,48 \cdot 10^{-15}$

Die berechnete Absorption für ein Rußteilchen α, das sich in der Volumeneinheit befindet, ist für verschiedene Wellenlängen λ in Abhängigkeit vom Teilchendurchmesser 2ϱ in *Abb. 103* und *Tab. 18* aufgezeichnet. Die Wiedergabe der Werte sowohl graphisch als auch zahlenmäßig geschieht, um einmal einen Überblick über den Verlauf der Beziehung zu geben, andererseits aber Ungenauigkeiten bei einer graphischen Ermittlung der Werte aus dem einen großen Zahlenbereich umschließenden Schaubild zu vermeiden.

Zur Berechnung der unterschiedlichen Wellenlängenabhängigkeiten n von Flammenrußen verschiedener mittlerer Teilchengrößen müssen die für ein Teilchen je Volumeneinheit gültigen Werte mit der Zahl der in der Flamme vorhandenen Rußteilchen multipliziert werden. Da diese Zahl vorerst nicht bekannt ist, ergibt eine Berechnung der Flammenabsorption dann einen angenähert richtigen spektralen Verlauf, wenn

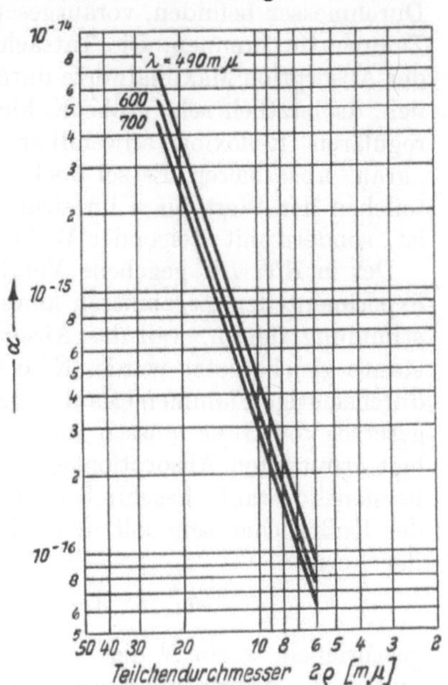

Abb. 103. Absorption eines Rußteilchens in der Volumeneinheit

das berechnete und beobachtete Absorptionsvermögen in einer Wellenlänge gleichgesetzt wird. Auf diese Weise können die Absorptionsspektren leuchtender Flammen mit guter Näherung wiedergegeben werden (*Abb. 102*).

Mit abnehmender Teilchengröße strebt n dem Wert Null zu. Die Weiterführung der n-Werte mit anwachsendem Teilchendurchmesser zeigt *Abb. 104*. Bei etwa $2\varrho = 100\,m\mu$ erreicht n den Maximalwert 2,0, um dann nahezu spiegelbildlich zum Kurvenanstieg abzufallen und bei etwa $2\varrho = 200\,m\mu$ wieder gleich Null zu werden. Die durch eine gestrichelte Linie angedeutete Fortsetzung des Kurvenzuges soll aufzeigen, daß n oberhalb $200\,m\mu$ positive Werte annimmt. Ließen sich leuchtende Flammen mit so groben Rußpartikelchen verwirklichen, so würde man bei einer Flamme, welche Teilchen

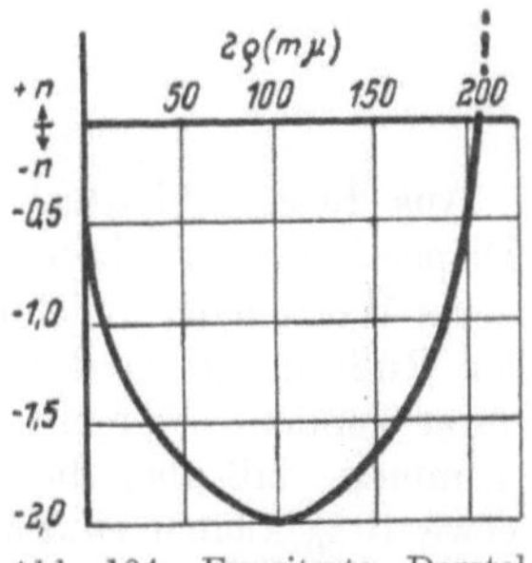

Abb. 104. Erweiterte Darstellung der Abb. 102

von $100\,\mathrm{m}\mu$ Durchmesser enthält, sicherlich einen bläulichen Schimmer wahrnehmen gegenüber einer Flamme, in der sich Teilchen von $200\,\mathrm{m}\mu$ Durchmesser befinden, vorausgesetzt, daß beide Flammen mit gleicher Temperatur brennen. Die Tatsache, daß die Wellenlängenabhängigkeit der Absorption Maximalwerte durchlaufen muß, ist durchaus verständlich, da letztlich sehr grobe Kohlenstoffteilchen, für die die Gesetze der regulären Reflexion anwendbar sind, im sichtbaren Spektrum fast „grau" absorbieren. Es sei noch vermerkt, daß bei relativ großen Rußteilchen der Wert für n im sichtbaren Spektrum nicht mehr konstant ist, sondern mit steigender Wellenlänge abnimmt.

Der in *Abb. 102* gegebene Vergleich zwischen den theoretischen und experimentellen Ergebnissen kann nur zu einer angenäherten Übereinstimmung führen, weil das Absorptionsvermögen der Absorptionskonstante gleichgesetzt wurde. Eine solche Gleichsetzung ist nur für sehr durchsichtige Flammen erlaubt. Bei strenger Gültigkeit des Absorptionsgesetzes von BEER müssen auch die für ein Rußteilchen je Volumeneinheit ermittelten Absorptionswerte die experimentell aufgefundene Dispersionskonstante beschreiben können, da n unabhängig von der Zahl der Rußteilchen sein soll. Wird das BEERsche Gesetz (Gleichung 49) in der Form

$$a_{2\,\varrho,\,\lambda} = 1 - e^{-N\cdot\alpha_\lambda\cdot s} = 1 - e^{-k_\lambda\cdot s} \qquad (51)$$

geschrieben, worin N die Zahl der Rußteilchen in der Volumeneinheit und α_λ die Absorption eines Rußteilchens bedeuten, und setzt man die beiden Absorptionskonstanten der Gleichungen (49) und (51) gleich, so ergibt sich — auf zwei Wellenlängen angewendet:

$$N\cdot\alpha_{\lambda_1}\cdot s = C\cdot\lambda_1^{-n}, \quad N\cdot\alpha_{\lambda_2}\cdot s = C\cdot\lambda_2^{-n}.$$

Aus diesen beiden Gleichungen läßt sich n bestimmen

$$\frac{\alpha_{\lambda_1}}{\alpha_{\lambda_2}} = \left(\frac{\lambda_2}{\lambda_1}\right)^n,$$

$$-n = \frac{\log\alpha_{\lambda_1} - \log\alpha_{\lambda_2}}{\log\lambda_1 - \log\lambda_2}. \qquad (52)$$

Aus dieser Ableitung geht die Forderung einer Unabhängigkeit der Dispersion n der Absorptionskonstante von N hervor. Eine Berechnung der n-Werte nach Gleichung (52) bei Annahme nur eines oder beliebig vieler Rußteilchen in der Volumeneinheit, zeigt, daß die Ergebnisse in ihrer Tendenz zwar mit der in *Abb. 102* gegebenen Darstellung übereinstimmen, daß aber die n-Werte der verschiedenen Teilchengrößen um etwa 10% kleiner sind als die experimentell beobachteten Größen und daß die Konstanz von n im sichtbaren Spektralbereich nicht mehr so gut erfüllt ist. In *Tab. 19* sind die beobachteten und die auf vorstehend beschriebene Art berechneten n-Werte aufgeführt, unter Berücksichtigung

Tabelle 19. Dispersion der Absorption eines Rußteilchens
in Abhängigkeit von der Teilchengröße

2ϱ [mμ]	$n^1)$ für den Wellenlängenbereich			$n^2)$			n (gemessen)
	490 bis 600 mμ	600 bis 700 mμ	490 bis 700 mμ	490 bis 600 mμ	600 bis 700 mμ	490 bis 700 mμ	
6,0	0,94	1,04	0,98	1,04	1,07	1,05	1,05
12,5	1,08	1,12	1,09	1,21	1,22	1,22	1,20
25,0	1,20	1,32	1,25	1,38	1,40	1,40	1,38

der Abhängigkeit der n-Werte vom Wellenlängenbereich. Die mitgeteilten Werte zeigen eine Abnahme des n-Wertes mit abnehmender Wellenlänge. Trotz dieser Abweichungen ist die Übereinstimmung erstaunlich gut, wenn man bedenkt, daß die Zahl der Rußteilchen im experimentell realisierten Fall bei Annahme eines Teilchendurchmessers von 25 mμ und einer Flammenabsorption von 10% um etwa 13 Zehnerpotenzen größer ist, wie man leicht aus *Abb. 103* berechnen kann.

Diese auftretenden Abweichungen können jedoch physikalisch begründet werden. Bisher wurde stets ein vollkommen monodisperses System betrachtet; die Tatsache, daß die in der Flamme entstehenden Rußteilchen auch wieder abgebaut werden, blieb unberücksichtigt. So ergab z. B. eine Auswertung der übermikroskopischen Bilder für Ruß aus einer Stearinkerze mit einem mittleren Teilchendurchmesser von 12,5 mμ

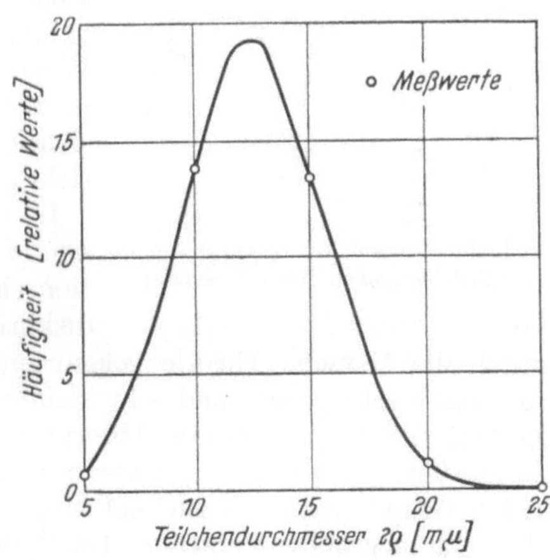

Abb. 105. Häufigkeitsverteilung von Flammenruß

eine Häufigkeitsverteilung der Teilchengrößen, wie sie durch die in *Abb. 105* gezeichneten Meßpunkte dargestellt wird. Die Meßpunkte können durch eine einer GAUSSschen Kurve ähnliche Verteilungsfunktion

---

[1]) Ohne Berücksichtigung der Häufigkeitsverteilung der Teilchengrößen.
[2]) Mit Berücksichtigung der Häufigkeitsverteilung der Teilchengrößen.

verbunden werden, deren Variabilität, d. h. Verhältnis der mittleren Abweichung zum arithmetischen Mittelwert, etwa 0,3 beträgt. Durch Multiplikation der Absorption in Abhängigkeit von der Teilchengröße (s. *Abb. 103* und *Tab. 18*) mit dieser Verteilungsfunktion

$$\sum_{2\varrho=0}^{2\varrho=\infty} N_{2\varrho} \cdot \alpha\,(2\,\varrho)$$

verschiebt sich der „wirksame" Teilchendurchmesser. Die n-Werte erfahren dadurch Änderungen, die zu fast vollkommener Übereinstimmung zwischen berechneten und beobachteten Werten führen. Die Verschiebung der „wirksamen" Teilchengröße durch Berücksichtigung der Häufigkeitsverteilung ist wellenlängenabhängig in dem Sinne, daß die Verschiebung mit abnehmender Wellenlänge größer wird. Da bei der Berechnung der optischen Anomalien disperser Systeme immer das Verhältnis von Teilchendurchmesser zur Lichtwellenlänge die Haupteinflußgröße ist, wirken sich eine Verkleinerung der Wellenlänge und eine Vergrößerung des Teilchendurchmessers gleichartig aus. Aus diesem Grunde wird auch die empirisch festgestellte Unabhängigkeit des n-Wertes von der Wellenlänge im sichtbaren Spektralbereich durch die Theorie bei Berücksichtigung der Häufigkeitsverteilung richtig wiedergegeben (s. *Tab. 19*).

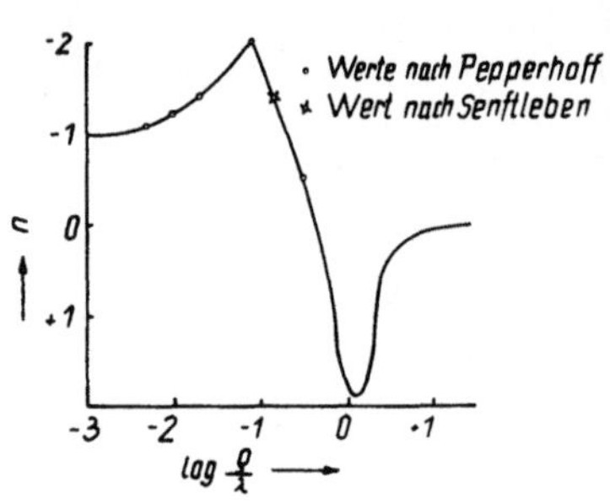

Abb. 106. Verlauf der n-Werte für alle Teilchengrößen (nach Rössler)

In einer neueren Arbeit von Rössler (d) werden die Streu- und Absorptionseigenschaften von Ruß erneut diskutiert und das oben betrachtete, durch die Miesche Theorie gekennzeichnete Gebiet erweitert auf die Grenzfälle sehr großer und sehr kleiner Teilchen. Die vollständige Darstellung der Dispersion des Absorptionskoeffizienten zeigt *Abb. 106*, in der die berechneten Werte, denen der Kurvenverlauf in den *Abb. 102* und *104* zu Grunde lag, eingezeichnet sind. Nach Rössler soll für $\varrho/\lambda = 0$ der Wert für n gegen — 1 gehen. Im Widerspruch hierzu aber stehen gemessene n-Werte, die kleiner als — 1 sind und die den kleinsten überhaupt beobachteten Teilchendurchmessern zuzuordnen sind. Zur Behebung dieses Widerspruchs scheint die Annahme berechtigt, daß bei diesen geringen Teilchendimensionen die optischen Konstanten nicht mehr mit denen des kompakten Materials übereinstimmen. Diese Annahme, die bei kolloiden Metallteilchen bestätigt werden konnte, ist plausibel, da mit abnehmender Teilchengröße letztlich der Übergang zum einzelnen Atom stattfinden muß, das sich optisch wesentlich anders verhält als im Atomverband. Schließlich können die Oberflächeneigenschaften der Rußteilchen durch Adsorption von Gasen Veränderungen erleiden oder aber Abweichungen von der Kugelform eine Rolle spielen (s. S. 134). Der Kurvenverlauf, der außerhalb des durch berechnete Punkte gegebenen Bereichs nur schematischen Charakter hat, durchläuft ein Maximum eines positiven n-Wertes und mündet bei großen Teilchendurchmessern ($\varrho/\lambda = 25$) in den Wert $n = 0$ ein. Von diesem Wert an ist der optisch-geometrische Fall (reguläre Reflexion) verwirklicht, so daß die Kohlenstoffteilchen sich analog der kompakten Kohle wie ein fast grauer Körper verhalten. Auch dieses Gebiet der Teilchendimensionen ist von großem praktischen Interesse, da es die für die Kohlenstaubfeuerung verwendeten, mechanisch zerkleinerten Kohlenstoffteilchen enthält. Eine erweiterte Darstellung der spezifischen Absorption eines Teilchens in Abhängigkeit von seiner Größe (s. *Abb. 103*) ist in *Abb. 107* gegeben.

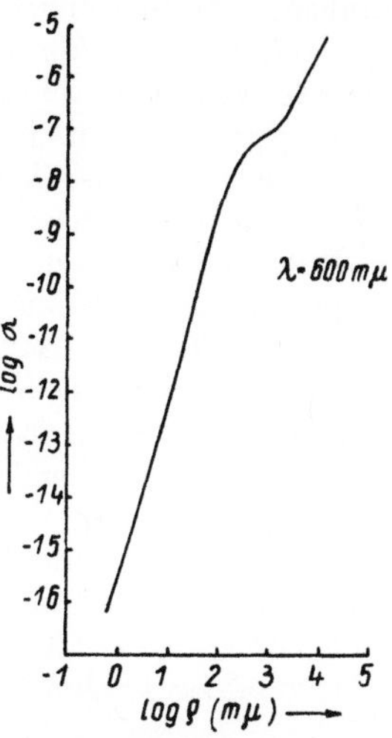

Abb. 107. Erweiterte Darstellung der Abb. 103 (nach RÖSSLER)

Die Zusammenhänge zwischen den Absorptionseigenschaften der Flammenruße und ihrer Teilchengröße lassen mannigfache Anwendungen zur Untersuchung des Verbrennungsablaufs in leuchtenden Flammen zu. Von ihnen wird in Abschnitt III. 3. b ausführlich die Rede sein. Es sei hier nur erwähnt, daß die berechneten absoluten Absorptionswerte für die Rußteilchen noch mit einem systematischen Fehler behaftet sein können. Zur Erklärung des relativen Verlaufs der Absorptionsspektren ist es gleichgültig, ob die optischen Konstanten der „amorphen" Kohle, des Graphits oder irgendwelche zwischen diesen beiden Kohlenstoffarten liegenden Werte zur Berechnung angenommen werden, wenn nur diese optischen Konstanten die Eigenschaften eines „grauen" Körpers – wie es der Kohlenstoff ist – wiedergeben. Im Absolutwert der Absorption hingegen ergeben sich bei Verwendung der optischen Konstanten des Graphits um 30% höhere Werte als bei der in den oben angeführten Rechnungen erfolgten Annahme der optischen Konstanten von „amorpher" Kohle. Welcher Wert gültig ist, läßt sich nach dem augenblicklichen Stand unserer Kenntnisse nicht entscheiden.

Grundsätzlich kann eine lichtoptische Teilchengrößen- und Teilchenzahlbestimmung – wie in II. 5. a ausgeführt – außer durch Messung der Absorptionsspektren durch eine Ermittlung der Richtungsabhängigkeit des an der Suspension zerstreuten Lichtes erfolgen. Im vorliegenden Fall dürfte es aber unvorteilhaft sein, die Streustrahlung zu diesem Zweck zu verwenden, da die Intensität des an den kleinen Rußteilchen abgebeugten Lichtes sehr klein ist. Ein anderer Umstand kommt noch hinzu. Von SENFTLEBEN u. BENEDICT wurde auf Grund der Richtungsabhängigkeit der Streustrahlung an der Hefner-Flamme auf einen Teilchendurchmesser von 175 mμ geschlossen, während die übermikroskopischen Untersuchungen einen mittleren Teilchendurchmesser von 25 mμ ergaben. Während nach *Abb. 104* sowohl für $2\varrho = 25$ mμ als auch $2\varrho = 175$ mμ die Absorptionskonstante $k_\lambda \sim \lambda^{-1,4}$ ist, kann die gemessene Richtungsabhängigkeit der Streustrahlung mit $2\varrho = 25$ mμ nicht erklärt werden. Die diesen beiden verschiedenen Teilchengrößen entsprechenden Polardiagramme unterscheiden sich etwa wie die in den *Abb. 98* und *100*. Dieser Widerspruch scheint darauf zu beruhen, daß die Rußteilchen schon in der Flamme aneinandergekettet sind, wie im „eingefrorenen" Zustand auf dem Objektträger (s. *Abb. 101*). Während sich diese „Makrostruktur" der Flamme auf die Streustrahlung so auswirkt, daß gröbere Teilchen vorgetäuscht werden, bleiben die Absorptionseigenschaften der kleinen kugeligen Teilchen durch diesen Anordnungseinfluß weitgehend unberührt.

Diese Anschauung wird belegt durch den an leuchtenden Flammen auftretenden Effekt der „Strömungsdoppelbeugung" [PEPPERHOFF (*b*)]. Wenn auch manche Einsichten über das optische Verhalten des kolloiden Kohlenstoffes gewonnen werden konnten, so verbleiben doch noch mehrere offene Fragen, die einer Klärung bedürfen.

γ) Kondensierter Wasserdampf

Von besonderem technischem Interesse ist das optische Verhalten des kondensierten Wasserdampfes, z. B. sein Einfluß auf optische Messungen in industriellen Betrieben. Darüber hinaus spielt er eine bedeutungsvolle Rolle in der Geophysik und Meteorologie bezüglich des Wärmehaushalts der Erde und der Atmosphäre. Die Streufunktionen für kleine Wassertröpfchen (Brechungsindex $n = 4/3$) sind nach Rechnungen von BLUMER und HOLL in *Abb. 108* dargestellt. Die mitgeteilten Werte für den Größenbereich $^1/_{10}\,\lambda < 2\varrho < 1,2\,\lambda$ sind auf die unter $\varphi = 90°$ stattfindende Streuung bezogen. Wie aus der Abb. zu ersehen ist, überwiegt mit wachsender Teilchengröße die Vorwärtsstreuung immer mehr gegenüber der Rückwärtsstreuung. Für Tröpfchendurchmesser, die fast so groß oder größer sind als die Lichtwellenlänge, treten mehrere Maxima und Minima auf, bedingt durch die Interferenzen höherer Ordnungen als der ersten. Eine eindeutige Beschreibung der Richtungsabhängigkeit der Streustrahlung durch einen Unsymmetriekoeffizienten ist dadurch nicht mehr gewährleistet. Es soll aber bemerkt werden, daß die mitgeteilten

Streufunktionen nicht mehr in jenem ultraroten Spektralbereich gelten, in dem das Wasser stark absorbiert.

Einen Vergleich der theoretischen Streufunktion mit beobachteten Werten am atmosphärischen Dunst nach Scheinwerfermessungen führten

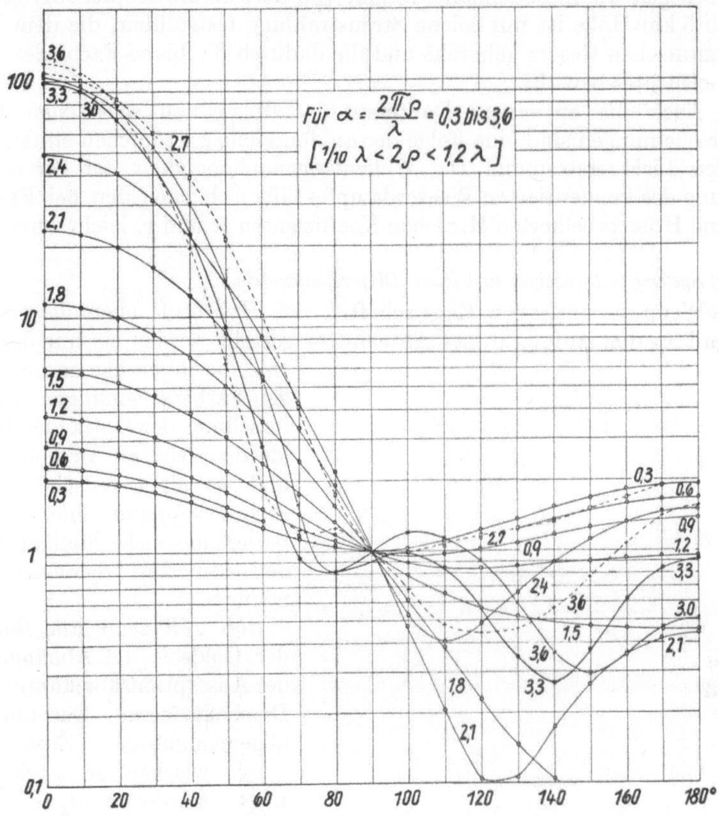

Abb. 108. Die Streufunktion kleiner Wassertröpfchen
(bezogen auf die unter 90° stattfindende Streuung)

REEGER u. SIEDENTOPF durch. Die Deutung der Messung der Streufunktionen von Dunstpartikeln ist mit großen Schwierigkeiten verbunden, da die Dunststruktur starken räumlichen Verschiedenheiten unterliegt und von der Wetterlage abhängt. Die von den Autoren gemessenen Streufunktionen stimmten für den visuellen Spektralbereich am besten mit den für $\alpha \approx 3{,}0$, d. h. $2\varrho \approx 600$ mμ, berechneten Werten überein.

Wie bei der Besprechung des kolloiden Kohlenstoffs schon erörtert, ist auch in diesem Fall die Größenverteilung der Nebeltröpfchen zu berücksichtigen. Außerdem besteht der Einfluß der vertikalen Schichtung der Dunstteilchen. Während bis zu 2 km Höhe fast gleichartige Verhältnisse vorliegen wie in Bodennähe, nimmt von dort an die Tröpfchengröße ab; ab 5 km Höhe ist nur solche Streustrahlung feststellbar, die dem Rayleighschen Gesetz gehorcht und die dadurch die blaue Farbe des Himmelslichtes bewirkt.

Auch die an einem Dampfstrahl auftretenden schwachen Farberscheinungen sind eine Folge der an den kleinen Tröpfchen stattfindenden Lichtzerstreuung. Die Wellenlängenabhängigkeit der Streustrahlung des kondensierten Wasserdampfes läßt sich nach den bei Blumer und Holl tabellierten Mieschen Koeffizienten a_ν und p_ν leicht berechnen.

δ) Systeme mit flüssigen und festen Dispersionsmitteln

Wenn die optischen Eigenschaften der Hydrosole ebenfalls erörtert und an den Anfang dieses Abschnittes gestellt werden, so nur deshalb, weil die ihnen eigenen auffälligen Farberscheinungen der Erforschung der Optik der Kolloide den größten Antrieb gaben und sie als klassische Untersuchungsobjekte eine überaus beziehungsreiche Stellung unter den dispersen Systemen einnehmen.

Abb. 109 zeigt am Beispiel der Goldsole die Abhängigkeit der Absorptionskonstanten vom Dispersitätsgrad. Der offenbar allgemeingültige Zusammenhang zwischen der spektralen Lage des Absorptionsmaximums und dem Dispersitätsgrad kommt deutlich zum Ausdruck. Sehr feinteilige Goldsole weisen im grünen Bereich ein Maximum auf, sind also in der Durchsicht hellrot. Mit wachsender Teilchengröße steigt die Absorptionskonstante an, und gleichzeitig verschiebt sich das Absorptionsmaximum nach dem langwelligen Ende des sichtbaren Spektrums; die Farbe schlägt über violett in blau um. Wenn auch die seitliche Ausstrahlung bei gröberen Partikeln immer mehr an Bedeutung gewinnt, so ist die Farbe der Sole

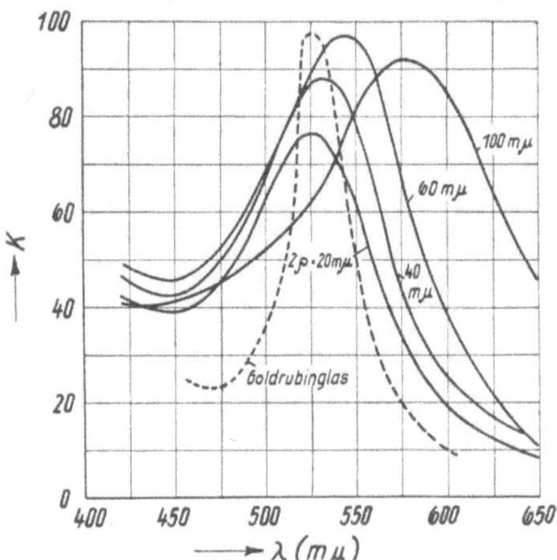

Abb. 109. Absorptionskonstanten von Goldsolen verschiedener Teilchengrößen (nach Mie berechnet) (Schichtdicke in mm, Konzentration in cm³ pro Liter). gestrichelt: Goldrubinglas

mit stark absorbierender disperser Phase doch in der Hauptsache der eigentlichen Absorption der kolloiden Teilchen zuzuschreiben. Experimentelle Untersuchungen ergaben gute Übereinstimmung mit den Forderungen der Theorie (LANGE).

Ein ähnliches Verhalten wie die Goldsole zeigen das kolloide Kupfer und das Silber in wäßrigen Lösungen. Beim letzteren geht die Farbe mit wachsender Teilchengröße von gelb (10–20 mμ Durchmesser) über rot (25–35 mμ), violett (40–60 mμ) und blau (70–80 mμ) in grün (120–130 mμ) über. Nach der MIEschen Theorie sollten allerdings nur gelbe und rote Sole zu erwarten sein. Eine Erklärung für dieses Verhalten ist auf Abweichungen von der Kugelgestalt der Teilchen zurückzuführen. Eine weitere Ursache für solche Abweichungen gegenüber der Theorie ist ein zu hoher Dispersitätsgrad, denn bei sehr feinteiligen Metallsolen zeigen sich die relativ größten Unterschiede. Eine wahrscheinliche Erklärung hierfür ist durch den Umstand gegeben, daß sehr kleine kolloide Partikelchen andere optische Konstanten besitzen als das massive Metall. Es sei an dieser Stelle auf das in Abschnitt II. 3. i über dünnste Metallschichten Gesagte verwiesen.

Ein analoges Verhalten zu den Hydrosolen zeigen die durch kolloide Metalle gefärbten Gläser. Setzt man einer Glasschmelze z. B. eine Goldlösung zu, so entsteht bei schneller Abkühlung ein farbloses Glas, bei langsamerer Abkühlung bzw. nochmaliger Erwärmung ein in der Durchsicht rotgefärbtes „Goldrubinglas", in dem Goldteilchen ultramikroskopischer Größe enthalten sind. *Abb. 109* zeigt die große Ähnlichkeit der Absorptionskurven eines Goldrubinglases mit einem Gold-Hydrosol. Wird durch Temperaturerhöhung oder durch längeres Verweilen auf bestimmter Temperatur das Wachstum der kolloiden Teilchen begünstigt, so geht die rubinrote Farbe des Glases in blau über. Gerade durch diese irreversible Temperaturabhängigkeit der Absorption ist ein sicherer Entscheid zu treffen, ob etwa Ionenfärbung oder Färbung eines Glases durch Kolloide vorliegt. Das Kupferrubinglas ist dem Goldrubin sehr ähnlich, während Silberkolloide gelbe, Selen hell- bis kräftigrote und Blei fast schwarze Färbungen verursachen. Auch einer Glasschmelze zugesetzte Sulfide ergeben kräftige Färbungen, die teilweise von hervorragender Schönheit sind.

In Kristallen können ebenfalls Färbungen durch Kolloide auftreten, so vornehmlich durch kolloide Metalle in den Kristallen ihrer Halogenide. Das bekannteste Beispiel hierfür stellt das durch kolloides Natrium blaugefärbte Steinsalz dar, das eingehend von SAVOSTIANOWA untersucht wurde. Weitere Beispiele für derartige Systeme sind Blei-Bleichlorid, Silber-Silberchlorid und -bromid, Thallium-Thalliumchlorid und -bromid. Der feindisperse Zustand dieser Systeme bleibt auch beim Aufschmelzen erhalten, so daß sich eine Art Emulsion bildet. Derartige schmelzflüssige kolloide Systeme – die „Pyrosole" – waren Gegenstand umfangreicher Untersuchungen von LORENZ u. EITEL.

Neben den durch Metall- und Sulfidnebel verursachten optischen Erscheinungen haben die durch Kristallisation (Erstarrung, Entglasung), Entmischung, Gasaufnahme usw. verursachten Trübungen kristalliner und glasförmiger Stoffe eine weitgehende Bedeutung erlangt. Die optischen Messungen des Trübungsgrades und dessen zeitliche Änderungen gestatten eine sehr vorteilhafte Untersuchung dieser Vorgänge. Die Trübung kann dabei unmittelbar als Indikator zur Festlegung der Gleichgewichtsgrenzen dienen. So wurde in neuerer Zeit von SCHEIL u. STADELMAIER den Entmischungsvorgängen im System NaCl–KCl eine eingehende Studie gewidmet, indem die Kinetik der Ausscheidung an Einkristallen dieses Systems durch optische Messung der die Entmischung begleitenden Trübung verfolgt wurde. Eine theoretische Auswertung solcher Untersuchungen auf Grund der Rechnungen von BLUMER oder DEBYE im Verein mit Messungen der Richtungsabhängigkeit der Streustrahlung dürfte recht interessante Einblicke in die Kinetik dieser Vorgänge ermöglichen, zumal dieses System gleichzeitig als Modell für die Entmischung in einem aushärtbaren Metallsystem dienen kann. Eine weitgehende Bedeutung besitzen die optischen Phänomene disperser Systeme zur Konstitutionsaufklärung der Mineralien und der bei metallurgischen Prozessen anfallenden Schlacken. Es sei hier nur an die in kolloider Form vorliegenden Schwermetallsulfide in Silikatschlacken erinnert, die infolge begrenzter echter Löslichkeit Entmischungsdispersoide darstellen und die je nach Konzentration eine Gelb- bis Schwarzfärbung der Schlacken verursachen. Eingehende quantitative Untersuchungen auf diesem weiten, für die metallurgische Technik so bedeutungsvollen Gebiet liegen leider noch nicht vor.

III. TEIL

Anwendungen der Strahlungslehre

1. Strahlungsmessungen

Absolute Strahlungsmessungen, d. h. unmittelbare Bestimmungen der Strahlungsenergie, werden im allgemeinen nur an solchen Strahlern vorgenommen, die eine definierte und reproduzierbare Strahlung emittieren wie der schwarze Körper, die Sonne (Solarkonstante), die Hefnerlampe usw. Das Prinzip dieser absoluten Messung besteht darin, daß ein thermischer Strahlungsempfänger einmal durch Absorption der zu messenden Strahlung und anschließend durch eine meßbar zugeführte elektrische Energie gleich stark erwärmt wird. Aus der aufgewendeten elektrischen Energie ergibt sich unter Berücksichtigung der geometrischen Verhältnisse die Strahlungsdichte des Strahlers.

Die Bestimmung der Strahlungseigenschaften der übrigen Körper erfolgt – von einigen speziellen Fällen abgesehen – durch Relativmessungen, d. h. durch Vergleich mit der Strahlung eines schwarzen Körpers oder eines anderen Normals. Bevor die Durchführung solcher Messungen näher besprochen wird, seien im folgenden die zur Strahlungsmessung dienenden Empfänger beschrieben.

a) Strahlungsempfänger

Zur Messung der Strahlungsenergie stehen drei grundsätzlich verschiedene Gruppen von Nachweismitteln zur Verfügung: Es sind dies einmal die thermischen Empfänger, bei denen die durch Strahlungsabsorption im Empfänger hervorgerufene Temperaturerhöhung zum Strahlungsnachweis dient. Sie sind für Energiemessungen im gesamten sichtbaren und ultraroten Spektrum geeignet und ermöglichen – sofern der Empfänger „schwarz" oder wenigstens „grau" absorbiert – einen unmittelbaren Energievergleich zwischen verschiedenen Wellenlängen. Die zweite Gruppe bilden die lichtelektrischen Empfänger. Sie zeichnen sich durch unterschiedliche Empfindlichkeit in den einzelnen Spektralbereichen aus; sie sind selektiv. Ihr Anwendungsbereich ist auf kürzere Wellenlängenbereiche beschränkt. Eine dritte Möglichkeit des Strahlungsnachweises bieten die photographischen Verfahren, die die in manchen Fällen erwünschte Eigenschaft besitzen, daß sie eine bildmäßige Wiedergabe des Strahlers, z. B. zur Ausmessung von Temperaturfeldern u. a., erlauben.

α) Thermische Empfänger

Allen thermischen Empfängern gemeinsam ist die Ausnutzung einer durch die Strahlungsabsorption verursachten Temperaturerhöhung, die dann verschiedenste physikalische Effekte auslöst, die zur Anzeige gebracht werden. Für die konstruktive Durchbildung aller thermischen Empfänger lassen sich deshalb einige grundlegende Gesichtspunkte angeben, die zur Erzielung eines guten Wirkungsgrades maßgebend sind. Da die Temperaturerhöhung nur Bruchteile eines Grades – bei sehr empfindlichen Empfängern bis unterhalb 10^{-5} Grad – beträgt, soll einmal das Absorptionsvermögen möglichst groß sein. (Fast „schwarze" Schichten, die als Schwärzungsmittel für die thermischen Empfänger geeignet sind und durchweg angewendet werden, sind auf S. 8 angegeben.) Weiterhin ist die hervorgerufene Temperaturerhöhung umso größer, je geringer die Wärmekapazität des Empfängers ist – d. h. Forderung nach einer möglichst geringen Masse des Empfängers – und je kleiner die Wärmeverluste gehalten werden, die der Empfänger gegenüber seiner Umgebung erleidet. Die unvermeidbaren Wärmeverluste durch Strahlung sind infolge der nur geringen Temperaturerhöhung gegenüber der Umgebung sehr gering und fallen nur bei sehr groß ausgeführten Empfängern ins Gewicht. Die Wärmeleitungsverluste können durch entsprechend kleine Abmessungen der Zuführungsdrähte und der Empfängerhalterung herabgedrückt werden, eine Maßnahme, die mit der Forderung nach geringer Masse des Empfängers in Einklang steht. Die Wärmekonvektion läßt sich durch den Einbau des Empfängers in ein luftdichtes, evakuiertes Gehäuse weitgehend vermeiden. Hierbei ist allerdings zu beachten, daß je nach verwendetem Gehäusematerial gewisse Spektralbereiche, vornehmlich im Ultrarot, absorbiert werden. Den Bemühungen einer immer weiteren Empfindlichkeitssteigerung steht die Forderung nach möglichst kurzer Einstellzeit des Empfängers gegenüber. Durch eine geeignete Anpassung des Anzeigeinstrumentes an den Empfänger bzw. durch Verstärkermethoden kann eine optimale Meßvorrichtung geschaffen werden. Ein durch die geringe Temperaturerhöhung bedingter Vorzug der thermischen Empfänger ist die Proportionalität zwischen der Anzeige und der auf den Empfänger auftreffenden Strahlungsenergie.

Die Frage, welchem Strahlungsempfänger der Vorzug zu geben ist, läßt sich grundsätzlich nicht beantworten, da alle Empfängertypen ihre Vor- und Nachteile haben. Eine Entscheidung ist nur immer für einen bestimmten Zweck und für eine bestimmte experimentelle Anordnung zu fällen. Die thermischen Empfänger, z. T. jahrzehntelang erprobt, sind bis fast an ihre obere natürliche Empfindlichkeitsgrenze durchentwickelt, die dadurch gegeben ist, daß die durch die Wärmebewegung der Moleküle verursachten thermodynamischen Schwankungserscheinungen sich störend bemerkbar machen. Diese Schwankungen, hervorgerufen durch die nach statistischen Gesetzen erfolgenden Stöße der Gasmoleküle auf die empfindlichen Anzeigesysteme, lassen diese ständig durch leichte Vibration ihre Lage verändern, so daß dieser natürliche Störpegel nicht unterschritten werden kann. Gewisse Verbesserungen sind zwar durch die Anwendung tiefer Temperaturen zu erwarten, doch ergeben sich durch solche Maßnahmen andererseits wiederum manche Schwierigkeiten, die eine wesentliche Verbesserung zweifelhaft erscheinen lassen. Die heute mit den empfindlichsten thermischen Empfängern nachweisbaren Strahlungsleistungen liegen in der Größenordnung 10^{-11} Watt.

Strahlungsthermoelemente. Der wohl meist verwendete Strahlungsempfänger ist das Strahlungsthermoelement, dessen Wirkungsweise dem in der allgemeinen Temperaturmeßtechnik verwendeten Thermoelementen entspricht. Die Enden zweier verschiedener Metalldrähte, die auf der einen Seite miteinander verbunden und der zu messenden Temperatur ausgesetzt werden, während man die beiden anderen Enden auf konstanter, bekannter Temperatur hält, liefern eine elektromotorische Kraft, so daß ein in den Stromkreis eingefügtes Anzeigeinstrument einen Stromfluß anzeigt. Dieser Strom ist eine Funktion der Temperaturdifferenz der Drahtenden und bei genügend geringem Unterschied diesem proportional. Die erzeugte Thermospannung ist außerdem von der sog. Thermokraft der Metallkombination abhängig, d. i. die Thermospannung je Grad Temperaturunterschied. Die Thermokräfte einiger für Strahlungsthermoelemente gebräuchlichen Metallkombinationen betragen:

Eisen-Konstantan	$5{,}2 \cdot 10^{-7}$ Volt
Silber-Wismut	$7{,}7 \cdot 10^{-7}$ Volt
Antimon-Wismut	$11{,}7 \cdot 10^{-7}$ Volt
β-Tellur-Konstantan	$\sim 40{,}0 \cdot 10^{-7}$ Volt.

Für Strahlungsthermoelemente werden sehr feine Drähtchen oder Bändchen aus den genannten Materialien benutzt, an die an der Verbindungsstelle der beiden Metalle ein kleines Plättchen einer geschwärzten Folie angebracht ist. Um unter bestimmten Bedingungen eine größtmögliche Ausnutzung der Strahlungsenergie zu erzielen, kann die äußere Gestalt des Empfängers an die Größe und Form des Strahlenbündels angepaßt werden. Dies geschieht durch Hintereinanderschaltung einzelner Thermopaare zu einer Thermosäule. *Abb. 110* zeigt aus der Fülle der Typen einige Konstruktionsformen von Thermoelementempfängern: *a)* stellt eine normale evakuierte Type dar. In *b)* befindet sich zur Empfindlichkeitssteigerung hinter dem Empfänger ein kleiner Hohlspiegel, der die Strahlungsenergie auf den Empfänger konzentriert. *c)* ist ein offener Strahlungsempfänger, der mit einem bis weit ins Ultrarot durchlässigen Fenster (Steinsalz, Sylvin, Flußspat) versehen werden kann. Da diese Fenstermaterialien

nicht völlig vakuumdicht aufzukitten sind, ist ein Absaugstutzen zum
Evakuieren vorgesehen. Durch diese Maßnahme kann bei einem Vakuum
von 10^{-4} Torr eine 5fache Empfindlichkeitssteigerung erzielt werden.
Werden drei Empfänger in einer Reihe angeordnet (*d*), so ergibt sich
eine Linear-Thermosäule mit 3facher Empfindlichkeit, die für Messungen
hinter einer spaltförmigen Blende besonders geeignet ist. Eine Übersicht
über neuere Entwicklungsarbeiten, die vor allem die in den U.S.A. ge-
leistete Forschung berücksichtigt, wurde von GEILING gegeben. Über

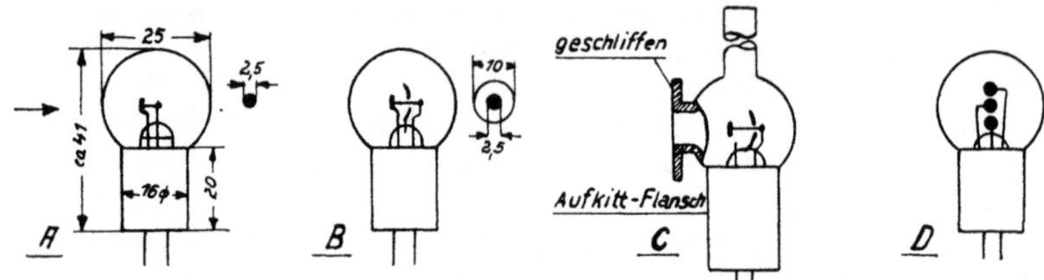

Abb. 110. Konstruktionsformen von Strahlungsthermoelementen

die Anpassung des Meßinstrumentes an das Strahlungsthermoelement
sei gesagt, daß beide Instrumente etwa gleichen inneren Widerstand
besitzen sollen und daß bei möglichst gleicher Einstellzeit von Empfänger
und Galvanometer dieses im aperiodischen Zustand schwingen soll. Bei
sehr empfindlichen Anordnungen liegen die Einstellzeiten in der Größenordnung 10 sec und mehr. Eine Verstärkung der geringen Thermokräfte
ist oftmals nur über die als „Photozellenkompensatoren" bekannten
Gleichspannungsverstärker lohnend (LEO u. HÜBNER). In neuerer Zeit
wird in immer stärkerem Maße die sog. „Wechsellichtmethode" angewendet, bei der die Strahlung durch einen Modulator zerhackt und in einem
Wechselspannungsverstärker verstärkt wird. Der Vorteil liegt einmal in der
stabileren Verstärkung gegenüber einem Photozellenkompensator und
zum andern in der ruhigen Nullpunktlage, da nur die modulierte Strahlung, nicht aber sonstige thermische Schwankungen zur Anzeige gelangen. In den modernen Ultrarot-Spektrometern wird fast ausschließlich die Wechsellichtmethode angewendet[1]).

Über technische Instrumente, die zur Messung der Strahlungsenergie
dienen, hauptsächlich zum Zweck der Strahlungspyrometrie, wird weiter
unten berichtet.

Beim *Mikroradiometer* sind Strahlungsthermoelement und dazu-
gehöriges Galvanometer in einem Instrument vereinigt. Die Enden des
Thermoelementes sind an einem Kupferdrahtbügel angelötet, der nach

---

[1]) Derartige empfindliche Empfänger mit Verstärker werden z.B. von den
Physikalisch-Techn. Werkstätten, Wiesbaden-Dotzheim, hergestellt.

Art der Spule eines Drehspulinstrumentes zwischen den Polen eines Hufeisenmagneten schwingt. Das gesamte Thermoelement-System ist an einem Quarzfaden aufgehängt, der einen kleinen Spiegel trägt und dessen Drehung für nicht allzu große Drehwinkel der Strahlungsenergie proportional ist. Mikroradiometer können zu sehr empfindlichen Instrumenten, allerdings unter Inkaufnahme großer Einstellzeiten, ausgestaltet werden.

Ebenso sind beim *Radiometer* Strahlungsempfänger und Anzeigeinstrument in einer Apparatur vereinigt. Ähnlich wie die CROOKEsche Lichtmühle besteht es im wesentlichen aus zwei an einem dünnen Quarzfaden aufgehängten Plättchen, von denen eines geschwärzt ist. Durch das unterschiedliche Absorptionsvermögen der Plättchen bewirkt die auftreffende Strahlung eine Temperaturdifferenz, so daß die von der wärmeren Fläche abprallenden Moleküle eine höhere kinetische Energie besitzen als die von der kälteren Fläche ausgehenden. Da beide Flächen sich gegenüberstehen, wird auf der kältere Fläche ein Druck in Richtung des Temperaturgefälles ausgeübt. Die Kräfte steigen zunächst mit abnehmendem Gasdruck, erreichen bei etwa 0,02 Torr, d. h. dann, wenn die freie Weglänge der Gasmoleküle mit den Plättchendimenisonen vergleichbar wird, ein Maximum, um dann wieder abzufallen. Der Radiometer-Effekt beruht also nicht – wie oft fälschlich angenommen wird – auf einer Wirkung des Strahlungsdruckes.

Das *Bolometer* ist nach dem Thermoelement der wichtigste Empfänger; er basiert auf der Temperaturabhängigkeit des elektrischen Widerstandes. Die Widerstandsmessung erfolgt in einer WHEATSTONEschen Brückenschaltung. Das Bolometer, das zumeist in Form einer schmalen geschwärzten Metallfolie ausgeführt wird, liegt in einem Brückenzweig. In unbestrahltem Zustand wird die Brücke auf Null abgeglichen. Infolge der durch die auftreffende Strahlung hervorgerufenen Temperaturänderung ändert das Bolometer seinen Widerstand, und es fließt im Galvanometer ein der Erwärmung proportionaler Strom. Eine Unabhängigkeit von Änderungen der Umgebungstemperatur wird dadurch erreicht, daß von den vier Widerständen der Brücke 1 Paar als Bolometer ausgeführt wird, von denen aber nur ein Bolometerstreifen der Bestrahlung ausgesetzt wird. Änderungen der Umgebungstemperatur wirken sich dadurch auf beide Widerstände gleich aus, so daß das Brückengleichgewicht nicht gestört wird. Um möglichst große Empfindlichkeiten zu erreichen, werden – neben den auch für die anderen thermischen Empfänger gültigen Maßnahmen, wie Evakuierung und geringe Wäramekpazität – Materialien mit möglichst hohem Temperaturkoeffizienten des elektrischen Widerstandes verwendet. Der Hauptvorteil des Bolometers gegenüber dem Thermoelement liegt vor allem in der Möglichkeit, Empfänger mit großer Empfängerfläche (einige cm²) herzustellen. Solche Flächen werden heute vornehmlich durch Aufdampfen von Antimon oder Wismut auf dünne Aluminiumoxyd- oder Zaponlackhäutchen hergestellt. Der Nachteil des Bolometers besteht in der schlechteren Ruhelage. In neuerer Zeit haben die in den U.S.A. entwickelten Halbleiterbolometer, als „Thermistore" bezeichnet, große Bedeutung erlangt. Die aufgedampften Halbleiterschichten (Kupferoxydul u. a.) besitzen einen sehr großen Widerstand, der eine unmittelbare Ankoppelung an Verstärkerröhren erlaubt. Da sie außerdem eine sehr geringe Trägheit besitzen, sind sie für Wechsellichtmethoden mit Registriermöglichkeit sehr gut geeignet.

Eine spezielle Form des Bolometerprinzips stellt das sog. „Supraleitungsbolometer" dar. Der Widerstand vieler Elemente und einiger Verbindungen fällt bei sehr tiefen Temperaturen (einige Grad K) plötzlich auf einen verschwindend kleinen Wert ab. Fällt auf einen Stoff, der sich dicht unterhalb der „Sprungtemperatur" im supraleitenden Zustand befindet, Strahlung, so tritt durch eine äußerst geringe Erwärmung eine sehr starke Widerstandsänderung auf. Die Anordnung, für die als Bolometermaterial Niobnitrid mit der relativ hohen Sprungtemperatur von $15°\,\mathrm{K}$ verwendet wird, ist so empfindlich, daß die Strahlung des menschlichen Körpers ($37°\,\mathrm{C}$) auf $100\,\mathrm{m}$ Entfernung nachgewiesen werden konnte. Die Schwierigkeiten, die mit dem Experimentieren bei so tiefen Temperaturen verbunden sind, erlauben leider keine allgemeinen Anwendungsmöglichkeiten.

Pneumatische Empfänger. In neuerer Zeit sind Strahlungsempfänger entwickelt worden, die die Erwärmung eines Gasvolumens durch die damit verbundene Ausdehnung messen. Das in einer kleinen Kammer eingeschlossene Gas erwärmt sich durch Strahlungsabsorption, und die Ausdehnung wird nach verschiedenen Methoden erfaßt. Bei einer besonders eleganten Ausführungsform besitzt die Kammer eine flexible Wand, die als eine der beiden Platten eines Kondensators dient. Durch die Volumenausdehnung des Gases nähert sich diese Kondensatorplatte der anderen, und die dadurch hervorgerufene Kapazitätsänderung wird nach einem in der elektrischen Meßtechnik üblichen Verfahren bestimmt. Über die Empfindlichkeit dieser Empfänger, die infolge ihrer geringen Masse sehr trägheitsarm sind und sich in Verbindung mit Verstärkern folglich ausgezeichnet für technische Messungen eignen, sei angegeben, daß z. B. ein Meßwert von $5\,\mathrm{mV}$ einer Membrandurchbiegung von $10^{-5}\,\mathrm{mm}$ und einer vorausgegangenen Temperaturerhöhung des Gases von 10^{-4} Grad entspricht. Die pneumatischen Empfänger können sowohl nicht selektiv, d. h. für alle Wellenlängen „schwarz" absorbierend, als auch je nach Gasfüllung selektiv ausgeführt werden. Gerade die letztere Ausführungsform, die die im Ultrarot selektiv absorbierenden Gase in nicht zu großer Schichtdicke enthalten, ist für viele technische Aufgabenstellungen von hervorragender Bedeutung, insbesondere für gasanalytische Zwecke. Eine praktische Ausführungsform stellt der Ultrarotabsorptionsschreiber („URAS") der B A S F, Ludwigshafen, dar. Ein sehr empfindlicher Empfänger ist der „Golay Pneumatic Detector"[1]).

β) Photoelektrische Empfänger

Die lichtelektrischen Empfänger wandeln die auftretende Strahlungsenergie unmittelbar in elektrische Energie um. Sie unterscheiden sich von den thermischen Empfängern grundsätzlich durch die Tatsache, daß die Energie eines Lichtquants bei der Wechselwirkung mit der Materie voll zur Wirkung kommt ohne den Umweg über die Umwandlung in Körperwärme. Die absorbierten Strahlungsquanten lösen die den elektrischen Strom bewirkenden Elektronen aus ihrem Bindungszustand heraus, und die absorbierte Strahlungsenergie erscheint als kinetische Energie der Elektronenbewegung wieder. Da zur Ablösung der Elektronen eine gewisse Energie erforderlich ist, diese aber durch die Frequenz bzw. Wellenlänge der Strahlung gegeben ist, ist das Auftreten des Photo-Effektes von der Wellenlänge abhängig. Der photoelektrische Effekt ist also ausgesprochen selektiv, denn es existiert eine Grenzwellenlänge, oberhalb derer kein Photoeffekt auftritt. Man hat zwischen dem äußeren und inneren lichtelektrischen Effekt zu unterscheiden. Ersterer tritt an allen Metallen auf und ist durch die Tatsache charakterisiert, daß infolge der Wirkung der Strahlungsenergie Elektronen aus dem Metall herausgelöst werden. Beim inneren lichtelektrischen Effekt werden die Elektronen im Innern der Materie aus ihrem Gitterverband herausgelöst. Sie nehmen am Leitungsmechanismus im Stoff selbst teil und führen zu einer Widerstandserniedrigung (Photowiderstände). Eine dritte Gruppe, die Photoelemente, liefert bei Bestrahlung im Gegensatz zu den beiden vorher genannten Gruppen unmittelbar eine Spannung.

In der *Photozelle* wird der äußere lichtelektrische Effekt ausgenutzt. Die Geschwindigkeit, mit der die Elektronen aus dem Metall austreten, ist unabhängig von der Menge der auftretenden Strahlungsenergie und nur durch die Frequenz des Lichtes bestimmt. Dagegen ist die Zahl der austretenden Elektronen und damit der Photostrom proportional der Strahlungsenergie. Die Energie eines den Elementarakt des Elektronenaustritts bewirkenden Lichtquantes $E = h \cdot \nu$ wird zum Teil verbraucht, um die Ablösearbeit des Elektrons aus dem Metall zu leisten. Der dann noch verbleibende Rest bestimmt die Geschwindigkeit des Elektrons. Die erforderliche Mindestenergie $h \cdot \nu_0$, die ein Lichtquant zur Elektronenablösung besitzen muß, ist demnach die Ablösearbeit. Sie bestimmt auch die für jedes Metall charakteristische „langwellige Grenze" des Photoeffektes. Während diese langwellige Grenze bei den meisten Metallen

---

[1]) Bezugsquelle: Unicam Instruments (Cambridge).

im ultravioletten Bereich liegt, zeichnen sich die Alkalien dadurch aus, daß sie schon im sichtbaren Gebiet eine große lichtelektrische Empfindlichkeit besitzen, und zwar ist die langwellige Grenze umsomehr nach größeren Wellenlängen verschoben, je höher das Atomgewicht des Alkalimetalls ist. Durch eine oberflächliche Beladung der lichtelektrischen Schicht mit Wasserstoff ist eine weitere Verschiebung der langwelligen Grenze möglich. Die rot- und ultrarotempfindlichen Photozellen (bis $\sim 1{,}2\,\mu$) besitzen kompliziert aufgebaute Kunstschichten mit z. B. einer Aufeinanderfolge von dünnen Ag-, CsO- und Cs-Schichten.

Die Photozellen bestehen aus einem evakuierten Glasgehäuse (für den ultravioletten Bereich aus Quarz), auf dessen Innenwand die lichtelektrisch empfindliche Schicht, die Photokathode, aufgebracht ist. Ihr gegenüber steht die Anode, die die Form eines Stiftes, Drahtbügels oder Netzes besitzt, damit sie wenig Schatten wirft. Ein Teil der Glaswand ist frei von der Schicht; es ist das dem Lichteintritt dienende Fenster. Durch Anlegen einer Spannung zwischen Kathode und Anode werden die durch Bestrahlung frei werdenden Elektronen von der Kathode zur Anode gesaugt. Die in solchen Vakuumzellen ausgelösten Stromstärken sind nur sehr gering. Eine Steigerung ist durch eine Edelgasfüllung in geeigneter Verdünnung möglich, da dann zu den durch die Lichtwirkung primär erzeugten Elektronen noch sekundäre, durch Stoßionisation entstandene Elektronen hinzu-

kommen. Da die Ausbeute an Sekundärelektronen von der Elektronengeschwindigkeit abhängt, nimmt der Photostrom mit Erhöhung der Saugspannung stark zu, um schließlich bis zu einer Glimmentladung zu führen, die die Zelle stark beschädigen kann. Gasgefüllte Zellen sollen demnach grundsätzlich nur mit einem in Reihe geschalteten Schutzwiderstand ($> 50\ K\ \Omega$) betrieben werden. Die Abhängigkeit des Photo-

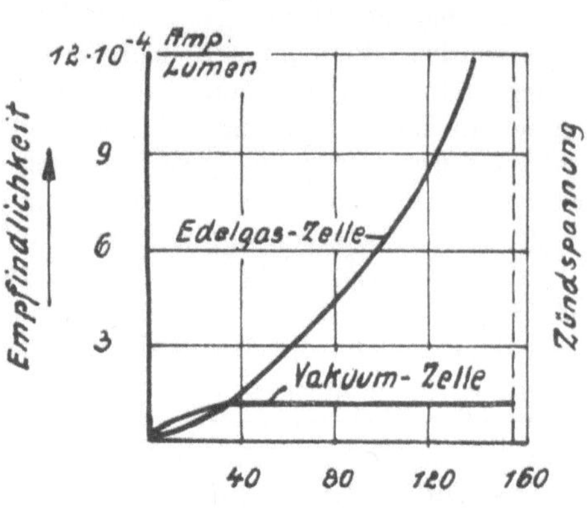

Abb. 111. Strom-Spannungs-Charakteristik von gasgefüllten und Vakuum-Photozellen

stromes von der Spannung in Volt ist für die Vakuum- und für die Edelgaszelle in *Abb. 111* dargestellt. *Abb. 112* gewährt einen Überblick über die spektralen Empfindlichkeitskurven gebräuchlicher Zellentypen.

Die Photozellen zeigen neben dem Vorzug, daß sie Lichtänderungen fast trägheitsfrei zu folgen vermögen, strenge Proportionalität zwischen

Lichtenergie und Photostrom. Besonders günstig ist die Möglichkeit, sie in elektronischen Verstärkerschaltungen wie eine Elektronenröhre behandeln zu können, d. h. der Photostromkreis kann unmittelbar an das Gitter einer Verstärkerröhre angekoppelt werden. Ein Nachteil der

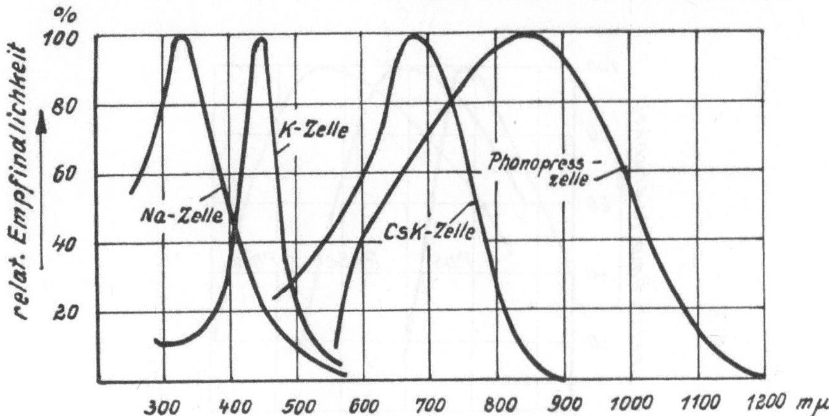

Abb. 112. Spektrale Empfindlichkeiten verschiedener Photokathoden

Zellen sind z. T. starke örtliche Empfindlichkeitsunterschiede (bis 20%), die durch den komplizierten Formierungsprozeß bedingt sind. Weiterhin altern die Zellen sehr stark und ändern dadurch nicht nur ihre absolute, sondern auch ihre spektrale Empfindlichkeit. Zellen, die für genaue Messungen benutzt werden sollen, müssen deshalb durch Belichtung bis zur Konstanz künstlich gealtert werden, oder die benutzten Schaltungen erfordern Maßnahmen, die diese möglichen Fehler ausschalten.

Eine bedeutende Rolle spielen die Sekundär-Elektronen-Vervielfacher, bei denen das Prinzip, die primär ausgelösten Elektronen durch Stoßionisation zu vermehren, in mehreren Stufen durchgeführt wird. Auf diese Weise sind Verstärkungen auf das Millionenfache des ursprünglichen Photostromes möglich. Das Kathodenmaterial ist gleich dem der normalen Photozellen.

Als Material für *Photowiderstände* werden Halbleiter (TlS, PbS, PbSe, PbTe) verwendet. Durch die Halbleiterzelle, die einen Widerstand der Größenordnung 10^6 Ohm besitzt, fließt beim Anlegen einer Gleichspannung auch im unbestrahlten Zustand ein Strom, der durch Bestrahlung verstärkt wird. Die Proportionalität zwischen Strahlung und Widerstandsabnahme ist keineswegs immer erfüllt; sie ist im heutigen, noch im vollen Fluß befindlichen Entwicklungsstadium dieser Zellen auf jeden Fall nachzuprüfen. Ebenso spielen Alterungserscheinungen eine große

Rolle. Die große Bedeutung der Widerstandszellen liegt in ihrer bis weit ins Ultrarot reichenden Empfindlichkeit, die dort viel größer ist als die der thermischen Empfänger. Eine Übersicht der spektralen Empfindlichkeiten gibt *Abb. 113*. Durch eine Kühlung dieser Zellen auf Temperaturen der festen Kohlensäure oder der flüssigen Luft wird eine 10- bis

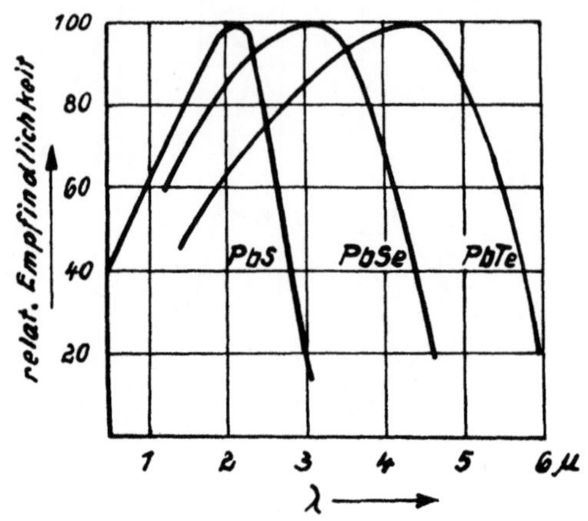

Abb. 113. Spektrale Empfindlichkeiten von Widerstandszellen

30fache Empfindlichkeitssteigerung erzielt bei gleichzeitiger Verschiebung der Grenzwellenlänge nach größeren Werten. Bis zu Frequenzen von etwa 10^3 Hz folgen sie Bestrahlungsänderungen fast trägheitslos.

Die *Photoelemente*, die als Sperrschichtzellen bekannt sind und weitgehende Anwendungen gefunden haben, sind eine zweite Art von Halbleiterzellen, die aber keiner Betriebsspannung bedürfen, sondern bei Bestrahlung unmittelbar eine Spannung liefern. Am bekanntesten sind das Selen- und das Cu_2O-Photoelement. Während die spektrale Empfindlichkeit des ersteren auf das sichtbare Gebiet beschränkt ist, reicht die Empfindlichkeit der Cu_2O-Zelle von etwa 0,6 bis über $1\,\mu$ (s. *Abb. 114*). Da der innere Widerstand der Photoelemente je nach Ausführung nur etwa 10 bis 100 Ohm beträgt, kann eine Verstärkung wie beim Thermoelement nur mit Hilfe von Photozellenkompensatoren erfolgen. Die Robustheit der Photoelemente und ihre einfache Handhabung und Wartung haben ihnen zu mannigfaltigen Anwendungsmöglichkeiten, vor allem in der industriellen Meßtechnik, verholfen. Ein Nachteil ist die Beschränkung der Linearität zwischen Strahlung und Photospannung auf einen gewissen Bereich der Bestrahlungsstärken.

γ) Photographische Verfahren

Den photographischen Verfahren ist die Fähigkeit zu eigen, Energie kumulieren zu können, so daß in den der Photographie zugänglichen Spektralbereichen die Empfindlichkeit der thermischen und lichtelektrischen Empfänger durch entsprechende Vergrößerung der Belichtungszeiten weit übertroffen wird. Die Möglichkeit, die Photoplatte für quanti-

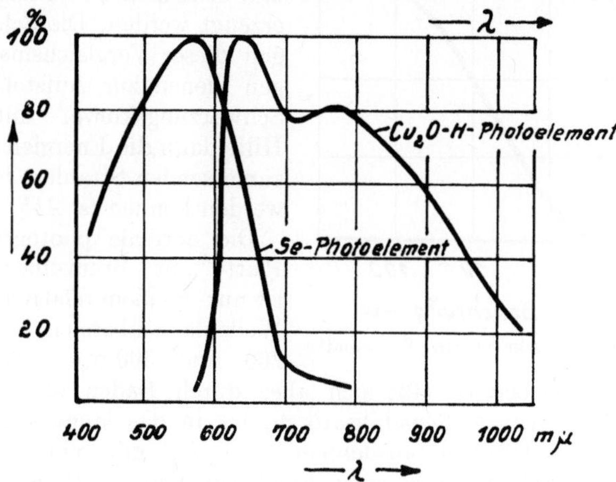

Abb. 114. Spektrale Empfindlichkeiten von Photoelementen

tative Messungen benutzen zu können, beruht auf der Erfahrungstatsache, daß die „Schwärzung" einer belichteten und entwickelten photographischen Platte eine Funktion der Belichtung ist. Zur Messung dieser Schwärzung S, die definiert ist als der dekadische Logarithmus der reziproken Plattendurchlässigkeit ($S = \log 1/d = \log E_0/E$), dienen Mikrophotometer, die entweder für subjektive oder objektive Beobachtung mit thermo- oder lichtelektrischen Empfängern ausgerüstet sind. Die Schwärzung zeigt, wenn sie in Abhängigkeit vom Logarithmus der Belichtung aufgetragen wird, einen S-förmigen Verlauf mit einem geradlinigen Mittelteil, für den das „Schwärzungsgesetz"

$$S = \gamma \log E/E_0$$

gilt. γ gibt die Steilheit der Geraden an und ist ein Maß für die Kontrastwirkung der Platte, während E_0 die Plattenempfindlichkeit kennzeichnet. Für verschiedene Wellenlängen sind die Neigungen der Geraden verschieden, da γ und E_0 wellenlängenabhängig sind. Da die Schwärzung außerdem von den Entwicklungsbedingungen beeinflußt wird und im Produkt Belichtung = Strahlungsdichte · Belichtungszeit die beiden

Faktoren nicht völlig gleichwertig sind (eine Verdopplung der Strahlungsdichte bewirkt eine stärkere Schwärzung als eine Verdopplung der Zeit), wird bei der praktischen Durchführung der Strahlungsmessung so verfahren, daß gleichzeitig mit der Probenaufnahme „Schwärzungsmarken" mit meßbar abgestufter und bekannter Strahlungsenergie erzeugt werden. Die Schwärzungen dieser Vergleichsmarkierungen dienen zur Aufstellung der Schwärzungskurve, mit deren Hilfe dann die Energien des auszumessenden Strahlers bestimmt werden können (s. *Abb. 115*).

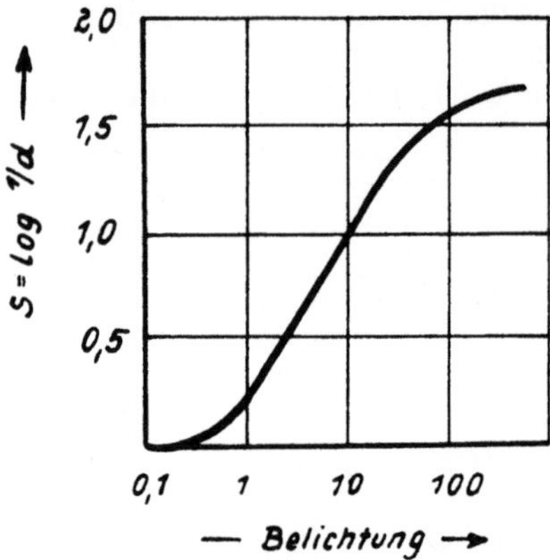

Abb. 115. Schwärzungskurve einer Photoplatte

Die normale photographische Platte mit Bromsilberemulsion ist nur in einem relativ schmalen Wellenlängenbereich zwischen 200 und 500 mμ empfindlich. Der Anwendungsbereich läßt sich aber durch Baden in geeigneten Farbstofflösungen, sog. Sensibilisatoren, bis in das langwellige Sichtbare und nahe Ultrarot ausdehnen. *Abb. 116* gibt eine Übersicht über die Empfindlichkeitsbereiche handelsüblicher Plattensorten. Die langwellige Grenze ultrarot-sensibilisierter Photoplatten liegt heute bei etwa 1,2 μ. Wenn es der zukünftigen Forschung auch gelingen mag, Sensibilisatoren zu entwickeln, die die Auslösung photochemischer Reaktionen bei noch größeren Wellenlängen ermöglichen, so ist dennoch den photochemischen Verfahren eine prinzipielle Grenze dadurch gesetzt, daß mit zunehmender langwelliger Empfindlichkeitsgrenze die Zahl der schon bei Raumtemperatur vorhandenen Lichtquanten so stark ansteigt, daß die Platte geschleiert wird. Die heute bekannten Plattensorten, die bis ins nahe Ultrarot hineinreichen, erfordern schon eine Aufbewahrung bei tiefen Temperaturen, und es läßt sich leicht berechnen, welcher Aufwand für die Tiefkühlung erforderlich ist, wenn die Empfindlichkeitsgrenze auch nur um einige Zehntel μ weiter ins Ultrarot verschoben werden soll.

Es hat darum nicht an Versuchen gefehlt, andere „photographische Verfahren" zu entwickeln, die im gesamten für die Temperaturstrahlung interessierenden Spektralbereich anwendbar sind. Wie bei den Strahlungsempfängern, so ist man auch bei den Abbildungsverfahren im Ultrarot auf die Wärmewirkung der Strahlung angewiesen.

CZERNY u. MOLLET entwickelten ein thermisches Ultrarot-Abbildungsverfahren, die *Evaporographie*, bei denen die ultrarote Strahlung durch

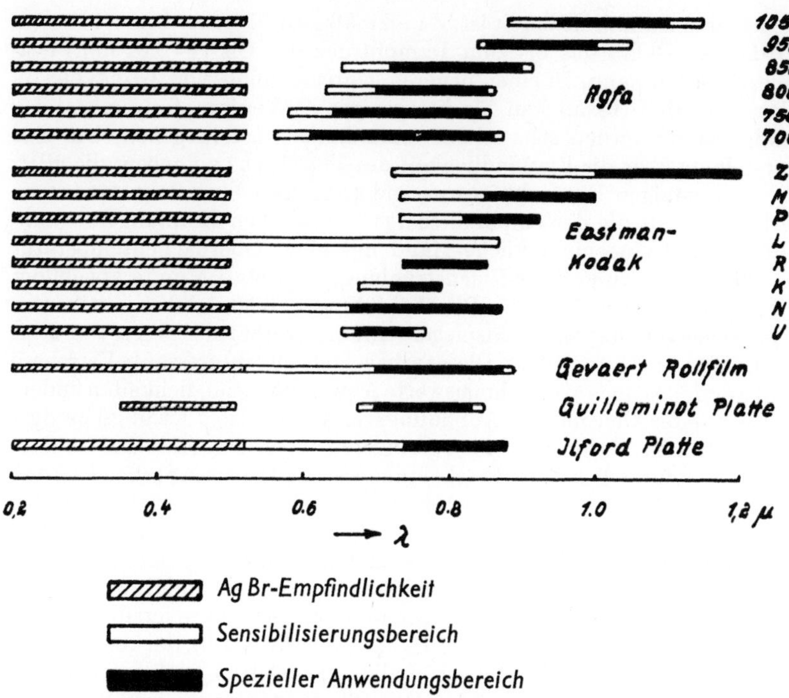

Abb. 116. Empfindlichkeitsbereiche handelsüblicher Photoplatten [nach BRÜGEL (a)]

das Wegdampfen einer Substanz kenntlich gemacht wird. Auf einem sehr dünnen Zaponlackhäutchen ($< 0,1\,\mu$), das im reflektierten Licht gerade keine Interferenzfarben mehr zeigt, wird einseitig so viel Paraffinöl aufgedampft, daß eine möglichst über die ganze Schicht gleichmäßige Interferenzfarbe sichtbar wird. Die andere Seite des Häutchens wird durch Berußen oder besser durch Aufdampfen von Metallschwarzschichten geschwärzt. Setzt man unter Benutzung einer Abbildungsoptik diese Schicht derart einer Strahlung aus, daß die geschwärzte Seite als Absorber der Strahlungsquelle zugewandt ist, so entsteht durch das Wegdampfen des Öls ein „Wärmebild" des Strahlers. Da infolge der geringen Dicke des Ölfilms nur sehr wenig Substanz zu verdampfen braucht, um den Umschlag der Interferenzfarben zu verursachen, ist das Verfahren sehr empfindlich. Das entstandene Bild kann sowohl visuell beobachtet als auch im normalen photographischen Bild festgehalten werden. Nach Beendigung der Aufnahme kann durch starke Bestrahlung das Öl restlos verdampft werden, so daß die Schicht nach neuem Befilmen mit Öl für die nächste Aufnahme bereit ist. Zweckmäßig ist die Anordnung in einem luftdichten Gefäß, das bis zum Dampfdruck des Öls ($\sim 0{,}01$ mm) evakuiert werden kann. In einer neueren Untersuchung von GOBRECHT u. WEISS, in der Hexadekan als bestgeeignetes Verdampfungsmittel befunden wird, werden sehr schöne Aufnahmen wiedergegeben. Um eine Vorstellung über die Empfindlichkeit des Verfahrens zu geben, die allerdings im jetzigen Entwicklungszustand noch um 1 bis 2 Zehnerpotenzen geringer ist als die der empfindlichsten thermischen Empfänger, sei angeführt, daß eine menschliche Hand mit einer Oberflächentemperatur von $32°\mathrm{C}$ auf Grund ihrer Eigenstrahlung in $\frac{1}{2}$ bis 1 Minute abgebildet wird (GOBRECHT u. WEISS). Die Abbildung erfolgte dabei mit einem oberflächenversilberten Hohlspiegel (Öffnungsverhältnis $\sim 1{:}5$) in 3 bis 4 m Entfernung vom Objekt. Dieses sehr schöne und interessante Verfahren wird zweifellos noch viele lohnenswerte Anwendungsmöglichkeiten finden.

Ein zweites thermisches Abbildungsverfahren, das allerdings weniger empfindlich ist, dafür aber einen geringeren experimentellen Aufwand erfordert, nutzt die bekannte Erscheinung aus, daß gewisse Stoffe (Thermocolore) bei bestimmten Temperaturen eine Farbänderung erfahren. Dabei liefert die Temperaturstrahlung des abzubildenden Objektes die zum Farbumschlag notwendige Wärmeenergie [NAESER u. PEPPERHOFF(c)]. Vor allem sind solche Stoffe geeignet, bei denen diese Farbänderungen durch allotrope Umwandlungen verursacht werden, da diese reversibel sind. So ist Silber-Quecksilberjodid ($2\,\mathrm{AgJ\,HgJ_2}$) unter $45°\mathrm{C}$ gelb, darüber hellrot; die rote Farbe des Cupro-Merkuri-Jodids ($2\,\mathrm{CuJ\,HgJ_4}$) schlägt bei etwa $70°\mathrm{C}$ in dunkelviolett-braun um. Das Objekt wird mit einer Steinsalzlinse oder – zur Vermeidung des chromatischen Fehlers – mit einem Hohlspiegel auf dem Farbindikator abgebildet. Dieser ist in Form einer dünnen gerade nicht mehr durchsichtigen Schicht auf einer dünnen Glasplatte oder besser, um die Querleitung der Wärme in der Schicht herabzumindern, auf einer Kunststoffolie aufgebracht und auf der dem Strahler zugewandten Seite berußt. Wird auf dieser Schicht ein Wärmebild entworfen, so kann auf der Rückseite auf Grund des Farbumschlags das Entstehen eines analogen sichtbaren Bildes verfolgt und mit Platten geeigneter spektraler Empfindlichkeit photographiert werden. Nach Abkühlung unter die Umwandlungstemperatur ist die Schicht für eine neue Aufnahme bereit. Zur Empfindlichkeitssteigerung wird die Schicht vor der Aufnahme auf eine Temperatur kurz unterhalb der Umwandlung erwärmt („vorbelichtet"), so daß die Strahlung lediglich die Umwanlungswärme zu liefern hat. Die ultrarote Gasstrahlung einer nichtleuchtenden Bunsenflamme kann auf diese Weise innerhalb weniger Sekunden sichtbar gemacht werden. Anwendungsmöglichkeiten für dieses gewiß noch verbesserungsfähige Verfahren sind vor allen Dingen im Rahmen der industriellen Meßtechnik gegeben.

b) Strahlungsmessungen an schwarzen Körpern

Absolute Strahlungsmessungen am schwarzen Körper werden heute, nachdem die Richtigkeit der Gesetze der Hohlraumstrahlung nicht mehr bezweifelt werden kann, ausschließlich zum Zwecke einer möglichst genauen Bestimmung der in den Strahlungsgesetzen enthaltenen Konstanten ausgeführt (s. Abschn. I. 3. f).

Zur Bestimmung der Konstanten σ im STEFAN-BOLTZMANNschen Gesamtstrahlungsgesetz (Gl. 9, S. 17) läßt man die Strahlung des schwarzen Körpers auf einen thermischen Empfänger fallen, dessen Absorptionsvermögen möglichst gleich 1 sein soll. Die Temperatur des Empfängers steigt dadurch an, bis sich nach einiger Zeit ein stationäres Gleichgewicht eingestellt hat, bei dem die zugeführte Strahlungsenergie gleich den Energieverlusten ist, die der Empfänger an seine Umgebung verliert. Wird als Empfänger ein Bolometer verwendet, so wird durch die Erwärmung eine meßbare Widerstandsänderung verursacht. Nach Unterbrechung des Strahlenganges zwischen dem schwarzen Körper und dem Empfänger wird in einem nachfolgenden Versuch der Bolometerstreifen durch elektrische Energie um denselben Betrag erwärmt, so daß eine gleiche Widerstandsänderung erzielt wird wie bei der Bestrahlung. Bei Bestrahlung beträgt die der Empfängerfläche F_1 zugestrahlte Energie E

$$E = a \frac{F_1 \cdot F_2}{R^2} \cdot \frac{\sigma}{\pi} \cdot T^4 ,$$

wenn a das Absorptionsvermögen der Fläche F_1, F_2 die Fläche der Austrittsöffnung des schwarzen Körpers, T die absolute Temperatur des schwarzen Körpers und R^2 das Quadrat der Entfernung zwischen Strahler und Empfänger bedeuten.

Im zweiten Falle ist die dem Bolometerstreifen zugeführte Wärmemenge

$$E = J \cdot U + \alpha \frac{F_1 F_2}{R^2} \frac{\sigma}{\pi} T_0^4 .$$

$J \cdot U$ ist die im Empfänger pro Sekunde entwickelte JOULEsche Wärme, während der zweite Summand gegenüber dem ersten nur von untergeordneter Bedeutung ist und als „Klappenkorrektur" berücksichtigt, daß die Verschlußklappe, die nach erfolgter Bestrahlung den Strahlengang unterbricht, nach dem BOLTZMANNschen Gesetz der Fläche F_1 ebenfalls Energie zustrahlt, die aber infolge der niedrigen Temperatur T_0 (Raumtemperatur) nur sehr gering ist. Da die beiden Ausdrücke gleich sein müssen, gilt

$$\sigma = \frac{\pi}{a} \cdot \frac{R^2}{F_1 \cdot F_2} \cdot \frac{1}{T^4 - T_0^4} .$$

Eine Fehlerquelle dieses Verfahrens besteht in der Unkenntnis des Absorptionsvermögens a, das nur nach den weiter unten besprochenen Relativverfahren bestimmt werden kann, und in der nicht völlig vermeidbaren Absorption der Zimmerluft durch Kohlensäure- und Wasserdampfgehalte.

Eine allgemeine Prüfung des PLANCKschen Strahlungsgesetzes etwa nach Art der zur σ-Bestimmung verwendeten Methoden stößt auf so große Schwierigkeiten, daß sie weder experimentell noch rechnerisch überwunden werden können. Für ein solches Vorhaben ist die Zwischenschaltung eines Spektralapparates zwischen schwarzem Körper und Empfänger erforderlich, so daß die Strahlung mannigfache Verluste durch Reflexion, Brechung, Beugung und Änderungen hinsichtlich ihres Polarisationszustandes erleidet. Aus diesem Grunde sind absolute Strahlungsmessungen mit spektral zerlegter Strahlung nicht erfolgversprechend und man beschränkt sich auf relative Messungen.

Die Bestimmung der wichtigen Konstanten c_2 (c_1 läßt sich aus c_2 nach Gl. 11, S. 17 berechnen) kann durch Aufnahme von Isochromaten oder Isothermen durchgeführt werden. Bei der Isochromatenmethode wird der Spektralapparat auf einen bestimmten Wellenlängenbereich λ bis $\lambda + d\lambda$ eingestellt und beobachtet, wie die Strahlung mit Temperaturerhöhung zunimmt. Diese Messungen lassen sich mit größter Genauigkeit durchführen, da die meisten Fehlerquellen, die durch Wellenlängenänderungen verursacht werden, bei dieser Methode unwirksam sind. Im Bereich der Gültigkeit des WIENschen Strahlungsgesetzes $\left(\dfrac{c_2}{\lambda \cdot T}\right) \gg 1$ ist die Strahlungsintensität proportional $e^{-\frac{c_2}{\lambda \cdot T}}$. Bedeutet y den Ausschlag des Meßinstrumentes und ist C eine Proportionalitätskonstante, so gilt

$$y = C \cdot e^{-\frac{c_2}{\lambda T}}\ .$$

Trägt man daher in einem Koordinatensystem $\ln y$ über $1/T$ auf, so müssen alle beobachteten Werte auf einer Geraden liegen, aus deren Neigung sich c_2 ergibt.

Weitaus schwieriger gestalten sich die Messungen nach der Isothermenmethode, da alle wellenlängenabhängigen Einflüsse voll wirksam werden. Insbesondere ist eine genaue Bestimmung von $d\lambda$, der Breite des ausgesonderten Spektralbereiches, erforderlich. Infolge der wellenlängenabhängigen Dispersion der Prismen verändert $d\lambda$ seinen Wert auch bei konstanter Spaltbreite der Spektralapparate. Die Messung der Isothermen hat daher für die c_2-Bestimmung nicht die große Bedeutung wie die Aufnahme von Isochromaten. Sie gestattet aber eine Prüfung der Form der spektralen Energieverteilung und außerdem des WIENschen

Verschiebungsgesetzes. Letzteres wiederum ermöglicht über die Festlegung seiner Konstanten A eine Berechnung von c_2 (s. S. 18). Über die heute als Bestwerte geltenden Konstanten unterrichten die Ausführungen in Abschnitt I. 3. f.

Für genaueste Strahlungsmessungen kommt der Temperaturbestimmung des schwarzen Körpers eine besondere Bedeutung zu. Über die Möglichkeit, die Temperaturmessung an definierte Temperaturfixpunkte (Schmelzpunkt des Goldes, Palladiums usw.) anschließen zu können, wurde in Abschnitt I. 2 hingewiesen.

c) Energetische Strahlungsmessungen an nichtschwarzen Körpern

Strahlungsmessungen an nichtschwarzen Körpern haben im allgemeinen die Bestimmung des Emissionsvermögens (Gesamt- oder spektrales Emissionsvermögen) zum Ziel. Darüber hinaus können Strahlungsmessungen – außer in der optischen Pyrometrie und für Fragen der Wärmeübertragung – zur Lösung vieler spezieller Probleme mit Erfolg angewendet werden, wie etwa zur Untersuchung der Verbrennungsvorgänge in Flammen (s. S. 237) oder des zeitlichen Verlaufs von Reaktionen im festen Zustand. Für letztere seien als Beispiele angeführt: die Oxydationsvorgänge an Metallen (s. S. 93), Umwandlungsvorgänge (s. S. 73), die Diffusion von Metallen ineinander auf Grund der zeitlichen Änderungen des Reflexionsvermögens dünner Metallschichten (Schopper), Diffusion und Thermodiffusion in Gläsern (Eitel), Ausscheidungsvorgänge (Scheil u. Stadelmaier) usw.

Absolute Strahlungsmessungen mit einem absolut geeichten Gesamtstrahlungsempfänger werden lediglich zur Lösung spezieller Aufgaben durchgeführt, so, wenn z. B. für Fragen des Wärmeüberganges nur die unmittelbar abgestrahlte Energie interessiert. Ebenso kann die absolute wattmetrische Methode zur Bestimmung des Gesamtemissionsvermögens von Metallen mit Erfolg angewendet werden (s. Abschn. II. 3. f). Die Bestimmung des Emissionsvermögens eines Körpers erfolgt durch direkten Vergleich mit der Strahlung eines schwarzen Körpers. Da nach dem Kirchhoffschen Strahlungsgesetz das Emissionsvermögen eines Körpers durch das Verhältnis der Strahlung dieses Körpers zur Strahlung des schwarzen Körpers definiert ist – beide Körper müssen die gleiche Temperatur besitzen –, erfolgt eine einfache Bestimmung derart, daß der Empfänger einmal der Bestrahlung durch die zu untersuchende Probe und anschließend der Bestrahlung durch den schwarzen Körper ausgesetzt wird. Dabei ist streng darauf zu achten, daß die Geometrie des Strahlenganges in beiden Fällen völlig gleich ist. Unter der Voraussetzung, daß eine Linearität zwischen der auffallenden Strahlungsenergie und der Anzeige besteht, ergibt das Verhältnis der Instrumentenausschläge unmittelbar das Emissionsvermögen. Zur Ermittlung des Gesamtemissionsvermögens dürfen nur nichtselektive Empfänger verwendet werden. Infolge der starken Temperaturabhängigkeit der emittierten Energie muß besondere Sorgfalt auf eine genaue Temperaturbestimmung verwendet werden. Grundsätzlich bieten sich hier zwei Möglichkeiten an: die thermoelektrischen und die bei sehr hohen Temperaturen allein anwendbaren optischen Verfahren. Üblicherweise werden mit Thermoelementen die Temperaturen im Innern eines Körpers gemessen. Für Strahlungsmessungen aber sind allein die Oberflächentemperaturen maßgebend. Bei Körpern, deren Oberflächen stark emittieren, ist deshalb mit einem Temperaturgefälle von innen nach außen zu rechnen. Die Thermoelemente müssen deshalb sehr nahe der Strahleroberfläche angeordnet sein und sollen – damit sie zur Vermeidung eines weiteren Temperaturgefälles nur wenig Energie durch Leitung abführen können – aus sehr dünnen Drähtchen bestehen, von denen wenigstens einige Zentimeter in der Oberfläche eingebettet sein sollen. Oftmals erweist es sich als erforderlich, das Temperaturfeld in der Probe auszumessen, was durch verschieden tiefe Bohrungen, in die das Thermoelement eingeführt werden kann, geschehen kann. Durch Extrapolation auf die Lochtiefe Null ergibt sich dann die wahre Oberflächentemperatur. Es ist aber zu bedenken, daß gerade durch das Anbringen von Bohrungen das Temperaturfeld stark verändert wird. Das Temperaturgefälle macht sich vor allem bei Nichtleitern stark bemerkbar, während es für Metalle in der Regel vernachlässigbar klein bleibt. Die optischen Verfahren weisen diesen Fehler zwar nicht auf, besitzen aber den gewichtigen Nachteil, daß die Temperaturangaben exakt nur für den schwarzen Körper gültig sind und durch die Abweichungen vom Absorptionsvermögen weitgehend verändert werden (Abschn. III. 2). Durch die Anwendung verschiedener Kunstgriffe können diese Unsicherheiten abgeschwächt werden. Einmal wird wiederum versucht, die Temperatur in kleinen Bohrungen, die je nach Verhältnis von Durchmesser zur Lochtiefe mehr oder weniger gute Hohlraumstrahler darstellen, mit einem Mikropyrometer (s. S. 186) zu messen oder man umgibt zur Temperaturmessung den gesamten Strahler mit einem weißen Mantel, dessen Reflexionsvermögen (durch Aufdampfen von Magnesiumoxyd) möglichst groß sein soll. Da dieser Mantel nahezu alle auf ihn treffende Strahlung reflektiert, wird die Oberfläche der Probe geschwärzt, und der durch ein kleines Loch im Mantel anvisierte Strahler ermöglicht die Messung einer optischen Temperatur, die nahezu mit der wahren Oberflächentemperatur übereinstimmt. Allerdings verursacht diese Maßnahme eine Rückwirkung insofern, als durch die im Endeffekt verminderte Energieabstrahlung des Probekörpers dieser bei der Temperaturbestimmung eine höhere Temperatur besitzt als bei der eigentlichen Strahlungsmessung, die natürlich eine freistrahlende Oberfläche erfordert. Nach EULER(a) kann diese Störung durch Anwendung zweier verschieden reflektierender Zylinder weitestgehend kompensiert werden. Ebenso wie das Gesamtemissionsvermögen ist das spektrale Emissionsvermögen durch Vergleichsmessungen gegenüber der Strahlung eines gleichtemperierten schwarzen Körpers zu bestimmen. Dabei ist darauf zu achten, daß bei der alternierenden Messung sowohl die geometrische Anordnung als auch die spektrale Zerlegung der Strahlung unverändert bleiben. Es ist zweckmäßig, beide Strahler symmetrisch zum Empfänger und dem davor befindlichen Spektralapparat oder der Filtervorrichtung anzuordnen, um beide Strahlungen wahlweise über eine drehbare Spiegelvorrichtung ausmessen zu können. Für jede Spektrometereinstellung liefert dann der Vergleich beider Energien direkt das Emissionsvermögen der Probe bei der eingestellten Wellenlänge. Durch einen Vergleich beider Strahlungsenergien bei verschiedenen Temperaturen kann in gleicher Weise die Temperaturabhängigkeit des spektralen Emissionsvermögens ermittelt werden. Experimentell weniger langwierig ist die Messung der Temperaturabhängigkeit aus der Aufnahme der Isochromaten des nichtschwarzen Strahlers, wenn wenigstens für jede Wellenlänge und eine Temperatur das Emissionsvermögen durch Isothermenmessungen bestimmt worden ist. Diese Temperatur sei mit T_0 bezeichnet und das dazugehörige Emissionsvermögen e_0. Wenn ferner e_1 das zu bestimmende Emissionsvermögen bei der Temperatur T_1 sein soll, dann gilt nach dem KIRCHHOFFschen Gesetz in Verbindung mit der PLANCKschen Strahlungsgleichung für eine bestimmte Wellenlänge λ:

$$\frac{E_{T_0}}{E_{T_1}} = \frac{e_0 \cdot e^{\frac{c_2}{\lambda \cdot T_0}} - 1}{e_1 \cdot e^{\frac{c_2}{\lambda \cdot T_1}} - 1} \, .$$

Da $E_{T_0} : E_{T_1}$ das durch die isochromatischen Messungen am nichtschwarzen Körper zu ermittelnde Energieverhältnis bei den interessierenden Temperaturen T_0 und T_1 ist, kann das Emissionsvermögen aus der angegebenen Beziehung berechnet werden. Zu bemerken ist, daß der rechnerische Aufwand größer ist als bei isothermischer Messung des spektralen Emissionsvermögens.

Auf die Methoden der spektralen Zerlegung der Strahlung soll hier nicht näher eingegangen werden. Die benutzten Hilfsmittel richten sich nach den Ansprüchen in der Feinheit der spektralen Auflösung. Während für eine feine Zerlegung des Lichtes Prismen- und Gitterspektralapparate zur Verfügung stehen, werden für gröbere Aufteilungen der Spektralbereiche, die ihres geringen Aufwandes wegen vornehmlich praktischen Zwecken dienen, Filtermethoden angewendet, die darauf beruhen, daß selektiv absorbierende oder reflektierende Stoffe in den Strahlengang eingefügt werden. Im sichtbaren Spektrum werden hierfür in der Regel gefärbte Gläser oder Interferenzfilter benutzt, während im Ultrarot die begrenzte Durchlässigkeit verschiedener Substanzen oder die selektive Reflexion der Alkalihalogenide ausgenutzt wird. Zum eingehenden Studium der spektralen Untersuchungsmethoden sei auf die verschiedensten ausführlichen Darstellungen hingewiesen [BRÜGEL (a)].

Außer durch Emissionsmessungen sind die Strahlungseigenschaften eindeutig bestimmt, wenn – je nach Eigenart des Stoffes, ob strahlungsundurchlässig oder -durchlässig – das Reflexionsvermögen oder bzw. und die Durchlässigkeit gemessen wird.

d) Photometrische Messungen

Photometrische Messungen sind eine spezielle Art von Strahlungsmessungen. Sie sollen in ihren Grundzügen hier abgehandelt werden, weil sie die Grundlagen zahlreicher Verfahren der optischen Pyrometrie bilden. Von den soeben behandelten energetischen (physikalischen) Strahlungsmessungen unterscheidet sich die Photometrie dadurch, daß sie sich auf Helligkeitsmessungen der sichtbaren Strahlung bezieht. Unter Helligkeit wird dabei die Empfindung verstanden, die eine Strahlung im Wellenlängenbereich von etwa 0,4 bis 0,8μ je nach ihrer Stärke im Auge auslöst. Die Helligkeit ist ebenso wie die beiden anderen Merkmale einer Lichtempfindung – die Farbe und die Sättigung – eine psychologische Größe. Das Auge nimmt als ,,Strahlungsempfänger'' eine Sonderstellung ein. Während die energetischen Empfänger die auffallende Energie in irgendeine meßbare Größe umwandeln, ist der Gesichtssinn nur zu einer ganz groben Bewertung der Strahlungsstärken fähig. Das Auge ist also nicht in der Lage, Aussagen darüber zu machen, wievielmal stärker eine Helligkeitsempfindung ist als eine andere. Vielmehr kann es als ,,Meßhilfsmittel'' nur benutzt werden auf Grund der Eigenschaft, daß es feine Unterschiede in der Helligkeit benachbarter Teile eines Netzhautbildes wahrzunehmen vermag. Aus diesem Grunde beruhen alle Lichtmessungen, die mit dem Auge ausgeführt werden können, auf einem Vergleich zweier Lichter, die dem Auge in zwei benachbarten Feldern innerhalb des Gesichtsfeldes dargeboten werden, wobei die Lichtstärken durch eine meßbare Abschwächungsvorrichtung so aufeinander abgeglichen werden, daß das Auge keine Helligkeitsunterschiede mehr empfindet.

Da die subjektive Helligkeitsempfindung nicht proportional der objektiven Strahlungsstärke ist, wenngleich sie unter den Bedingungen des reinen Tagessehens in einfacher Gesetzmäßigkeit zu ihr steht, müssen photometrische Messungen grundsätzlich von den energetischen klar getrennt werden. Diese Trennung wird dadurch zum Ausdruck gebracht, daß verschiedene Bezeichnungen für die photometrischen und physikalischen Strahlungsgrößen verwendet werden. In der *Tab. 20*

Tabelle 20

| | Physikalisches Maßsystem | | Psychologisches Maßsystem | | |
	Begriff	Einheit	Begriff	Einheit	Bezeichnung
Auf den Strahler bezogen	Strahlungs-stärke	Watt $\cdot \Omega$	Lichtstärke	HEFNER-Kerze HK	—
	Strahlungs-dichte	Watt $\cdot \Omega \cdot$ cm^{-2}	Leucht-dichte	HK $\cdot$ cm^{-2}	Stilb, Sb
	Strahlungs-strom	Watt	Lichtstrom	HK $\cdot \Omega$	Lumen, Lm
Auf den Emp-fänger bezogen	Be-strahlungs-stärke	Watt $\cdot$ cm^{-2}	Be-leuchtungs-stärke	HK $\cdot$ m^{-2}	Lux, Lx

Anmerkung: Ω bedeutet Raumwinkeleinheit. Die abgeleiteten Größen des physikalischen Maßsystems führen vernünftigerweise keine besonderen Bezeichnungen.

sind die einander entsprechenden Größen und ihre Einheiten in Beziehung gesetzt.

Die deutsche Grundeinheit des psychologischen Maßsystems ist die HEFNER-Kerze. Sie wird – nach Vorschrift der Physikalisch-Technischen Bundesanstalt – verwirklicht durch die in horizontaler Richtung vorhandene Lichtstärke einer 40 mm hohen Flamme einer Amylazetatlampe, der sog. HEFNER-Lampe, bei 760 mm Luftdruck, bei einem Feuchtigkeitsgehalt von 8,8 Liter $\cdot$ m^{-3} und einem Kohlensäuregehalt von 0,75 Liter $\cdot$ m^{-3}.

Es sei kurz erwähnt, daß die HEFNER-Lampe als Strahlungsnormal für absolute Eichungen nichtselektiver thermischer Strahlungsempfänger verwendet werden kann. Auf Grund sorgfältiger Strahlungsmessungen von GERLACH beträgt die Bestrahlungsstärke eines Empfängers in 1 m Abstand von der HEFNER-Lampe in horizontaler Richtung $9,5 \cdot 10^{-5}$ Watt $\cdot$ cm^{-2}. Dabei ist vorgeschrieben, daß zur Abschirmung der Gasstrahlung der Flamme 10 cm vor dieser eine Blende von 50×14 mm angebracht wird.

Wie eingangs erwähnt, basiert die subjektive Photometrie auf dem „Gleichheitsprinzip". Aus der Empfindungsgleichheit zweier benachbarter „Photometerfelder" wird auf die Gleichheit der Beleuchtungsstärken auf den erregten Netzhautstellen und aus dieser weiterhin auf die

Gleichheit der Strahlungsdichten geschlossen. Da dieses Prinzip bei den Leuchtdichtepyrometern (Abschn. III. 2. c) weitgehende Anwendungen gefunden hat, soll der grundsätzliche Aufbau der Photometervorrichtungen beschrieben werden. Neben der Vergleichsvorrichtung, die dem Auge ein möglichst sicheres Urteil über die Helligkeitsgleichheit erlauben soll, enthält jedes Photometer eine Abgleichsvorrichtung, die eine meßbare Abschwächung einer der beiden zu vergleichenden Lichtströme gestattet. Zur Abschwächung bedient man sich verschiedener Methoden, die einmal auf eine räumliche oder zeitliche Begrenzung des Lichtstromes, zum anderen auf der Wirkung eines in den Strahlengang eingefügten Stoffes beruhen (Absorption, Polarisation).

Eine erste Möglichkeit, die Beleuchtungsstärken zweier Lichter aufeinander abzustimmen, besteht in der Ausnutzung des *photometrischen Entfernungsgesetzes*, nach dem die Beleuchtungsstärken sich umgekehrt wie die Quadrate der Entfernungen von der Lichtquelle verhalten. Weit wichtiger als dieses unhandliche Verfahren der Abstandsänderungen ist die Anwendung einer intermittierenden Abblendung mit Hilfe eines rotierenden Sektors, der den Vorteil einer für Strahlung aller Wellenlängen völlig gleichen, also „grauen" Schwächung aufweist. Er besteht in seiner einfachsten Form aus einer Metallscheibe mit radialen Schlitzen, die so in den Strahlengang gebracht wird, daß bei Rotation der Strahlengang zeitlich unterbrochen wird. Nach dem TALBOTschen Gesetz bewirkt ein solcher zeitlicher Wechsel, wenn er oberhalb der Flimmergrenze (> 25 Hz) erfolgt, im Auge eine kontinuierliche Helligkeitsempfindung, die gegenüber der ursprünglichen Helligkeit vermindert ist, und zwar ist die Abschwächung durch das Verhältnis des Gesamtöffnungswinkels der Sektoren $\alpha : 360°$ bestimmt. Um die Durchlässigkeit kontinuierlich ändern zu können, sind zwei auf einer Achse angebrachte konzentrische Scheiben mit zwei oder mehr Ausschnitten so gegeneinander verstellbar, daß die wirksamen Ausschnitte mehr oder weniger weit geöffnet werden können. Die Konstruktionen sind so weit entwickelt, daß die „wirksame Durchlässigkeit" während der Rotation meßbar verändert werden kann.

Auch für energetische Strahlungsmessungen sind rotierende Sektoren wegen ihres „grauen" Verhaltens zur Änderung des zeitlichen Mittelwertes der Strahlungsstärke sehr geeignet, wenn die Einstellzeit der Meßanordnung genügend groß gegenüber der Strahlungsunterbrechung ist. Zur Lichtschwächung durch Absorption finden absorbierende Lösungen, Gläser und dgl. Verwendung, denen man für kontinuierliche Lichtschwächungen die Form eines Keiles gibt, dessen Schichtdicke von Ort zu Ort verschieden ist. Da absorbierende Medien mehr oder weniger selektiv sind, ist für den Fall, daß das abzuschwächende Licht nicht streng monochromatisch ist, die Durchlässigkeit von der Energieverteilung des Lichtes abhängig.

Bei der Abgleichung der Lichtströme durch Polarisation wird die ursprünglich unpolarisierte Strahlung der beiden zu vergleichenden Lichtquellen in zueinander senkrechten Richtungen polarisiert. Der Analysator (z. B. NICOLsches Prisma), durch den die beiden mit dem polarisierten Licht erleuchteten Photometerfelder betrachtet werden, ermöglicht dem Beobachter, die beiden Felder aufeinander in ihrer Helligkeit abzugleichen. Da die beiden zu vergleichenden Strahlungen senkrecht zueinander polarisiert sind, werden sie bei Drehung des Analysators in entgegengesetztem Sinne geschwächt.

Der Genauigkeit photometrischer Messungen ist eine natürliche Grenze gesetzt durch die Unterschiedsschwelle des Auges, d. i. die Grenze der Unterscheidbarkeit zweier nur wenig verschiedener Helligkeiten. Bei sorgfältiger konstruktiver Gestaltung des Photometers beträgt die Abgleichgenauigkeit etwa 0,5% bis 1%. Sie ist abhängig von der Stärke des Lichtreizes und sinkt bei sehr geringen Helligkeiten stark ab. Ein anderer Einfluß ist aber von weit größerer Bedeutung. Bei den bisherigen Betrachtungen wurde vorausgesetzt, daß der Helligkeitsvergleich nur zwischen isochromatischen Lichtern stattfindet. Handelt es sich jedoch um einen Vergleich von Lichtquellen, die im Auge verschiedene Farbempfindungen verursachen, so ist ein unmittelbarer Helligkeitsvergleich schlechthin unmöglich, und selbst bei nur geringen Abweichungen im Farbeindruck nimmt die Abgleichgenauigkeit sehr stark ab. Die Ursache hierfür liegt darin begründet, daß das menschliche Auge die Strahlung verschiedener Wellenlänge bei objektiv gleicher Strahlungsdichte verschieden hell empfindet. Licht der Wellenlänge 550 mμ wird am hellsten empfunden, während die Empfindlichkeit gemäß der in *Abb. 117* dargestellten spektralen Empfindlichkeitskurve nach längeren und kürzeren Wellenlängen hin abnimmt. Da die Augenempfindlichkeit verschiedener Beobachter individuelle Unterschiede aufweist, die für solche mit ausgesprochener Farbenfehlsichtigkeit beträchtlich sein können, gibt die Kurve, die aus umfangreichen Messungen an zahlreichen Personen gewonnen wurde, die spektrale Augenempfindlichkeit eines „Normalbeobachters" wieder, die international festgelegt ist und allen photometrischen Berechnungen zugrunde gelegt wird.

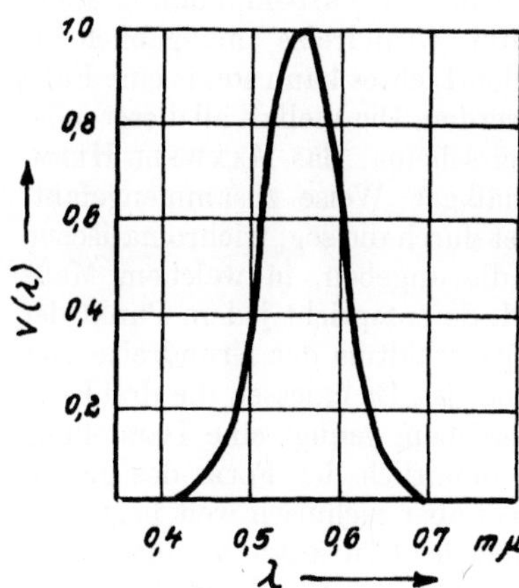

Abb. 117. Spektrale Hellempfindlichkeit des Auges

Während die Aufgabe, gleichfarbige Lichtquellen hinsichtlich ihrer Leuchtdichte zu vergleichen, keine methodischen Schwierigkeiten bereitet, ist der Leuchtdichtenvergleich verschiedenfarbiger Felder – die sog. heterochrome Photometrie – nur auf Umwegen möglich. Im Abschnitt „Farbpyrometrie" werden einige dieser Kunstgriffe erwähnt, die die heterochrome Photometrie auf eine isochrome zurückführen und dabei neben einer meßbaren Herstellung von Farbgleichheit gleichzeitig einen meßbaren Helligkeitsabgleich erlauben.

Vom physikalischen Standpunkt aus ist die Frage sehr wichtig, inwieweit Farbmessungen Rückschlüsse auf die spektrale Energieverteilung einer Strahlung erlauben. Denn unter Farbmessung werden ja die auf Grund der Farbempfindung des Auges hergestellten Funktionszusammenhänge verstanden, während die Strahlung selbst – auch nicht die einer bestimmten Wellenlänge – keine „Farbe" besitzt. Solche Rückschlüsse – das sei vorweggenommen – sind nur sehr bedingt zulässig, da die Farbempfindung auf sehr verschiedene Weise zustande kommen kann. Nach der YOUNG-HELMHOLTZschen Dreifarbentheorie setzt sich der Farbeindruck im Auge aus der Erregung dreier „Grundreize" zusammen, von denen jeder durch Licht eines ziemlich breiten Wellenlängenbereiches, deren Schwerpunkte im Roten, Grünen und Blauen liegen, ausgelöst werden kann.

Jedes spektrale Licht erregt mindestens zwei, meist alle drei Komponenten in verschiedener Stärke, so daß für die Farbempfindung allein die Stärke der Anregung jeder dieser drei „Grundreize" maßgeblich ist. Je nach Zusammensetzung des erregenden Lichtes kann somit eine Fülle von Farbempfindungen hervorgerufen werden. Die Vielfalt all dieser möglichen Farben wird durch ein Ordnungsschema, das MAXWELL-HELMHOLTZsche Farbendreieck, in gesetzmäßiger Weise zusammengefaßt. Jede Farbempfindung ist gekennzeichnet durch die sog. trichromatischen Maßzahlen x, y und $z = 1 - x - y$, die angeben, in welchem Maße jeder der drei Grundreize angeregt wird. So entspricht jedem Punkt der Dreieckfläche ein bestimmtes Mischungsverhältnis der Grundreize, das durch Dreieckkoordinaten gekennzeichnet ist. Da indessen die drei Reizanteile x, y und z stets die Summe 1 ergeben, genügt eine Darstellung durch rechtwinklige Koordinaten, die inhaltlich der Form des gleichseitigen Dreiecks gleichberechtigt, dabei aber technisch weit bequemer ist. In *Abb. 118* sind der Rotanteil x und der Grünanteil y aufgetragen. Der Koordinatenursprung, der Abszissenwert $x = 1$ und der Ordinatenwert $y = 1$ entsprechen den (allerdings nicht realisierbaren) Farben, die je einer der Grundreize Blau, Rot bzw. Grün für sich allein hervorrufen würde. Die eingezeichnete Grenzkurve für alle drei reellen Farben wird durch die in $m\mu$ angegebenen Spektralfarben gebildet und durch eine Verbindungslinie zwischen dem äußersten Rot und äußersten Violett,

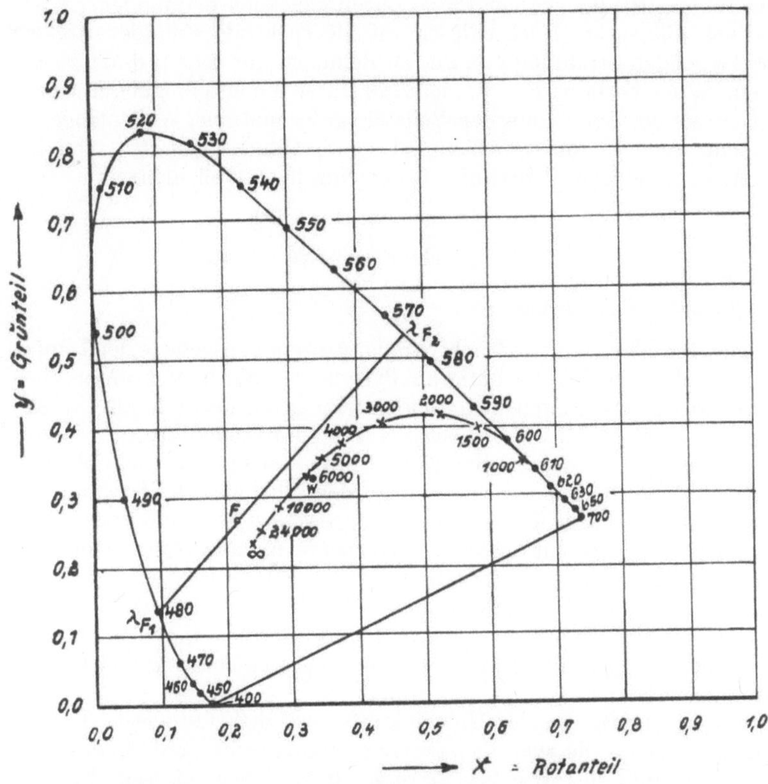

Abb. 118. Farbtafel

der sog. Purpurlinie. Durch eine Anregung aller drei Grundreize im
gleichen Maße ($x = \frac{1}{3}$, $y = \frac{1}{3}$ und $z = \frac{1}{3}$) ist der Weißpunkt W definiert. Ein Farbreiz F ist nur dann vollständig beschrieben, wenn außer
der Helligkeitsangabe in einem photometrischen Maß (*Tab. 20*) der
,,Farbton'' und die ,,Sättigung'' angegeben werden. Diese Kennzeichnung erfolgt für den Farbton durch die ,,farbtongleiche Wellenlänge'' λ_f,
während die Sättigung ein Maß für den Abstand vom Weißpunkt darstellt. Die Farben, denen die Strahlung eines schwarzen Körpers bei verschiedenen Temperaturen entspricht, liegen auf dem in der Farbtafel
eingezeichneten Kurvenzug, der, in der Rotecke beginnend, bei etwa
5000°K den Weißpunkt schneidet, um dann der Blauecke zuzustreben.
Bei Selektivstrahlern hingegen ist jeder beliebige Farbort innerhalb des
eingegrenzten Gebietes möglich.

Die eingangs aufgeworfene Frage, ob ein vom Auge empfundener Farbeindruck eindeutige Rückschlüsse auf die spektrale Energieverteilung der erregenden Strahlung erlaubt, ist demnach nur sehr bedingt zu bejahen, da der Farbreiz F z. B. nicht nur durch ein anteilmäßig bestimmtes Gemisch einer Strahlung der Wellenlänge λ_{F_1} und einer Wellenlänge λ_{F_2} entsteht, sondern durch beliebig viele „Strahlungsgemische" von bestimmten anteiligen Verhältnissen der einzelnen Wellenlängen.

2. Optische Pyrometrie

a) Allgemeine Bemerkungen

Eines der schönsten und fruchtbarsten Anwendungsgebiete der Temperaturstrahlung bildet die optische Pyrometrie. Sie nimmt unter allen Temperaturmeßverfahren eine Sonderstellung ein insofern, als ihr Anwendungsbereich sich bis zu höchsten Temperaturen erstreckt. Sie verzichtet auf jeglichen materiellen Kontakt mit dem Objekt, wodurch zahlreiche störende Einflüsse vermieden werden, aber sie erfordert andererseits eine stets wache Kritik, da sie – angeschlossen an die Strahlungsgesetze für den absolut schwarzen Körper – für alle realen Stoffe die Kenntnis der Strahlungseigenschaften der Körperwelt erfordert. Indessen wurden eine Vielzahl von optischen Verfahren und Geräten entwickelt, die dem Experimentator und Praktiker bei sinnvoller Anwendung ein vorzügliches Hilfsmittel zur zuverlässigen Messung von Temperaturen sein können.

Die nach internationaler Übereinkunft gesetzlich festgelegte Temperaturskala ist an die thermometrischen Fundamentalpunkte, den Eis- und Siedepunkt des Wassers (0 bzw. 100°C), angeschlossen. Für die Unterteilung dieses Temperaturbereiches und für die Fortsetzung nach tieferen und höheren Temperaturen dient das „Gasthermometer", dessen Skala auf Grund thermodynamischer Beziehungen definiert ist. Im Bereich sehr hoher Temperaturen aber versagt die gasthermometrische Methode infolge apparativer Schwierigkeiten. An ihre Stelle wird die thermodynamische Temperaturskala durch die Strahlungsgesetze verwirklicht, die eindeutige Zusammenhänge zwischen Strahlung und Temperatur für den absolut schwarzen Körper angeben (s. 1. Teil). Für diesen also ist eine Temperaturbestimmung durch Strahlungsmessung ohne weiteres einleuchtend, und zwar 1. durch Gesamtstrahlungsmessungen auf Grund des STEFAN-BOLTZMANNschen Gesetzes, 2. aus dem Intensitätsverhältnis monochromatischer Strahlung bei zwei verschiedenen Temperaturen nach dem PLANCKschen Gesetz oder im Gültigkeitsbereich des einfacheren WIENschen Strahlungsgesetzes nach diesem, 3. aus dem Intensitätsverhältnis der Strahlung zweier verschiedener Wellenlängen bei derselben Temperatur und 4. aus der spektralen Lage der maximalen Strahlung nach dem WIENschen Verschiebungsgesetz. Im Abschnitt über Strahlungsmessungen am schwarzen Körper (Abschn. III.1.b) wurden diese Methoden zur Bestimmung der Konstanten σ bzw. c_2 bereits abgehandelt und Vor- und Nachteile einer jeden erwähnt. Als sicherstes Verfahren erwies sich das zweite. Aus dem WIENschen Strahlungsgesetz folgt für das Verhältnis Q zweier monochromatischer Emissionen $E(\lambda, T)$ und $E(\lambda, T_{Au})$ bei den beiden absoluten Temperaturen T und T_{Au} und der Wellenlänge λ

$$ ln\, Q = ln\, \frac{E(\lambda, T)}{E(\lambda, T_{Au})} = \frac{c_2}{\lambda} \left(\frac{1}{T_{Au}} - \frac{1}{T} \right). \tag{53}$$

Für die Temperatur T ergibt sich daraus:

$$ \frac{1}{T} = \frac{1}{T_{Au}} + \frac{\lambda}{c_2}\, ln\, \frac{E(\lambda, T)}{E(\lambda, T_{Au})}. \tag{54}$$

T_{Au} bedeutet den Schmelzpunkt des Goldes (1336°K), den „Goldpunkt", der als höchster gasthermometrischer Fixpunkt den Anschluß der strahlungstheoretischen Skala an die gasthermometrische erlaubt. Die Messung des Energieverhältnisses kann sowohl nach energetischen Methoden als auch nach photometrischen Verfahren, bei denen die Helligkeiten durch bekannte Abschwächungsmittel aufeinander abgeglichen werden, erfolgen. Die sicherste Verwirklichung des Goldpunktes gestattet der auf S. 11 beschriebene Tauchstrahler. Weniger großen Aufwand erfordert die sog. „Drahtschmelzmethode", die darin besteht, daß man an der Warmlötstelle (der „Meßstelle") eines in den schwarzen Körper eingeführten Thermoelementes vor dem endgültigen Verschmelzen der beiden Schenkel ein etwa 5 mm langes Stückchen Golddraht einfügt. Wird der Ofen langsam hochgeheizt, so erfolgt beim Erreichen des Goldschmelzpunktes eine Unterbrechung des Thermoelementes. Auch die Umwicklung der Lötstelle des Elementes mit einem Stück Draht genügt häufig zur Feststellung des Goldpunktes, da durch die erforderliche Schmelzwärme eine Unstetigkeit im zeitlichen Gang des Thermoelementes verursacht wird. Außer dem Goldschmelzpunkt sind weitere geeignete Fixpunkte bei höheren Temperaturen die Schmelzpunkte von Palladium (1827°K), Platin (2046°K), Rhodium (2239°K) und Iridium (2727°K). Die Genauigkeit, mit der die strahlungstheoretische Temperaturskala festgelegt ist, wird durch die Genauigkeit der Strahlungskonstanten bestimmt. Sie beträgt, da $c_2 = 1{,}438 \pm 0{,}001$ cm Grad bei 1500°K etwa 1°, bei 4000°K etwa 3°.

Während so die Temperaturskala bis zu höchsten Temperaturen exakt definiert ist und die Temperaturmessungen am schwarzen Körper einwandfrei durchführbar sind, ergeben Strahlungsmessungen an nichtschwarzen Körpern nur Hilfsgrößen, mit deren Hilfe jedoch die wahren Temperaturen ermittelt werden können, wenn die erforderlichen Daten für die Strahlungseigenschaften des nichtschwarzen Körpers, sein Emissionsvermögen, bekannt sind. Der Darstellung dieser Strahlungseigenschaften war der 2. Teil gewidmet.

Die optisch ermittelten Temperaturen sind 1. die „Gesamtstrahlungstemperatur", die aus der Messung der Gesamtstrahlung des Objektes relativ zu der Gesamtstrahlung des schwarzen Körpers erhalten wird. 2. die „schwarze Temperatur", die sich aus einer Messung einer Teilstrahlung (eng begrenzter Spektralbereich) relativ zu der eines schwarzen Körpers ergibt, und 3. die „Farbtemperatur", die aus einem Vergleich der spektralen Energieverteilungen zwischen Objekt und schwarzem Körper bestimmt werden kann. Über die Grundlagen dieser Verfahren, ihren Zusammenhang mit der wahren Strahlertemperatur und über die instrumentellen Hilfsmittel berichten die nachfolgenden Abschnitte.

b) Gesamtstrahlungspyrometrie

Nach dem STEFAN-BOLTZMANNschen Gesetz ist die Gesamtstrahlungsenergie eines schwarzen Körpers proportional T^4. Trifft diese Energie auf einen thermischen Empfänger, so zeigt das angeschlossene Meßinstrument einen Ausschlag A an, der bestimmt ist durch $A = k(T^4 - T_E{}^4)$. T bedeutet die absolute Temperatur des schwarzen Körpers, T_E die zumeist vernachlässigbare Temperatur des Empfängers. Die Apparatekonstante k, in der die geometrischen Verhältnisse der Anordnung enthalten sind, wird durch Messungen vor einem schwarzen Körper bestimmt. Für schwarze Strahler gibt eine solche Anordnung, die als Gesamtstrahlungspyrometer bezeichnet wird, deren wahre Temperatur an. Für nichtschwarze Strahler hingegen erhält man eine Hilfsgröße, die als Gesamtstrahlungstemperatur bezeichnet wird und die von der wahren Temperatur abweicht. Diese Abweichung ist dadurch bedingt, daß die Gesamtstrahlungstemperatur T_g eines beliebigen Strahlers diejenige Temperatur darstellt, die ein schwarzer Körper haben müßte, um die gleiche Gesamtstrahlungsenergie auszusenden wie der zu messende Strahler. Nach dem KIRCHHOFFschen Strahlungsgesetz ist das Verhältnis der von einem nichtschwarzen Strahler ausgesandten Gesamtstrahlung zu der Gesamtstrahlung eines schwarzen Körpers gleicher wahrer Temperatur definiert als das „Gesamtemissionsvermögen"

$$e_g = \frac{T_g{}^4}{T^4}, \tag{55}$$

so daß die wahre Temperatur aus der Gesamtstrahlungstemperatur berechnet werden kann, wenn e_g bekannt ist:

$$T = \frac{T_g}{\sqrt[4]{e_g}}.$$ (56)

Abb. 119 zeigt den Zusammenhang zwischen der Gesamtstrahlungstemperatur und der wahren Temperatur bei verschiedenen Gesamtemissionsvermögen. Für blanke Metalle z. B., deren Gesamtemissionsvermögen sehr klein ist (Größenordnung 0,1), ergeben sich Differenzen von einigen Hundert Grad. Das dargestellte Schaubild ist natürlich nur streng gültig für einen schwarz absorbierenden Empfänger und schließt aus, daß absorbierende Medien (Fenstermaterial des Empfängers, Abbildungsoptik, absorbierende Gase wie etwa CO_2 und H_2O-Dampf) sich zwischen Strahler und Empfänger befinden. Für

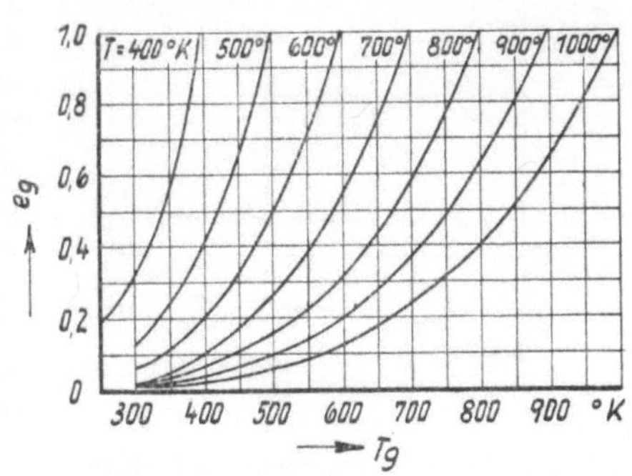

Abb. 119. Zusammenhang zwischen T_g, e_g und T

die praktische Ausführung von Gesamtstrahlungspyrometern indessen ist die Verwendung einer Abbildungsoptik unumgänglich, da die weitere Möglichkeit zur definierten Begrenzung des auffallenden Strahlenbündels, nämlich eine Anordnung von Blenden, nur für Laboratoriumsuntersuchungen einen ausreichenden Energiestrom gewährleistet. Für praktische Zwecke muß die Strahlungsenergie durch Hohlspiegel oder Linsen auf den Empfänger konzentriert werden. Ebenso ist die Verwendung geschlossener Empfänger (s. S. 151) im Hinblick auf eine Empfindlichkeitssteigerung, die dann eine robustere Anzeige- und Registriermöglichkeit bietet, als auch zur Vermeidung einer Verschmutzung des empfindlichen Empfängersystems erforderlich. Die relative Empfindlichkeit thermischer Strahlungsempfänger mit verschiedenen Verschlußplatten bzw. Gehäusematerialien ist als Funktion der Temperatur eines schwarzen Strahlers in *Abb. 120* dargestellt. Während die bis 20μ bzw. 10μ durchlässigen Steinsalzbzw. Flußspatfenster im gesamten Temperaturbereich eine erheblich größere Empfindlichkeit aufweisen als der hüllenlose Empfänger, bewirkt Glas wegen seiner schon im nahen Ultrarot (bei $\approx 3\mu$) einsetzenden Absorp-tion bei tieferen Temperaturen eine Empfindlichkeitsverminderung, die aber in dem Maße, wie der Hauptanteil der Strahlungsenergie mit zunehmender Temperatur nach kürzeren Wellenlängen verschoben wird, mehr und mehr zurückgeht, um bei noch höheren Temperaturen den Empfänger ohne Hülle weit zu übertreffen.

Den Vorteilen, die durch die geschilderten Methoden erzielt werden, stehen jedoch auch bedenkliche Nachteile gegenüber. Die Änderung der spektralen Zusammensetzung der Strahlung durch Einfügen optischer Medien in den Strahlengang bedingt, daß die Anzeige nicht mehr der 4. Potenz der absoluten Temperatur proportional ist und daß weiterhin keine einfachen und leicht übersehbaren Zusammenhänge mehr bestehen zwischen der Gesamtstrahlungstemperatur, dem Emissionsvermögen und der wahren Temperatur, wie sie durch *Abb. 119* gegeben sind. Welche Unterschiede sich zwischen der Gesamtstrahlungs- und der wahren Temperatur bei Verwendung eines Pyrometers mit Glas- bzw. Steinsalzlinse ergeben, zeigen die nachfolgend aufgeführten Werte für blankes Eisen,

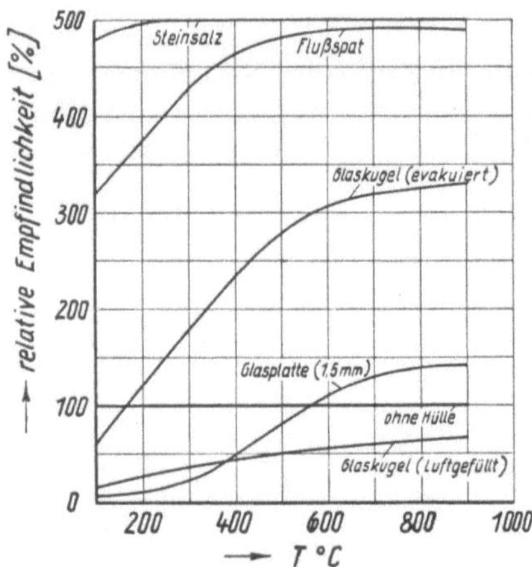

Abb. 120. Relative Empfindlichkeit thermischer Strahlungsempfänger in Abhängigkeit von der Temperatur

dessen Absorptionsvermögen im nahen Ultrarot mit abnehmender Wellenlänge immer mehr ansteigt. Mit zunehmender Temperatur werden diese Unterschiede natürlich geringer, da das Maximum der abgestrahlten Energie nach kürzeren Wellenlängen verschoben wird. Bei Verwendung von Hohlspiegeln mit Edelmetallbelag darf das wirkliche Gesamtemissionsvermögen zur Berechnung der wahren Temperatur aus T_g benutzt werden, da die Edelmetalle auch im nahen Ultrarot ein fast nichtselektives Verhalten zeigen.

Für Körper, die fast „schwarz" strahlen, kann dennoch die Gesamtstrahlungspyrometrie sehr dienlich sein, vor allem aber dann, wenn vor-

Tabelle 21

T (°C)	T_g		
	mit Glaslinse	mit Steinsalzlinse	ohne optisches Medium
600	530	480	450
700	650	610	540
800	765	720	650

nehmlich der Temperaturgang, d. h. der relative zeitliche Verlauf der Temperatur, interessiert. Die Gesamtstrahlungsmessung bietet den vor allem für industrielle Zwecke bedeutenden Vorteil einer einfachen Handhabung der Instrumente und leichten Registriermöglichkeit der Meßwerte.

Im Nachfolgenden seien nun die allgemeinen Typen der Gesamtstrahlungspyrometer beschrieben. Im wesentlichen unterscheiden sich die einzelnen Konstruktionsformen durch den benutzten Empfängertyp. Die ersten Gesamtstrahlungspyrometer sind von FÉRY angegeben worden, der auf jede Elektrik im Instrument verzichtet und die durch die Strahlungserwärmung verursachte Längenänderung einer geschwärzten Bimetallspirale zur Temperaturmessung ausnutzt. Die Bimetallspirale, die sich im Brennpunkt eines Hohlspiegels befindet, ist an einem Ende mit einem Zeiger verbunden, dessen Ausschläge vor einem schwarzen Strahler empirisch in Temperaturwerten geeicht werden.

Das Bolometerprinzip wurde im Pyrometer von HIRSCHSOHN-BRAUN angewendet. Zwei parallel liegende Metallrohre, die auf den anzumessenden Strahler gerichtet werden und von denen das eine auf der dem Strahler zugewandten Seite offen, das andere geschlossen ist, enthalten je zwei Nickelspiralen, die derart geschaltet sind, daß die beiden bestrahlten Spiralen und die beiden unbestrahlten in einer WHEATSTONEschen Brückenschaltung gegenüberliegen. Vor der Messung wird die Brücke auf Null abgeglichen, so daß bei Bestrahlung des geeichten Instrumentes die Temperatur unmittelbar an einem Galvanometer abgelesen werden kann. Das Instrument wurde ohne jegliche Optik konstruiert, so daß das T^4-Gesetz erfüllt ist. Die Anwendung des Bolometerprinzips in Gesamtstrahlungspyrometern dürfte in Zukunft eine erhebliche Ausweitung erfahren, da in den Thermistoren heute Empfänger zur Verfügung stehen, die praktisch trägheitslos arbeiten und deshalb ohne Schwierigkeiten in Verbindung mit Verstärkern als äußerst empfindliche Geräte ausgestaltet werden können. Ein kommerzielles Instrument mit Thermistoren liegt bis heute noch nicht vor.

Der meistverwendete Empfänger in Gesamtstrahlungspyrometern ist das Strahlungsthermoelement, das schon von FÉRY unter Benutzung eines vergoldeten Hohlspiegels angewendet wurde. Im Handel erhältliche technische Ausführungsformen sind das *Ardometer* von Siemens & Halske, das *Pyrradio* von Hartmann & Braun, die HASEschen Gesamtstrahlungspyrometer und das *Ardonox* von Siemens & Halske. Das Ardometer (s. *Abb. 121*) enthält ein

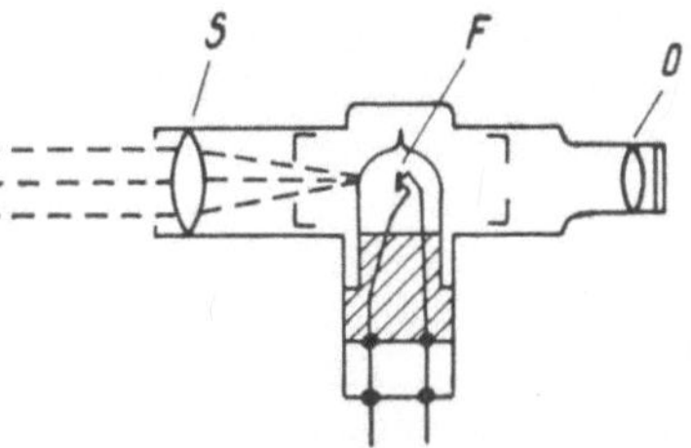

Abb. 121. Schematischer Aufbau des Ardometers

12*

Nickelchrom-Konstantan-Thermoelement mit zwei bis vier nebeneinanderliegenden, hintereinandergeschalteten Lötstellen, die ein einseitig geschwärztes Platinplättchen von 2–3 mm ⌀ tragen. Das Element befindet sich in einer evakuierten oder mit etwas Argon gefüllten Glasbirne. Zur Konzentrierung der Strahlung auf den Empfänger dient eine festangeordnete Sammellinse, so daß ein Strahler nur in einer bestimmten Entfernung scharf abgebildet wird. Die bei anderen Entfernungen bestehende Unschärfe bleibt unberücksichtigt. Durch das Okular O wird der Strahler anvisiert. Dabei ist darauf zu achten, daß das Empfängerplättchen voll ausgeleuchtet ist. Diese Bedingung ist bei der üblichen Konstruktionsform dann erfüllt, wenn der Abstand des Pyrometers vom Strahler nicht mehr als 20 mal größer ist als der Durchmesser des Strahlers. Die Thermokraft, die mit einem Zeigergalvanometer gemessen wird, beträgt bei 1500°C etwa 15 mV. Da die Strahlung etwa mit T^4 ansteigt, sind die Skalenstrich-Abstände am Ende der Skala weit größer als am Anfang. Der gesamte Meßbereich des Ardometers von 600–2000°C ist deshalb in fünf etwas sich überdeckende Meßbereiche unterteilt, eine Maßnahme, die durch stufenweises Einfügen von Blenden verwirklicht wird. Ausführliche Angaben über das Ardometer und die mit ihm erzielten Ergebnisse wurden von MIETHING angegeben.

Ähnlich gebaut ist das Pyrradio, das mit einer Temperaturkompensation versehen und bei Umgebungstemperaturen bis zu etwa 120°C verwendbar ist. Die HASEschen Strahlungsrohre zeichnen sich durch eine besonders hohe Thermokraft aus. So liefert das sehr handliche Gesamtstrahlungspyrometer *Pyro*, bei dem das Zeigerinstrument in das Pyrometergehäuse eingebaut ist, bei einer Temperatur von 1400°C eine Spannung von 62 mV. Andere Ausführungsformen, die den Anschluß eines Registrier- oder Regelgerätes erlauben, werden mit verschiedenen Meßbereichen bis über 2000°C geliefert. Das in neuerer Zeit entwickelte *Pyrola* ist ein tragbares Gerät, das – äußerlich dem *Pyro* ähnlich – einen Meßbereich von 50–500°C umfaßt. Eine weitere Neukonstruktion stellt das *Ardonox* (LIENEWEG u. SCHALLER) dar, das bis zum Eispunkt herunterreicht. Es enthält als Empfänger eine 23-fach-Thermosäule aus Nickelchrom-Konstantan-Bändern, auf die die Strahlung mit einem Hohlspiegel (Aluminiumschicht mit Quarzüberzug) konzentriert wird. Um eine Verschmutzung des Empfängers und störende Luftzirkulation zu vermeiden, ist das Instrument auf der dem Strahler zugewandten Seite durch eine ultrarotdurchlässige Kunsttoffolie abgeschlossen. Oberhalb 600°C ist die Thermospannung genügend groß, um unmittelbar ein Schreibgerät anschließen zu können. Bei niedrigen Temperaturen müssen zum Anschluß von Betriebsmeßinstrumenten und Schreibgeräten Verstärker zwischengeschaltet werden.

In den U.S.A. wird von Leeds & Northrup ein Gesamtstrahlungspyrometer unter der Bezeichnung *Rayotube* in den Handel gebracht. Als abbildendes System werden zwei Spiegel verwendet. Für Temperaturen bis herab auf 50°C kann ein von Honeywell-Brown gebautes und als *Low-Range-Radiamatic* bezeichnetes Thermoelementpyrometer verwendet werden. Der wirksame Spektralbereich von 0,3 bis 10μ ist durch die benutzte Flußspatlinse vorgegeben. Die Gehäusetemperatur wird durch einen Regler konstant gehalten.

Diese allgemeinen Typen der Gesamtstrahlungspyrometer werden häufig – in ihrer äußeren Ausgestaltung, nicht in ihrem prinzipiellen Aufbau abgewandelt – als festeingebaute und auf den jeweiligen Verwendungszweck stark zugeschnittene Instrumente in der industriellen Meßtechnik verwendet, so z. B. zur Temperaturüberwachung bei Wärmebehandlungen von Werkstoffen, beim Walzen [GUTHMANN (*f*)], zur Überwachung der Kuppeltemperatur von Winderhitzern [GUTHMANN (*d*)], zur Temperaturmessung im THOMAS-Konverter (GILLE u. WILLEMS) usw.

c) Teilstrahlungspyrometrie

Eine größere Bedeutung als die Messung der Gesamtstrahlungstemperatur besitzt die Temperaturbestimmung auf Grund einer Teilstrahlungsmessung in einem eng begrenzten Spektralbereich. Für genaueste Messungen im Laboratorium werden Instrumente benutzt, in denen eine spektrale Zerlegung der Strahlung mit Hilfe von Prismen vorgenommen wird; die für technische Zwecke konstruierten Geräte arbeiten mit spektraler Grobzerlegung durch Filter. Der Vorteil der Teilstrahlungspyrometrie beruht auf der weitgehenden Unabhängigkeit von der selektiven Absorption der Strahlung durch Gase und Dämpfe, da die Messungen in der Regel im sichtbaren Spektralgebiet durchgeführt werden. Ein Teilstrahlungspyrometer ist also eine Meßanordnung, die die Strahlungsdichte in einem engen Spektralbereich relativ zu der eines schwarzen Körpers zu bestimmen gestattet. Da für jeden realen Körper das Emissionsvermögen < 1 ist, weicht die so ermittelte Temperatur – sie wird als *schwarze Temperatur* bezeichnet – von der wahren Temperatur ab; sie ist immer niedriger. Die schwarze Temperatur S_λ eines beliebigen Strahlers bei der Wellenlänge λ gibt die Temperatur an, die ein schwarzer Körper haben müßte, um bei dieser Wellenlänge die gleiche Strahlungsenergie zu emittieren wie der zu messende Strahler. Nach dem KIRCHHOFFschen Strahlungsgesetz ist aber dieses Verhältnis gleich dem spektralen Emissionsvermögen, so daß im Gültigkeitsbereich der WIENschen Strahlungsgleichung

$$e_\lambda = \frac{E\,(\lambda,\,T)}{E_0\,(\lambda,\,T)} = e^{-\frac{c_2}{\lambda}\left(\frac{1}{S_\lambda}-\frac{1}{T}\right)} \tag{57}$$

ist. Für die wahre Temperatur folgt hieraus:

$$\frac{1}{T} = \frac{1}{S_\lambda} + \frac{\lambda}{c_2} \, ln \, e_\lambda \, . \tag{58}$$

Für λ ist der Wert der „wirksamen Wellenlänge" der benutzten Meßanordnung einzusetzen. Die Definition dieses Begriffes wird auf S. 202 gegeben.

Das in *Abb. 122* dargestellte Nomogramm nach EULER u. LUDWIG zeigt den Zusammenhang zwischen schwarzer Temperatur, spektralem Emissionsvermögen und wahrer Temperatur.

α) Photometrische Teilstrahlungspyrometer

Teilstrahlungspyrometer sind entweder photometrische oder energetische Strahlungsmeßgeräte. Die photometrischen Anordnungen unterscheiden sich durch das Prinzip, das zur photometrischen Helligkeitsabgleichung angewendet wird (s. auch S. 170).

Das *Pyrometer von* WANNER besitzt eine Polarisationseinrichtung zum Abgleich der Helligkeit des zu messenden Strahlers auf die Helligkeit einer bei konstanter Temperatur brennenden Glühlampe. Die Beobachtung findet mit spektral zerlegtem Licht statt. Die Wellenlänge ist jedoch nicht veränderlich, sondern bei den gebräuchlichen WANNER-Pyrometern fest auf den Wert der roten Wasserstofflinie ($\lambda = 0{,}656\mu$) eingestellt. Durch ein WOLLASTONsches Kalkspatprisma wird das spektral zerlegte Licht der beiden Lichtquellen – Vergleichslampe und Objekt – in einen ordentlichen und einen außerordentlichen Strahl aufgespalten, deren Polarisationsebenen senkrecht aufeinanderstehen. Die beiden Lichtquellen beleuchten je eine Gesichtsfeldhälfte, und zwar so, daß die beiden Hälften von Strahlen verschiedener Polarisationsebenen erhellt werden. Durch Drehen eines Analysators (NICOLsches Prisma) um den Winkel α können beide Hälften auf gleiche Helligkeit eingestellt werden. Das WANNER-Pyrometer hat den Vorzug einer genau definierten Temperaturskala, denn die Temperatur eines beliebigen Strahlers ist gegeben durch:

$$\frac{1}{T} = \frac{1}{T_0} - \frac{2\,\lambda}{c_2} \cdot ln \, tg \, \alpha \, .$$

Aus nur zwei empirisch vor dem schwarzen Körper zu bestimmenden Wertepaaren T und α können die beiden Konstanten dieser Gleichung $1/T_0$ (T_0 = Temperatur der Vergleichslichtquelle) und $2\lambda/c_2$ errechnet werden, so daß dadurch die Skala des Instrumentes festgelegt ist. Die Empfindlichkeit des WANNER-Pyrometers ist bei $\alpha = 45°$ am größten; sie nimmt mit steigender Temperatur stark ab. Aus diesem Grunde wird die Helligkeit der Vergleichslichtquelle auf diesen Winkel eingestellt. Bei höheren Temperaturen wird – um α nicht zu stark von $45°$ abweichen zu

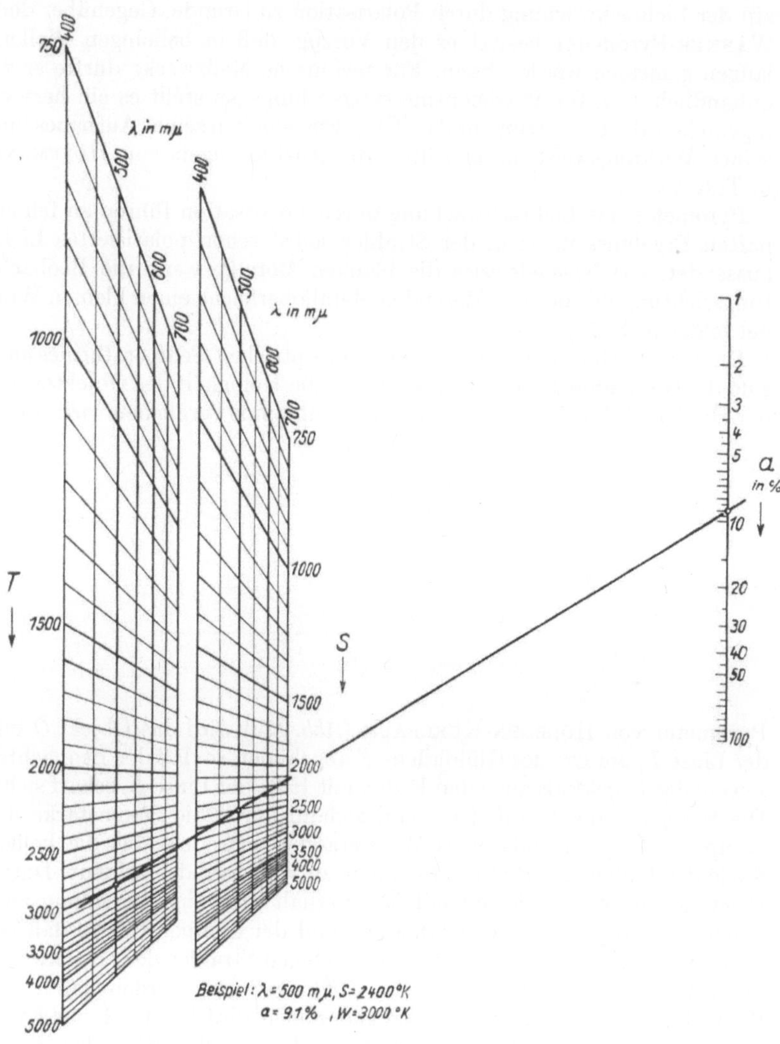

Abb. 122. Nomogramm für schwarze und wahre Temperatur $c_2 = 1{,}438\ \text{cm} \cdot \text{Grad}$
(nach EULER)

lassen – die Strahlung vor Eintritt in das Pyrometer durch ein Grauglas in meßbarer Weise geschwächt.

Dem *Spektralphotometer* von KÖNIG-MARTENS liegt ebenfalls das Prinzip der Lichtschwächung durch Polarisation zu Grunde. Gegenüber dem WANNER-Pyrometer besitzt es den Vorzug, daß in beliebigen Wellenlängen gemessen werden kann. Für technische Meßzwecke dürfte es zu unhandlich sein, für Präzisionsmessungen hingegen stellt es ein hervorragend bewährtes Instrument dar. Über Einzelheiten seines Aufbaues und seiner Wirkungsweise unterrichten die Ausführungen von HOFFMANN u. TINGWALDT.

Pyrometer mit Lichtschwächung durch Polarisation führen zu fehlerhaften Ergebnissen, wenn der Strahler selbst schon polarisiertes Licht aussendet, wie beispielsweise die blanken Metalle, wenn die Beobachtungsrichtung mit der emittierenden Metalloberfläche einen kleinen Winkel bildet (s. S. 78).

Die meistverbreiteten Instrumente zur optischen Temperaturmessung sind die Glühfaden-Pyrometer, bei denen die Helligkeit des Objektes mit der Helligkeit des Fadens einer kleinen Glühlampe verglichen wird. Beim

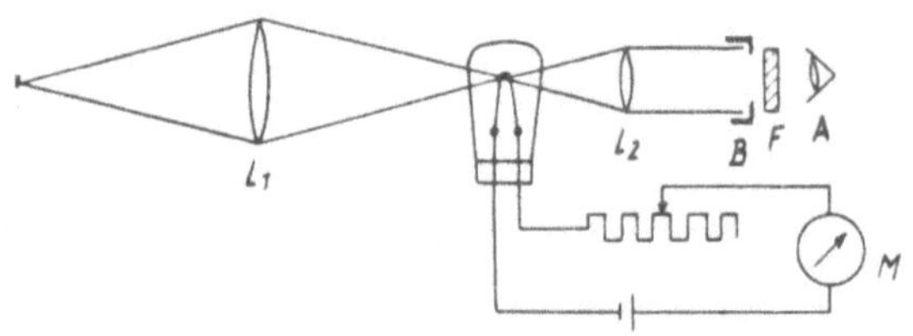

Abb. 123. Schema des Glühfadenpyrometers (nach HOLBORN-KURLBAUM)

Pyrometer von HOLBORN-KURLBAUM (*Abb. 123*) wird das Objekt O mit der Linse L_1 am Ort des Glühfadens F abgebildet, so daß der Beobachter sowohl das Objekt als auch den Faden mit Hilfe der Linse L_2 scharf sieht. Die Helligkeit des Glühfadens wird sodann durch die Stromstärke der Lampe so lange mittels eines Widerstandes verändert, bis die hellste Stelle des Fadens im Bild des Strahlers zu verschwinden scheint. Durch Eichung vor einem schwarzen Körper erhält man eine Beziehung zwischen der Stromstärke der Glühlampe und der Temperatur, so daß bei nachfolgenden Messungen an einem beliebigen Strahler dessen schwarze Temperatur aus der Beziehung $i = f(T)$ bestimmt werden kann. Die Wellenlänge, in der die Messung vorgenommen wird, ist durch das Farbglas G bestimmt, für das am häufigsten das Rotglas RG2 der Firma Schott & Gen. verwendet wird. Wenn auch das Maximum der Hellempfindlichkeit des Auges im Gelbgrünen liegt, so ist dennoch die Messung im Roten vorzuziehen, da die Strahlungsdichte im Langwelligen größer ist. Da das ausgefilterte Licht nicht streng monochromatisch ist, kann außerdem ein störender Farbunterschied zwischen der Vergleichs- lichtquelle und dem Strahler bestehen. Ein solcher Unterschied aber macht sich im Roten nur sehr geringfügig bemerkbar, da die Farbton- unterschiedsempfindlichkeit des Auges im Roten weit geringer ist als im Gelben oder Grünen. Grünfilter ergeben erst bei Strahlertemperaturen oberhalb 1100°C eine für die Messung ausreichende Helligkeit, während Rotfilter eine Ausdehnung des Meßbereiches bis hinab zu 800°C ermög- lichen. Zwischen 600 und 800°C wird ohne Zwischenschalten eines Filters gemessen. Die im Pyrometer verwendeten Glühlampen haben eine meist konische Form, um störende Reflexe zu vermeiden, die den Glühfaden doppelt erscheinen lassen können. Die Lampen werden höchstens so stark belastet, daß sie mit einer Temperatur von 1500°C brennen, da bei noch höheren Fadentemperaturen die Gefahr ständiger Veränderungen durch Verdampfung usw. besteht. Für Messungen bei höheren Tempe- raturen als 1500°C werden neutralgraue Gläser vorgeschaltet. Die Ein- stellung auf möglichst völliges Verschwinden des Glühfadens im Bild des Strahlers erfordert die Einhaltung gewisser Bedingungen. Eine der wichtigsten Forderungen ist das richtige Verhältnis der Öffnungswinkel des Objektivs zu dem des Okulars und zum Fadendurchmesser. Ist der Öffnungswinkel des Objektivs zu klein, so tritt eine dunkle, ist er zu groß, so tritt eine helle Begrenzungslinie des Glühfadens auf. Das Auf- treten heller und dunkler Ränder ist weiterhin auf die Nichtgültigkeit des LAMBERTschen Cosinusgesetzes für den metallischen Glühfaden zurück- zuführen. Nach RIBAUD und EULER (d) kann die Einstellgenauigkeit bei Präzisionsmessungen durch Ausnutzung einer gewissen Kontrast- wirkung gesteigert werden, die z. B. dadurch erzielt wird, daß eine Glas- platte zwischen Strahler und Objektiv eingeschoben und der Glüh- lampenstrom so gewählt wird, daß der Faden ohne Glasplatte im Strah- lengang ebenso viel zu dunkel wie mit Glasplatte zu hell erscheint. Han- delsübliche Geräte nach dem Prinzip von HOLBORN und KURLBAUM sind das *Pyropto* von Hartmann & Braun und ein Instrument von Siemens & Halske. Vom Pyrowerk (Hannover) wird ein *Graukeil-Glühfadenpyro- meter (Optix)* in den Handel gebracht, bei dem die Vergleichslampe mit konstanter Temperatur brennt. Durch Verschieben eines Graukeiles zwi- schen Objektiv und Glühfaden werden die Flächenhelligkeiten des Strah- lers und der Lampe aufeinander abgeglichen. Der Stellung des Graukeiles entspricht dann eine bestimmte Temperatur. Der Lampenstrom muß vor der Messung sorgfältig auf seinen Sollwert eingestellt werden. Ein Strom- Meßinstrument ist überflüssig bei einer anderen Form des Glühfaden- Pyrometers, dem *Kreuzfadenpyrometer* (GRÜSS u. HAASE) (Siemens & Halske). Die Vergleichslampe enthält zwei gekreuzte Fäden von unglei- chen Abmessungen, die nacheinander vom Strom durchflossen werden.

Wegen der ungleichen Dimensionen der Fäden werden sie bei steigendem Heizstrom unterschiedlich erhitzt. Für eine ganz bestimmte Stromstärke indessen sind beide Fäden an der Kreuzungsstelle gleich hell. Vor der Messung wird diese Stromstärke durch einen Drehwiderstand eingeregelt und alsdann der optische Abgleich zwischen Kreuzfaden und Strahler mit einem Graukeil vorgenommen.

Zur Temperaturmessung an sehr kleinen Gegenständen, z. B. Bohrlöchern oder Glühfäden, sind *Mikropyrometer* entwickelt worden. Ein Präzisionsgerät dieser Art – von HENNING entwickelt – wird von Schmidt & Haensch, Berlin, in den Handel gebracht. Durch Vorsatzlinsen kann eine 20fache lineare Vergrößerung erzielt werden, während die üblichen Glühfadenpyrometer eine 3fache Vergrößerung aufweisen. Eine Fläche von 1 cm² im Abstand von 5 m reicht für eine genügende Ausleuchtung des Gesichtsfeldes noch aus. Durch Vorschalten eines Grauglases kann der Meßbereich von 1500 bis 1900°C, durch zwei bzw. drei Graugläser bis etwa 2600 bzw. 3800°C erweitert werden. Für Messungen in verschiedenen Spektralbereichen können verschiedene Filter in den Strahlengang eingefügt werden. Bei höheren Ansprüchen an die spektrale Reinheit des Lichtes kann an Stelle des Okulars ein Okularmonochromator in das Gerät eingesetzt werden. Ein weiteres Mikropyrometer wird vom Pyrowerk, Hannover, hergestellt.

Die Glühfadenpyrometer sind Meßgeräte mit sehr großer instrumenteller Genauigkeit. Die visuelle Einstellgenauigkeit für Präzisions- und technische Instrumente nach HOLBORN-KURLBAUM und für Pyrometer mit Graukeilabgleich zeigt *Abb. 124* nach Untersuchungen von JAGERSBERGER. Eine weitere eingehende Darstellung der Meßgenauigkeit mit Glühfadenpyrometern stammt von EULER (*d*).

Die Forderungen nach hohen Meßgenauigkeiten bei den Fadenpyrometern stellen auch hohe Ansprüche an die Strommeßgeräte, die im allgemeinen bei tragbaren Geräten nicht erfüllbar sind. Beträgt z. B. der maximale Lampenstrom 0,3 A, so ist für eine Temperaturänderung von 1° eine Stromänderung von etwa $^1/_3$ mA zu erwarten. Die Messung einer Temperaturänderung von 1° erfordert somit eine Strommessung, die auf $1^0/_{00}$ genau ist. Da große Teile der Skala aber gar nicht benutzt werden, sind oftmals Kunstschaltungen angewendet worden (unterdrückter Nullpunkt usw.), die sich jedoch nicht durchzusetzen vermochten. In mehreren Arbeiten sind deshalb kompensatorartige Potentiometer mit empfindlicher Nullanzeige auch für technische Instrumente vorgeschlagen worden (FRASER).

Zur Erweiterung des Meßbereiches der visuellen Teilstrahlungspyrometer nach tieferen Temperaturen wurde von EULER (*c*) ein Instrument angegeben, das ohne Rotfilter mit einem beleuchteten Papierstreifen als Vergleichslichtquelle arbeitet (*Abb. 125*). Das Objektiv *O* entwirft ein reelles Bild in der Ebene des Papierstreifens P, das mit dem Okular Q betrachtet wird. Die Vergleichslampe V beleuchtet ohne jede Optik

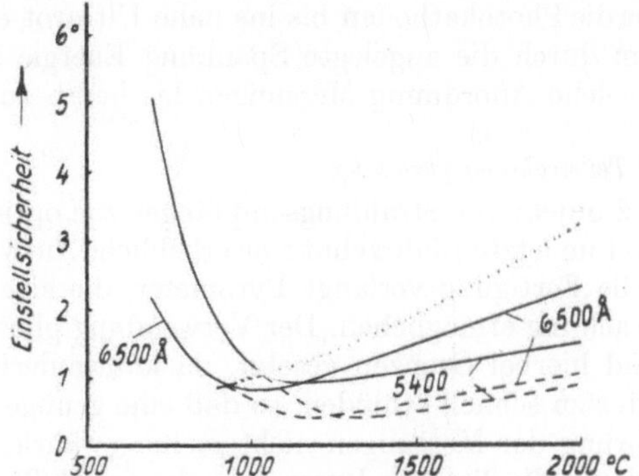

Abb. 124. Visuelle Einstellgenauigkeit von Glühfadenpyrometern. – Punktiert = Pyrometer mit Graukeilabgleich. – Ausgezogen = technische Pyrometer nach HOLBORN-KURLBAUM. – Gestrichelt = Präzisionspyrometer nach HOLBORN-KURLBAUM (nach JAGERSBERGER)

durch ein Filter F, das die Farbtemperatur herabsetzt, den Papierstreifen. Der Fangkasten K nimmt das Streulicht auf, das an dem Papierstreifen vorbeigeht. Das Instrument soll sich gut bewährt haben. Den gleichen Zweck streben die Anordnungen von BARBER u. PYAT und von PRATT an, die einen Bildwandler benutzen. Auf dessen Photokathode wird durch eine Linse ein reelles Bild des Strahlers und einer Vergleichslichtquelle entworfen. Die von der Photokathode ausgehenden Elektronen werden

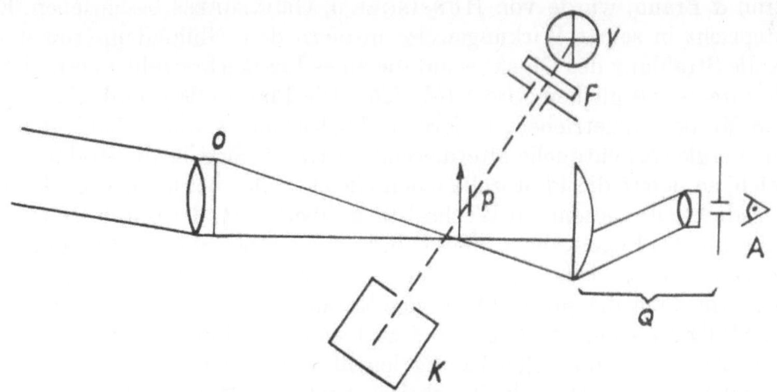

Abb. 125. Papierstreifenpyrometer (nach EULER)

mit Hilfe elektronenoptischer Linsensysteme beschleunigt und gesammelt, so daß ein an der Stelle des entstehenden Elektronenbildes befindlicher Leuchtschirm das Elektronenbild der beleuchteten Photokathode sichtbar macht. Da die Photokathoden bis ins nahe Ultrarot empfindlich sind und außerdem durch die angelegte Spannung Energie zugeführt wird, erlaubt eine solche Anordnung Messungen bis herab zu etwa 400°C.

β) Energetische Teilstrahlungspyrometer

Der Einsatz objektiver Strahlungsempfänger zur optischen Temperaturmessung hat im letzten Jahrzehnt eine erhebliche Ausweitung erfahren. Die industrielle Fertigung verlangt Pyrometer, die eine laufende Temperaturüberwachung ermöglichen. Der Verwendung photometrischer Instrumente sind hierbei Grenzen gesetzt, da kontinuierliche Messungen den Beobachter zu schnell ermüden, so daß eine genügende Sorgfalt bei der Durchführung der Messungen nicht mehr gewährleistet ist. Außerdem aber verlangt die Technik Pyrometer, die der Meßtemperatur nahezu trägheitslos folgen, die weiterhin eine Registrierung der Meßwerte und darüber hinaus in vielen Fällen eine Regelmöglichkeit gestatten. Für solche Pyrometer nun bieten sich die photoelektrischen Empfänger an, die aber andererseits auch manche Fehlermöglichkeiten aufweisen. Diese Fehlerquellen liegen einmal in den Empfängern selbst begründet (s. S. 157), zum anderen in den oftmals erforderlichen Verstärkerschaltungen. Aus energetischen Gründen können meist keine strengen Filter vor den Empfängern angeordnet werden, so daß die Meßergebnisse allein dadurch mit einem mehr oder weniger großen Fehler behaftet sein können. In keinem Falle wird die hohe Einstellgenauigkeit der subjektiven Pyrometer erreicht.

Ein kommerzielles Photozellen-Pyrometer, das „Milliskop" von Hartmann & Braun, wurde von HUNSINGER u. GRÖNEGRESS beschrieben. Es entspricht in seiner Wirkungsweise insofern dem Glühfadenpyrometer, als die Strahlung des Objektes auf die eines Vergleichsstrahlers mit einer Photozelle abgeglichen wird (*Abb. 126*). Die Photozelle f wird über eine vom Motor h angetriebene rotierende Lochscheibe e von Meßobjekt und von Vergleichslichtquelle alternierend bestrahlt. Sind beide Strahlungen gleich, so liefert die Photozelle einen Gleichstrom; bei ungleicher Strahlungsdichte ist diesem ein Wechselstrom überlagert, der durch eine Veränderung des Regelwiderstandes o, d. h. durch Änderung der Strahlungsdichte der Vergleichslampe, wieder aufgehoben werden kann. Als Nullindikator dient das phasenabhängige Nullinstrument m, das eine Unterscheidung zwischen zu großer und zu kleiner Strahlungsdichte der Vergleichslampe erlaubt. Gleichzeitig leuchtet dann eine grüne bzw. rote Signallampe auf. Das Gerät arbeitet praktisch trägheitslos; seine im wesentlichen durch das Anzeigegerät bedingte Einstellzeit ist so kurz,

daß Erhitzungsgeschwindigkeiten von 1000°/sec noch erfaßt werden kön-
nen. Der übliche Meßbereich von 500–1000°C kann auf höhere und tiefere
Temperaturen (bis 200°C) ausgedehnt werden. In 70 cm Abstand ist eine
Strahlerfläche von 15 mm Durchmesser, in 30 cm eine solche von 5–6 mm

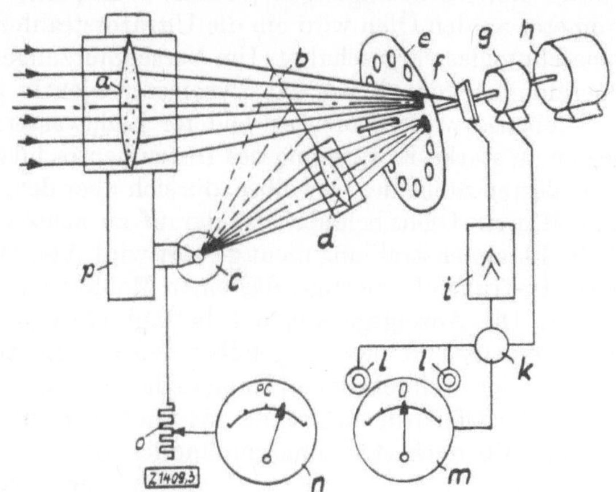

Abb. 126. Fotozellen-Pyrometer „Milliskop" (nach HUNSINGER u. GRÖNEGRESS)

zur Ausführung einer Messung ausreichend. Ein unmittelbarer Anschluß
des Milliskops an das Wechselstromnetz ist nicht möglich, da der Lampen-
strom sich dauernd im Takt der Netzspannungsschwankungen ändert.
Aus diesem Grunde erfordert das Gerät einen Spannungsgleichhalter.
Das Gerät wird vornehmlich zur Temperaturmessung beim Härten,
Walzen und Schmieden von Werkstücken angewendet.

Die zumeist in der industriellen Meßtechnik eingesetzten Teilstrahlungspyrometer mit lichtelektrischen Empfängern arbeiten ohne Vergleichsstrahler. Es wird in einfacher Weise direkt die Strahlungsdichte
im jeweils wirksamen Wellenlängenbereich gemessen, nachdem die Pyrometer vor einem schwarzen Körper mit bekannten Temperaturen geeicht
worden sind. Eine weite Verbreitung haben die Photoelement-Pyrometer
gefunden. Ihr Aufbau entspricht weitgehend dem der Gesamtstrahlungspyrometer. Der zu messende Strahler wird durch eine Linse auf dem
Photoelement abgebildet. Zum Anvisieren der Meßstelle kann der Empfänger herausgeklappt werden. Die Geräte haben sich zur Überwachung
der Gewölbetemperaturen bei SIEMENS-MARTIN- und Elektroöfen, wie
Untersuchungen in England, den U.S.A. und Deutschland gezeigt haben
[GUTHMANN u. Mitarb. (e); LAND], gut bewährt. Eine solche Temperaturüberwachung ist aus wirtschaftlichen Gründen geboten, da einmal
– um eine große Schmelzleistung zu erzielen – der Ofen möglichst

heiß gefahren werden soll, andererseits aber der Schmelzpunkt der feuerfesten Steine nicht erreicht werden darf. Der Verbrauch an feuerfesten Steinen konnte auf diese Weise z. T. erheblich gesenkt werden. Außerdem gestattet die Gewölbetemperaturmessung eine Gütebeurteilung der feuerfesten Steine unter Betriebsbedingungen (SPEITH u. ENGELS). Bei Einbau dieser Pyrometer an den Öfen wird ein die Ultrarotstrahlung absorbierendes Wärmeschutzglas vorgeschaltet. Um Verschmutzungen zu vermeiden, wird gereinigte Preßluft vor das Pyrometerobjektiv geblasen, die gleichzeitig – ebenso wie ein oft verwendeter Kühlwassermantel – einen Schutz gegen zu starke Erwärmung des Instrumentes bildet. Beim Anvisieren der heißesten Stelle des Gewölbes, die sich über dem Abstichloch des SIEMENS-MARTIN-Ofens befindet, ist darauf zu achten, daß die Messung durch die Flammenstrahlung nicht gestört wird. Von Hartmann & Braun wird ein Instrument gefertigt, das einen Meßbereich von 1300 bis 1750°C besitzt. Die Anzeigegenauigkeit beträgt etwa $\pm\,10°$. Der Vorteil der Photoelement-Pyrometer gegenüber den Gesamtstrahlungspyrometern liegt in der weitgehenden Unabhängigkeit vom CO_2- und H_2O-Dampf-Gehalt der Ofenatmosphäre, da das Photoelement lediglich im sichtbaren Spektralbereich strahlungsempfindlich ist.

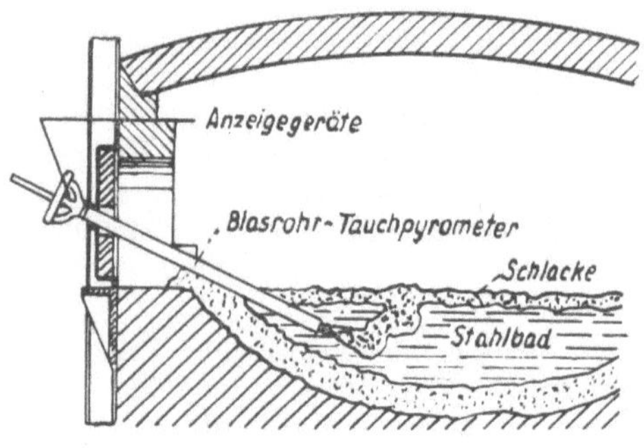

Abb. 127. Optisches Tauchpyrometer (nach GUTHMANN)

Auch zur Temperaturmessung von flüssigem Stahl in Schmelzöfen sind Teilstrahlungspyrometer mit lichtelektrischen Empfängern angewendet worden. Besonders in den U.S.A. hat das optische Tauchpyrometer mit Photozelle im letzten Jahrzehnt eine ziemliche Verbreitung gefunden [GUTHMANN (c)] (*Abb. 127*). Beim Eintauchen eines Rohres in das Metallbad wird gleichzeitig Preßluft oder besser Stickstoff eingeblasen, so daß sich im Bad ein Hohlraum ausbildet, dessen Innenfläche auf einer Photozelle, die sich vor dem Preßluftanschluß befindet, abgebildet wird. Die Preßluftblase aber bildet keinen genügend großen Hohlraum, um den Zustand praktisch schwarzer Strahlung zu erreichen, so daß keine wahre Temperatur ermittelt wird. Die unsichere Kenntnis des Emissionsvermögens unter diesen Meßbedingungen hat im Gegenteil nach neueren amerikanischen Veröffentlichungen dazu geführt, daß man das Eintauch-Thermoelement diesem optischen Meßverfahren vorzieht.

Schnell anzeigende Pyrometer mit Halbleiterzellen (PbS) wurden von LEE u. PARKER und von MARSHALL beschrieben. EULER benutzt ein Pyrometer mit Sekundärelektronenvervielfachern zur Messung sehr kleiner Temperaturdifferenzen. Für Absolutmessungen ist es wegen des schwankenden Verstärkungsgrades nicht geeignet. STRONG gibt ein im Ultrarot arbeitendes Teilstrahlungspyrometer mit thermischem Empfänger an für den Bereich von — 100 bis + 100°C. Er benutzt die Reststrahlen von Quarz (9 μ), Apophyllit (9,7 μ) und Karborund (12 μ) (s. S.107). Die Temperaturmessungen sind auf 0,1° genau. Nullpunktschwankungen werden durch sorgfältige thermische Isolierung so weitgehend ausgeschaltet, daß selbst in der Sonne gemessen werden kann. Die Verwendung dieser Reststrahlen hat den Vorteil der Unabhängigkeit von der Kohlensäureabsorption der Atmosphäre.

d) Farbpyrometrie

Aus der Tatsache, daß ein erhitzter Körper mit zunehmender Temperatur neben Helligkeitsänderungen auch Farbänderungen aufweist, wurde ein weiteres optisches Temperaturmeßverfahren abgeleitet: die Farbpyrometrie. Während durch das unsichere Abschätzen der Farbe selbst beim geübten Beobachter die Temperaturangaben mit Fehlern von mehr als hundert Grad behaftet sind, wurde durch die Methode eines Farbvergleichs zwischen dem zu messenden Strahler und einem schwarzen Körper ein Weg beschritten, der heute zu den sichersten Meßergebnissen führt. Zunächst erscheint es dem Auge, als ob die auftretenden Farbänderungen nicht sehr groß sind; die Erfahrung hat jedoch gelehrt, daß die Farbtonunterschiedsempfindlichkeit des Auges überraschend groß ist und ausreicht, die Temperaturen zweier Strahler auf Grund ihrer Farbe mit nahezu derselben Genauigkeit vergleichen zu können wie auf Grund ihrer Helligkeiten. Voraussetzung dabei ist indessen, daß beide Strahlungen unter denselben Bedingungen, insbesondere mit derselben Helligkeit, dem Auge dargeboten werden. Während PRIEST angibt, daß das Auge imstande ist, Farbunterschiede wahrzunehmen, die einem Temperaturunterschied von etwa 1° entsprechen, kommt HAASE zu etwas höheren Werten (1–10°). Die Farbtonunterschiedsempfindlichkeit ist dabei von der Wellenlänge, der Helligkeit und der Sättigung abhängig.

Wird die Farbe eines Temperaturstrahlers an die eines schwarzen Strahlers angeglichen, so erhält man eine Temperaturangabe, die als „Farbtemperatur" bezeichnet wird. Sie ist also diejenige Temperatur eines schwarzen Körpers, bei der seine Strahlung den gleichen Farbeindruck im Auge hervorruft wie die Strahlung des zu messenden Körpers.

Die Methode der Farbangleichung besteht nun darin, daß die beiden Strahlungen sowohl auf gleiche Helligkeit als auch auf gleichen Farbeindruck gebracht werden. Für die erste Bedingung bestehen˙zahlreiche in Abschnitt III. 1. d beschriebene Verfahren. Eine definierte Änderung der spektralen Zusammensetzung des Lichtes läßt sich durch Regelung der Stromstärke einer Vergleichslampe, die an den schwarzen Körper angeschlossen ist, erzielen (HYDE, CADY u. FORSYTHE) oder nach einem weiteren, in der Astrophysik mit Erfolg angewendeten Verfahren: der Ausnutzung der Rotationsdispersion des Quarzes. Diese besteht darin, daß durch den Quarz die Polarisationsebene des Lichtes für verschiedene Wellenlängen verschieden stark gedreht wird, so daß man nach Analysierung des Lichtes durch ein zweites Polarisationsprisma je nach der Dicke der Quarzschicht sehr verschiedene Farben erhält. Dieses Prinzip – von HELMHOLTZ in dem von ihm konstruierten *Leukoskop* und von ARONS im sog. *Chromoskop* angewendet – erlangte praktische Bedeutung zur Farbtemperaturmessung durch die Weiterentwicklung von PRIEST.

Dieser Methode der Farbtemperaturmessung und der oben gegebenen Definition der Farbtemperatur haftet aber ein großer Mangel an. Der unmittelbare Farbvergleich läßt keinen eindeutigen Schluß auf die spektrale Energieverteilung des Strahlers zu, da der Farbeindruck des Auges durch die relative Erregung von drei „Grundempfindungen" bestimmt wird (s. Abschn. III. 1. d). Die auf diese Weise ermittelte „psychologische Farbtemperatur" liefert zwar ein richtiges Ergebnis, wenn vorausgesetzt werden darf, daß der zu untersuchende Strahler eine dem WIENschen Gesetz entsprechende Energieverteilung aufweist. Gerade in der Tatsache, daß bei einem „grauen" Strahler – unabhängig von der absoluten Leuchtdichte – die Farbtemperatur gleich der wahren Temperatur ist, liegt ja der große Vorteil der farbpyrometrischen Messung gegenüber dem Gesamt- und Teilstrahlungspyrometer. Indessen hat es sich gezeigt, daß durch Einführung einer rein physikalischen Definition der Farbtemperatur ein Schritt getan wurde, der sich als sehr fruchtbar erwiesen hat insofern, als er die Zusammenhänge zwischen Farbtemperatur F, wahrer Temperatur T und spektraler Energieverteilung in rechnerisch übersichtlicher Weise zu erfassen gestattet. Die Definition der Farbtemperatur in physikalisch präzisierter Fassung bestimmt die Farbtemperatur F als diejenige Temperatur eines schwarzen Körpers, bei der seine relative spektrale Energieverteilung mit der des betreffenden Strahlers übereinstimmt, d. h. daß die Strahlungsdichte des Strahlers in allen Wellenlängen proportional der eines schwarzen Körpers ist.

Die mathematische Formulierung dieser Definition ist dadurch gegeben, daß das Verhältnis der Strahlungsdichten eines schwarzen Körpers $E_0(\lambda_1, F) : E_0(\lambda_2, F)$ in zwei verschiedenen Wellenlängen gleich ist dem Strahlungsdichtenverhältnis $E(\lambda_1, T) : E(\lambda_2, T)$ des untersuchten Strahlers bei denselben Wellenlängen. Führt man die schwarze Temperatur ein, so ergibt sich nach dem KIRCHHOFFschen Gesetz

$$\frac{E\,(\lambda_2,\,T)}{E\,(\lambda_1,\,T)} = \frac{E_0\,(\lambda_2,\,S_2)}{E_0\,(\lambda_1,\,S_1)} = \frac{E_0\,(\lambda_2,\,F)}{E_0\,(\lambda_1,\,F)} \tag{59}$$

und in Verbindung mit dem WIENschen Strahlungsgesetz die Definitionsgleichung für die Farbtemperatur

$$\frac{1}{F} = \frac{\dfrac{1}{\lambda_2\,S_2} - \dfrac{1}{\lambda_1\,S_1}}{\dfrac{1}{\lambda_2} - \dfrac{1}{\lambda_1}}\,. \tag{60}$$

Die so definierte Farbtemperatur ist im Falle „schwarzer" oder „grauer" Strahlung unabhängig von der Wahl der beiden Wellenlängen. Wie in Teil II dargelegt, zeigen jedoch alle realen Stoffe mehr oder weniger große Abweichungen. Die Angabe der Farbtemperatur erfordert deshalb der Eindeutigkeit wegen eine zusätzliche Angabe der beiden Wellenlängen, in denen die Messung vorgenommen wurde. Zur Kennzeichnung dieser Abweichungen dient das „Farbemissionsvermögen" ε_F, das das Verhältnis der Strahlungsdichte eines schwarzen Körpers gleicher Farbtemperatur bei derselben Wellenlänge bestimmt:

$$\varepsilon_F = e^{\frac{c_2}{\lambda}\left(\frac{1}{F} - \frac{1}{S}\right)}\,. \tag{61}$$

In Analogie zur Gl. (58) ergibt sich hieraus

$$\frac{1}{S_\lambda} = \frac{1}{F} + \frac{\lambda}{c_2}\,\ln\frac{1}{\varepsilon_F}\,. \tag{62}$$

Die meisten Metalle besitzen ein Emissionsvermögen, das mit abnehmender Wellenlänge ansteigt, so daß eine zu hohe Farbtemperatur ermittelt wird. In *Tab. 22* sind nach Messungen von FORSYTHE u. WORTHING die Emissionsvermögen und Pseudotemperaturen von Wolfram dargestellt. Bis etwa 2000°K betragen die Abweichungen der Farbtemperatur von den wahren nicht mehr als etwa 1,5%. Für andere Metalle können die Unterschiede nach den in Abschn. II. 3 mitgeteilten Werten abgeschätzt bzw. berechnet werden.

Ist eine sinnvolle Angabe einer Farbtemperatur infolge zu großer Selektivität des Strahlers nicht mehr möglich, so ist die Einführung einer differentiellen Farbtemperatur (HENNING) zweckmäßig. Die differentielle Farbtemperatur beschränkt sich auf ein sehr kleines Wellenlängenintervall und ist definiert als die Temperatur eines schwarzen Körpers, dessen relative spektrale Energieverteilung mit der des Strahlers in der nächsten Umgebung einer bestimmten Wellenlänge übereinstimmt. Mathematisch

Tabelle 22. Strahlungseigenschaften von Wolfram

T	Emissionsvermögen $e_{\lambda,T}$		Schwarze Temperatur S		Farbtemperatur F	Farbemissionsvermögen ε_F
	$\lambda = 665\,\mathrm{m}\mu$	$\lambda = 467\,\mathrm{m}\mu$	$\lambda = 665\,\mathrm{m}\mu$	$\lambda = 467\,\mathrm{m}\mu$		
1000	0,456	0,486	965	977	1007	0,392
1500	0,445	0,476	1420	1477	1517	0,380
2000	0,435	0,469	1856	1906	2034	0,364
2500	0,425	0,462	2274	2352	2559	0,349
3000	0,415	0,455	2673	2785	3094	0,334
3500	0,405	0,449	3052	3207	3644	0,318

ist sie dadurch definiert, daß der Differenzenquotient in der Definitionsgleichung (60) durch den Differentialquotienten ersetzt wird:

$$\frac{1}{F} = \frac{d\left(\frac{1}{\lambda S}\right)}{d\left(\frac{1}{\lambda}\right)}. \tag{63}$$

Trägt man $\frac{1}{\lambda S}$ über $\frac{1}{\lambda}$ auf, so ergibt sich für den Fall einer WIENschen Energieverteilung eine Gerade, deren Neigung $\frac{1}{F}$ ist. Für nicht „graue" Strahler erhält man oftmals gekrümmte Linien, die sich gut durch eine Gleichung 2. Grades beschreiben lassen:

$$\frac{1}{\lambda S} = p + q\,\frac{1}{\lambda} + \frac{r}{2}\left(\frac{1}{\lambda}\right)^2,$$

so daß dann

$$\frac{1}{F} = q + r\,\frac{1}{\lambda} \tag{64}$$

ist.

Neben den Methoden, aus Messungen der spektralen Energieverteilung mit Hilfe von Spektralapparaten, die hier nicht näher beschrieben werden sollen, die Farbtemperatur zu ermitteln, zeigt die Hauptgleichung der Farbtemperatur (Gl. 60) die Möglichkeit auf, die Farbtemperatur aus zwei schwarzen Temperaturen bei zwei verschiedenen Wellenlängen zu berechnen. Ein hierfür von EULER aufgestelltes Nomogramm ist in *Abb. 128* dargestellt. Wird die schwarze Temperatur mit einem Glühfadenpyrometer zunächst im Roten und anschließend im Grünen bzw. Blauen gemessen, so ergibt sich nach den auf S. 187 mitgeteilten Werten über die Genauigkeit der Helligkeitsabgleichung auf Grund der Gl. (60) eine Vervielfachung des Fehlers in der Farbtemperaturbestimmung. Der Fehler beträgt nahezu 1%. Zu diesen rein instrumentellen Fehlern tritt

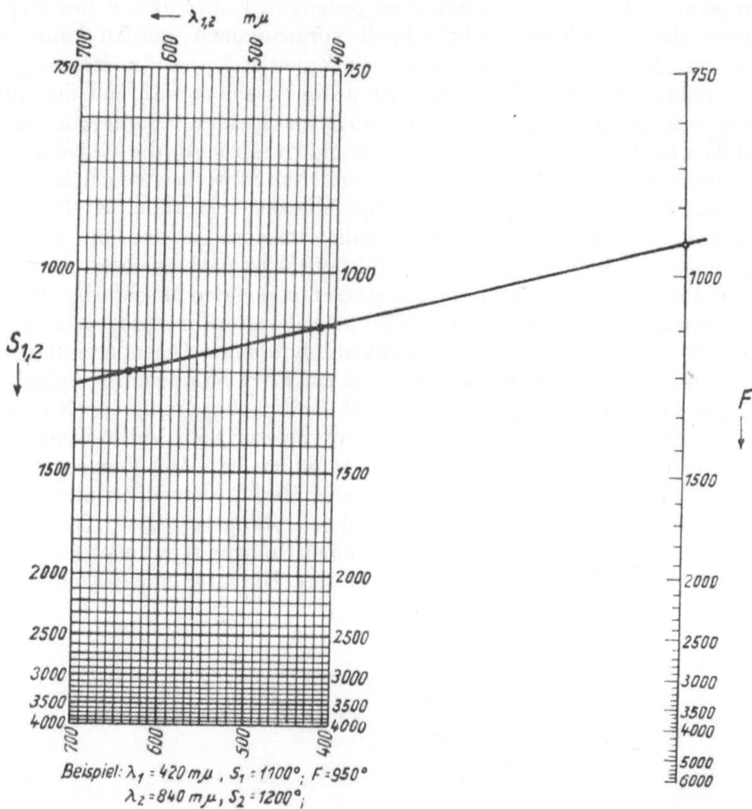

Abb. 128. Nomogramm für zwei schwarze Temperaturen und Farbtemperatur nach der WIENschen Strahlungsgleichung, $c_2 = 1{,}438$ cm · Grad (nach EULER)

die nicht exakte Kenntnis der beiden Wellenlängen, da die zur Berechnung dienenden „wirksamen Wellenlängen" der Filter von der spektralen Energieverteilung des Strahlers beeinflußt werden (s. S. 202).

Eine unmittelbare Ablesung der Farbtemperatur gestattet das Glühfadenfarbpyrometer (JAGERSBERGER u. LIENEWEG), das mit einem umschaltbaren Rot-Grün-Filter ausgerüstet ist. Der Helligkeitsabgleich erfolgt bei der ersten Wellenlänge mit Hilfe eines Graukeiles, dessen Stellung ein Maß für die in dieser Wellenlänge ermittelte schwarze Temperatur ist. Nach Einklappen des anderen Farbfilters an Stelle des ersten wird mit einem zweiten zusätzlich einzufügenden Graukeil ein erneuter Abgleich vorgenommen. Seine Stellung ist dann ein Maß für die Farbtemperatur. Wenn auch durch eine geeignete Konstruktion des Pyrometers das Umschalten sehr schnell vorgenommen werden kann, so bestehen dennoch Bedenken gegen die Zuverlässigkeit der Messungen, da – neben einer möglichen Änderung des Strahlers während der aufeinanderfolgenden Messungen – das Auge durch einen voraufgegangenen farbigen Lichteindruck eine „Umstimmung" erfährt, die die Meßgenauigkeit beim folgenden Abgleich in einer anderen Farbe beeinträchtigt.

Dieser Nachteil wird bei einem von NAESER verwirklichten Prinzip, das auf einer Farbangleichung beruht, insofern vermieden, als die Messungen in den beiden Wellenbereichen nicht nacheinander, sondern in der aus den beiden Farbkomponenten entstehenden Mischfarbe gleichzeitig ausgeführt werden. Die zunächst im Laboratorium erzielten brauchbaren Ergebnisse, die mit einem Spektralphotometer besonderer Bauart gewonnen wurden [NAESER (a)], führten zur Entwicklung eines einfacheren, mit Lichtfiltern ausgestatteten Farb-Helligkeitspyrometers [NAESER (b)], das als einziges kommerzielles Farbpyrometer weite Verbreitung und zahlreiche Anwendungsmöglichkeiten gefunden hat. Die Firmen Pyrowerk, Hannover, und Schmidt & Haensch, Berlin, vertreiben dieses Instrument unter den Handelsbezeichnungen „Bioptix" bzw. „Tricolor".

Aufbau und Wirkungsweise des Farb-Helligkeitspyrometers nach NAESER seien an Hand der *Abb. 129* erläutert. Die Strahlung des Objektes

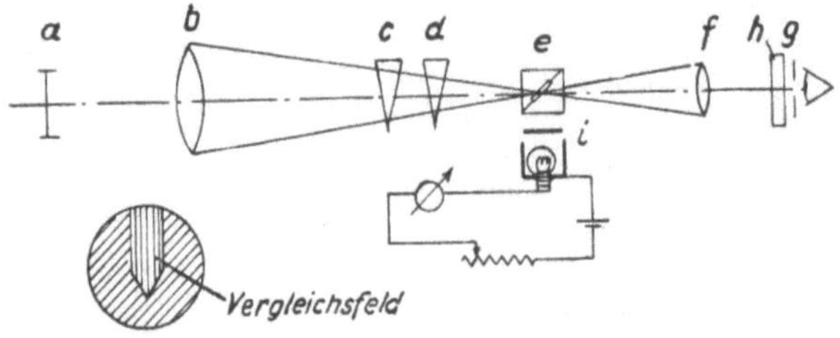

Abb. 129. Aufbau des Farbpyrometers nach NAESER

a, dessen Farbtemperatur ermittelt werden soll, fällt durch ein Fernrohr mit der Objektivlinse b, dem Okular f und der Blende g in das Auge des Beobachters. Das bichromatische Filter h läßt nur grünes und rotes Licht durch. In dem Strahlengang ist ein Rotkeil c eingefügt, der durch Verschieben eine Änderung des Rot:Grün-Verhältnisses bewirkt. d ist ein Neutralgraukeil, der eine Änderung der Helligkeit im Grünen und im Roten im gleichen Maße ermöglicht. Ein in der Diagonale teilweise versilberter Photometerwürfel e bringt das Licht der Vergleichslampe i in optischen Kontakt mit dem Hauptstrahlengang. Der Lampenstrom wird vor der Messung auf einen bestimmten festgelegten Betrag eingeregelt, der auf das Durchlässigkeitsverhältnis des bichromatischen Filters so abgestimmt ist, daß das Vergleichsfeld gelb erscheint. Durch Verschieben der Keile c und d können sowohl die Farbe als auch die Helligkeit des Strahlers an die Vergleichslichtquelle angeglichen werden. Die Stellungen der beiden Keile werden vor einem schwarzen Körper in Temperaturwerten geeicht.

Da, wie oben erwähnt wurde, die Farbtemperatur der Metalle im allgemeinen höher ist als die wahre Temperatur, kann für Messungen an speziellen Objekten – wie z. B. an Eisen- und Stahlschmelzen – der Graukeil schwach angefärbt werden, so daß die kurzwellige Farbe mehr geschwächt wird als die langwellige. Das Verhältnis Rot:Grün wird dadurch vergrößert und somit die Farbtemperatur erniedrigt. Da nach erfolgtem Abgleich Vergleichsfeld und Strahler dieselbe spektrale Energieverteilung aufweisen – sofern der Strahler mit guter Näherung als grau anzusprechen ist –, wirken sich Abweichungen von der relativen Augenempfindlichkeit beim Beobachter nicht aus. Die Ungenauigkeit dieses Pyrometers beträgt etwa $\pm\,10°$. Die von Schmidt & Haensch ausgeführte Bauart weist neben ihrer vorzüglichen optischen Qualität eine solche vergrößernde Optik auf, daß ein Strahler von etwa 4 cm ⌀ in einem Abstand von etwa 4 m noch gemessen werden kann. Die aus der Psychologie des Farbsehens folgende Notwendigkeit eines Helligkeitsabgleiches bietet umgekehrt den Vorteil, aus dem Unterschied zwischen Farb- und schwarzer Temperatur Aussagen über den Strahlungszustand des anzumessenden Körpers zu gewinnen (s. S. 205).

Um den Zusammenhang zwischen Farb-, schwarzer Temperatur, wahrer Temperatur und dem Farbemissionsvermögen rechnerisch erfassen zu können, ist die Kenntnis der Wellenlänge der Mischfarbe, in der der Meßabgleich vorgenommen wird, erforderlich. In einfacher Weise läßt sich die Farbpyrometermessung an Hand der auf S. 173 beschriebenen Farbtafel erläutern, die mit einigen Hilfskonstruktionen in *Abb. 130* wiedergegeben wird. Die beiden im Naeserschen Farbpyrometer benutzten Wellenlängen λ_{rot} und $\lambda_{grün}$ befinden sich auf dem Linienzug der Spektralreize. Auf der Verbindungsgeraden liegen alle möglichen Mischfarben aus diesen beiden Komponenten. Die Anteile Rot und Grün des bichromatischen Filters sind nun für eine bestimmte Stromstärke der Vergleichslampe so gewählt, daß sich als Mischfarbe ein Gelb ergibt, dessen farbtongleiche Wellenlänge λ_w den Wert 580 mμ besitzt. Durch eine Temperaturerhöhung des zu untersuchenden Strahlers wird der Ort der Mischfarbe in Richtung auf $\lambda_{grün}$ verschoben. Diese Verschiebung kann durch eine Verstellung des Rotkeiles, der Rot bevorzugt durchläßt, wieder rückgängig gemacht werden, so daß die Farbe des Strahlers wieder mit der der Vergleichslampe übereinstimmt.

Ein interessantes Farbpyrometer-Verfahren nach dem Prinzip der Farbangleichung wurde von Haase vorgeschlagen, das unter Zuhilfe-

nahme eines weiteren Farbenpaares (orange-blau) ohne Vergleichslicht-
quelle auskommt. Die zwei Farbenpaare λ_1, λ_2 und λ_3, λ_4 sind in Abb. *130*
durch Geraden verbunden. Durch zwei Farbkeile kann nach Aufteilung
des Strahlenganges das Verhältnis $E_{\lambda_1}:E_{\lambda_2}$ und $E_{\lambda_3}:E_{\lambda_4}$ so verändert
werden, daß beide Mischfarben übereinstimmen (Schnittpunkt der beiden
Geraden). Durch eine Temperaturerhöhung werden die Farborte in Rich-
tung auf λ_2 bzw. λ_4 verschoben. Mit Hilfe der beiden Farbkeile wird die ur-

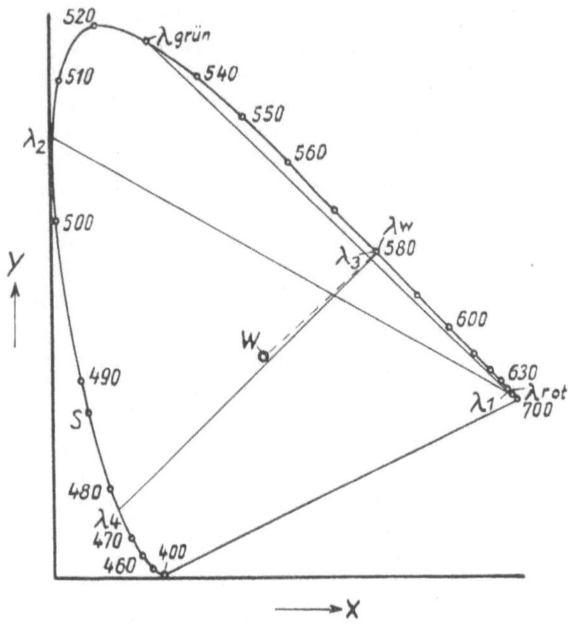

Abb. 130. Farbtafel zur Erläuterung der Farbpyrometrie

sprüngliche Farbgleichung wieder hergestellt. Bei diesem Verfahren
bildet also die eine Mischfarbe zugleich die Vergleichsfarbe der anderen.
HAASE untersuchte die optimalen Bedingungen der Meßgenauigkeit und
fand dabei die in der Farbtafel eingezeichneten Wellenlängen, die sich
aus dem Kompromiß ergaben, daß die Meßgenauigkeit zunimmt, wenn
der spektrale Abstand der beiden Farbkomponenten möglichst groß ist
[s. auch Gl. (60)], d. h. wenn der Ort der Mischfarbe möglichst nahe dem
Weißpunkt sich befindet, daß aber andererseits die Farbtonunterschiedsempfindlichkeit des Auges zum Weißpunkt hin sehr gering wird. Im
Weißpunkt selbst ist sie gleich Null. Offenbar ist aber der optische Aufbau des Instrumentes, in dem ja zusätzliche Vorrichtungen zur Hellig-

keitsabgleichung enthalten sein müssen, zu verwickelt, denn weitere Mitteilungen über Anwendungen dieses Gerätes sind nicht mehr bekannt geworden.

Ein besonders einfaches Instrument nach dem NAESERschen Prinzip ist das „Farbpyroskop" (Schmidt & Haensch, Berlin). Es arbeitet ohne Vergleichslampe und besteht aus einem bichromatischen Planfilter und einem verschiebbaren Rotkeil, der derart eingestellt wird, daß der Strahler dem Auge weder zu rötlich noch zu grünlich, sondern in der Mischfarbe Gelb erscheint. Dieses handliche Instrument stellt natürlich gewisse Anforderungen an das Farberinnerungsvermögen des Beobachters, gestattet jedoch bei einiger Übung und unter Voraussetzung einer normalen Farbempfindlichkeit mit dem denkbar geringsten Aufwand eine Einstellsicherheit auf etwa $\pm 25°$.

Die Einstellgenauigkeit ist bei den Farbpyrometern im allgemeinen nicht so groß wie bei den Glühfadenpyrometern (dieser Nachteil hebt allerdings den großen Vorteil der Unabhängigkeit von der Kenntnis des Absorptionsvermögens bei den Graustrahlern nicht auf). Es hat darum nicht an Versuchen gefehlt, günstigere Methoden zu entwickeln. Eine elegante Lösung wäre gegeben, wenn es gelänge, die eine Farbe in die andere umzuwandeln, d. h. den Farbvergleich durch einen Helligkeitsvergleich zu ersetzen. Einige Versuche, die kürzerwellige Strahlung durch Anregung der Fluoreszenz eines Körpers in das längerwellige Fluoreszenzlicht „umzuwandeln" und dieses Sekundärlicht mit der Primärstrahlung derselben Wellenlänge zu vergleichen, ließen wohl die grundsätzliche Brauchbarkeit dieser Methode erkennen, scheiterten aber letztlich doch an der geringen Fluoreszenzausbeute bei Anregung durch Temperaturstrahlung bis etwa 2000°C.

Der Wunsch, direkt anzeigende und der Registrierung fähige Farbpyrometer in der Meßtechnik anzuwenden, hat zu mehreren Vorschlägen geführt, lichtelektrische Empfänger in Quotienten- oder Kompensationsschaltungen einzubauen. Diese Schaltungen, die zumeist auf spezielle Verwendungszwecke zugeschnitten sind, kranken vor allem an der Inkonstanz der verwendeten Zellen, deren absolute und spektrale Empfindlichkeiten sich in so starkem Maße ändern können, daß laufende Nacheichungen erforderlich sind. Bis heute existiert noch kein universell verwendbares Farbpyrometer mit energetischen Empfängern. Das Grundprinzip der bisherigen Versuchsgeräte basiert ebenfalls auf der Messung des Verhältnisses der Strahlungsdichten in zwei verschiedenen Wellenlängen, und es läßt sich aus den Strahlungsgesetzen leicht ableiten, daß für einen grauen Strahler der Logarithmus dieses Verhältnis proportional $1/F$ ist. Von NAESER u. PEPPERHOFF (b) wurde ein Pyrometer gebaut, das zur kontinuierlichen Messung der Schmelztemperatur im Konverter eingesetzt wurde. Die durch die auftretende Strahlung erzeugten Ströme zweier Photozellen mit verschiedener spektraler Empfindlichkeit wurden durch zwei Regelröhren mit logarithmischer Kennlinie verstärkt. Die zu messende Differenz der beiden Anodenstromstärken $I_{A1} - I_{A2}$ stellt dann ein Maß für die Farbtemperatur dar:

$$\log (I_{Ph_1} : I_{Ph_2}) \cong I_{A_1} - I_{A_2} \cong 1/F.$$

Ein Kompensationsverfahren, bei dem die den beiden Photozellen angekoppelten Verstärkerröhren in einer WHEATSTONEschen Brückenschaltung angeordnet sind, wurde von RUSSEL, LUCKS u. TURNBULL angegeben. Der Abgleich kann sowohl von Hand als auch selbsttätig durch einen Motor erfolgen. Während die mit zwei Photozellen ausgerüsteten Schaltungen sowohl von Änderungen der absoluten als auch von der spektralen Empfindlichkeit beeinflußt werden, entfällt der erstgenannte Einfluß bei Anordnungen mit einer Photozelle, die durch eine rotierende Scheibe alternierend mit lang- und kurzwelligem Licht bestrahlt werden. Sind die beiden Bestrahlungsstärken verschieden, so liefert ein angeschlossener Wechselstromverstärker einen Wechselstrom, Werden die beiden Bestrahlungsstärken mit Hilfe eines Farbkeiles, dessen Stellung in Temperaturwerten geeicht wird, einander angeglichen, so bleibt das Anzeigeinstrument stromlos. Durch selbsttätig wirksame Einrichtungen kann eine fortlaufende Kompensation erreicht werden (SHARP; SWEETS). Eine weitere Vorrichtung zur Farbtemperaturmessung mit Hilfe von zwei Photozellen wurde von PEPPERHOFF (d) angegeben. Die beiden Strahlungen verschiedener Wellenlänge werden auf die Photozellen gegeben, die als Widerstände in einem Glimmlampenkippkreis liegen. Die beiden Kippfrequenzen, die den auffallenden Strahlungsdichten proportional sind, werden in einem Telefon hörbar gemacht und beide Töne durch Einschieben eines Keilfilters oder durch eine Kapazitätsänderung mit Hilfe eines Drehkondensators bis zum Auftreten möglichst langsamer Schwebungen abgeglichen. Da die Schwebungsfrequenz gleich der Differenz der beiden Teiltöne ist, kann eine enorm große Einstellgenauigkeit erzielt werden. Ist die Schwebungsfrequenz gleich 1 Hz und besitzen die beiden Teiltöne eine Frequenz von etwa 10^3 Hz, so ergibt sich ein Abgleichfehler von etwa $1^0/_{00}$.

Eine Laboratoriumsanordnung zur Messung von Farbtemperaturen sehr lichtschwacher Objekte wurde von RIEZLER u. HARDT angegeben. Sie beruht darauf, daß die Strahlung gleichzeitig auf zwei Sekundärelektronen-Vervielfacher, die auf verschiedene Wellenlängenbereiche ansprechen, auftrifft. Die Vorrichtung wurde von den Autoren zur Temperaturmessung an Schleiffunken angewendet, für die die Voraussetzung zutrifft, daß sie „grau" strahlen.

e) Die wahre Temperatur

Die in den vorstehenden Abschnitten besprochenen optischen Temperaturmeßverfahren liefern – wie eingangs erwähnt wurde – Angaben, die nur für schwarze bzw. graue Strahler mit der wahren Temperatur übereinstimmen. Die Messung an realen Körpern indessen erfordert gewisse Korrekturen, die bei den einzelnen Verfahren unterschiedlicher Art sind. Eine erste Möglichkeit zur Ermittlung der wahren Temperatur mit Hilfe der optischen Pyrometrie besteht nun darin, einen künstlichen Hohlraum zu schaffen, der mit dem auszumessenden Objekt im Temperaturgleichgewicht sich befindet (s. auch die auf S. 166 beschriebene „Bohrlochmethode"). In größere Objekte (Öfen u. dergl.) führt man zweckmäßig ein langes keramisches Rohr ein, dessen „Schwärzegrad" genügend groß ist (s. S. 9), und visiert den Boden eines solchen Rohres mit einem Pyrometer an. Die Öfen selbst sind in der Mehrzahl der Fälle – insbesondere bei Flammenbeheizung – nicht als Hohlraumstrahler anzusehen, da in ihnen kein ausreichendes thermisches Gleichgewicht herrscht. Eine umfangreiche Untersuchung von Schmidt u. Liesegang zeigt, daß z. B. ein Siemens-Martin-Ofen keinen schwarzen Körper darstellt, sondern daß in ihm zahlreiche Einzelheiten, wie etwa die Fugen des Mauerwerkes, erkennbar sind, ein sicheres Zeichen für das Strahlungsungleichgewicht im Innern des Ofens.

Eine künstliche Erhöhung des „Schwärzegrades" ist in vielen praktischen Fällen undurchführbar und verbietet sich von selbst, wenn es sich um Temperaturmessungen an freistrahlenden Oberflächen handelt, deren Temperatur eine andere als die im Inneren des Körpers ist. In diesem Falle ist die Pyrometermessung nach Gl. (56), (58) bzw. (62) mit dem Emissionsvermögen zu berichtigen.

Der gesamte 2. Teil behandelte die Strahlungseigenschaften der realen Stoffe; es zeigte sich aber auch, daß die Emissionsvermögen kaum genauer als auf 10% bekannt sind. Glücklicherweise jedoch geht dieser Fehler in die Berechnung der wahren Temperatur nicht so stark ein. Nach Gl. (58) z. B. verursacht ein Fehler von 10% im Emissionsvermögen einen Fehler von nur 1% in der Bestimmung der wahren Temperatur. Eine weitere Unsicherheit bewirken apparative Einflüsse. Auf S. 178 wurde dargelegt, daß die Korrektur der Gesamtstrahlungstemperatur mit dem Gesamtemissionsvermögen dann nicht zu richtigen Werten für die wahre Temperatur führen kann, wenn die verwendeten Gesamtstrahlungspyrometer mehr oder weniger stark selektiv absorbieren. In der Teilstrahlungspyrometrie stellt die Breite des zur Messung benutzten spektralen Intervalls eine Fehlerquelle dar, da bei Temperaturerhöhung nicht nur eine Leuchtdichtesteigerung, sondern auch eine Farbänderung hervorgerufen wird, die umso größer ist, je breiter der wirksame Spektralbereich ist. In *Abb. 131* sind die spektrale Durchlässigkeit $d\,(\lambda)$ des in Glühfadenpyrometern zumeist verwendeten Rotfilters $RG\,2$ (Schott) und die Kurve der spektralen Augenempfindlichkeit $V\,(\lambda)$ dargestellt. Die ins Auge gelangende wirksame Strahlung ist durch den Faktor $V\,(\lambda)\cdot d\,(\lambda)$ gegeben und auf der langwelligen Seite durch den Abfall der Augenempfindlichkeit, auf der kurzwelligen Seite durch die Abnahme der Filterdurchlässigkeit begrenzt. Außerdem aber wird die spektrale Helligkeitsverteilung durch die spektrale Energieverteilung des Strahlers, die ja eine Funktion der Temperatur ist, modifiziert. Die Wellenlänge des Schwerpunktes des benutzten Spektralbereiches wird als *„wirksame Wellenlänge"* bezeichnet, da der gesamte verwendete Spektralbereich die gleiche Wirkung hervorruft wie eine Strahlung, die

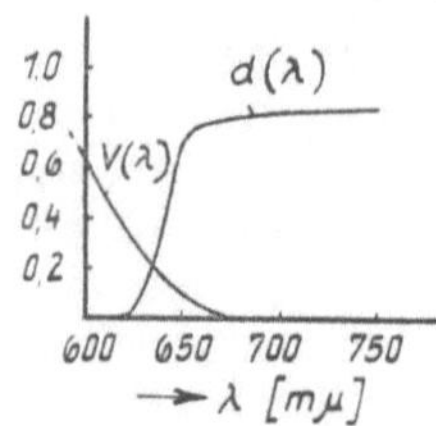

Abb. 131. Spektrale Durchlässigkeit $d\,(\lambda)$ des Rotfilters $RG\,2$ und spektrale Augenempfindlichkeit $V\,(\lambda)$

lediglich die wirksame Wellenlänge enthält. Die Helligkeitszunahme mit der Temperatur ist aus diesem Grunde zwar ähnlich der einer monochromatischen Strahlung, jedoch so, als ob stets eine andere Wellenlänge wirksam wäre. Die Ermittlung der wirksamen Wellenlänge und ihre Temperaturabhängigkeit kann rechnerisch erfolgen, wenn die spektrale Empfindlichkeit des Empfängers, die Energieverteilung des Strahlers und die Durchlässigkeit des verwendeten Filters bekannt sind. Eine experimentelle Bestimmung ist möglich mit Hilfe der Gl. (53):

$$ln\,\frac{E\,(T_2)}{E\,(T_1)} = \frac{c_2}{\lambda}\left(\frac{1}{T_1} - \frac{1}{T_2}\right).$$

Die wirksame Wellenlänge eines Pyrometers ist also bestimmt durch das Verhältnis der Leuchtdichten (und sinngemäß Strahlungsdichten bei objektiven Pyrometern) bei zwei verschiedenen Temperaturen eines schwarzen Strahlers. Hält man die untere Temperatur T_1 konstant und verändert lediglich die obere Temperaturgrenze T_2, so erhält man abnehmende Werte für die wirksame Wellenlänge, da der kurzwellige Anteil der Strahlung immer größer wird.

In *Abb. 132* sind die so gewonnenen Kurven für das Rotfilter $RG\,2$ dargestellt. Für unendlich kleine Tem-

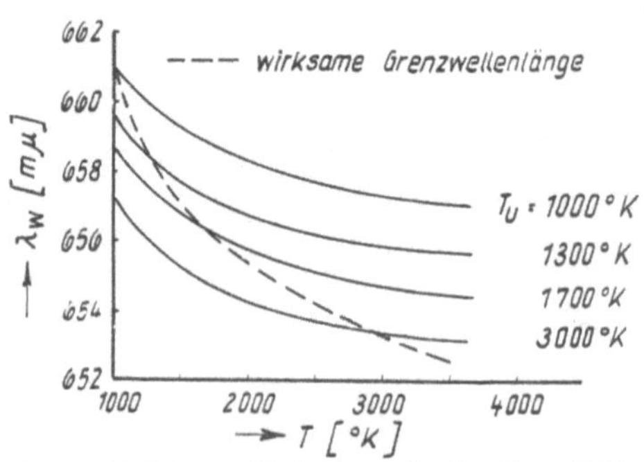

Abb. 132. Wirksame Wellenlänge des Rotfilters $RG\,2$ als Funktion der Strahlertemperatur

peraturintervalle $(T_1 - T_2)$ ergibt sich die „*wirksame Grenzwellenlänge*",
die das Kurvensystem an den Punkten schneidet, an denen obere und
untere Temperaturgrenze übereinstimmen.

Die wirksamen Wellenlängen des Auges ohne Vorschalten eines
Filters – oftmals als CROVA-Wellenlängen bezeichnet – gibt *Abb. 133*
wieder. Infolge des weit größe-
ren spektralen Intervalles ist
die Temperaturabhängigkeit der
CROVA-Wellenlängen viel größer.

Unter Voraussetzung einer
„schwarzen" oder „grauen" Energieverteilung entfällt der Einfluß
der Temperaturabhängigkeit der
wirksamen Wellenlänge, wenn
das Pyrometer vor einem schwarzen Strahler geeicht worden ist.
Anders ist es natürlich, wenn
umgekehrt aus zwei Temperaturangaben nach Gl. (57) das spektrale Emissionsvermögen berechnet werden soll. In diesem Falle

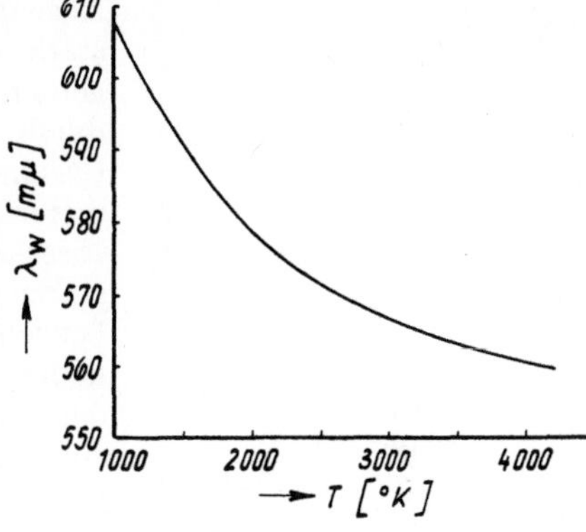

Abb. 133. Die CROVA-Wellenlänge als Funktion der Temperatur eines schwarzen Körpers

ist eine genaue Kenntnis von λ_w erforderlich. Unübersichtlich werden
die Verhältnisse, wenn selektive Strahlung vorliegt. Zur eindeutigen
Kennzeichnung der Meßwerte sind dann gewisse Angaben über die benutzte Pyrometeranordnung erforderlich.

Eine hinreichend genaue Kenntnis des Emissionsvermögens ist weiterhin dann nicht gewährleistet, wenn reagierende Oberflächen untersucht
werden sollen. So ist z. B. die Strahlung von Metalloberflächen, die unter
oxydierender Atmosphäre erhitzt werden, nicht konstant, sondern nimmt
mit fortschreitender Oxydation zu (s. Abschn. II. 3. k). Handelt es sich
dabei um die zur Betriebsüberwachung wichtigen Messungen der Abstich-
oder Gießtemperaturen von Metallschmelzen, so treten weitere Einflüsse,
wie das Aufreißen der Oxydhäute usw., hinzu. Die schwarzen Temperaturen eines solchen inhomogenen Objektes stellen dann keine definierten
Meßwerte dar, sondern sind von Ort zu Ort verschieden. *Abb. 134* zeigt
das „Temperaturfeld" bezüglich der schwarzen Temperatur eines Gieß-
strahles von schmelzflüssigem Eisen. Die Untersuchungen von HALL bilden
gleichzeitig ein Beispiel für die Anwendung der photographischen Photometrie in der Pyrometrie. Die große Unsicherheit in der Kenntnis des
Emissionsvermögens von Metallen unter betrieblichen Bedingungen hat
zur Einführung der Farbpyrometrie in die industrielle Meßtechnik geführt. Während die schwarzen Temperaturen je nach Oberflächenzustand des Strahlers um 200° differieren können, liefert die Farbpyro-

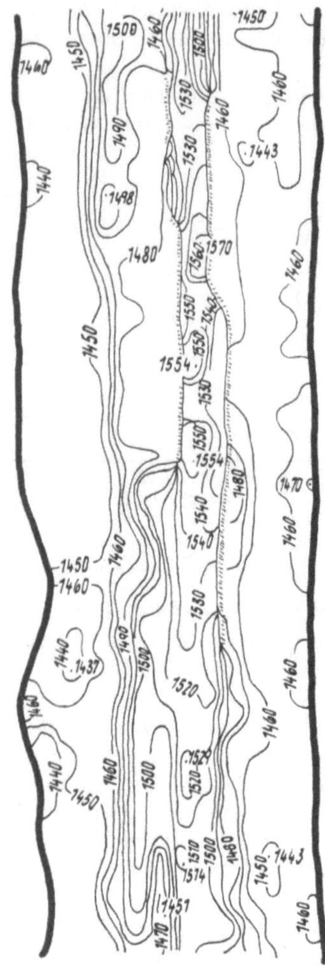

Abb. 134. Örtliche Verschiedenheiten der schwarzen Temperatur auf einer Gießstrahloberfläche (nach HALL)

metrie Temperaturwerte, die unabhängig vom Absolutwert des Emissionsvermögens für graue Strahler mit der wahren Temperatur übereinstimmen und für blanke *und* oxydierte flüssige Metalle (mit Ausnahme der im sichtbaren Spektrum stark selektiven Metalle Cu und Au) nur geringe Abweichungen zeigen, zumal durch den Kunstgriff der Anfärbung des Graukeiles im NAESERschen Farbpyrometer der schwachen Selektivität des Eisens und seiner Legierungen Rechnung getragen wurde. Durch umfangreiche betriebliche Farbpyrometer-Messungen konnte GUTHMANN (b) die Überlegenheit der Farbpyrometrie gegenüber der unzuverlässigen Messung einer Teilstrahlungstemperatur beweisen.

Während die an Luft oxydierenden Metallschmelzen lediglich eine Veränderung ihres Strahlungszustandes erleiden, bewirkt die Oxydation mit sauerstoffangereicherter Luft oder gar mit reinem Sauerstoff das Auftreten von Reaktionstemperaturen, da die an der Grenzfläche Gas-Metall freiwerdende große Reaktionswärme beim Entstehen des Oxydes offenbar nicht schnell genug abgeführt wird. Bei der Oxydation durch Luft hingegen scheint die Reaktionswärme durch die kühlende Wirkung des kalten inerten Stickstoffs weitgehend kompensiert zu werden (NAESER, PEPPERHOFF u. RIEDEL).

Zusammenfassende Darstellungen über die Anwendungen der optischen Pyrometrie in der industriellen Meßtechnik, speziell in Eisenhüttenbetrieben, wurden von GUTHMANN (f) und LIENEWEG gegeben.

f) Strahlungsanalyse

Außer der eigentlichen Aufgabe der optischen Pyrometrie bieten ihre Methoden die Möglichkeit, die Emissionsvermögen der Körper zu bestimmen, wenn nach den Gleichungen (56), (58) und (62) zwei Temperaturwerte bekannt sind. Da andererseits der Strahlungszustand eines Körpers in vielfältiger Weise mit anderen physikalischen Eigenschaften verknüpft ist, können durch eine Anwendung der Methoden der optischen Pyrometrie wichtige Aussagen über diese Eigenschaften gewonnen werden. In den Schmelzbetrieben der Eisenhütten wurden aus dem Strahlungsbild des flüssigen Eisens und Stahls von jeher auf Grund überlieferter oder erworbener Erfahrungen Rückschlüsse auf den metallurgischen Verlauf oder die „Güte" einer Schmelze gezogen. An Stelle dieses von dem Erfahrungsschatz des Beobachters abhängigen ungenauen Schätzens können durch eine Anwendung der pyrometrischen Verfahren in Maß und Zahl festgelegte Ergebnisse gewonnen werden. Die meßtechnische Erfassung der rein empirisch aufgefundenen Zusammenhänge zwischen dem Strahlungszustand einer Schmelze und anderer die „Stahlgüte" bestimmenden Eigenschaften mit Hilfe der optischen Pyrometrie wird nach einem Vorschlag von NAESER (c) als *Strahlungsanalyse* bezeichnet.

Durch welche Faktoren werden die Strahlungseigenschaften der Metallschmelzen bestimmt? Nach den Ausführungen in Abschnitt II. 3 sind diese im wesentlichen:

1. die chemische Zusammensetzung des Stahles;
2. der Einfluß von Oberflächenrauhigkeiten, die im Falle von Metallschmelzen nur dann auftreten, wenn infolge zu niedriger Temperatur bereits Metallkristalle ausgeschieden werden;
3. suspendierte feste Teilchen in der Schmelze (Tonerde- und Sulfideinschlüsse);
4. die Oxydation der Oberfläche.

Eine Änderung der Strahlungseigenschaften von Eisenlegierungen wurde bisher nur bei Zusatz von Chrom beobachtet. Hochchromlegierte Stähle besitzen aus diesem Grunde eine um 20° bis 40° höhere Farbtemperatur als die übrigen Stahlschmelzen (EICHERT).

Eine „Schwärzung" der Strahlung durch ausgeschiedene Primärkristalle tritt erst dann in deutlichem Maße auf, wenn die Gießtemperatur des Stahles so niedrig liegt, daß ein einwandfreier Guß ohnehin nicht mehr möglich ist.

Von größerer Wichtigkeit sind dagegen die unter 3. angeführten Einflüsse durch Tonerde- und Sulfidteilchen, die die Strahlung in meßbarer Weise schwärzen können. Damit aber ist ein erster Zusammenhang zwischen Strahlung und Stahlgüte gegeben. Sowohl NAESER (c) als auch GUTHMANN (b) stellen fest, daß ein Stahl umso blanker strahlt, je weniger nichtmetallische Einschlüsse, die die Stahlqualität beträchtlich mindern können, in der Schmelze enthalten sind.

Die weitaus größte und meist ausschlaggebende Änderung der Strahlungseigenschaften verursachen die dünnen Oxydfilme, die die Metalloberfläche in Gegenwart des Luftsauerstoffs bedecken bzw. den Gießstrahl schlauchartig umgeben. Der durch die Oxydation bedingte Einfluß ist so groß, daß das Emissionsvermögen der Stähle im Sichtbaren zwischen etwa 0,3 und 0,9 schwanken kann und den Einsatz der Teilstrahlungspyrometrie in den Schmelzbetrieben in vielen Fällen nutzlos erscheinen läßt. So sind auch im wesentlichen die unterschiedlichen Strahlungseigenschaften der Oberflächen von flüssigen Eisenlegierungen durch deren verschiedene Oxydationsgeschwindigkeit bedingt [GUTHMANN (b); NAESER u. ENGELS].

Die Zusammenhänge zwischen Strahlung und Stahlqualität sind im einzelnen noch keineswegs geklärt und die Zurückführung dieser Beziehungen auf grundlegende thermochemische Eigenschaften der Legierungen, insbesondere auf deren Oxydationsfreudigkeit,· erfordert noch eingehende Untersuchungen. So ist es nicht verwunderlich, daß die bisher erzielten Ergebnisse rein empirischer Natur sind, sich nur auf jeweils eine Stahlsorte beschränken, und darüber hinaus von den Arbeitsbedingungen der metallurgischen Betriebe abhängen (Schmelzleistung, Ofenführung usw.). Eine allgemeingültige Aussage scheint bisher allerdings möglich, daß nämlich diejenigen Schmelzen die bestgeeigneten Eigenschaften aufweisen, deren Emissionsvermögen möglichst gering ist.

Die Strahlungsanalyse konnte erst nach der Konstruktion des Farb-Helligkeitspyrometers im Rahmen der industriellen Meßtechnik angewendet werden, da auf Grund einer einzigen Messung mit diesem Instrument neben der Farbtemperatur auch die schwarze Temperatur ermittelt wird. Nach einem Vorschlag von KREUTZER können die Ergebnisse der Strahlungsanalyse in sehr übersichtlicher Weise dadurch dargestellt werden, daß man in einem Diagramm die Differenz zwischen Farb- und schwarzer Temperatur, die gemäß Gl. (62) mit dem Farbemissionsvermögen verknüpft ist, gegen die Farbtemperatur aufträgt. Kennzeichnet man die einzelnen Meßpunkte hinsichtlich irgendeiner Eigenschaft, z. B. dem Ausbringen beim Walzen oder der Tiefziehfähigkeit des fertigen Bleches usw., so erhält man Felder bestimmter Gütegrade (s. *Abb. 135*). So entsprechen die Schmelzen in Feld I den an sie gestellten Anforderungen bezüglich der Tiefziehfähigkeit; es sind diejenigen, die bei günstigsten Gießtemperaturen ein geringes Emissionsvermögen aufweisen. Die Schmelzen in Feld II strahlen zwar auch blank, sind jedoch zu heiß vergossen und weisen einen Ausschuß von 20 bis 30% auf. Die in Feld III liegenden Schmelzen neigen zur Rissigkeit und Schalenbildung und sind lediglich als Handelsbleche verwendbar. Feld IV enthält infolge zu niedriger Temperatur nur Ausschuß. Nach Aufstellung eines solchen Diagramms kann auf Grund des Ergebnisses einer Messung mit dem NAESERschen Pyrometer angegeben werden, ob die betreffende Schmelze also ein tiefziehfähiges Blech ergeben wird oder nicht, wobei natürlich vorausgesetzt ist, daß keine Fehler in der Weiterverarbeitung auftreten. Es ist demnach möglich, aus der Messung am Gießstrahl den

Verwendungszweck der Stahlschmelze anzugeben, im vorliegenden Beispiel, ob zweckmäßig Tiefziehbleche oder Bleche minderer Qualität zu
walzen sind. In einigen Stahlwerken wird die Charge erst dann zum Ab-
stich freigegeben, wenn der zuvor an einer großen „Löffelprobe" er-

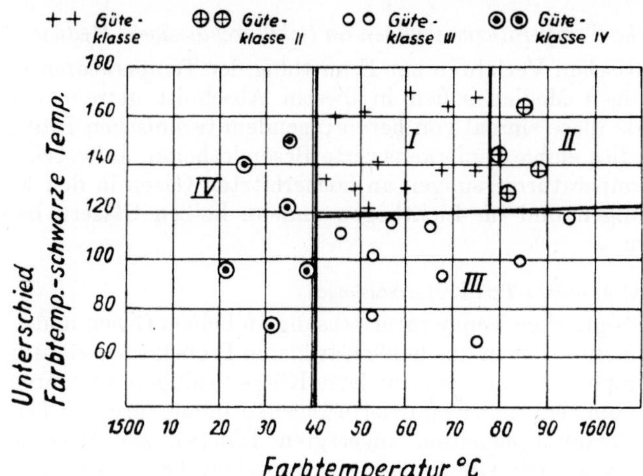

Abb. 135. Gütediagramm für eine Stahlsorte (nach KREUTZER)

mittelte Meßpunkt im richtigen Feld des Gütediagramms liegt, da durch
die Strahlungsanalyse schon z. T. große wirtschaftliche Erfolge durch
Verminderung des Ausschusses erzielt werden konnten.

Eine eingehende Untersuchung über die Möglichkeiten einer Strahlungsanalyse von Gußeisen wurde von ORTHS durchgeführt. Auch diese
sehr schönen Arbeiten zeigen auf, daß eine Qualitäts-Vorausbestimmung
schon beim Gießen möglich ist. Beziehungen zwischen der Strahlung des
schmelzflüssigen Stahles und dem Ultraschallbefund am gewalzten Blech
wurden von FRITSCH aufgefunden.

Die Durchführung der Strahlungsanalyse ist natürlich nicht an das
Farb-Helligkeitspyrometer nach NAESER gebunden, wenngleich es das
bisher einfachste und für den praktischen Betrieb allein geeignete Instrument darstellt. SUGENO benutzt zur Bestimmnng der wahren Temperatur ein Thermoelement, während die schwarze Temperatur durch
Helligkeitspyrometrie im Roten gemessen wird. Für tiefere Temperaturen
dürfte statt der schwarzen Temperatur die Gesamtstrahlungstemperatur
eine genauere Differenzierung erlauben, da der Unterschied zwischen
Gesamtstrahlungs- und wahrer Temperatur dann größer ist als der zwischen wahrer und schwarzer Temperatur im sichtbaren Gebiet. Die große
wirtschaftliche Bedeutung der Strahlungsanalyse läßt es wünschenswert

erscheinen, die subjektive Messung durch ein selbstanzeigendes Gerät mit objektiven Empfängern zu ersetzen. Bis heute jedoch wurde ein solches Gerät, das gleichzeitig Farb- und schwarze Temperaturwerte anzeigt, von den Gerätebaufirmen nicht entwickelt.

g) Optische Temperaturmessungen an lichtdurchlässigen Medien

Die optischen Verfahren zur Ermittlung der Temperaturen von lichtdurchlässigen Medien sollen in diesem Abschnitt getrennt behandelt werden, da diese einmal von hervorragendem technischen Interesse sind und überdies einige bemerkenswerte Besonderheiten aufweisen. Es sind dieses Temperaturmessungen an hocherhitzten Gasen in den Flammenerscheinungen und im Lichtbogen und an heißen Gläsern bzw. Glasschmelzen.

α) Gas- und Flammen-Temperaturmessungen

Bei der optischen Temperaturmessung an heißen Gasen und Flammen kann man entweder in das heiße Gas kleine Probekörper einbringen und deren Temperatur nach den für feste Körper gültigen Verfahren messen oder die vom Gas selbst emittierte Eigenstrahlung, also die Temperatur der zur Strahlungsemission angeregten Teilchen zur Messung heranziehen. Eine scharfe Grenze läßt sich zwischen diesen beiden Verfahren nicht ziehen, weil hocherhitzte Gase und Flammen häufig Beimengungen von Schwebeteilchen, wie Ruß und Staub, mit sich führen, so daß die von solchen Gasen bzw. Flammen ausgesandte Strahlung sich dann zusammensetzt aus der kontinuierlichen Strahlung der festen Teilchen und der Linien- und Bandenstrahlung der Gase. So kommt auch der Unterscheidung zwischen nichtleuchtenden und leuchtenden Flammen nur eine formale Bedeutung zu. Die entwickelten Temperaturmeßverfahren unterscheiden sich also nur in der Weise, daß die Strahlung verschiedenartiger Teilchen in der Flamme (makroskopische Körperchen, Ruß, Moleküle, Atome, Elektronen) bzw. die Strahlung auf Grund der Anregung verschiedener Freiheitsgrade zur Messung benutzt werden. Um allerdings zu sinnvollen Temperaturangaben zu gelangen, muß dabei vorausgesetzt werden, daß in dem heißen Gas thermisches Gleichgewicht herrscht (s. S. 23). Mögliche Abweichungen vom thermischen Gleichgewicht werden bei der Besprechung der einzelnen Verfahren erörtert.

Eine Bestimmung der Gastemperatur durch Messung der Strahlung fester Probekörper, die in das heiße Gas eingebracht werden, ist relativ ungenau, da die Abstrahlung der festen Sonde infolge ihres höheren Emissionsvermögens meist größer ist als die des umgebenden Gases. Aus diesem Grunde wird die Sondentemperatur immer niedriger sein als die Gastemperatur. Der Unterschied kann dabei – je nach Größe des Probekörpers – so beträchtlich sein, daß eine pyrometrische Temperaturbestimmung des Probekörpers auch nicht annähernd den richtigen Wert der Gastemperatur wiedergibt. Selbst eine Beimischung von sehr kleinen Körperchen, wie etwa Staub, kann noch erhebliche Fehler verursachen. So bleiben diesem Verfahren nur sehr enge Anwendungsmöglichkeiten, wie etwa im Falle einer Flamme, die mit Kohlenstaub karburiert wird, da die Strahlungsverluste hierbei durch die freiwerdende Verbrennungsenergie an den Kohlestoffteilchen kompensiert werden können. Ausführliche Angaben über dieses Verfahren werden bei KRÖNERT gegeben.

In einwandfreier Weise, wenn auch umständlicher, kann man nach H. SCHMIDT die Temperatur nichtleuchtender, freibrennender Flammen messen, wenn ein Platindraht in die Flamme eingeführt und der Strahlungsverlust durch elektrische Aufheizung des Drahtes kompensiert wird. Zu diesem Zweck muß zunächst der Strahlungsverlust aus dem Wattverbrauch der elektrischen Heizung im Vakuum in Abhängigkeit von der Helligkeit bestimmt werden (s. S. 77). Voraussetzung für eine Ermittlung der wahren Drahttemperatur aus seiner Helligkeit ist die Kenntnis des Emissionsvermögens für Platin im Lichte des Pyrometerfilters (s. S. 75). Bei sorgfältiger Ermittlung der Strahlungsverluste und ihrer Kompensation durch die zugeführte elektrische Energie stimmen dann Draht- und Flammentemperatur überein. Allerdings ist dieses Verfahren nicht anwendbar auf leuchtende Flammen und Flammen in geschlossenen Räumen mit strahlenden Wänden, da die Strahlungsverluste in diesen Fällen infolge der Zustrahlung der Rußteilchen bzw. der Wände geringer sind.

Völlig anders liegen die Verhältnisse bei den in leuchtenden Kohlenwasserstoffflammen enthaltenen sehr kleinen Rußteilchen. Wegen des bei der geringen Größe der Rußteilchen erheblichen Wärmeaustausches bleibt nach Berechnungen von SCHACK (c) der Temperaturunterschied zwischen dem Ruß und den heißen Gasen kleiner als 1°. Außerdem aber finden am Ruß selbst den Wärmeaustausch fördernde Reaktionen statt, die das Entstehen des Rußes und, nach Erreichen einer maximalen Größe, den Abbauprozeß bis in atomare Dimensionen verursachen. Lediglich für einzelne Fälle ist Vorsicht geboten. So wurden in neuerer Zeit von BEHRENS u. RÖSSLER Flammen aufgefunden (z. B. die schwach leuchtende Azetylenflamme), bei der die Temperatur der Rußteilchen wesentlich (bis zu einigen 100°) über der thermodynamisch errechneten liegt. Diese Übertemperatur des Rußes wird durch Radikalrekombination an den Rußteilchen unter Übertragung der frei werdenden Rekombinationswärme erklärt. Die genannten Verfasser konnten den Schluß ziehen, daß eine Übereinstimmung der Temperaturen von Flammenruß und Verbrennungsgas dann besteht, wenn die Rußdichte im gesamten Flammenvolumen genügend groß ist, um eine deutliche Leuchterscheinung der

Rußteilchen zu verursachen. Eine Bestimmung der Temperatur des Flammenrußes wird folglich immer dann die wahre Temperatur der Flammengase anzeigen, wenn die im kurzwelligen sichtbaren Gebiet auftretende Chemilumineszenz die optischen Messungen im kontinuierlichen Spektrum der Rußteilchen nicht wesentlich beeinträchtigt. Das ist aber eine Voraussetzung, die für die Durchführung einwandfreier optischer Temperaturmessungen auf Grund der Strahlung des Rußes in leuchtenden Flammen ohnehin gewährleistet sein muß.

Einem von KURLBAUM angegebenen Verfahren zur Bestimmung der Temperatur leuchtender Flammen liegt das KIRCHHOFFsche Strahlungsgesetz von der Gleichheit der Emission und Absorption zugrunde. Die Methode besteht in einem Vergleich der Strahlung des Flammenrußes mit der eines schwarzen Körpers. Dieser Vergleich kann unmittelbar durchgeführt werden, indem man einen strahlenden Körper, etwa eine Wolframbandlampe, deren schwarze Temperatur durch Änderung der Stromstärke geregelt werden kann, direkt hinter die Flamme stellt und deren Temperatur nun so einregelt, daß das Bild des Bandes im Bild der Flamme gerade verschwindet. Im Falle eines solchen Abgleiches, der besagt, daß das glühende Band durch die Flamme hindurch ebenso hell erscheint, d. h. die gleiche schwarze Temperatur besitzt, wie bei unmittelbarer Beobachtung nach Entfernung der Flamme aus dem Strahlengang, emittiert die Flamme die gleiche Energie, wie sie von der Strahlung der Vergleichslichtquelle absorbiert. Bedeuten $E_s(\lambda, S)$ die Strahlungsdichte des Bandes in der Wellenlänge λ bei der schwarzen Temperatur S und $E(\lambda, T)$ die Strahlungsdichte der Flamme, deren Absorptionsvermögen $a(\lambda, T)$ und deren Durchlässigkeit $1 - a(\lambda, T)$ sei, so kommt, wenn das Wolframband durch die Flamme beobachtet wird, die Strahlungsdichte $E_s(\lambda, S) \cdot [1 - a(\lambda, T)] + E(\lambda, T) = E_s(\lambda, S')$ zur Messung. Im Falle des Abgleichs gilt $E_s(\lambda, S') = E_s(\lambda, S)$, und man erhält

$$E(\lambda, T) = a(\lambda, T) \cdot E_s(\lambda, S).$$

Da nach dem KIRCHHOFFschen Gesetz das Absorptionsvermögen eines Strahlers gleich dem Verhältnis seiner Strahlungsdichte zu derjenigen eines schwarzen Körpers gleicher Temperatur ist, d. h., daß die Beziehung $E(\lambda, T) = a(\lambda, T) \cdot E_s(\lambda, T)$ gelten muß, so folgt, daß die schwarze Temperatur S des Wolframbandes gleich der wahren Temperatur der Flamme ist. Bei dieser Betrachtung ist die nach Abschnitt II. 5. b zutreffende Voraussetzung gemacht, daß das Reflexionsvermögen des Rußes in der Flamme vernachlässigbar gering ist. Zur Durchführung der Messung bedient man sich eines Teilstrahlungspyrometers. Das Meßergebnis sollte unabhängig von der Wahl der Wellenlänge sein. Die Ursachen, die einen solchen Einfluß ergeben können, werden auf S. 216 erwähnt.

Ein weiteres zur Temperaturbestimmung an leuchtenden Flammen
geeignetes Verfahren, das den großen Vorzug aufweist, ohne Vergleichsstrahler zu arbeiten, gründet sich auf Messungen der *Farb- und
schwarzen Temperatur* des Flammenrußes [Rössler (a); Naeser u.
Pepperhoff (d)].

Während jeder beliebige Temperaturstrahler für eine bestimmte wirksame Wellenlänge eine schwarze Temperatur hat, ist die sinnvolle Zuordnung einer Farbtemperatur an die Bedingung geknüpft, daß der
Strahler eine dem Wienschen Strahlungsgesetz entsprechende spektrale
Energieverteilung in dem Bereich aufweist, in dem die Farbtemperatur
bestimmt werden soll, d. h. der Strahler muß in dem Bereich „grau" sein.
Ist diese Forderung erfüllt, so bestehen zwischen Farbtemperatur und
wahrer bzw. schwarzer Temperatur die Gleichungen (62) und (58).
Rössler konnte nachweisen, daß auch für leuchtende Kohlenwasserstoffflammen trotz der starken Wellenlängenabhängigkeit der Absorption des Flammenrußes die Angabe einer Farbtemperatur sinnvoll ist.
Durch eine Gleichsetzung der Ausdrücke in Gl. (62) und (49) werden
die Bedingungen für die Existenz einer Farbtemperatur verknüpft mit
den Absorptionseigenschaften der leuchtenden Flamme. Mit Hilfe der
beiden experimentell zu bestimmenden Werte F und S kann aus Gl. (62)
$ln\ \varepsilon$ berechnet werden. Mit $ln\ \varepsilon$ und der für die Dispersion der leuchtenden Flammen maßgeblichen Konstante n [vgl. Gl. (49)] wird eine von
Rössler eingeführte, der Flammendichte verhältnisgleiche Größe
$D = C/\lambda_w{}^n$ durch Näherungsverfahren aus der folgenden Gleichung bestimmt:

$$\varepsilon^{\left(\frac{n \cdot D}{e^D - 1}\right)} = 1 - e^{-D} .$$

Die Schlußgleichung endlich zur Bestimmung der wahren Temperatur
lautet unter Benutzung von Gl. (62):

$$\frac{1}{T} = \frac{1}{F} + \frac{n \cdot D}{e^D - 1} \cdot \frac{\lambda_w}{c_2} . \tag{65}$$

Aus den gemessenen Farb- und schwarzen Temperaturen kann man
also bei Kenntnis der Werte für λ_w und n die wahre Flammentemperatur
berechnen.

In dem Farb-Helligkeitspyrometer nach Naeser (s. S. 196), das in
einem einzigen Meßakt die Farb- und die schwarze Temperatur liefert,
steht ein Hilfsmittel zur Verfügung, das somit in einfacher Weise wahre
Flammentemperaturen zu ermitteln gestattet. Nach dem oben geschilderten Rechnungsvorgang wurde das in *Abb. 136* dargestellte Schaubild berechnet mit dem für das Naesersche Farbpyrometer gültigen Wert für
$\lambda_w = 580\,\mathrm{m}\mu$. Aus den Untersuchungen über die Wellenlängenabhängig-

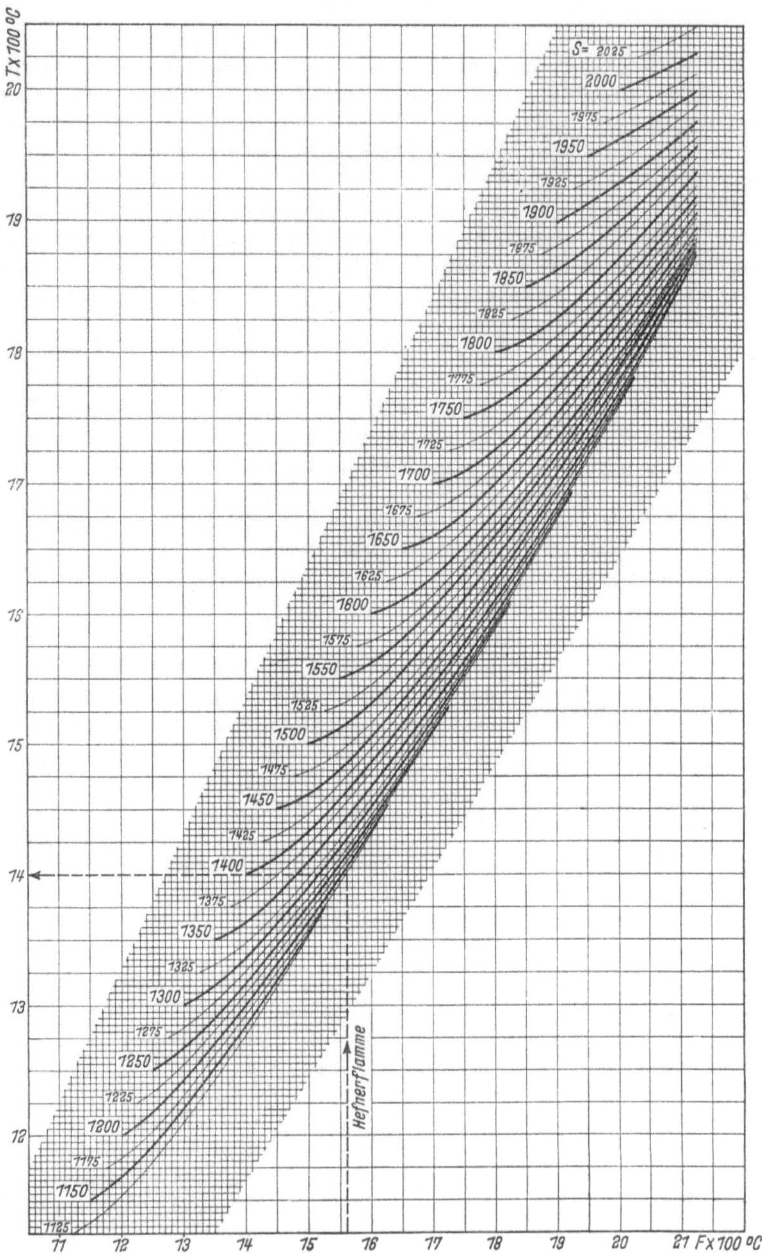

Abb. 136. Bestimmung der wahren Temperatur leuchtender Flammen aus Farb- und schwarzer Temperatur. $\lambda_w = 0{,}58\,\mu$ (nach NAESER u. PEPPERHOFF)

keit der Absorptionskoeffizienten von Flammenrußen hatte sich ergeben, daß der Absorptionskoeffizient von leuchtenden Industrieflammen im sichtbaren Spektralgebiet mit guter Näherung $\lambda^{-1,2}$ verhältnisgleich angenommen werden kann. Der Fehler, der durch Schwankungen des n-Wertes bedingt ist, z. B. Leuchtgas-Luft-Flamme gegenüber ölkarburierter Flamme, dürfte in der Temperaturbestimmung kaum mehr als 1% ausmachen.

In *Abb. 136* sind auf der Abszisse die Farbtemperaturen, auf der Ordinate die wahren und als Parameter die schwarzen Temperaturen aufgetragen. Was sagt nun dieses Diagramm über die wechselseitigen Beziehungen der drei dargestellten Größen aus? Der Beginn der Kurven für schwarze Temperaturen auf der linken Seite zeigt den Fall vollkommen schwarzer Strahlung, d. h. das Produkt aus Flammenschichtdicke und Konzentration ist praktisch unendlich groß. Rückt man auf diesen Kurven immer weiter nach rechts, so ergibt sich folgendes: Bei kleinen Unterschieden zwischen F und S liegt die wahre Temperatur näher bei S, bei größer werdenden Unterschieden nähert sich die wahre Temperatur mehr der Farbtemperatur. Schließlich ist der Grenzfall einer unendlich dünnen Flamme durch ein Absinken der schwarzen Temperatur auf Null gekennzeichnet, während die Farbtemperatur einem endlichen Grenzwert zustrebt. Die aus dem Schaubild ersichtlichen Ergebnisse sind durchaus sinnvoll, da man auch einer unendlich dünnen Flamme eine Farbtemperatur, aber keine schwarze Temperatur zuordnen kann. Da die Kurven für die schwarzen Temperaturen bei größeren Unterschieden zwischen F und S konvergieren, wirken sich in diesen Fällen (dünne Flammen) Fehler in der Bestimmung der schwarzen Temperatur kaum mehr aus. Meßergebnisse an der mit Amylazetat gespeisten, vorschriftsmäßig brennenden HEFNER-Flamme sind als Beispiel im Schaubild eingetragen. Die ermittelte wahre Temperatur von 1400°C an den hellsten Stellen in der Flamme sind in guter Übereinstimmung mit früheren im Schrifttum mitgeteilten Werten (KURLBAUM).

Wenn die Temperaturmessungen an nicht freistrahlenden Flammen vorgenommen werden sollen, sondern an Flammen in Industrieöfen und -feuerungen, so ist die Fremdstrahlung, die von der Umgebung der Flammen herrührt, zu beachten. Die Reflexion an der Flamme ist zwar zu vernachlässigen, die von der Flamme hindurchgelassene Strahlung hingegen verfälscht die Messung wesentlich. Aus diesem Grunde sind Meßstellen mit dunklem Hintergrund zu wählen. Der Fortschritt, den dieses Verfahren gegenüber den älteren aufweist, liegt vor allem in seiner Einfachheit, die eine Anwendung vor allem bei technischen Messungen ohne großen Aufwand ermöglicht (PEPPERHOFF u. BRACKSIECK).

Im Falle nichtleuchtender Flammen wird das Verfahren von KURLBAUM dahingehend abgewandelt, daß man die Flamme oder die heißen

Gase mit einem Metalldampf anfärbt und sodann die Strahlungsdichte in einer geeigneten Spektrallinie mit der eines Vergleichsstrahlers vergleicht (FÉRY). Die mathematische Begründung für dieses Verfahren ist die gleiche wie beim KURLBAUM-Verfahren. Der genaue Abgleich ist dann vollzogen, wenn die durch ein Spektroskop beobachtete Spektrallinie des in der Flamme enthaltenen Metalldampfes im kontinuierlichen Spektrum des Vergleichsstrahlers verschwindet. Dann gilt wiederum, daß die wahre Temperatur der Flamme gleich der schwarzen Temperatur des Vergleichsstrahlers ist. Ist die Flammentemperatur höher als die schwarze Temperatur des Vergleichsstrahlers, so erscheint die Linie heller als der kontinuierliche Untergrund, im umgekehrten Falle dunkler als dieser. Die richtige Einstellung ist dann erreicht, wenn die Linie gerade zwischen „heller" und „dunkler" wechselt. Diese Erscheinungen gaben diesem Verfahren den Namen: *„Methode der Spektrallinienumkehr"*.

Da die Anwendbarkeit dieses Verfahrens die Gültigkeit des KIRCHHOFFSCHEN Gesetzes voraussetzt, dürfen nur solche Linien zur Messung herangezogen werden, die dieses Gesetz streng erfüllen. Wie auf S. 28 ausführlich dargelegt wurde, genügen dieser Forderung nur die sog. „Resonanzlinien", wie etwa die rote Lithium- (6708 Å), die gelbe Natrium- (5890/96 Å) oder die grüne Thalliumlinie (5350 Å). Da nach Untersuchungen von HENNING u. TINGWALDT an nichtleuchtenden Flammen kein Reflexionsvermögen zu beobachten ist, bedarf das Verfahren auch keiner entsprechenden Korrektur. Weiterhin wurde von den gleichen Verfassern und von KOHN festgestellt, daß sowohl die Temperatur als auch die Gesamtstrahlung der Flamme durch den Metalldampfgehalt nicht geändert werden. Im übrigen ist durch eingehenden Vergleich mit den Ergebnissen nach anderen Meßverfahren die Zuverlässigkeit der Methode der Linienumkehr wiederholt überprüft worden (HENNING u. TINGWALDT; KOHN; GRIFFITH u. AWBERY; BONHOEFFER). Abweichungen sind nur dann zu erwarten, wenn kein Temperaturgleichgewicht herrscht, wie in der Reaktionszone vorgemischter Flammen (WOLFHARD) oder auch in der anschließenden Zone, wenn die Flamme mit reinem Sauerstoff brennt.

In *Abb. 137* ist der optische Aufbau skizziert. Der Vergleichsstrahler Q wird durch die Linse L_1 in der Flamme F abgebildet und das Bild der Lichtquelle durch die Linse L_2 auf dem Spalt des Spektroskopes Sp. Für Temperaturen unterhalb 2600 °K ist eine Wolframbandlampe als Vergleichsstrahler am besten geeignet, da deren schwarze Temperatur sehr genau durch Stromänderungen reguliert werden kann. Für höhere Temperaturen muß der Krater einer Bogenlampe benutzt werden. Da Natrium fast überall als Verunreinigung auftritt, ist sorgfältig zu beachten, daß das Metalldampfspektrum nicht schon im Licht der Bogenlampe auftritt. Bei Verwendung eines Kohle-Lichtbogens, dessen Helligkeit schlecht regulierbar ist, wird eine andere Einrichtung zur Lichtschwächung in den Strahlengang (unmittelbar hinter L_1) gebracht (rotierender Sektor oder Graukeil). Sehr wichtig ist der Hinweis, daß die Apertur der Linse L_2, d. h. der Öffnungswinkel des Strahlenkegels zwischen der Flamme und

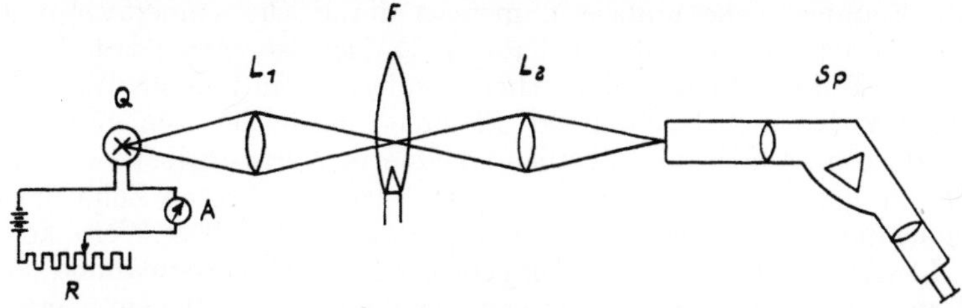

Abb. 137. Schema des optischen Aufbaues zur Durchführung der Linienumkehr-Methode

dieser Linse, kleiner oder höchstens gleich groß der der Linse L_1 ist, da sonst die Strahlung der Flamme stärker als die des Vergleichsstrahlers in die Messung eingeht.

Zur Anfärbung der Flamme werden im Schrifttum mehrere Verfahren angegeben. Entweder wird das Metallsalz mittels einer Platinöse, einem kleinen feuerfesten Röhrchen oder durch Einblasen durch einen gesonderten Kanal in der Mitte des Brenners in die Flamme eingebracht. STRAUBEL schlägt eine elektrostatische Zerstäubung der Metallsalzlösung vor. Die Flamme kann auch dadurch angefärbt werden, daß der Brennstoff insgesamt mit einer solchen Lösung versetzt wird, z. B. für Benzin u. ä. 1 proz. Na-Äthylen in Alkohol, davon 3–5 ccm pro Liter. Eine Verlegung der Messung nach dem Umkehrverfahren in den ultraroten Spektralbereich wurde von HENNING u. TINGWALDT durchgeführt. Die an den ultraroten CO_2-Banden gefundenen Werte waren in guter Übereinstimmung mit den im Sichtbaren erhaltenen Ergebnissen.

Einen gewichtigen Einfluß auf das an einer Flamme gewonnene Meßergebnis übt die Inhomogenität der Flamme aus. Jede Flamme ist notwendigerweise inhomogen auf Grund der Tatsache, daß in dem Gasvolumen, das als Flamme bezeichnet wird, sowohl der Entstehungs- als auch der Verlöschungsvorgang abrollt. Außerdem ist dieses Gasvolumen in seiner äußerlichen Begrenztheit nicht so scharf definiert wie etwa ein Festkörper, da infolge der großen Beweglichkeit der Gasmoleküle eine Durchmischung der Flammengase mit der umgebenden Atmosphäre erfolgt. Die dadurch verursachten örtlichen Unterschiede der Flammeneigenschaften, wie Temperatur, Gasdichte usw., bewirken, daß eine Flamme gekennzeichnet ist durch ein stationäres Ungleichgewicht (s. S. 3). So stellt das Ergebnis einer Temperatur- oder allgemein einer Strahlungsmessung, das an einer Flamme gewonnen wird, irgendeinen von vielen Einflüssen abhängigen Mittelwert dar, der sich aus der Gesamtwirkung der anvisierten Schichtdicke ergibt. Grundsätzlich geht die dem Meßinstrument nächstliegende Flammenschicht am stärksten in die Messung ein. Man wird also bei allen Meßverfahren, die die gesamte Flammendicke umfassen, niemals die Höchsttemperaturen der Flamme erhalten, die außer bei reinen Diffusionsflammen zumeist im mittleren Teil der Flamme herrschen, sondern einen tieferen Wert. Die Messungen an nichtleuchtenden Flammen nach der Linienumkehrmethode können allerdings „örtlich" definierte Werte ergeben, wenn dafür Sorge getragen wird, daß die Grenze der angefärbten Zone in der Flamme durch den zu messenden Punkt verläuft. Auf diese Weise konnten LEWIS u. v. ELBE das Temperaturfeld der Bunsenflamme ausmessen, das so inhomogen ist, daß auf einer Strecke von 0,5 cm oberhalb der Reaktionszone die Temperatur noch um 250° ansteigt. Aus all diesen Gründen soll auch darauf verzichtet werden, eine tabellarische Übersicht über die an einzelnen Flammenarten erzielten Ergebnisse zu geben, da solche Angaben überhaupt nur sinnvoll erscheinen, wenn die Meßanordnung einschließlich der Brennbedingungen und der angemessene Flammenort ebenfalls beschrieben sind. Diese Bedingungen sind aber nur für einzelne, als Standard benutzte Flammen, wie etwa die HEFNER-Kerze, gegeben.

In einigen Arbeiten ist versucht worden, aus den gemessenen „mittleren" Temperaturen auf die wirklichen „örtlichen" Temperaturen zu schließen (GRIFFITH u. AWBERY; ZEISE). Dabei wurde nicht nur eine Inhomogenität bezüglich der Temperatur sondern auch des Absorptionsvermögens vorausgesetzt (PEPPERHOFF u. GRASS). Die Berechnungen ergaben, daß sowohl die Temperaturmessung durch Spektrumsumkehr als auch die bequemere Ermittlung der Flammentemperatur aus Farb- und schwarzer Temperatur zu einem (allerdings unterschiedlichen) Mittelwert führen, über dessen genaue Lage zwischen Höchst- und Tiefstwert in der Flamme keine allgemeingültigen Aussagen gemacht werden können, da zu viele Voraussetzungen über die Temperatur und Absorptionsverteilung erforderlich sind. Es ist nur möglich, an Hand der durchgerechneten Fälle die Abweichungen abzuschätzen. Es sei noch bemerkt, daß auf Grund der Inhomogenität beim Verfahren der Spektrallinienumkehr auch unterschiedliche Ergebnisse erwartet werden können, wenn die Messungen an verschiedenen Resonanzlinien vorgenommen werden.

Außer an freibrennenden Flammen wurde die Umkehrmethode in mehreren Untersuchungen zur Temperaturmessung in Verbrennungsmotoren angewendet [TINGWALDT (d); RASSWEILER u. WITHROW; BREVORT; GRIFFITH u. AWBERY]. Der grundsätzliche optische Aufbau der Meßanordnung ist gleich dem in *Abb. 137*. Der Zylinder wird mit zwei oder mehreren, paarweise einander gegenüberliegenden Fenstern versehen. Um die Messung zu einem definierten Zeitpunkt vornehmen zu können, läuft synchron mit dem Motor eine Schlitzblende. Zu beachten ist die teilweise sehr große Verschmutzung der Fenster, die eine Untersuchung des zeitlichen Verlaufs der Verschmutzung erforderlich macht. Wenn auch die einzelnen Punkte am laufenden Motor verhältnismäßig stark streuen, so sind sie dennoch geeignet, quantitative Aufschlüsse über die Verbrennungstemperaturen zu geben. Bei diesen Messungen stört ebenso wie bei sehr turbulenten Flammen das starke Flackern des Bildes erheblich, so daß die Anwendung einer photographischen oder überhaupt registrierenden Meßvorrichtung naheliegt, die außerdem den Hauptnachteil der visuellen Messung, die Ermüdung des Auges bei langen Versuchsreihen, ausschließt und auch eine Temperaturmessung bei kurzzeitigen Vorgängen erlaubt.

Nach RIBAUD kann auf einfache Weise die Linienumkehr objektiv festgestellt werden, wenn als Vergleichsstrahler ein Glühfaden mit einem Temperaturgradienten als Vergleichsstrahler benutzt und das spektral zerlegte Licht photographisch aufgenommen wird. Aus einer einzigen Aufnahme folgt aus der Geometrie des als bekannt vorausgesetzten Temperaturgradienten die Umkehrtemperatur.

In einer von RÖSSLER (b) ausgearbeiteten automatischen Temperaturmessung nach dem Umkehrverfahren wird die Registrierung mit Hilfe photographischer Aufnahmen des spektral zerlegten Lichtes auf einer rotierenden Trommel vorgenommen, wobei der Augenblick der Umkehr sich selbständig aufzeichnet. Die Vergleichsstrahlung wird periodisch mit einer dem Vorgang angepaßten Frequenz so moduliert, daß die Strahlung nach einem als bekannt vorausgesetzen Gesetz vom Maximalwert bis Null variiert. Dann wird eine bestimmte Strahlungsenergie der „Umkehr" entsprechen. Wiederholt man diese Modulation häufig genug, so erhält man mehrere solcher Punkte mit Linienumkehr. Aus der Geometrie der Aufnahme folgt mit Hilfe der bekannten Gesetzmäßigkeit der Lichtschwächung die gesuchte Vergleichsstrahlung, die die wahre Temperatur des Objektes ergibt. Als bequemes Mittel zur definierten Modulation der Vergleichsstrahlung wurde die wechselnde Durchlässigkeit zweier Polarisationsfolien angewendet, von denen eine rotiert. Die Polarisationsebene selbst beeinflußt das Meßergebnis nicht. Der Meßfehler wird vom Autor mit 1–2% angegeben. Das Verfahren wurde zur Temperaturmessung an Raketenstrahlen von nur sehr kurzer Zeitdauer angewendet [RÖSSLER (c)].

Eine andere Möglichkeit, nämlich eine photoelektrische Registrierung mit Hilfe eines Oszillographen als Anzeigeinstrument wurde in einer umfassenden Arbeit von MOUTET aufgezeigt.

Einer Anwendung der Umkehrverfahren ist nach hohen Temperaturen eine Grenze gesetzt, die durch die maximal erreichbare Temperatur des Vergleichsstrahlers (Kohlebogen etwa 3600°C) bedingt ist. Für noch höhere Temperaturen müssen die im folgenden Abschnitt besprochenen spektroskopischen Methoden herangezogen werden, die natürlich auch für tiefere Flammentemperaturen angewendet werden können.

β) Optische Temperaturmessungen am Lichtbogen

Der elektrische Lichtbogen, eine besondere Form einer Gasentladung, ist im wesentlichen gekennzeichnet durch die Tatsache, daß in ihm lokal thermisches Gleichgewicht herrscht, d. h. daß die Ladungsträger ihre im elektrischen Feld gewonnene Energie nicht vorzugsweise zur Erzeugung neuer Ionen verwenden, sondern durch Zusammenstöße das neutrale Gas im Bogen aufheizen (WEIZEL u. ROMPE; MAECKER). Diese Erkenntnis, die – von zahlreichen Forschern nachgewiesen (SUITS) – eine Behandlung dieses Gebietes im Rahmen der vorliegenden Darstellung rechtfertigt, erlaubte überhaupt erst die Aufstellung einer thermischen Bogentheorie (COMPTON), nach der sich das Bogenplasma, d. h. das hochionisierte Gas, durch den Strom so hoch aufheizt, daß sich ein zum Stromfluß ausreichender Ionisationsgrad durch Temperaturstöße einstellt. Die Bedingungen für die Existenz eines thermischen Gleichgewichtes im Bogen sind nach ORNSTEIN u. BRINKMANN die, daß innerhalb einer freien Weglänge des Ladungsträgers die durch das elektrische Feld aufgenommene Energie kleiner sein soll als die thermische Energie und der Temperaturgradient über eine freie Weglänge klein gegenüber der Temperatur selbst. Abweichungen vom thermischen Gleichgewicht sind folglich nur bei großer freier Weglänge, hoher Feldstärke und großem Temperaturgradienten zu erwarten und treten am ehesten unmittelbar vor der Kathode auf, wo Anregung und Ionisation der Gase durch Elektronenstoß erfolgen, während im mittleren Teil des Bogens (Säule) lokal thermisches Gleichgewicht herrscht (WITTE). Eine Überprüfung, ob ein thermisches Gleichgewicht vorliegt, ist experimentell nur dadurch möglich, daß Temperaturbestimmungen im Lichtbogen nach verschiedenen Verfahren durchgeführt werden, die auf dem Energieinhalt verschiedener Freiheitsgrade des Gases basieren (s. S. 23). So müssen Temperaturmessungen, die die Translationsenergie eines Gases ausnutzen, bei Vorliegen eines thermischen Gleichgewichtes das gleiche Ergebnis liefern wie solche, die auf dem Energiegehalt der Freiheitsgrade der Elektronenterme, der Schwingung oder der Rotation gründen. Ergeben sich Abweichungen zwischen z. B. der „Elektronentemperatur" und der „Gastemperatur" (wie etwa im elektrischen Funken, in einer Niederdruckentladung usw.), so kann zwar der Begriff „Elektronentemperatur" eine Kennzeichnung des Entladungscharakters sein – da er ein Maß für die

Besetzung der verschiedenen angeregten Zustände ist –, doch sei nachdrücklich darauf hingewiesen, daß der im thermodynamischen Sinne klare Begriff „Temperatur" nicht mehr sinnvoll ist und daß die Angabe einer „Elektronentemperatur" nurmehr den Charakter einer Pseudotemperatur besitzt. Die solchermaßen definierten „Pseudotemperaturen" sind nicht zu verwechseln mit Begriffen wie Farb- oder schwarze Temperatur (Abschn. III. 2. a), die zwar auch Abweichungen von der wahren Temperatur aufweisen können, die aber thermodynamisch streng definiert sind.

Experimentelle Untersuchungen über das Temperaturgleichgewicht im Lichtbogen nach verschiedenen Verfahren wurden vornehmlich von MANNKOPFF und MOHLER ausgeführt.

Das Verfahren der Spektrallinienumkehr ist nach hohen Temperaturen zu begrenzt durch die Höhe der erreichbaren schwarzen Temperaturen des erforderlichen Vergleichsstrahlers. Im allgemeinen wird man keinen Vergleichsstrahler finden, der höhere schwarze Temperaturen aufweist als der Krater des Kohlebogens (3600°C). Die hohen Temperaturen, die im Lichtbogen auftreten, können daher mit der Spektrallinienumkehr nicht mehr gemessen werden. Für so hohe Gastemperaturen gibt es keine Verfahren mehr, die auf das KIRCHHOFFsche Strahlungsgesetz aufbauen, sondern vornehmlich solche spektroskopischer Art.

Es sei aber bemerkt, daß die nachfolgend aufgeführten Methoden z. T. ebenfalls auf heiße Flammen angewendet werden können.

1. Ein spektroskopisches Verfahren, das die Temperatur der angeregten Moleküle liefert, beruht auf einer Intensitätsmessung der mit einer geeigneten spektralen Anordnung aufgelösten Linien des Rotations- bzw. Rotationsschwingungsspektrums von Gasmolekülen im Lichtbogen. Die Intensität $E(n)$ einer der Quantenzahl n zugeordneten Linie des Rotationsschwingungsspektrums ist proportional $n \cdot e\left(\dfrac{h^2\,n^2}{8\pi^2\,kJT}\right)$, wo J das Trägheitsmoment bedeutet. Wird $\dfrac{E(n)}{n}$ als Funktion von n^2 dargestellt, so erhält man eine Gerade mit der Neigung $\dfrac{h^2}{8\pi^2\,kJ} \cdot \dfrac{1}{T}$, aus der T berechnet werden kann (h = PLANCKsche Konstante, k = BOLTZMANN-Konstante).

Mit dieser Methode, die von ORNSTEIN angegeben wurde, haben verschiedene Autoren (ORNSTEIN; HORST u. KRYGSMAN; LOCHTE-HOLTGREVEN u. MAECKER; ORNSTEIN, BRINKMANN u. VERMEULEN) die Temperatur in Lichtbögen (7000°K) gemessen.

2. Grundsätzlich besteht die Möglichkeit einer Temperaturbestimmung aus der Dopplerbreite einer Spektrallinie (s. S. 29). Infolge der großen Gasdichte im Lichtbogen wird aber die Dopplerbreite meist zu stark durch andere Verbreiterungseffekte gestört (Stoßverbreiterung usw.), so daß einwandfreie Ergebnisse nicht erzielt werden können.

3. Aus der Intensität einer Spektrallinie (JÜRGENS) bzw. aus dem Verhältnis zweier oder mehrerer Linien eines Elementes – oder auch verschiedener, wenn das Mengenverhältnis bekannt ist – kann die Temperatur berechnet werden, wenn die Übergangswahrscheinlichkeiten[1]) bekannt sind (MOHLER; CHAMULEAU; ORNSTEIN u. KEY).

4. Eine weitere Methode zur Temperaturmessung aus dem Linienspektrum geht auf SAHA zurück. Nach dieser Methode, deren Anwendung zu außerordentlichen Erfolgen in der Astrophysik geführt hat, können als zu vergleichende Linien auch solche des Atoms und des Ions eines Elementes benutzt werden. Mit Hilfe der SAHA-Gleichung, die – analog der thermodynamischen Beziehung für die Dissoziation – für eine gegebene Temperatur das thermodynamische Gleichgewicht zwischen neutralen Atomen, Ionen und freien Elektronen in einem hocherhitzten Gas zu berechnen gestattet, kann durch eine Verknüpfung mit der BOHRschen Theorie der Spektrallinien aus dem Intensitätsverhältnis einer Atom- zu einer Ionenlinie die Temperatur berechnet werden. Auf Grund seiner Ergebnisse kommt SAHA zu einer Temperaturskala. die durch das Auftreten oder Verschwinden einzelner Spektrallinien gekennzeichnet ist (s. nachfolgende *Tab. 23*).

Tabelle 23

Spektrallinie	Temperatur (°K)
Linie K 3933 erscheint	4 000
Balmerserie erscheint	4 500
Mg^+ 4481 erscheint	7 000
He 4471 erscheint	12 000
Linie 4227 verschwindet	13 000
Si^+ 4215 verschwindet	14 000
He^+ 4686 erscheint	17 000
Linie K 3933 verschwindet . .	20 000
Balmerserie verschwindet . . .	22 000
Mg^+ 4481 verschwindet	23 000
He 4471 verschwindet	24 000
He^+ 4686 verschwindet	30 000

Aus dieser Aufstellung wurde eine Temperaturskala für die Spektralklassen der Fixsterne gewonnen, die heute allerdings insofern abgeändert ist, als an Stelle des Auftretens oder Verschwindens einzelner Linien deren Intensitätsmaximum als Kriterium für die Temperaturbestimmung verwendet wird.

---

[1]) Jeder angeregte Zustand besitzt eine bestimmte Wahrscheinlichkeit zum Übergang in einen tieferen Zustand. Der reziproke Wert der Übergangswahrscheinlichkeit ist die „mittlere Lebensdauer“ des betreffenden Zustandes.

Anwendungsbeispiele der SAHA-Methode sind bei MANNKOPFF und HULDT für den elektrischen Lichtbogen, bei BEHRENS für elektrische Drahtexplosionen zu finden.

5. Die bisher beschriebenen Verfahren setzen eine optisch dünne Schicht voraus, d. h. es darf kein bedeutender Bruchteil der Strahlung durch Selbstabsorption oder Selbstumkehr verlorengehen. Ist eine Spektrallinie aber optisch dick, so daß die Intensität in der Mitte der glockenförmigen Spektrallinie (s. *Abb. 11*) dem PLANCKschen Strahlungsgesetz gehorcht, so kann – da die Linienmitte „schwarz" strahlt – durch eine Absolutmessung der Intensität in der Linienmitte durch Anschluß an ein Strahlungsnormal die Temperatur aus der PLANCKschen Funktion ermittelt werden. Dieses Verfahren, das allerdings nur streng für die Linienmitte gilt – die Flanken der „Spektrallinie" strahlen noch nicht „schwarz" –, führt bei sorgfältiger experimenteller Durchführung zu guten Ergebnissen, wie SCHNAUTZ nachweisen konnte.

Auch die Selbstumkehr, die in einer optisch dicken, rotationssymmetrischen, aber inhomogenen Gasschicht auftritt, kann zur Temperaturbestimmung ausgenutzt werden. Durch die Selbstumkehr in einer vor der heißesten Schicht befindlichen kälteren Zone wird die Linienmitte eingesenkt und es entstehen zwei Maxima, die symmetrisch zur Mitte liegen. Aus der Höhe der Maxima läßt sich die Temperatur nach Berechnungen von BARTELS ermitteln.

γ) Optische Temperaturmessungen an Gläsern

Die ausgeprägten selektiven Erscheinungen im Spektrum der Gläser – ihre im sichtbaren Gebiet und nahen Ultrarot große Durchlässigkeit mit starker Bandenstruktur, ihre mit zunehmender Wellenlänge mehr und mehr ansteigende Absorption und das Auftreten starker selektiver Reflexion oberhalb 8μ – erfordern einige besondere Maßnahmen bei optischen Temperaturmessungen an Gläsern (s. S. 117). Zwar sind grundsätzlich auch alle in den Abschnitten III. 2. b bis III. 2. d aufgeführten Verfahren auf Gläser anwendbar, doch ist dabei zu berücksichtigen, daß praktisch für jede Glassorte je nach Schichtdicke des anzumessenden Körpers das Meßergebnis mit einem anderen Emissionsvermögen korrigiert werden muß. Selbst wenn die Dicke so groß ist, daß die Durchlässigkeit in dem zur Messung benutzten Spektralbereich gleich Null ist, bestehen Fehlermöglichkeiten infolge eines durch die mangelhafte Wärmeleitfähigkeit auftretenden Temperaturgradienten im Glas. Als Meßergebnis würde irgendein „Mittelwert" resultieren, der durch die Tatsache bedingt ist, daß die Strahlung der verschiedenen Wellenlängen aus verschiedenen Schichtdicken stammt. Das Meßergebnis ist von diesem Einfluß unabhängig, wenn man sich auf die Oberflächentemperatur des Glases beschränkt und die Messung in den Bereich stärkerer Absorption des Glases legt. Oberhalb 5μ ist die Absorption schon so stark, daß die Eindringtiefe größenordnungsmäßig $^1/_{10}$ mm und weniger beträgt.

In den Geräten, die eine solche Messung ermöglichen, wird der kurzwellige Bereich durch Filter ausgeschaltet. Das LAND-*Glas-Pyrometer* (Land Pyrometer Ltd., Sheffield, England) ist für Messungen der Glasoberflächen im Bereich von 100–1000°C geeignet. Die Strahlung fällt durch ein Flußspatfenster, dessen Durchlässigkeit bis 13μ reicht, auf eine erste Thermosäule. Dieser Empfänger ist streifenförmig ausgebildet mit Zwischenräumen, so daß ein Teil der Strahlung durch ein Quarzfenster auf eine zweite Thermosäule trifft. Diese zweite Thermosäule, auf die infolge der Quarzabsorption nur Strahlung aus dem Bereich $< 5\mu$ gelangt, ist der ersten entgegengeschaltet. Dadurch wird die Strahlungsenergie unter 5μ unwirksam und nur der Strahlungsanteil aus dem Spektralbereich zwischen 5 und 13μ bestimmt das Meßergebnis. Die Geometrie des Geräteaufbaues fordert, daß der Strahler etwa doppelt so groß sein muß wie der Abstand zwischen Instrument und Strahler. Zur Ablesung dient ein empfindliches Lichtmarkengalvanometer; die Einstellzeit beträgt 5 sec. Gehäusetemperaturschwankungen werden selbsttätig kompensiert.

Ein ähnliches Instrument wurde in den U.S.A. von Leeds & Northrup entwickelt.

Von BEATTI wurde ein Gerät beschrieben, das durch Verwendung eines Doppelfilters der Polaroid Corp. (Cambridge, Mass., U.S.A.) den Spektralbereich zwischen 4,5 und 8μ ausfiltert. Das Gerät ist mit einer Spiegeloptik versehen, die die Strahlung auf den Empfänger konzentriert. Nachteilig ist die leichte Verschmutzbarkeit des offenen Instrumentes bei Verwendung in der Praxis. Der Vorteil gegenüber dem LAND-Pyrometer liegt in der Wahl eines günstigeren Spektralbereiches. Während beim LAND-Pyrometer das Gebiet der Reflexionsbande der Gläser um 9μ miterfaßt wird, so daß eine Temperaturabhängigkeit des Emissionsvermögens auftritt (s. *Abb. 138*), kann bei einer Beschränkung auf unter 8μ mit einem praktisch konstanten Emissionsvermögen gerechnet werden ($e = 0,97$). Im übrigen würde die Verwendung eines Lithiumfluoridfensters von 2–3 mm Dicke statt Flußspat auch beim LAND-Pyrometer eine Begrenzung bei

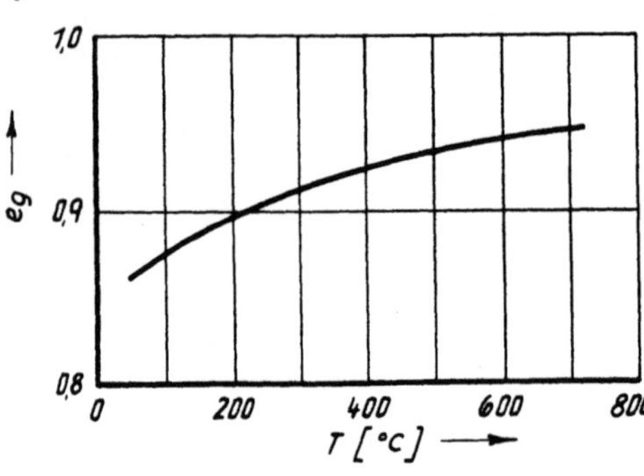

Abb. 138. Temperaturabhängigkeit des Emissionsvermögens von Gläsern für den Bereich $5\,\mu < \lambda < 12\,\mu$

8μ ermöglichen. Schließlich sei darauf hingewiesen, daß auch ein Reststrahlen-Pyrometer, wie auf S. 191 beschrieben, mit geeigneten Reststrahlplatten (etwa Karbonate) für derartige Oberflächenmessungen vorzüglich geeignet wäre. Eine Anwendung dieser Verfahren auf andere Stoffgruppen, wie z. B. metallurgische Schlacken, wäre ebenfalls erfolgversprechend.

3. Wärmeübertragung durch Strahlung

a) Allgemeine Gesetzmäßigkeiten

Die Beherrschung der Gesetze der Wärmeübertragung unter dem Einfluß eines Temperaturgefälles – eines der Grundprobleme der Technik – ist eine ebenso bedeutungsvolle wie schwierige Aufgabe, deren vollständige Lösung nur in wenigen einfachen Fällen gelingt. Sowohl der Entwurf als auch der Wirkungsgrad von Ofen- und Kesselanlagen als auch wärmetechnische Fragen aus dem alltäglichen Leben – wie Heizung und Kühlung – werden entscheidend von den Gesetzen der Wärmeübertragung beeinflußt.

Grundsätzlich bestehen drei verschiedene Arten der Wärmeübertragung: 1. durch Leitung in festen und ruhenden flüssigen und gasförmigen Körpern, 2. durch Konvektion in bewegten flüssigen und gasförmigen Medien und 3. durch Strahlung, die die Körperwelt infolge ihrer Temperatur aussendet. Bei höheren Temperaturen erfolgt der Wärmeaustausch fast ausschließlich durch Strahlung (ab $\sim 1100\text{--}1200^\circ\text{C}$) und dieser ist selbst bei tieferen Temperaturen in vielen Fällen nicht vernachlässigbar. Der Wärmeaustausch durch Strahlung zeichnet sich gegenüber den beiden anderen Mechanismen dadurch aus, daß nicht nur der wärmere Körper dem kälteren Energie zustrahlt, sondern auch umgekehrt (S. 5). Die übertragene Wärmemenge ist somit gleich der Differenz der jeweils absorbierten Anteile dieser beiden Strahlungsenergien. Sie ist um so größer, je stärker die beiden austauschenden Körper absorbieren und je höher die Temperaturdifferenz zwischen ihnen ist.

Eine genaue Berechnung der gesamten, von einer beliebigen Oberfläche emittierten Energie ist nur durch eine umständliche graphische Integration einer empirischen Funktion möglich, die aus einer Multiplikation der PLANCKschen Formel mit dem spektralen Emissionsvermögen resultiert. Für viele praktische Wärmeübergangsfragen mag indessen die Annahme einer grauen Strahlung genügen, so daß mit dem STEFAN-BOLTZMANNschen Gesetz gerechnet werden kann, dessen Darstellung im technischen Maßsystem Gl. (10) (S. 17) angibt. Ebenso soll von den Abweichungen vom LAMBERTschen Cosinusgesetz (S. 12) abgesehen werden, deren Berücksichtigung zwar keine grundsätzlichen Schwierigkeiten bereitet, den Rechnungsgang aber erheblich verwickelt.

So ergibt sich für zwei beliebig im Raum liegende Flächen F_1 und F_2 mit den Temperaturen T_1 und T_2 und ihren Emissionsvermögen ε_1 und ε_2 eine ausgetauschte Wärmeenergie Q_{12}, die sich nach folgender Gleichung berechnen läßt:

$$Q_{12} = \frac{\varepsilon_1\,\varepsilon_2}{\pi} C_s \left[\left(\frac{T_1}{100}\right)^4 - \left(\frac{T_2}{100}\right)^4\right] \int\limits_{F_1} \int\limits_{F_2} \frac{\cos\beta_1 \cdot \cos\beta_2}{s^2} \, dF_1\, dF_2 \left[\text{kcal}\cdot h^{-1}\right]. \quad (66)$$

In der Gleichung bedeuten nach *Abb. 139*: β_1 und β_2 die Winkel zwischen der Verbindungsgeraden s von zwei Flächenelementen dF_1 und dF_2 und deren Normalen; ε_1 und ε_2 die Emissionsvermögen der beiden Flächen; C_s die Strahlungskonstante für schwarze Strahlung im technischen Maßsystem $= 4{,}90\,\text{kcal}\cdot m^{-2} \cdot h^{-1} \cdot \text{Grad}^{-4}$. Der Index $_1$ bezieht sich auf die wärmere, der Index $_2$ auf die kältere Fläche. Eine Wiederabsorption der von einer Fläche reflektierten Energie ist in Gl. (66) ausgeschlossen unter der Annahme, daß die beiden Flächen hinreichend weit voneinander entfernt sind und man somit den wiederabsorbierten Anteil der reflektierten Strahlung vernachlässigen kann. Das Doppelintegral, das nur durch die räumliche Anordnung der Flächen gegeben ist, soll durch eine Größe ersetzt werden, die – als mittleres Winkelverhältnis $\overline{\varphi_1}$ bezeichnet – den

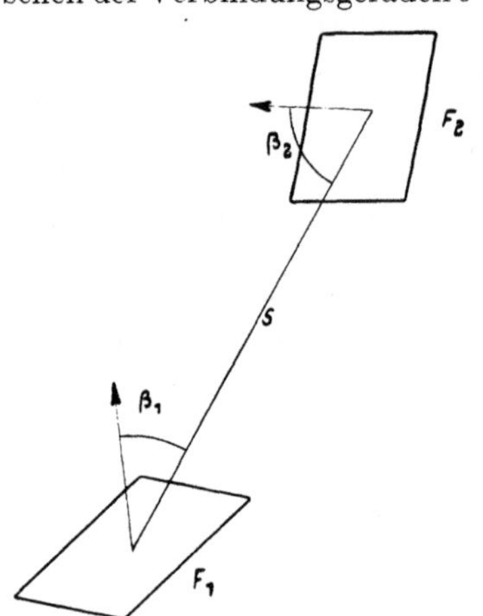

Abb. 139. Strahlungsaustausch zwischen zwei Flächen

Bruchteil der von der einen Fläche ausgehenden Strahlungsenergie angibt, der auf die zweite Fläche auftrifft:

$$\overline{\varphi_1} = \frac{1}{\pi\,F_1} \int\limits_{F_1} \int\limits_{F_2} \frac{\cos\beta_1 \cdot \cos\beta_2}{s^2} \, dF_1\, dF_2. \quad (67)$$

In besonders einfachen Fällen kann dieses mittlere Winkelverhältnis $\overline{\varphi_1}$ unmittelbar rechnerisch bestimmt werden [ECKERT (b)]. Die notwendigen Formeln sind unter Ziffer I a–I f angegeben.

I a – Strahlung zwischen Flächen, die im Verhältnis zu ihrem Abstand klein sind.

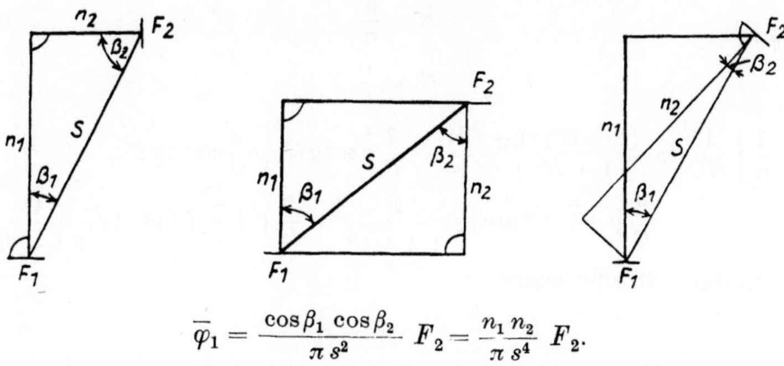

$$\overline{\varphi}_1 = \frac{\cos\beta_1 \, \cos\beta_2}{\pi \, s^2} \, F_2 = \frac{n_1 \, n_2}{\pi \, s^4} \, F_2.$$

Ib – Strahlung zwischen parallelen Kreisflächen mit gemeinsamer Mittelpunktsenkrechten.

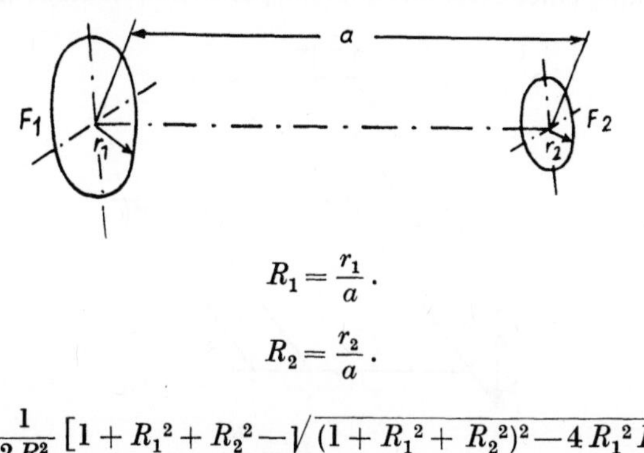

$$R_1 = \frac{r_1}{a}.$$

$$R_2 = \frac{r_2}{a}.$$

$$\overline{\varphi}_1 = \frac{1}{2\,R^2} \left[1 + R_1^2 + R_2^2 - \sqrt{(1 + R_1^2 + R_2^2)^2 - 4\,R_1^2\,R_2^2}\right].$$

Sonderfall: gleich große Kreisflächen $r_1 = r_2 = r$,

$$\overline{\varphi}_1 = \frac{1}{2\,R^2} \left(1 + 2\,R^2 - \sqrt{1 + 4\,R^2}\right).$$

Ic – Strahlung zwischen parallelen, gleich großen Rechtecken.

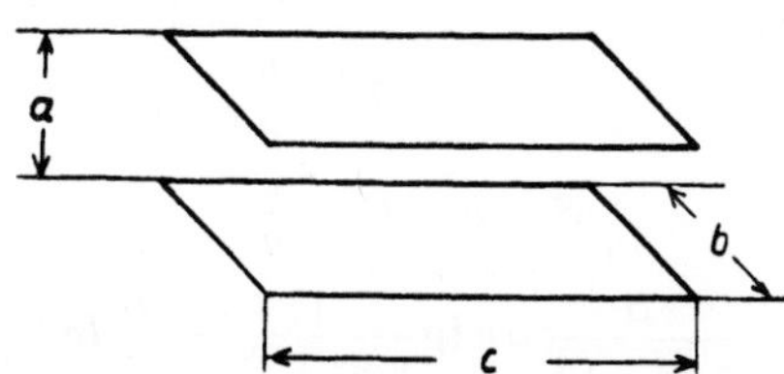

$$B = \frac{b}{a},$$

$$C = \frac{c}{a},$$

$$\overline{\varphi}_1 = \frac{1}{\pi}\left[\frac{1}{BC}\,ln\,\frac{(1+B^2)\,(1+C^2)}{1+B^2+C^2} - \frac{2}{B}\,\text{arc tg}\,C - \frac{2}{C}\,\text{arc tg}\,B\right.$$

$$\left. + \frac{2}{C}\sqrt{1+C^2}\,\text{arc tg}\,\frac{B}{\sqrt{1+C^2}} + \frac{2}{B}\sqrt{1+B^2}\,\text{arc tg}\,\frac{C}{\sqrt{1+B^2}}\right].$$

Sonderfall: Streifenpaare

$$B = \frac{b}{a}\,; \qquad C = \frac{c}{a} = \infty\,.$$

$$\overline{\varphi} = \frac{\sqrt{1+B^2}-1}{B}\,.$$

I d – Strahlung eines Streifens auf eine parallele Rechteckfläche gleicher Seitenlänge.

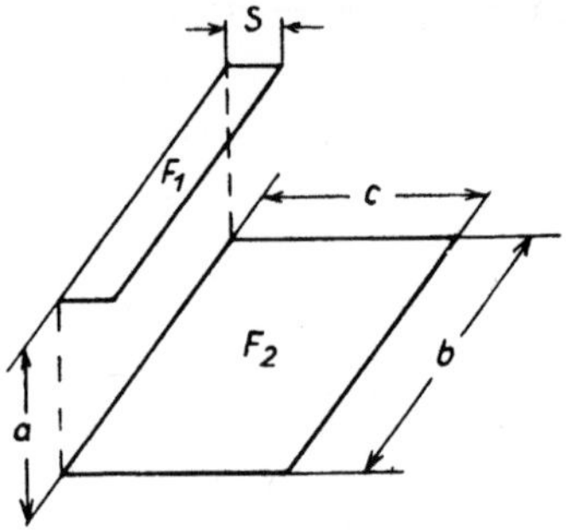

$$B = \frac{b}{a},$$

$$S \ll a, \quad C = \frac{c}{a},$$

$$\overline{\varphi}_1 = \frac{1}{\pi}\left(\frac{C}{\sqrt{1+C^2}}\,\text{arc tg}\,\frac{B}{\sqrt{1+C^2}} + \frac{\sqrt{1+B^2}}{B}\,\text{arc tg}\,\frac{C}{\sqrt{1+B^2}} - \frac{1}{B}\,\text{arc tg}\,C\right).$$

I e – Strahlung eines Streifens auf eine dazu senkrechte Rechteckfläche gleicher Seitenlänge.

$$B = \frac{b}{a},$$

$$S \ll b \quad C = \frac{c}{a},$$

$$\overline{\varphi}_1 = \frac{1}{\pi}\left[\text{arc tg}\,\frac{1}{B} - \frac{B}{\sqrt{B^2+C^2}}\,\text{arc tg}\,\frac{1}{\sqrt{B^2+C^2}} - \frac{B}{2}\,ln\,\frac{(B^2+C^2)\,(1+B^2)}{(1+B^2+C^2)\,B^2}\right].$$

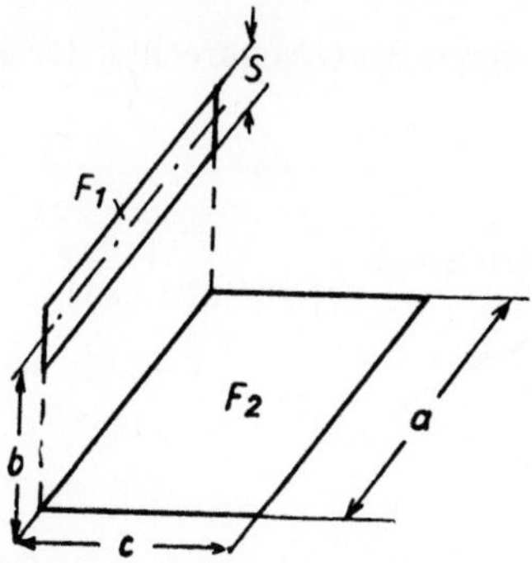

If – Strahlung zwischen 2 zueinander senkrechten Rechteckflächen mit einer gemeinsamen Seite.

$$B = \frac{b}{a}\,.$$

$$C = \frac{c}{a}\,.$$

$$\overline{\varphi}_1 = \frac{1}{\pi\,B}\left\{B\,\mathrm{arc\,tg}\,\frac{1}{B} + C\,\mathrm{arc\,tg}\,\frac{1}{C} \sqrt{B^2 + C^2}\,\mathrm{arc\,tg}\,\frac{1}{\sqrt{B^2 + C^2}}\right.$$

$$+ \frac{1}{4}\left[B^2\,ln\,\frac{(1 + B^2 + C^2)\,B^2}{(B^2 + C^2)\,(1 + B^2)}\right.$$

$$\left.\left.+ C^2\,ln\,\frac{(1 + B^2 + C^2)\,C^2}{(B^2 + C^2)\,(1 + C^2)} - ln\,\frac{1 + B^2 + C^2}{(1 + B^2)\,(1 + C^2)}\right]\right\}.$$

Für andere Sonderfälle, in denen eine geschlossene Lösung für das Winkelverhältnis $\overline{\varphi}_1$ der gesamten Fläche nicht möglich ist, muß eine Aufteilung der Fläche F_1 in Flächenelemente $\varDelta F_1$ erfolgen. Diese örtlichen Winkelverhältnisse φ_1 eines Flächenelementes, deren Mittelwert über die gesamte Fläche das mittlere Winkelverhältnis $\overline{\varphi}_1$ ergibt, sind für bestimmte geometrische Anordnungen in den Ziffern IIa–IIe mitgeteilt.

15*

II a – Kreisfläche, deren Mittelsenkrechte durch das Flächenelement geht.

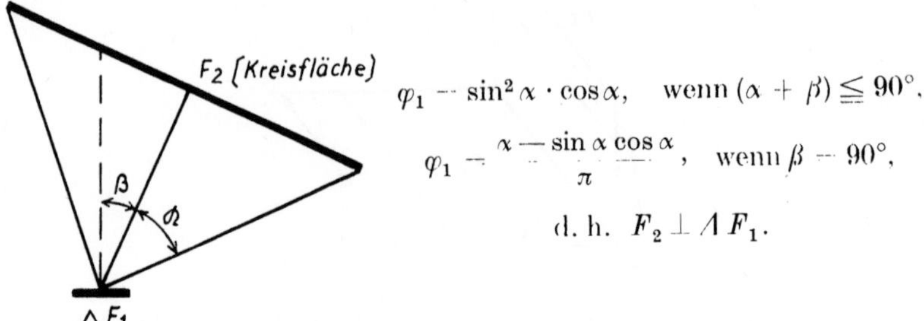

$$\varphi_1 = \sin^2 \alpha \cdot \cos \alpha, \quad \text{wenn } (\alpha + \beta) \lessgtr 90°.$$

$$\varphi_1 = \frac{\alpha - \sin \alpha \cos \alpha}{\pi}, \quad \text{wenn } \beta = 90°,$$

$$\text{d. h. } F_2 \perp \varLambda F_1.$$

II b – Kreisfläche parallel zum Flächenelement.

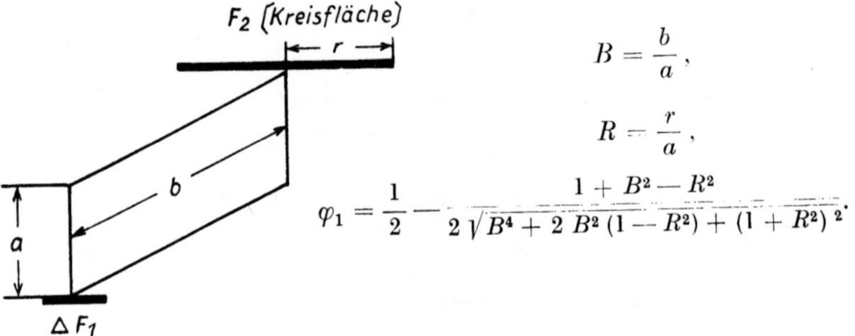

$$B = \frac{b}{a},$$

$$R = \frac{r}{a},$$

$$\varphi_1 = \frac{1}{2} - \frac{1 + B^2 - R^2}{2\sqrt{B^4 + 2B^2(1 - R^2) + (1 + R^2)^2}}.$$

II c – Kreisfläche senkrecht zum Flächenelement.

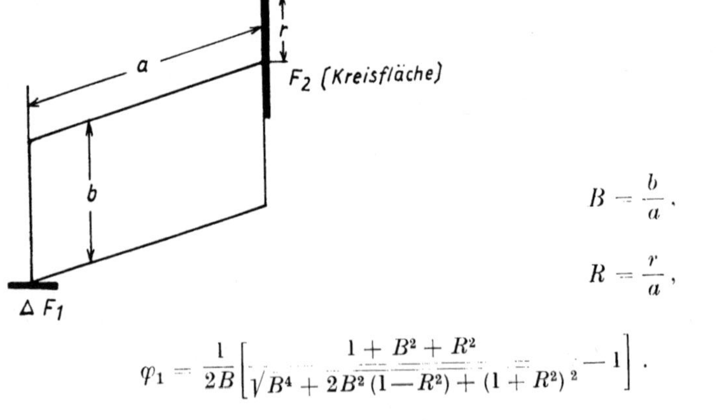

$$B = \frac{b}{a},$$

$$R = \frac{r}{a},$$

$$\varphi_1 = \frac{1}{2B}\left[\frac{1 + B^2 + R^2}{\sqrt{B^4 + 2B^2(1 - R^2) + (1 + R^2)^2}} - 1\right].$$

II d – Parallele Rechteckfläche mit einer Ecke in der Mittelsenkrechten
des Flächenelementes.

$$B = \frac{b}{a},$$

$$C = \frac{c}{a},$$

$$\varphi_1 = \frac{1}{2\pi}\left(\frac{B}{\sqrt{1+B^2}}\,\text{arc tg}\,\frac{C}{\sqrt{1+B^2}}\right.$$

$$\left. +\,\frac{C}{\sqrt{1+C^2}}\,\text{arc tg}\,\frac{B}{\sqrt{1+C^2}}\right).$$

II e – Rechteckfläche senkrecht zum Flächenelement mit einer Seite
in der Ebene von F_1 und mit einer Ecke, deren Normale durch F_1 geht.

$$B = \frac{b}{a}.$$

$$C = \frac{c}{a}.$$

$$\varphi_1 = \frac{1}{2\pi}\left(\text{arc tg}\,B - \frac{1}{\sqrt{1-C^2}}\,\text{arc tg}\,\frac{B}{\sqrt{1+C^2}}\right).$$

Außer der rechnerischen Bestimmung kann man sich zweier weiterer
Verfahren zur Ermittlung des örtlichen Winkelverhältnisses eines Flächenelementes bedienen.

Das zeichnerische Verfahren nach NUSSELT (b) sei an Hand der *Abb. 140*
erläutert. Das Flächenelement dF sendet nach allen Richtungen Strahlen aus. Um den auf die Fläche 1 treffenden Anteil zu ermitteln, beschreibt man über dF eine Halbkugel, projiziert die Fläche 1 von dF aus
auf diese und dann das so entworfene Bild 1′ nochmals durch Normal-
projektion auf die Grundfläche der Halbkugel (1″). Falls die emittierende
Fläche nicht hinreichend klein gegenüber der Fläche 1 ist, muß sie in
einzelne Teilflächen zerlegt werden und die angegebene Konstruktion ist
dann für jede Teilfläche durchzuführen. Das Winkelverhältnis der Ge-
samtfläche ergibt sich dann durch Mittelung über die Winkelverhältnisse
der Teilflächen. Für geometrisch verwickelte Verhältnisse ist dieses nach
den Regeln der darstellenden Geometrie durchführbare Verfahren sehr
umständlich.

Von ECKERT (c) wurde ein einfacher experimenteller Weg angegeben, bei dem die Projektionen mit optischen Mitteln durchgeführt und durch photographische Aufnahmen festgehalten werden. An der Stelle von dF ordnet man eine kleine punktförmige Lichtquelle so an, daß sie im Mittelpunkt der Grundfläche einer nicht zu kleinen Halbkugel aus Milchglas liegt. Die Lichtquelle wirft das Bild der als Modell in richtiger Lage innerhalb der Halbkugel angebrachten Fläche 1 als Schatten auf die Halbkugel. Durch Photographieren der Halbkugel mit dem Schatten 1' in der Pfeilrichtung (*Abb. 140*) aus genügend großer Entfernung erhält man auf der Aufnahme die Grundrißprojektion der Halbkugel mit dem Schattenbild 1''. Das Verhältnis der Flächen 1'' zur Grundrißprojektion der Halbkugel stellt das Winkelverhältnis dar. Die *Abb. 141* und *142* zeigen als Anwendungsbeispiel die Projektion einer Wendel und die benutzte Versuchsanordnung. In *Abb. 141* ist auch das Schattenbild, das ein der Wendel umschriebener Zylinder ergeben würde, gestrichelt eingezeichnet. Das angeführte Beispiel, das zur

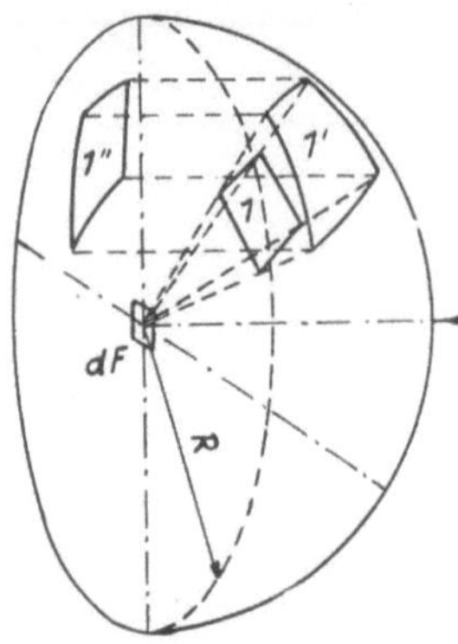

Abb. 140. Zeichnerische Bestimmung des Winkelverhältnisses (nach NUSSELT)

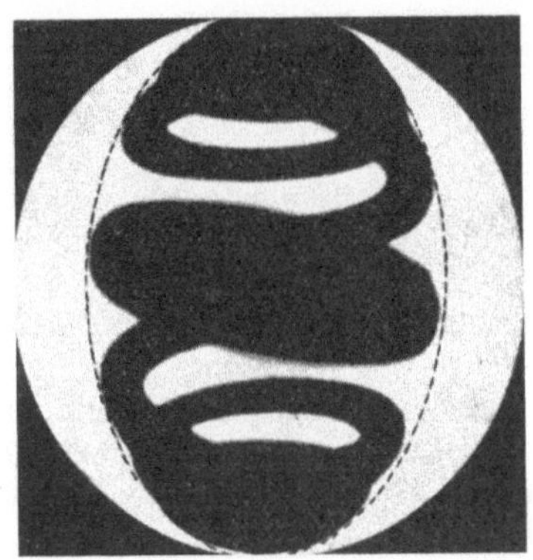

Abb. 141. Aufnahme zur Bestimmung des Winkelverhältnisses einer Wendel (nach ECKERT)

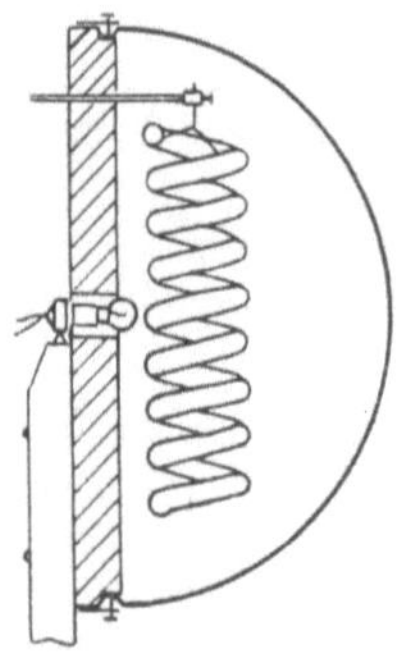

Abb. 142. Experimentelle Anordnung zur Bestimmung des Winkelverhältnisses (nach ECKERT)

Berechnung der Strahlungsverhältnisse von Wendeln in Glühlampen, Heizöfen usw. dient (HOLST, LAX, OESTERHUIS u. PIRANI), zeigt die großen Möglichkeiten dieses einfachen Verfahrens, das vor allem in komplizierten Fällen wertvolle Dienste leisten kann und umständlichen Rechnungen vorzuziehen ist.

Für Dampfkessel, elektrische Öfen, Glühbirnen usw. ist der Strahlungsaustausch zwischen Stab- und Rohrregistern bzw. Rohrspiralen (Wendeln) und einer ebenen Wand von großer Bedeutung. Zur Berechnung dieses Strahlungsaustausches wird zweckmäßig eine Hilfsgröße verwendet, das Flächenverhältnis $\overline{\psi_1}$, das ein Äquivalent einer mit Rohren versehenen Wand zu einer ebenen Fläche darstellt. Die von einer der Rohrreihe parallelen Wand auf das Register übertragene Strahlungsenergie beträgt:

$$Q_{12} = \varepsilon_1\, \varepsilon_2\, C_S\, F\, \overline{\psi}\left[\left(\frac{T_1}{100\,^0\mathrm{K}}\right)^4 - \left(\frac{T_2}{100\,^0\mathrm{K}}\right)^4\right] \qquad [\mathrm{kcal}\cdot h^{-1}]; \qquad (68)$$

ε_1 und ε_2 bedeuten die Emissionsvermögen der Wand bzw. der Rohrreihe.

In den *Abb. 143* und *144* sind für verschiedene Rohr- bzw. Spiralenanordnungen die Flächenverhältnisse angegeben.

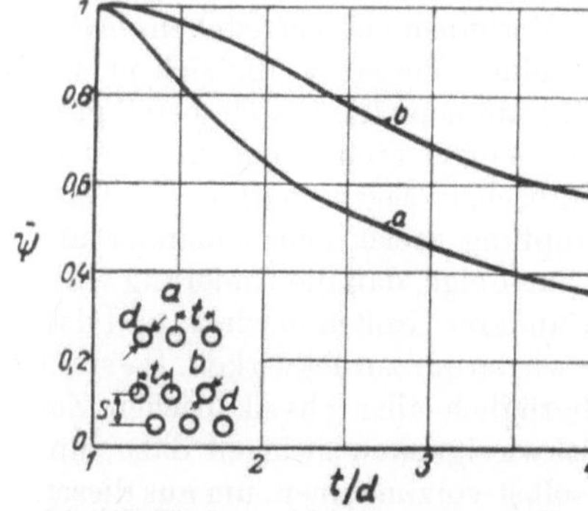
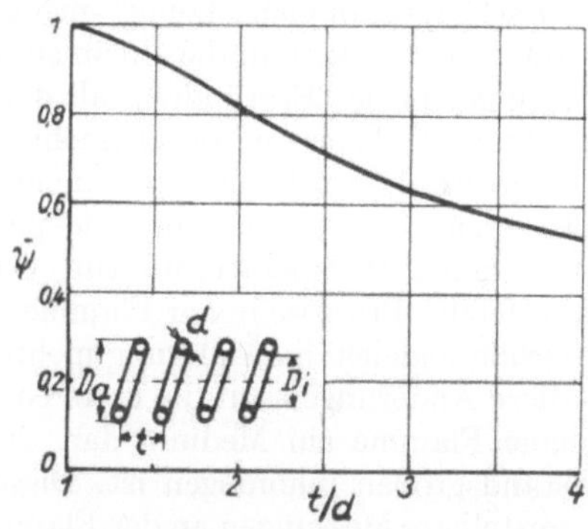

Abb. 143. Flächenverhältnis von einer und von 2 Rohrreihen in Abhängigkeit vom Verhältnis Rohrteilung zu Rohrdurchmesser. — a) eine Rohrreihe. — b) Zwei Rohrreihen mit $s/t > 1$ [nach Eckert(b)]

Abb. 144. Flächenverhältnis einer Wendel in Abhängigkeit vom Steigungsfaktor t/d für Kernfaktoren $D_i/d > 2$ [nach Eckert(b)]

b) Die Strahlung von Flammen

Die in einer Flamme freiwerdende Energie wird sowohl durch Strömung als auch durch Strahlung auf ihre Umgebung übertragen. Bei den hohen Flammentemperaturen in der industriellen Technik erfolgt der Wärmeübergang vornehmlich durch Strahlung. Strahlungsquellen sind sowohl die in der Flamme vorhandenen heißen Feuergase – besonders Kohlendioxyd und Wasserdampf – als auch glühende Rußteilchen, die bei unvollständiger Verbrennung infolge Sauerstoffmangels aus kohlenwasserstoffhaltigen Gasen bzw. aus Heizölen ausgeschieden werden. Eine Rußbildung in Flammen ist erwünscht, da die Flammenruße im Gegensatz zur ultraroten Bandenstrahlung der Gase ein kontinuierliches Spektrum aussenden und somit erheblich zur abgestrahlten Leistung beitragen (s. *Abb. 146*, die am Beispiel der HEFNER-Flamme den Anteil der Ruß- und Gasstrahlung erkennen läßt). Das als Chemilumineszenz bezeichnete Reaktionsleuchten der Flammengase ist energetisch für den Wärmeübergang völlig belanglos.

In Abschnitt II. 2 wurde das Strahlungsverhalten heißer Gase beschrieben. Eine Berechnung des Wärmeübergangs durch Strahlung von heißen Gasen bereitet unter Berücksichtigung des Gestalteinflusses des Gaskörpers, der weiter unten erörtert wird, keine sehr großen Schwierigkeiten, wenn Temperatur, Schichtdicke und Druck des Gases bekannt sind. Weitaus schwieriger gestaltet sich die Ermittlung der Strahlungsleistung von Flammen. Die Erscheinungsformen der Flammen sind derart mannigfaltig, daß der Versuch wenig aussichtsreich erscheint, ihre Strahlungseigenschaften aus vorgegebenen, unabhängigen Größen, wie etwa Frischgaszusammensetzung, -menge und -geschwindigkeit zu ermitteln. Die Schwierigkeiten, die einem solchen Vorhaben entgegenstehen, liegen weniger in der Ergründung all der einzelnen Vorgänge, die sich in den Flammen abspielen, als vielmehr im Zusammenwirken aller beteiligten Prozesse. Hinzu kommt eine mehr oder weniger große Ungenauigkeit in unseren Kenntnissen über die physikalischen Eigenschaften der Gase bei hohen Temperaturen. Die Verknüpfung vieler nebeneinander ablaufender Prozesse in der Flamme hat zur Folge, daß die Änderung einer Größe sogleich die Änderung mehrerer anderer Größen bewirkt, und daß diese Änderungen auf die erste Größe wiederum zurückwirken. So stellt eine Flamme ein Medium dar, das bezüglich aller physikalischen Zustandsgrößen inhomogen ist. Diese Schwierigkeiten zwingen dazu, unmittelbare Messungen an der Flamme selbst vorzunehmen, um aus diesen Messungen Rückschlüsse auf die abgestrahlte Energie ziehen zu können. Dabei ist jedoch zu beachten, daß eine Messung, die nur an einem Ort der Flamme vorgenommen wird, infolge der Inhomogenität zu falschen Folgerungen führen kann; vielmehr müssen, um ein möglichst genaues Bild zu gewinnen, mehrere Messungen über die Flammenlänge ausgeführt werden.

Während die gesamte abgestrahlte Energie vorgemischter, nichtleuchtender Flammen bei Kenntnis der wahren Flammentemperatur und unter Berücksichtigung der Geometrie der Flamme auf Grund der von SCHACK (*a*) aufgestellten empirischen Formeln bestimmt werden kann, sind die optischen Eigenschaften leuchtender Flammen mit dem Verbrennungsvorgang selbst viel inniger verknüpft. Die Entstehung einer nichtleuchtenden Kohlenwasserstoffflamme setzt ein stöchiometrisches

Verhältnis von Sauerstoff zu Frischgas voraus, so daß die Art und Menge der Reaktionsprodukte in der Flamme bekannt sind. Indessen wird eine Ausscheidung von elementarem Kohlenstoff gerade durch eine verschleppte Verbrennung erzwungen; sowohl die gasförmigen Bestandteile der Flamme als auch die Zahl und Größe der Kohlenstoffteilchen sind von der Menge des zugeführten Sauerstoffs und dem Grad der Durchmischung durch Turbulenz und Diffusion abhängig. Das Problem liegt also darin, aus möglichst einfach durchführbaren Messungen die spektrale Strahlungsdichte und durch eine Integration über den gesamten Wellenlängenbereich die Gesamtstrahlung ermitteln zu können.

Die spektrale Strahlungsdichte einer Rußsuspension in leuchtenden Flammen läßt sich aus einer Multiplikation des PLANCKschen Strahlungsgesetzes mit dem Absorptionsvermögen gewinnen; sie wird durch die wahre Flammentemperatur, die in das PLANCKsche Gesetz eingeht, und – nach den ausführlichen Erläuterungen in Abschn. II. 5. b – durch die Zahl N und Größe 2ϱ der Rußteilchen, die das Absorptionsvermögen beeinflussen, bestimmt:

$$d E_{\lambda,\, T} = \frac{2\pi\, c_1}{\lambda^5} \cdot \frac{1}{e^{\frac{c_2}{\lambda \cdot T}} - 1} \cdot a_\lambda\, d_\lambda \qquad [\mathrm{cal} \cdot \mathrm{cm}^{-2} \cdot \mathrm{sec}^{-1}], \qquad (69)$$

wobei

$$a_\lambda = 1 - e^{-N \cdot \alpha_\lambda \cdot s}; \qquad \alpha = f(2\varrho). \qquad (51)$$

Sowohl eine Erhöhung der Flammentemperatur als auch der Rußteilchenzahl bewirkt eine Vergrößerung der Strahlungsleistung. Der Einfluß der Größe der Rußteilchen, der mit dem Einfluß der Dispersion der Absorptionskonstanten gleichbedeutend ist, soll einer näheren Betrachtung unterzogen werden. Wesentlich ist vor allem hierbei, wie die Strahlungsenergien von leuchtenden Flammen gleicher Rußkonzentration (Teilchenvolumen · Anzahl der Teilchen), aber unterschiedlicher Teilchengrößen, voneinander abweichen. Es ist ein glücklicher Umstand, daß Flammen gleicher Rußkonzentration mit verschiedenen Teilchengrößen im sichtbaren Gebiet etwa das gleiche Absorptionsvermögen aufweisen. (Diese Tatsache trifft natürlich nur für den hier betrachteten Größenbereich der Ruße zu). Ein Blick auf die *Tab. 24* verschafft einen Überblick über diese Verhältnisse. Für ein angenommenes Absorptionsvermögen von 0,175 in der Wellenlänge $\lambda = 580\,\mathrm{m}\mu$ ergeben sich für Flammen mit verschiedener Teilchengröße die in Spalte 2 aufgeführten Werte der Teilchenzahlen. Sie wurden aus Gl. (51) nach

$$N \cdot s = \frac{1}{\alpha_\lambda} \cdot ln\left(\frac{1}{1 - a_\lambda}\right)$$

Tabelle 24. Rußkonzentration für das Absorptionsvermögen
a_{580} = konst. = 0,175 in Abhängigkeit von der Teilchengröße

$\dfrac{2\varrho}{[\mathrm{m}\mu]}$	$N \cdot s$	$V = \dfrac{4}{3}\pi\varrho^3$ [cm³]	$s \cdot N \cdot V$	Abweichung vom Mittelwert
1	2	3	4	5
6,0	25 $\cdot 10^{14}$	$0,11 \cdot 10^{-18}$	$2,85 \cdot 10^{-4}$	— 0,06
10,0	6,97 $\cdot 10^{14}$	$0,52 \cdot 10^{-18}$	$3,65 \cdot 10^{-4}$	+ 0,74
12,5	2,87 $\cdot 10^{14}$	$1,02 \cdot 10^{-18}$	$2,93 \cdot 10^{-4}$	+ 0,02
15,0	1,51 $\cdot 10^{14}$	$1,77 \cdot 10^{-18}$	$2,67 \cdot 10^{-4}$	— 0,24
20,0	0,623 $\cdot 10^{14}$	$4,19 \cdot 10^{-18}$	$2,61 \cdot 10^{-4}$	— 0,30
25,0	0,334 $\cdot 10^{14}$	$8,18 \cdot 10^{-18}$	$2,73 \cdot 10^{-4}$	— 0,18
		Mittelwert:	$2,91 \cdot 10^{-4}$	

berechnet. Werden diese Werte mit den Teilchenvolumina in Spalte 3
multipliziert, so erhält man Rußkonzentrationen die – mit Ausnahme
des Wertes für $2\varrho = 10\ \mathrm{m}\mu$ – um weniger als 10% voneinander abweichen.
Die spektralen Strahlungsdichten – berechnet nach Gl. (69) – für
Flammen unterschiedlicher Teilchengröße sind für den Fall eines gleichen
Absorptionsvermögens von 0,175 bei $\lambda = 580\ \mathrm{m}\mu$ und gleicher wahrer

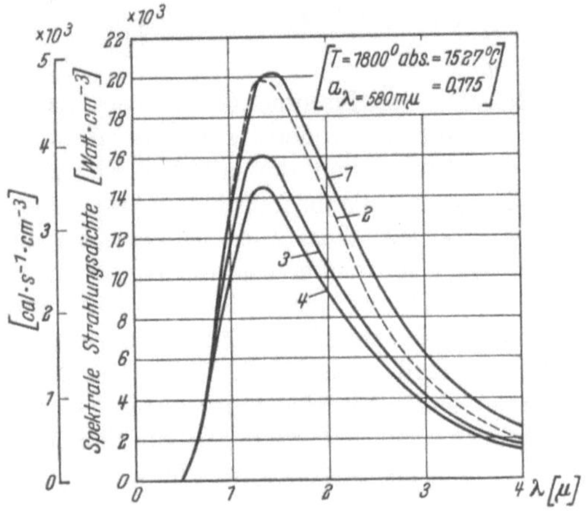

Abb. 145. Spektrale Strahlungsdichte verschiedener Flammenruße (nach PEPPERHOFF u. BÄHR)

Temperatur von 1527°C in *Abb. 145* dargestellt. Während bei dieser
Temperatur das Strahlungsmaximum für schwarze Strahlung bei $1,6\,\mu$
liegt, wird infolge der Dispersion des Absorptionsvermögens dieses Maxi-

mum nach kürzeren Wellenlängen hin verschoben, und zwar ist diese
Verschiebung um so größer, je stärker die Wellenlängenabhängigkeit ist,
in der Reihenfolge:
1. Acetylen-Flamme,
2. Stearinkerze,
3. HEFNER-Flamme

Ein besonders wichtiges Ergebnis dieser Darstellung verdient festgehalten zu werden. Trotz gleicher Rußmenge und gleicher wahrer Temperatur in den betrachteten Flammen wird – allein durch den Verteilungsgrad des Rußes bedingt – von den kleinen Rußteilchen in der Acetylen-

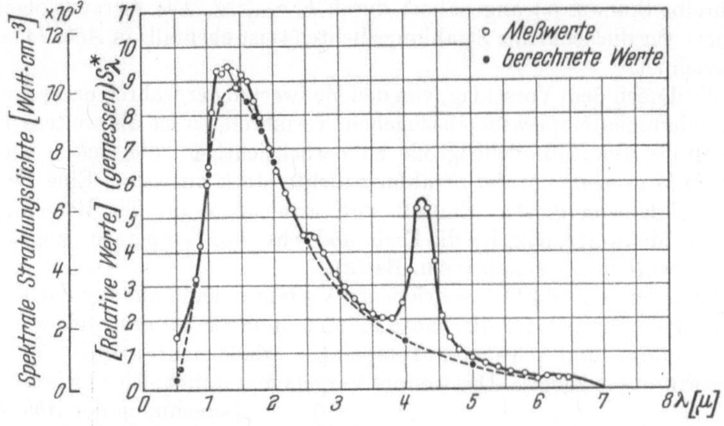

Abb. 146. Spektrum der HEFNER-Flamme (nach PEPPERHOFF u. BÄHR)

Flamme eine um fast 50% größere Energie abgestrahlt als von den
gröberen Teilchen der HEFNER-Flamme. Beim Verbrennungsvorgang wird
man folglich bestrebt sein müssen, die Flamme derart brennen zu lassen,
daß ein möglichst feiner Ruß in der Flamme entsteht.

Eine Prüfung des Rechnungsganges durch einen Vergleich mit der
gemessenen spektralen Energieverteilung der HEFNER-Flamme führt zu
der in *Abb. 146* gezeigten Übereinstimmung zwischen den Meßwerten und
dem gestrichelt gezeichneten Verlauf der berechneten Werte. Die selektiven
Stellen im Spektrum der HEFNER-Flamme zwischen $1,1\,\mu$ und $1,6\,\mu$
werden vom Wasserdampf, bei 2,7 und $4,25\,\mu$ vom Kohlendioxyd verursacht.

Da das Absorptionsvermögen und die Strahlungsdichte wegen der unübersichtlichen Verbrennungsvorgänge in leuchtenden Flammen nicht
im voraus aus den Betriebsbedingungen ermittelt werden können, kann
bei der Bestimmung der Strahlungsdichte nur ein Verfahren zum Ziele

führen, das aus einfach durchführbaren Messungen an der Flamme eine solche Berechnung gestattet. SCHACK schlug als geeignete Meßwerte hierfür die schwarze und wahre Temperatur vor, die mit einem Glühfaden- und Absaugepyrometer gewonnen werden können. Das Absorptionsvermögen a_{λ_w} in der wirksamen Wellenlänge des Pyrometers ergibt sich aus der wahren und schwarzen Temperatur nach Gl. (57) zu

$$a_{\lambda_w} = e^{-\frac{c_2}{\lambda_w}\left(\frac{1}{S} - \frac{1}{T}\right)}.$$

Die Dispersion der Absorptionskonstante leuchtender Flammen beschreibt SCHACK (c) angenähert durch $k_\lambda \simeq \lambda^{-0,9}$. Die hieraus folgende Kurve für die spektrale Strahlungsdichte (4) ist ebenfalls in *Abb. 145* eingezeichnet.

Wird nach dem Vorschlag, von den Meßwerten der wahren und schwarzen Flammentemperatur auszugehen, verfahren, so ist als weitere Einflußgröße die Rußteilchengröße zu berücksichtigen, die sich – wie in *Abb. 145* gezeigt – in der Strahlungsdichte stark auswirkt. Eine Unabhängigkeit von diesem Einfluß wird erreicht, wenn der Berechnung andere Meßwerte, nämlich die Farb- und schwarze Temperatur, zugrunde gelegt wurden (PEPPERHOFF u. BÄHR).

Nach dem auf S. 211 beschriebenen Verfahren kann aus der Farb- und schwarzen Temperatur die wahre Flammentemperatur ermittelt werden. Aus wahrer und schwarzer Temperatur erhält man aus Gl. (57) das Absorptionsvermögen. Das weitere Vorgehen gestaltet sich so wie bei der Berechnung der *Abb. 145*. In *Abb. 147* ist die spektrale Strahlungsdichte von Flammen verschiedener Teilchengröße, aber gleicher Farb- und schwarzer Temperatur dargestellt. Die abgestrahlten Energien weichen nunmehr um weniger als 10% voneinander ab. Das ist aber ein Fehler, der ohnehin durch Ungenauigkeiten in der mit etwa 1% Fehler behafteten Temperaturmessung und durch die örtliche Verschiedenheit der physikalischen

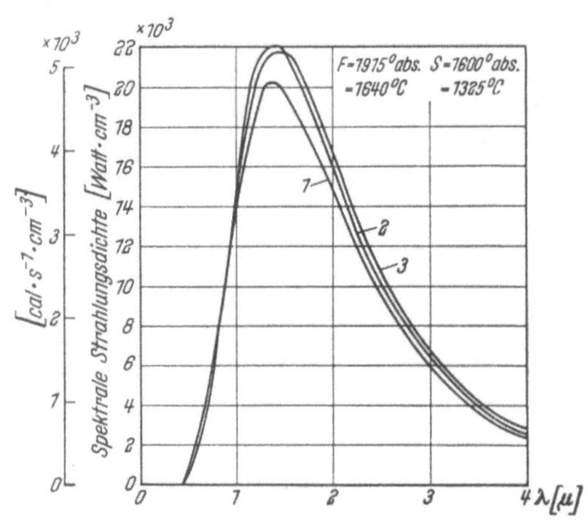

Abb. 147. Spektrale Strahlungsdichte verschiedener Flammenruße (nach PEPPERHOFF u. BÄHR)

Eigenschaften an der Beobachtungsstelle verursacht wird. Welchen Einflüssen ist es aber zuzuschreiben, daß durch die Wahl der Farb- und schwarzen Temperatur als Ausgangswerte der Einfluß der Teilchengröße weitgehend ausgeschaltet wird? Bei kleinen Teilchendurchmessern liegt infolge der geringeren Wellenlängenabhängigkeit der Absorption die Farbtemperatur näher der wahren Flammentemperatur als bei gröberen Rußteilchen. Das Absorptionsvermögen hingegen ist umso kleiner, je größer der Unterschied zwischen wahrer und schwarzer Temperatur ist. Zwei Einflüsse wirken also gegeneinander: Bei kleinen Rußteilchen ist die wahre Temperatur zwar höher, das Absorptionsvermögen dafür kleiner; bei größeren Teilchen ist es umgekehrt. Für optisch dichtere Flammen, d. h. bei Annäherung an schwarze Strahlung, nehmen diese Unterschiede mehr und mehr ab.

Zur praktischen Durchführung dieser Messungen steht das Farb-Helligkeitspyrometer nach NAESER (S. 196) zur Verfügung. Für dieses Gerät wurden nach dem beschriebenen Rechengang unter Verwendung der für die Teilchengröße $2\varrho = 12{,}5\ \text{m}\mu$ gefundenen Wellenlängenabhängigkeit der Absorptionskonstante und der wirksamen Wellenlänge des Pyrometers $\lambda_w = 580\ \text{m}\mu$ die spektrale Strahlungsdichte und durch graphische Integration der Gl. (69) über den gesamten Wellenlängenbereich die Gesamtstrahlung von Flammenrußen in Abhängigkeit von der Farb- und schwarzen Temperatur berechnet. In *Abb. 148* sind auf der Abszisse die schwarze Temperatur, als Parameter die Farbtemperatur und auf der Ordinate die von der Flächeneinheit in der Zeiteinheit in den Halbraum abgestrahlte Energie aufgetragen. Das Schaubild wird nach oben durch eine gestrichelte Linie begrenzt, die den bei Gleichheit der Farb- und schwarzen Temperatur vorliegenden Fall der schwarzen Strahlung beschreibt. Mit abnehmender schwarzer Temperatur gehen die Linien gleicher Farbtemperatur gegen Null.

Bei den bisherigen Betrachtungen wurde vorausgesetzt, daß die Flammen als homogene Medien anzusehen sind. Das trifft – wie eingangs schon erwähnt – keinesfalls zu, da ein Schluß von dem an einer Stelle der Flamme ermittelten Wert auf die gesamte Flamme zu völlig falschen Vorstellungen führt. Bevor aber die Gedanken erörtert werden, die eine Klärung des Einflusses der Flammeninhomogenität auf die Strahlungseigenschaften zum Ziele haben, sollen noch einige experimentelle Möglichkeiten erwähnt werden, die eine Untersuchung der Verbrennungsvorgänge in leuchtenden Flammen erlauben.

Wesentlich sind drei Größen, die den Verbrennungsablauf kennzeichnen und die einfachen optischen Meßverfahren leicht zugänglich sind: die Größe der Rußteilchen, die in der Flamme entstehen und im Laufe der Reaktionen wieder abgebaut werden, der Gehalt der Flammen an elementarem Kohlenstoff, der mit dem Reaktionsablauf mehr und mehr

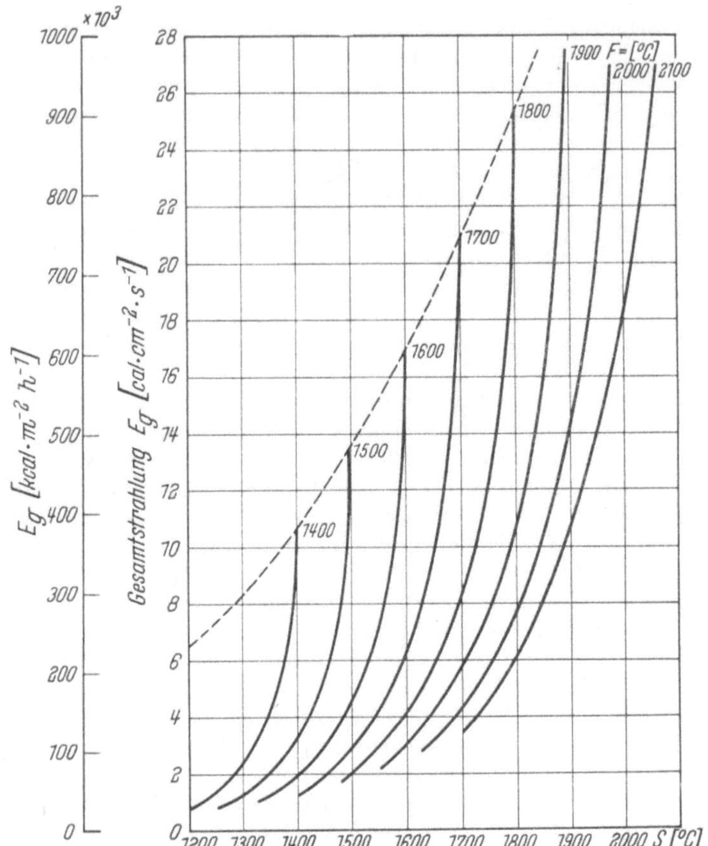

Abb. 148. Gesamtstrahlung von Flammenrußen in Abhängigkeit von Farb- und schwarzer Temperatur (nach PEPPERHOFF u. BÄHR)

abnimmt und zu einer Vermehrung des Kohlensäureanteils in der Flamme führt, und schließlich das Verhältnis der Gasstrahlung zur Teilchenstrahlung.

Die optische Größenbestimmung von kolloiden Teilchen kann grundsätzlich sowohl durch eine Bestimmung der Richtungsabhängigkeit des an der Suspension gestreuten Lichtes als auch durch Ausmessung der Absorptionsspektren erfolgen. Im vorliegenden Fall ist es unvorteilhaft, die Streustrahlung zur lichtoptischen Größenbestimmung zu verwenden, da solche Messungen zur Lösung technischer Fragen mit großen Schwierigkeiten verbunden sind. Außerdem ist die Intensität des gestreuten

Lichtes sehr gering und die Abhängigkeit der Richtungsverteilung der Streustrahlung von der Teilchengröße nicht so eindeutig gewährleistet wie im Falle der Absorption. Auf Grund des in *Abb. 102* (S. 138) dargestellten Zusammenhanges zwischen dem Absorptionsverhalten der Flammenruße und ihrer Größe läßt sich die Größe der Rußteilchen in einfacher Weise aus der Farbänderung einer Strahlung bestimmen, die eine auf einem Objektträger niedergeschlagene lichtdurchlässige Ruß-

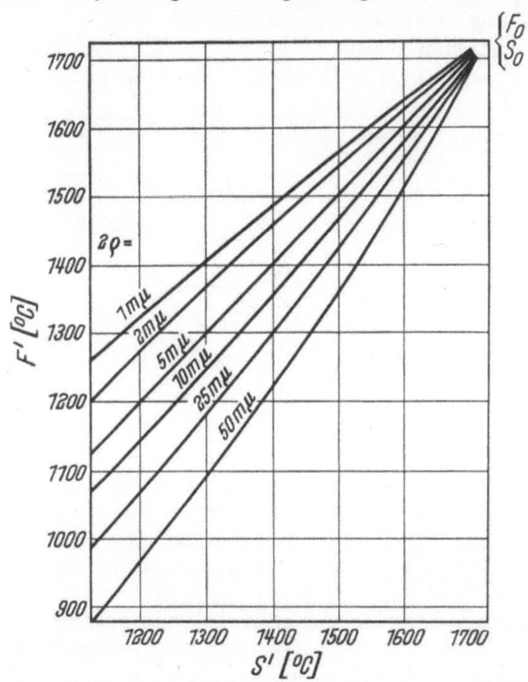

Abb. 149. Lichtoptische Größenbestimmung von Rußteilchen (nach NAESER u. PEPPERHOFF)

schicht durchsetzt. Mit zunehmender Größe der Rußteilchen wird die Farbänderung der durchgelassenen Strahlung immer größer. Da die Dispersion der Absorptionskonstante im Sichtbaren durch $k_\lambda \cong \lambda^{-n}$ dargestellt werden kann, wobei n konstant ist, wird eine Größenbestimmung in einer für die Praxis sehr einfachen Form durchführbar, wenn die mit einem Farbpyrometer in zwei Farben zu messende Strahlung durch eine lichtdurchlässige Rußschicht bestimmt wird [NAESER u. PEPPERHOFF (e)]. Um von der Dicke und der Konzentration der Rußschicht unabhängig zu sein, muß außerdem die Schwächung der schwarzen Temperatur ermittelt werden. In *Abb. 149* ist für das Farb-Helligkeitspyrometer nach NAESER die Teilchengröße in Abhängigkeit von den Änderungen der Farb- und schwarzen Temperatur dargestellt. Das Schaubild ist für eine ungeschwächte Farb- und schwarze Temperatur $F_0 = S_0 = 1725°\,C$ gezeichnet. Die Messungen erfolgen denkbar einfach. Ohne berußten Objektträger im Strahlengang werden die Temperaturen F_0 und S_0 gemessen, anschließend die durch die Rußschicht geschwächten Temperaturen F' und S', mit deren Hilfe die Teilchendurchmesser aus der Abbildung abgelesen werden können.

Aus dem BEERschen Gesetz in Form der Gl. (51) können mit Hilfe der in *Abb. 103* aufgeführten Werte für die Absorption eines Rußteil-

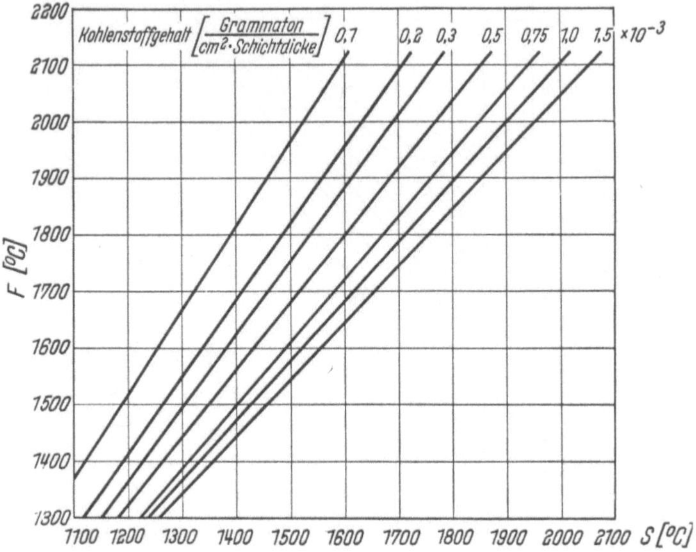

Abb. 150. Kohlenstoffgehalt leuchtender Flammen in Abhängigkeit von Farb- und schwarzer Temperatur (nach (PEPPERHOFF u. BÄHR)

chens die Teilchenzahlen pro Volumeneinheit in der Flamme berechnet werden. Die Rußdichte in der Flamme ergibt sich somit zu

$$D = \frac{4}{3}\,\pi \cdot \varrho^3 \cdot d\,\frac{1}{\alpha_\lambda} \cdot ln\left(\frac{1}{1-a_\lambda}\right) \cdot \frac{1}{s}\,;$$

d = Dichte eines Rußteilchens, s = Schichtdicke, a_λ = Absorption eines Rußteilchens.

Da alle Größen in dieser Gleichung bekannt sind (a_λ wird indirekt gemessen), kann wiederum für das NAESERsche Farbpyrometer ein Diagramm aufgestellt werden, das aus der Farb- und der schwarzen Temperatur den Rußgehalt in der Flamme zu bestimmen gestattet (*Abb. 150*).

Dabei ist zu beachten, daß dieses Meßverfahren nicht den Rußgehalt pro cm³, sondern den Rußgehalt in der Säule mit dem Querschnitt 1 cm² und der Länge s (= Schichtdicke der Flamme) liefert. Der in Grammatom angegebene Gehalt an elementarem Kohlenstoff konvergiert mit abnehmender schwarzer Temperatur gegen Null und mit Annäherung der schwarzen Temperatur an die Farbtemperatur gegen Unendlich.

Die Differenz zwischen Gesamtstrahlung und Rußstrahlung ergibt die Gasstrahlung der Flamme, die, je nach Rußgehalt mehr oder weniger gegenüber der Teilchenstrahlung zurücktritt. Im Falle der HEFNER-Flamme macht sie, wie *Abb. 146* zeigt, nur etwa 10 % aus. Eine Kombination der besprochenen Verfahren zur Ermittlung der Rußstrahlung mit unmittelbaren Gesamtstrahlungsmessungen würde gewiß sehr aufschlußreiche Aussagen über die Strahlungsvorgänge und die Verbrennung in leuchtenden Flammen erlauben.

Die bisherigen Bemerkungen über die Flammeninhomogenität bezogen sich lediglich auf Eigenschaftsunterschiede über die Flammenlänge und auf den damit verbundenen Hinweis, daß die Kennzeichnung einer Flamme durch einen einzigen Meßwert ungenügend ist. Es bleibt aber noch die Berücksichtigung eines Gradienten über den Querschnitt der Flamme, denn das Ergebnis einer Strahlungsmessung, das an irgendeiner Stelle einer Flamme gewonnen wird, stellt einen „Mittelwert" dar, der sich aus der Gesamtwirkung der anvisierten Schichtdicke ergibt. Die Frage, wie eine solche Mittelwertbildung erfolgt und ob dabei irgendeinem Meßverfahren der Vorzug zu geben sei, wurde hinsichtlich der Temperaturmessung an Flammen schon in Abschn. III. 2. g erwähnt. Eine Betrachtung über den Einfluß eines Gradienten über die durchmessene Schichtdicke (bezüglich Temperatur und Absorptionsvermögen) auf die Meßwerte und ihre Auswirkung auf die ermittelte Strahlungsdichte zeigt sehr verwickelte und unübersichtliche Zusammenhänge (PEPPERHOFF u. GRASS). Sie ergibt aber das bemerkenswerte Ergebnis, daß eine befriedigende Berechnung der Gesamtstrahlung durch gleichzeitige Anwendung von zwei Meßverfahren möglich ist. Wenn neben dem oben geschilderten Verfahren noch ein weiteres Verfahren tritt – nämlich die Bestimmung der Gesamtstrahlung aus der wahren und der schwarzen Temperatur, wobei die wahre Temperatur nach dem Umkehrverfahren von KURLBAUM gemessen werden soll –, so ergibt das arithmetische Mittel aus beiden Verfahren mit guter Näherung die wirklich abgestrahlte Energie des Flammenrußes, unabhängig von der Verteilungsform über die durchmessene Schichtdicke:

$$E_g = \frac{E_{g_{U,S}} + E_{g_{F,S}}}{2}.$$

Eine genaue Ermittlung der Strahlungsdichte erfordert also neben dem größeren rechnerischen Aufwand die zusätzliche Mühe einer Temperaturmessung nach dem KURLBAUM-Verfahren. Für die meisten praktischen Messungen indessen dürften die durch die Inhomogenität bedingten Abweichungen tragbar sein, so daß allein die Anwendung des Verfahrens mit den Meßwerten der Farb- und schwarzen Temperatur zu brauchbaren Ergebnissen führt. Nur in wenigen Fällen mit extremen Temperatur- und Absorptionsverteilungen übersteigt der Fehler das zulässige Maß. Die Größe dieser Abweichungen kann aber auf Grund der bereits durchgerechneten Beispiele beurteilt werden.

Die Bestimmung der Bestrahlungsstärke auf ein Flächenelement mit Hilfe der Strahlungsleistung der Flamme erfordert die Berücksichtigung eines weiteren Einflusses, nämlich der Gestalt des strahlenden Gas- bzw. Flammenvolumens.

Die in den *Abb. 21* bis *24* und *148* dargestellten Diagramme ermöglichen eine direkte Berechnung der Bestrahlungsstärke nur dann, wenn der Weg der Strahlung, die aus den verschiedenen Richtungen auf das Flächenelement trifft, überall gleich groß ist. Diese Bedingung ist aber nur dann erfüllt, wenn das strahlende Gas- bzw. Flammenvolumen die Gestalt einer Halbkugel mit dem Flächenelement als Mittelpunkt der Grundfläche aufweist. Nur in diesem Fall ist der bestrahlte Punkt von sämtlichen Teilen der Gas- bzw. Flammenoberfläche gleich weit entfernt, so daß die Schichtdicke s in jeder Richtung gleich ist. Da dies in den meisten Fällen jedoch nicht zutrifft, muß eine gleichwertige Schichtdicke s_{gl} für die Schichtdicke des strahlenden Gases eingesetzt werden, die man dadurch erhält, daß der beliebig gestaltete Gaskörper durch eine Halbkugel mit einem entsprechend richtig gewählten Halbmesser ersetzt wird. Für bestimmte Sonderfälle wurden die in der nachfolgenden *Tab. 25* aufgeführten „gleichwertigen Schichtdicken" berechnet [NUSSELT (*a*); JAKOB; SCHMIDT (*c*); SCHMIDT u. ECKERT; ECKERT (*a*); HOTTEL].

Eine von HAUSEN angegebene Näherungsgleichung, die für andere Fälle die gleichwertige Schichtdicke abzuschätzen gestattet, lautet

$$s_{gl} = 0{,}9 \, \frac{4V}{F}, \tag{70}$$

wenn V das Volumen und F die von den bestrahlten Wänden gebildete Oberfläche des Gaskörpers sind. Wenn eine Dimension gegenüber den anderen groß ist, gilt der Faktor 0,9; sind alle Dimensionen etwa gleich groß, so ist der Faktor gleich 1.

Wie die vorstehenden Ausführungen erkennen lassen, ist das Problem der Flammenstrahlung überaus verwickelt. Wenn auch manche Teilfragen weitgehend aufgeklärt werden konnten, so stehen aber doch einer umfassenden Behandlung dieses Gesamtkomplexes durch das Zusammen-

Tabelle 25. Gleichwertige Schichtdicken verschiedener Gaskörper

Gestalt	Geometrische Kennzeichnung	s_{gl}
Kugel	Durchmesser $= d$ Strahlung auf die Mantelfläche	$0{,}65\,d$
Kreiszylinder	Höhe $= \infty$; Durchmesser $= d$ Strahlung auf die Mantelfläche	$0{,}95\,d$
Kreiszylinder	Höhe $= \infty$; Durchmesser $= d$ Strahlung auf die Mitte der Grundfläche	$0{,}9\,d$
Kreiszylinder	Höhe $h =$ Durchmesser d Strahlung auf die Mitte der Grundfläche	$0{,}77\,d$
Zylinder	Höhe $= \infty$; Grundfläche $=$ Halbkreis mit Radius r Strahlung auf die Mitte der ebenen Mantelfläche	$1{,}26\,r$
Würfel	Seitenlänge $= a$ Strahlung auf jede Würfelfläche	$0{,}66\,a$
Rohrbündel	Rohrlänge $= \infty$; Rohrachsen auf gleichseitigen Dreiecken angeordnet. Rohraußendurchmesser d_a 　　Rohrteilung $= 2\,d_a$ 　　Rohrteilung $= 3\,d_a$	$3{,}0\,d_a$ $7{,}6\,d_a$
Rohrbündel	Rohrachsen quadratisch angeordnet 　　Rohrteilung $= 2\,d_a$	$3{,}5\,d_a$

wirken der vielen Einflüsse erhebliche Schwierigkeiten entgegen. Das Problem wird noch vielgestaltiger, wenn das Strahlungsverhalten der Umgebung und deren Rückwirkung auf die Flamme in die Betrachtung einbezogen werden. Die große Bedeutung des Wärmeübergangs durch Strahlung für die gesamte Technik zwingt indessen zu intensiver Beschäftigung mit diesen Fragen, auch wenn man heute in vielen Fällen noch auf die Erarbeitung empirischen Zahlenmaterials angewiesen ist. In diesem Zusammenhang sei auf die großzügig durchgeführten Untersuchungen eines internationalen Ausschusses für Flammenstrahlung hingewiesen, der die Strahlungsvorgänge in großen Modellöfen aufzuklären versucht (RIBAUD; BROEZE, RIBAUD u. SAUNDERS; DE GRAAF; THRING; DAWS u. THRING; VAN STEIN-CALLENFELS).

c) Der Energietransport durch Strahlung in lichtdurchlässigen Medien

Die wissenschaftlich ebenso wie technisch bedeutsame Frage nach den Strahlungsvorgängen in lichtdurchlässigen Medien und ihre Verknüpfung mit dem Energietransport, den ein Temperaturgefälle in einem durchsichtigen Körper höherer Temperatur bewirkt, ist ein recht schwieriges und mühsames mathematisches Problem. Unter strahlungsdurchlässigen Medien sollen dabei solche verstanden werden, deren in den meisten praktischen Fällen wellenlängenabhängige Durchlässigkeit zwar be-

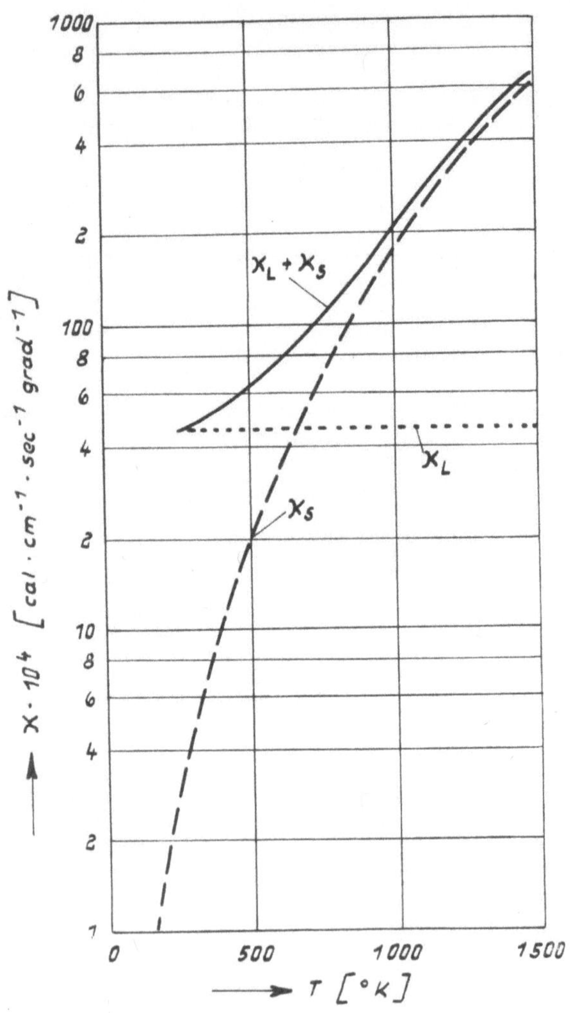

Abb. 151. Die Anteile der Wärmeleitzahl $\varkappa_L$ und der Wärmestrahlungszahl $\varkappa_S$ am Energiestrom in einem Glas [nach GENZEL (a)]

grenzt ist, die aber so schwach absorbieren, daß die mittlere Eindringtiefe der Strahlung *sehr* viel größer ist als die Wellenlänge. Die Besonderheiten, die dieses Problem auszeichnen, haben ihre Ursache nicht allein
in dem Einfluß, den die Strahlung der jeweils gegebenen Begrenzungs-
fläche ausübt, sondern in der Eigenstrahlung des Körpers selbst in seinem
Innern bei höherer Temperatur. Durch die Absorption in dem betrachteten Medium wird dauernd Strahlung der verschiedensten Wellenlängen
in Körperwärme umgewandelt, und diese Wärmeenergie gibt wieder An-
laß zu einer Emission der einzelnen Volumenelemente in einer für das
Medium charakteristischen spektralen Energieverteilung.

In technischer Hinsicht hat dieses Problem große Bedeutung für
Fragen des Wärmetransportes in Glasschmelzen. Der Wärmeenergie-
strom setzt sich aus drei verschiedenen Anteilen zusammen: der Konvektion, die aber in den nachfolgenden Betrachtungen unberücksichtigt
bleiben soll, dem gewöhnlichen Wärmeleitungsstrom und dem Wärme-
strahlungsstrom. Der Wärmeleitungsstrom ist, bezogen auf die Flächeneinheit, dem Temperaturgefälle proportional. Er kann durch eine relativ
einfache Differentialgleichung mathematisch beschrieben werden:

$$\Phi_L = - \varkappa_L \frac{dT}{ds}. \tag{71}$$

s ist die Ortskoordinate, $\varkappa_L$ die Wärmeleitzahl, die für nicht zu große
Temperaturunterschiede – wie experimentell bei tieferen Temperaturen
nachgewiesen werden konnte – als temperaturunabhängig angesehen
werden kann. Die Ausdehnung der Messungen der Wärmeleitfähigkeit auf
höhere Temperaturen ergaben ab etwa 500 °K einen starken Anstieg des
Wärmeleitvermögens. Dieser Anstieg, der auf die mit etwa der 4. Potenz
zunehmende Temperaturstrahlung des Glases zurückzuführen ist, geht
aus *Abb. 151* hervor. Für Temperaturen zwischen 500 und 800 °K sind
die beiden Anteile $\varkappa_L$ und $\varkappa_S$ von gleicher Größenordnung; bei Temperaturen der Glasschmelze ($\sim 1500°$K) spielt der Strahlungsstrom die Haupt-
rolle.

Eine Klärung der physikalischen Grundlagen dieses Strahlungsstromes
und deren mathematische Behandlung erfolgte vor allem von Czerny
und Genzel und von Geffken, nachdem schon Kellet eine Theorie –
allerdings mit relativ großen Vereinfachungen – ausgearbeitet hatte[1]).
Die recht verwickelten mathematischen Berechnungen zur Bestimmung
des Strahlungsstromes im inhomogenen Temperaturfeld führen ohne ver-

---

[1]) Wenn die folgenden Ausführungen sich mehr an die Untersuchungen von
Czerny und Mitarb. anlehnen, so soll darin nicht etwa eine geringere Ein-
schätzung der Arbeiten von Geffken gesehen werden, die sogar in einigen
Punkten noch über die Ergebnisse von Czerny hinausgehen. Dem Verfasser schien nur die Czernysche Darstellungsart geeigneter.

einfachende Annahmen zu verwickelten Integrodifferentialgleichungen, die nicht geschlossen gelöst und nur mit Näherungsverfahren angegangen werden können. Auf eine Ableitung der allgemeingültigen Gleichungen muß an dieser Stelle verzichtet werden, vielmehr sollen solche Fälle mit berechtigten Vereinfachungen behandelt werden, deren Lösung auch dem Nichtmathematiker zugänglich ist und die das Problem anschaulicher werden lassen.

Den Wärmefluß in flammenbeheizten Glasschmelzwannen kann man sich in mehrere Schritte zerlegt denken. Zunächst wird die Energie von der Flamme in das Glas eingestrahlt. Innerhalb der Glasmasse wird durch Strahlung und z. T. durch Leitung die Energie weitertransportiert und geht schließlich – auch wiederum durch Strahlung und Leitung – auf die Bodensteine über. Zunächst soll also untersucht werden, in welcher Weise eine räumlich diffuse Strahlung in ein Glas mit bekannten Absorptionseigenschaften eindringt, und anschließend der im Innern des Glases infolge des vertikalen Temperaturgefälles auftretende Energiestrom betrachtet werden.

α) Die Eindringtiefe räumlich diffuser Strahlung in Glas

Für Glas gilt – wie auf S. 118 ausgeführt – das BEERsche Absorptionsgesetz unter der Voraussetzung, daß ein paralleles Lichtbündel auf das Glas auftrifft und die Reflexion vernachlässigt werden kann, in der Form

$$d_\lambda = e^{-k_\lambda \cdot s}. \tag{14}$$

Ist die einfallende Strahlung nicht monochromatisch, sondern stellt sie ein Gemisch verschiedener Wellenlängen mit unterschiedlichen Intensitäten dar, so wird infolge der unterschiedlichen Absorption der einzelnen Spektralbereiche die spektrale Energieverteilung der Strahlung beim Eindringen in das Glas verändert, da die schwächer absorbierten Wellenlängen gegenüber den stärker absorbierten mehr hervortreten. Das Verhältnis der hindurch-

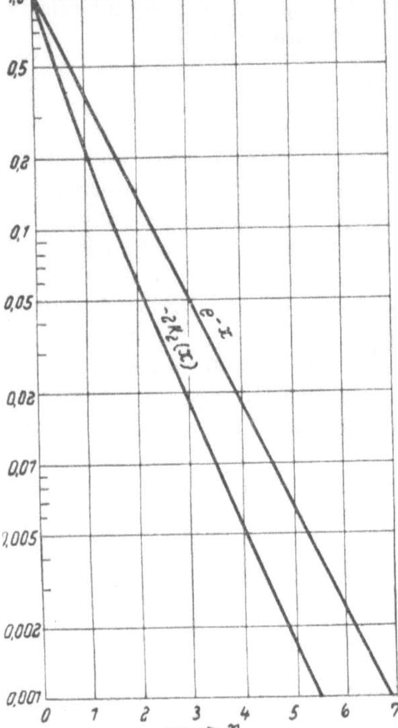

Abb. 152. Die Funktionen: $-2K_2(x)$ und e^{-x} (nach CZERNY u. GENZEL)

gehenden Gesamtstrahlungsenergie zur einfallenden Gesamtstrahlungsenergie ist die Gesamtstrahlungsdurchlässigkeit d_g[1]), die bei allen selektiven Stoffen sehr stark temperaturabhängig ist. Trifft an Stelle eines Parallelbündels eine räumlich diffuse Strahlung auf, wie sie etwa in Glasschmelzwannen von der Flamme bzw. von den Bodensteinen emittiert wird, so nimmt die Strahlung mit wachsender Schichtdicke nicht nach der im BEERschen Gesetz enthaltenen reinen Exponentialfunktion ab, da die einzelnen Strahlen je nach ihrer Richtung verschiedene Schichtdicken im Glas durchlaufen müssen. Lediglich die senkrecht auf die Glasoberfläche auftreffenden Strahlen haben die im BEERschen Gesetz geforderte Schichtdicke zurückgelegt, während alle anderen Strahlen eine größere Schichtdicke passieren mußten. Unter der Voraussetzung, daß die Strahlungsquellen seitlich sehr ausgedehnte Flächen einheitlicher Temperatur darstellen (Flamme, Bodensteine), und daß die betrachtete Glasschicht im Vergleich zu ihrer Dicke seitlich ebenfalls unbegrenzt ist, tritt im Falle räumlich diffuser Strahlung an Stelle der gewöhnlichen Exponentialfunktion e^{-x} eine Funktion ähnlichen Charakters, die – von CZERNY und GENZEL mit $2\,K_2\,(x)$ bezeichnet – ein Exponentialintegral enthält. Ihrer grundlegenden Bedeutung wegen für alle Probleme, die den Durchtritt von Diffusstrahlung durch Materie betreffen, sei diese Funktion im Vergleich zu e^{-x} in *Abb. 152* dargestellt, ohne auf ihre mathematische Herleitung einzugehen. Für jede monochromatische Strahlung, die von einer Grenzfläche herrührt, beträgt also die Durchlässigkeit

$$d_{diff.} = -\,2\,K_2\big(k\,(\lambda)\cdot s\big), \tag{72}$$

wobei s die senkrecht zur Glasoberfläche gemessene Schichtdicke bedeutet. Ist $E\,(\lambda,\,T_0)$ die Strahlungsdichte des flächenhaften Strahlers an der Grenzfläche des Glases, dann wird die globale Durchlässigkeit einer Glasschicht der Dicke s für diffuse Strahlung

$$d_{g\,diff.} = \frac{-\,2\displaystyle\int_{\lambda=0}^{\lambda=\infty} E\,(\lambda,\,T_0)\cdot K_2\,(k\,(\lambda)\cdot s)\,d\lambda}{\displaystyle\int_{\lambda=0}^{\infty} E\,(\lambda,\,T_0)\,d\lambda}. \tag{73}$$

Emittiert die Grenzfläche schwarze Strahlung, so geht Gl. (73) über in

$$d_{g\,diff.} = \frac{-\,2\,\pi}{o\,T_0{}^4}\int_{\lambda=0}^{\infty} E_s\,(\lambda,\,T_0)\cdot K_2\big(k\,(\lambda)\cdot s\big)\,d\lambda \tag{74}$$

(σ = STEFAN-BOLTZMANNsche Konstante).

---

[1]) Von CZERNY als „globale Durchlässigkeit" bezeichnet.

Sind Temperatur und spektrale Energieverteilung der strahlenden Fläche und weiterhin der Absorptionskoeffizient in Abhängigkeit von der Wellenlänge und Temperatur des Glases bekannt, so kann mit Hilfe der Funktion $K_2(x)$ aus den Gl. (73) bzw. (74) durch graphische Integration die Eindringtiefe der Diffusstrahlung in Glas bestimmt werden.

Die aufgeführten Gleichungen gelten nur für den Fall, daß die an die Glasmasse angrenzende strahlende Fläche etwa den gleichen Brechungsindex besitzt wie das Glas. Für die Bodensteine einer Glasschmelzwanne ist diese Bedingung erfüllt, nicht aber für die Grenzfläche Glas-flammenbeheizter Gasraum, da an dieser ein Sprung des Brechungsindex von 1 (Luft bzw. Gas) auf den Wert n des Glases stattfindet. Nach den Rechnungen von CZERNY und GENZEL muß für den Fall der diffusen Einstrahlung aus einem Gasraum in das Glas die Funktion $K_2(x)$ abgeändert werden in

$$K_2^*(x) = K_2(x) - \frac{n^2-1}{n^2} K_2\left(\frac{n \cdot x}{\sqrt{n^2-1}}\right).$$

Mit Hilfe dieser Funktion ergibt sich analog der Gl. (73) bzw. (74) die „globale Durchlässigkeit" für diffuse Strahlung aus einem Gasraum bzw. aus einem schwarz strahlenden Gasraum $d_g^*{}_{diff.}$. Über die Wellenlängenabhängigkeit der Brechungsindizes von Gläsern unterrichten die einschlägigen Tabellenwerke.

In den *Abb. 153* und *154* sind die globalen Durchlässigkeiten d_g bzw. d_g^* für diffuse Einstrahlung in Abhängigkeit von der Glasschichtdicke für zwei verschiedene Glassorten dargestellt. Dabei fanden die in den *Abb. 95* und *97* mitgeteilten Absorptionswerte Verwendung. Die ver-

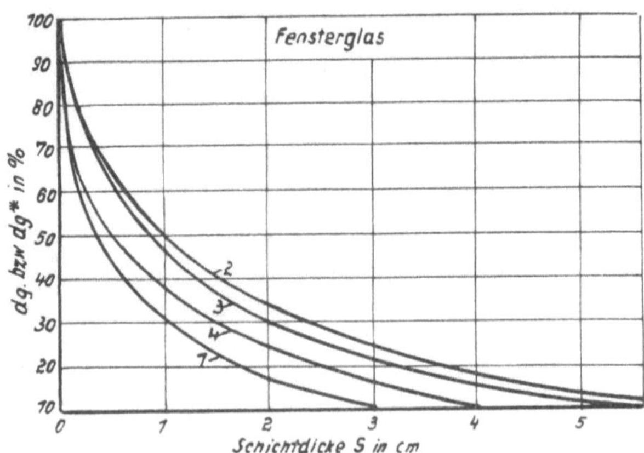

Abb. 153. Globale Durchlässigkeit d_g bzw. dg^* für Fensterglas ($n = 1{,}52$) (nach CZERNY u. GENZEL)

schiedenen Kurven 1 bis 4 resultieren aus der Annahme verschiedener
Strahler- bzw. Gastemperaturen.

Die dargestellten Kurven zeigen, daß schon in sehr geringen Tiefen s
die Strahlungsenergie nurmehr 10% ihres ursprünglichen Wertes beträgt,

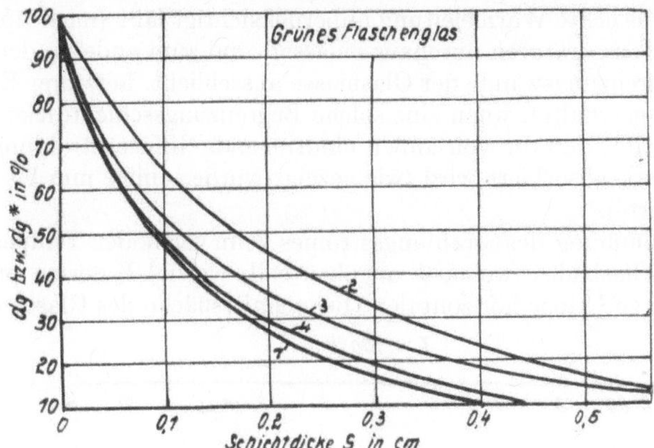

Abb. 154. Globale Durchlässigkeit d_g bzw. $d_g{}^*$ für grünes Flaschenglas ($n = 1,53$) (nach
CZERNY u. GENZEL)

Kurve 1 (d_g):	Glastemperatur 20°C,	Strahlertemperatur	1800°K
Kurve 2 (d_g):	,, 1300°C,	,,	1800°K
Kurve 3 (d_g):	,, 1300°C,	,,	1400°K
Kurve 4 ($d_g{}^*$):	,, 20°C,	,,	1800°K

und zwar bei Fensterglas zwischen 3 und 6 cm, beim grünen Flaschen-
glas schon bei einigen mm. Die Eindringtiefe wird mit abnehmender
Glastemperatur kleiner. Für Strahlung aus dem Gasraum ($d_g{}^*$) ist die
Eindringtiefe größer als für Einstrahlung vom Wannenboden. Nach einer
Betrachtung der Absorptionskurven für die verschiedenen Glassorten
kann zusammenfassend ausgesagt werden, daß in Silikatgläsern die pri-
märe Eindringtiefe diffuser schwarzer Strahlung einige Millimeter bis
Zentimeter beträgt, je nach der Färbung der Gläser im kurzwelligen
Ultrarot unterhalb $2,8\,\mu$ und je nach Strahler- und Glastemperatur. Der
Abfall der „globalen Durchlässigkeit" erfolgt in dem grenzflächennahen
Schichtdickenbereich ziemlich schnell wegen der im langwelligen Bereich
auftretenden starken Absorption der Gläser. Je stärker ein Glas durch
starke Anfärbung im kurzwelligen Bereich unterhalb der bei etwa $2,8\,\mu$
einsetzenden SiO_2-Absorption die Strahlung verschluckt, um so eher kann
ein Glas als grauer Körper angesehen werden, ein Sonderfall, der die
Berechnung des Strahlungsstromes sehr erleichtert.

β) Der Strahlungsstrom im Glas

Von CZERNY und Mitarb. wurde eine Behandlungsart zur Ermittlung des Strahlungsstromes im „Innern" einer Glasschmelze angegeben, die sich durch relative Einfachheit gegenüber den verwickelten Formeln auszeichnet. Die Ausführungen beziehen sich zwar nur auf einen Spezialfall, der einmal die echte Wärmeleitung unberücksichtigt läßt (nach *Abb. 151* für höhere Temperaturen durchaus zulässig) und zum anderen den Einfluß der Begrenzungswände der Glasmasse ausschließt. Letzterer Einfluß ist dann ausgeschaltet, wenn eine solche Begrenzungsschichtdicke außer Betracht bleibt, daß die von außen eindringende diffuse Strahlung hinreichend stark absorbiert wird (wie gezeigt wurde, einige mm bis cm je nach Glassorte).

Eine Bestimmung des Strahlungsstromes Φ im vertikalen Temperaturgefälle des Glasbades, wobei Φ angeben soll, wieviel Kalorien pro sec durch einen cm² einer horizontalen Querschnittsfläche des Glases in der

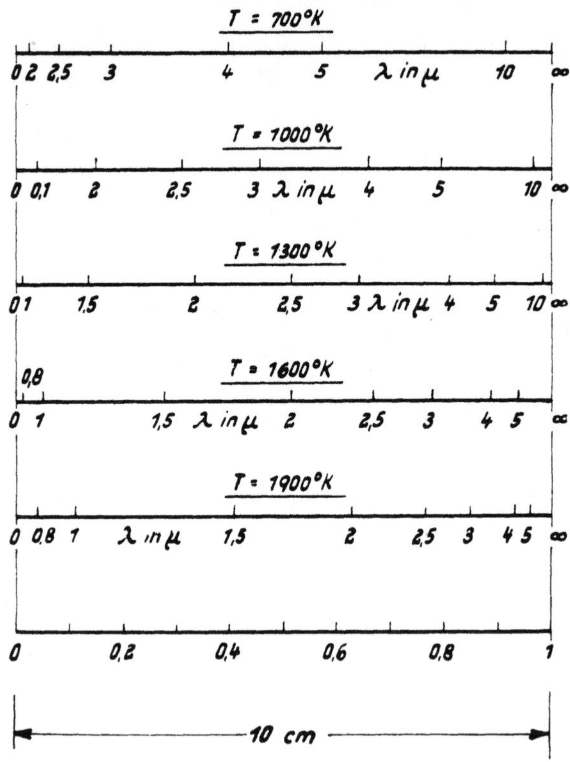

Abb. 155. Verzerrte λ-Maßstäbe für verschiedene Temperaturen (nach CZERNY)

Höhe s fließen, läuft darauf hinaus, den Koeffizienten der Strahlungsleitung $\varkappa_S$, der analog der Wärmeleitungszahl $\varkappa_L$ nach Gl. (71) definiert
ist, zu ermitteln. Für $\varkappa_S$ ergibt sich

$$\varkappa_S\,(T) = \frac{16}{3}\,n^2\,\sigma\,T^3 F\,. \tag{75}$$

σ ist die STEFAN-BOLTZMANNsche Konstante, n der Brechungsindex
des Glases (hierfür ist ein Mittelwert für den in Frage stehenden Spektralbereich einzusetzen) und F ein nach der „Methode der verzerrten λ-Maß-
stäbe" gebildeter Mittelwert von $1/k$ (k = Absorptionskonstante in cm^{-1}).

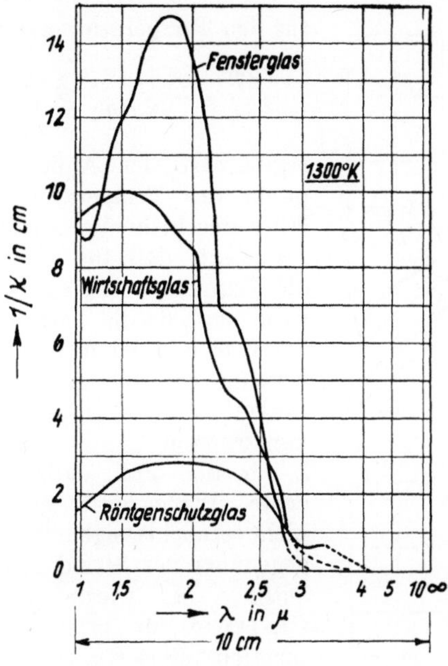

Abb. 156. Beispiel zur Bestimmung von F nach Gl. (75) (nach CZERNY, GENZEL u. HEILMANN)

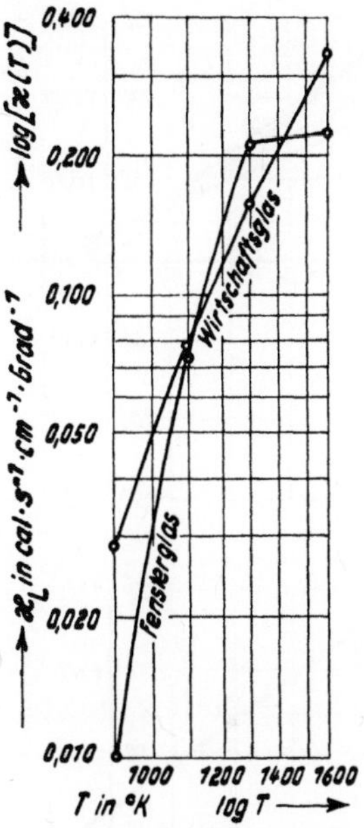

Abb. 157. $\varkappa_L$ als Funktion der Temperatur in doppelt logarithmischer Darstellung (n. CZERNY, GENZEL u. HEILMANN)

Den Zahlenwert für F gewinnt man durch graphische Integration auf
folgende Weise: In *Abb. 155* sind eine Anzahl verzerrter λ-Skalen (λ in μ)
für verschiedene Temperaturen angegeben. Um z. B. F für eine Tempera-
tur von 1300° K zu bestimmen, wird auf der Abszisse der dieser Temperatur entsprechende λ-Maßstab aufgetragen und auf der Ordinate die Werte
für $1/k_\lambda$ (s. S. 119). Dann ist die Fläche unter dem Kurvenzug gleich dem
Wert von F (*Abb. 156*). Für Abszisse und Ordinate müssen gleiche Längen
als Einheiten gewählt werden. Wenn die Länge der Abszisse von $\lambda = 0$

bis $\lambda = \infty$ 1 dm beträgt, und die $1/k_\lambda$-Werte entsprechend aufgetragen werden, ergibt sich die Fläche unter dem Kurvenzug in dm². Man erkennt aus Gl. (75), daß für die Temperaturabhängigkeit von $\varkappa_S$ dem Faktor T^3 die entscheidende Bedeutung zukommt. Erst in zweiter Linie übt F einen Einfluß aus, während der Brechungsindex n nur eine untergeordnete Rolle spielt. *Abb. 157* zeigt für zwei Glassorten den Temperaturverlauf von $\varkappa_S$ in doppelt-logarithmischer Darstellung. Außer einer Berechnung des Strahlungsstromes ist auch der Temperaturverlauf in einer Glasschmelze im stationären Zustand mit Hilfe der bekannten $\varkappa_S$-Werte gegeben. Im Stationären Zustand ist Φ unabhängig von s, so daß sich

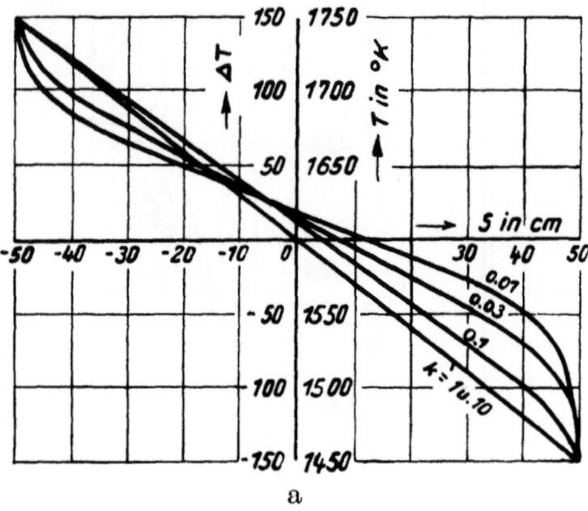

für den Temperaturverlauf

$$\frac{dT}{ds} = - \frac{1}{\varkappa_S(T)}\, \Phi \quad (76)$$

ergibt. Ist der Anfangspunkt des Temperaturgefälles durch die Vorschrift festgelegt, daß für $s = 0$ die Temperatur T_0 sei, so kann man, da die Neigung der Kurve in jedem Punkt bekannt ist, den genauen Verlauf von $T(s)$ graphisch konstruieren.

Für den Fall, daß die echte Wärmeleitfähigkeit nicht vernachlässigbar klein gegenüber der Strahlungsleitung ist, wurde von GENZEL (a) für „graue Absorption" eines Glases eine Gleichung angegeben

$$\varkappa_{ges} = \varkappa_L + \frac{16\,\sigma\,n^2}{3\,k}\, T^3, \quad (77)$$

die zumindest eine recht bequeme Abschätzung der beiden Anteile $\varkappa_L$ und $\varkappa_S$ gestattet. Die in *Abb. 151* dargestellten Verhältnisse wurden nach dieser Gleichung berechnet.

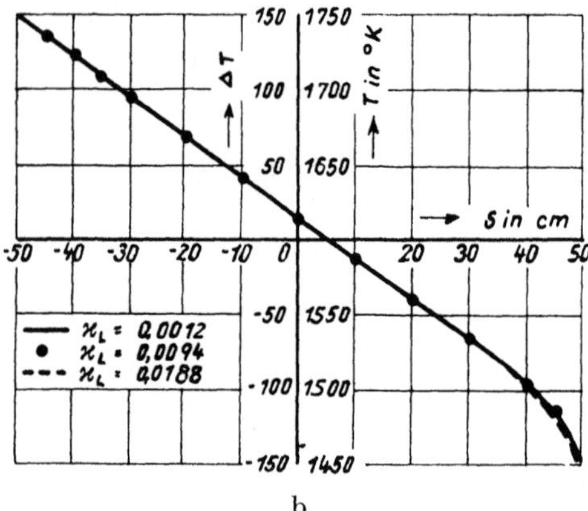

Abb. 158. Temperaturverteilung in einer Glasschmelze. Obere und untere Grenzfläche: schwarz strahlende Wände. – a) $\varkappa_L = 0{,}0094 =$ const., k als Parameter. – b) $k = 0{,}1 =$ const., $\varkappa_L$ als Parameter

Die bisherigen Betrachtungen bezogen sich lediglich auf das „Innere" einer Glasschmelze. In dem Augenblick nun, da man irgendwelche Begrenzungsflächen für das Medium einführt – die als nahezu schwarze Strahler anzusehenden Bodensteine bzw. der flammenbeheizte Gasraum – werden die mathematischen Schwierigkeiten noch größer. Die umständlichen Rechnungen zur Ermittlung des Temperaturverlaufs in Glasschmelzen bei Berücksichtigung der Wandeinflüsse und der echten Wärmeleitung wurden von WALTER, DÖRR u. ELLER ausgeführt und in Form von unmittelbar brauchbaren Diagrammen dargestellt. So zeigt *Abb.158* die Temperaturverteilung für die Randbedingung, daß das Glas beiderseits von schwarz strahlenden Wänden begrenzt ist. In *Abb. 158a* wurde die Wärmeleitzahl $\varkappa_L$ konstant gehalten und die Absorptionskonstante variiert, in *Abb. 158b*

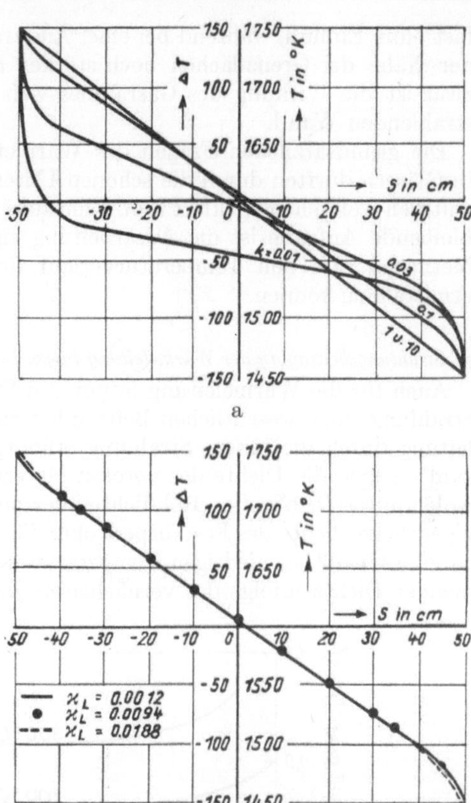

Abb. 159. Temperaturverteilung in einer Glasschmelze. Obere Grenzfläche schwarz strahlender Gasraum. Untere Grenzfläche: schwarz strahlende Wand. – a) $\varkappa_L = 0{,}0094 = $ const., k als Parameter. – b) $k = 0{,}1 = $ const., $\varkappa_L$ als Parameter

umgekehrt. In beiden Fällen verläuft die Temperatur im Innern der Glasschmelze fast linear. Während aber eine Variation von $\varkappa_L$ einen nur sehr geringen Einfluß auf den Temperaturverlauf ausübt, verursacht eine Variation von k starke Änderungen. Bei stärkerer Absorption ($k > 1$) ist der Temperaturverlauf zwischen den Randtemperaturen linear, bei schwächerer Absorption stellt sich ein ausgeprägter doppelhakenförmiger Verlauf ein. Die *Abb. 159a* und *b* geben die Ergebnisse analoger Berechnungen wieder für die Randbedingung, daß ein schwarz strahlender Gasraum die obere Grenze bildet. Auch hier bleibt eine Variation von $\varkappa_L$

fast ohne Einfluß, während bei einer Änderung von k die Temperatur in der Nähe der Grenzflächen noch stärker abfällt als in *Abb. 158*, und zwar ist die Wirkung des Gasraumes weit größer als die der schwarz strahlenden Wand.

Die grundsätzlichen Fragen des Wärmetransportes durch Strahlung in Gläsern dürften durch die schönen Untersuchungen der aufgeführten Autoren weitgehend geklärt sein. Eine zukünftigen Untersuchungen verbleibende Aufgabe ist die Ausarbeitung einfacherer und anschaulicher Methoden, um den Temperaturverlauf für beliebige praktische Fälle ermitteln zu können.

γ) Strahlungsbeitrag an der Wärmeleitung in porösen Stoffen

Auch für die Wärmeleitung in porösen Stoffen kann die Temperaturstrahlung einen wesentlichen Beitrag liefern, und zwar wird die Wärmeleitung durch die innere Strahlung erhöht. Trägt man die Wärmeleitzahl $\varkappa$ gegen die Dichte des porösen Materials (z. B. Isolierstoffe) auf – wobei unter Dichte die „Rohdichte" des porösen Körpers und nicht die eigentliche Dichte des Festkörpers ohne Poren verstanden werden soll –, so erhält man bei niedrigen Temperaturen eine Gerade, die mit abnehmender Dichte infolge der vernachlässigbar geringen Strahlungsenergie

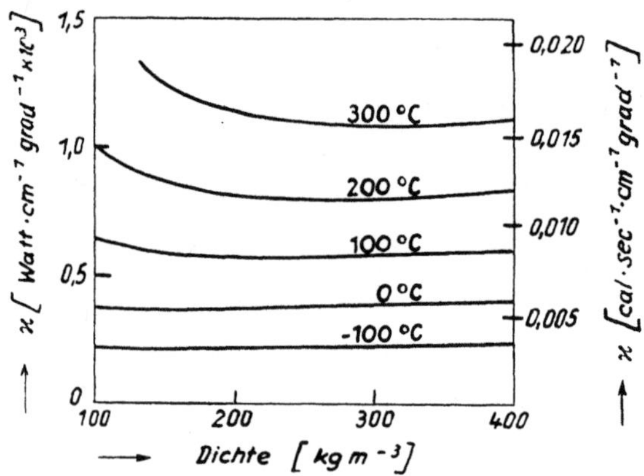

Abb. 160. Wärmeleitzahl von Steinwolle in Abhängigkeit von Dichte und Temperatur (nach VAN DER HELD)

dem Wert der Wärmeleitfähigkeit von Luft zustrebt. Bei höheren Temperaturen durchlaufen die Kurven ein Minimum und der Schnitt mit der Ordinatenachse hängt von verschiedenen Einflüssen ab (*Abb. 160*). Ausgehend von der begründeten Annahme, daß die reine Wärmeleitung des

Stoffes (ohne Strahlungsbeitrag) nahezu linear von der Dichte abhängt,
ergibt sich, daß die Differenz zwischen gemessener und reiner Wärmeleitzahl gleich dem Strahlungsanteil ist. Bei hohen Temperaturen und
geringer Dichte kann dieser Beitrag sehr wesentlich sein. Er nimmt ungefähr proportional der Dichte ab, und zwar ist diese Proportionalität
bei niedrigen Dichten besser gewährleistet als bei hohen Dichten. Der
Dichteeinfluß auf die Strahlungsleitung kann seine Ursache sowohl in
der Porenzahl als auch in der Porengröße haben. Der Einfluß der Porengröße ist anschaulich so zu verstehen, daß mit zunehmender Porengröße
der Strahlungsaustausch in einem größeren Temperaturgefälle erfolgt.
Da nur die gesamte Wärmeleitung experimentell erfaßt werden kann,
sollen, um die Auswirkungen der Strahlung beurteilen zu können, einige
Betrachtungen über die Größe dieses Strahlungsanteiles angestellt werden
(VAN DER HELD). Ohne auf eine detaillierte Darstellung der Berechnungen
einzugehen, sei die Gleichung für die Gesamtwärmeleitzahl $\varkappa_{ges}$ für
stationäre Wärmeströme angegeben:

$$\varkappa_{ges} = \varkappa_L + \frac{4}{3} \int\limits_0^\infty \frac{n^2}{k} \frac{\partial E}{\partial T} \, d\lambda. \tag{78}$$

In dieser Gleichung ist der Integralausdruck gleich dem Strahlungsbeitrag. E gibt die Wärmemenge an, die pro Zeiteinheit durch die Flächeneinheit einer schwarzen Oberfläche ausgestrahlt wird, n den Brechungsindex des festen Körpers gegen die Hohlräume und $k = k' + k''$ die
Extinktionskonstante im porösen Material, die sich aus zwei Anteilen
zusammensetzt: 1. der eigentlichen Absorption k' und 2. dem Strahlungsverlust durch Zerstreuung k''. Ist n^2/k unabhängig von der Wellenlänge,
vereinfacht sich die Gleichung und es gilt

$$\varkappa_{ges} = \varkappa_L + \frac{4}{3} \frac{n^2}{k} \alpha_{Str} \tag{79}$$

mit $\alpha_{Str} = 4\,\sigma \cdot T^3$ als Wärmeübergangszahl für Strahlung und σ als
STEFAN-BOLTZMANNsche Konstante. Ist die Wellenlängenabhängigkeit
des Ausdruckes n^2/k nicht bekannt, so erhält man nach Gl. (79) einen
Mittelwert für den Strahlungsanteil, der aber – da dieser Mittelwert im
allgemeinen temperaturabhängig sein wird – keine Linearität mit T^3 zeigt.

Die Gleichungen (78) und (79) gelten nur für stationäre Wärmeströme
fern von einer Grenzfläche, deren Abstand $\geq 5/k'$ ist. Die Wirkung einer
Wand auf den Strahlungsfluß ist qualitativ leicht einzusehen (*Abb. 161*).
Denkt man sich durch einen Körper, in dem ein konstanter Temperaturgradient AB herrschen soll, senkrecht zur Richtung des Wärmestromes
eine Trennwand C gezogen, so wird die Strahlungsenergie, die von der
wärmeren Seite des Körpers diese Trennwand passiert, größer sein als
die Strahlung, die emittiert würde, wenn diese Trennwand als schwarzer

Strahler angesehen werden könnte. Die Ursache hierfür bilden die höheren Temperaturen auf der rechten Seite von C. Ersetzt man auf dieser Seite das Material durch eine strahlungsundurchlässige Wand, so würde der im stationären Zustand unmögliche Fall auftreten, daß der Wärmefluß in der Nähe der Wand kleiner wird als bei A. Die Temperatur T_{AB} muß also erhöht werden, z. B. auf T_C, damit einerseits die Strahlung etwas erhöht wird und zum anderen die Wärmeleitfähigkeit wegen der Erhöhung des Temperaturgradienten zunimmt. Die Verminderung des Strahlungsbeitrages an einer Wand, die formal durch Einführung einer Wärmeübergangszahl beschrieben werden

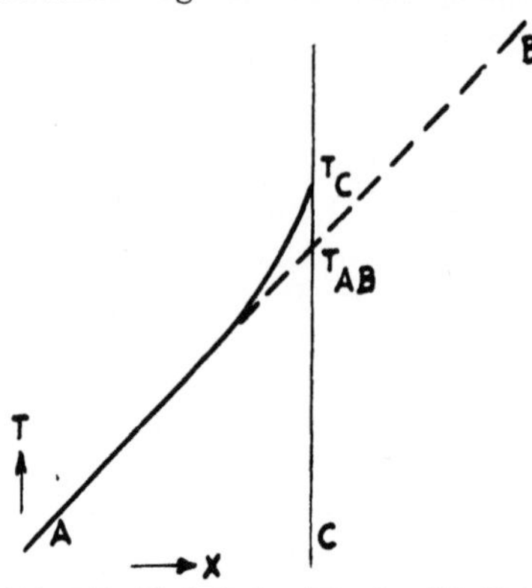

Abb. 161. Einfluß einer Wand auf die Temperaturverteilung in porösen Stoffen (nach VAN DER HELD)

kann, hängt ab vom Emissionsvermögen der Wand, vom Verhältnis k'/k'', von der Temperatur und dem Verhältnis zwischen reiner Wärmeleitung und dem Strahlungsbeitrag. Für dünne poröse Schichten (Schichtdicke $< 10/k'$) werden die Verhältnisse noch verwickelter, da die von beiden Grenzflächen ausgehenden Störungen ineinander übergreifen. Durch die Verminderung des Strahlungsanteiles bei dünnen Schichten ist die aus Messungen an dünnen Schichten berechnete Wärmeleitzahl $\varkappa_d$ kleiner

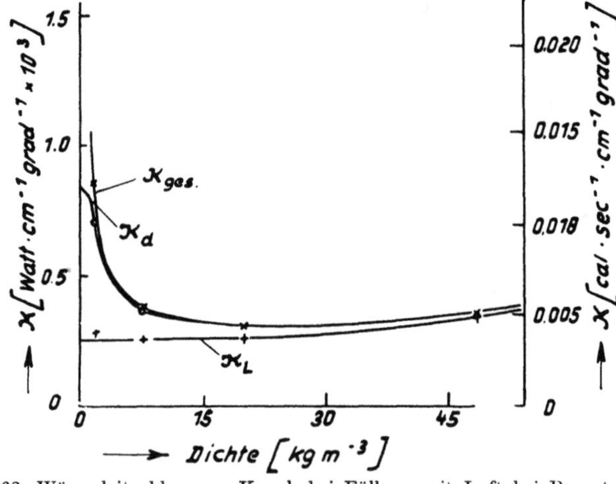

Abb. 162. Wärmeleitzahlen von Kapok bei Füllung mit Luft bei Raumtemperatur (nach VAN DER HELD)

als für dicke Schichten, wie *Abb. 162* für Kapok bei Füllung mit Luft als
Beispiel zeigt.

d) Strahlungsschutz

Während man in der Wärmetechnik allgemein bestrebt ist, den Wirkungsgrad der Wärmeübertragung möglichst hoch zu treiben, d. h. für
den Fall der Wärmeübertragung durch Strahlung einen möglichst inten-
siven Strahlungsaustausch zu erzielen, wird in der Wärmeschutztechnik
das umgekehrte Ziel angestrebt. Der Energieaustausch zwischen zwei
Körpern soll möglichst unterbunden werden. Je nach Aufgabenstellung
hat man zwischen Wärme- und Kälteschutz zu unterscheiden. Im ersteren
Fall soll ein Energieaustausch mit der kälteren, im zweiten Fall mit der
wärmeren Umgebung vermieden werden. Wärme- und Kälteschutz sind
somit wesensgleich und unterscheiden sich lediglich durch die Richtung
des Energieflusses.

Zur Verminderung des Strahlungsaustausches zwischen zwei Körpern
können grundsätzlich drei verschiedene Maßnahmen ergriffen werden,
deren gemeinsame Anwendung – soweit es die jeweiligen Umstände erlauben – die größte Wirkung ergibt:

1. Verminderung der Abstrahlung des wärmeren Körpers durch eine
   geeignete Oberflächenbehandlung (schwach emittierende Anstriche,
   Folien usw.) bzw. durch Schutzschirme.
2. Einfügen eines absorbierenden Mediums zwischen dem wärmeren und
   kälteren Körper.
3. Erhöhung des Reflexionsvermögens des kälteren Körpers.

Die unter 1. und 3. geforderten Strahlungseigenschaften sind identisch,
da stark reflektierende Oberflächen schwach emittieren. Die Einschal-
tung eines absorbierenden Körpers zeigt in manchen Fällen eine nur sehr
mäßige Wirkung, da durch die Umwandlung der Strahlungsenergie in
Körperwärme das absorbierende Medium selbst erhebliche Energiemengen abstrahlen kann.

In den Ausführungen über die Strahlungseigenschaften der Materie
und über den Wärmeübergang sind schon so viele Hinweise über den
Strahlungsschutz enthalten, daß die Betrachtungen an dieser Stelle auf
einige spezielle Fragen beschränkt werden können. In den *Abb. 163* bis
165 sind in übersichtlicher Weise die Reflexionseigenschaften verschiedener Werk- und Baustoffe gegenüber der Strahlung eines schwarzen
Körpers verschiedener Temperatur dargestellt. Die Überlegenheit me-
tallisch blanker Oberflächen gegenüber weißen Anstrichfarben als Strahlungsschutz für Kühlwagen, Tanks, Dacheindeckungen usw. geht aus
einem Vergleich der Kurven 1 bis 7 in *Abb. 163* hervor. Während das
Reflexionsvermögen blanker Aluminiumoberflächen im gesamten sichtbaren und ultraroten Bereich sehr hoch ist, nimmt es für weiße Anstriche

im Ultrarot stark ab, so daß diese nur gegen Strahlung sehr heißer Körper
(Sonne) schützen. Für niedere Temperaturen des zu schützenden Körpers
(bis etwa 100°C) genügt als Strahlungsschutz das Aufkleben von Alu-
miniumfolien[1]), für höhere Temperaturen sind Bleche erforderlich. Ein
Anstrich strahlender bzw. absorbierender Flächen mit Aluminiumbronze
hat eine weit schlechtere Wirkung, da das Reflexionsvermögen nur etwa
50% beträgt. Überdies verstauben die rauhen Aluminiumbronze-Ober-
flächen weit eher als glatte Metalloberflächen, wodurch die Schutzwirkung
erheblich nachläßt.

Eine besondere Rolle spielt der Strahlungsschutz in Hitzebetrieben, da
die menschliche Leistungsfähigkeit durch starke Strahlungsbeeinflussung
wesentlich beeinträchtigt wird. Als Schutzmaßnahme kommt in erster
Linie eine Abschirmung der Strahlungsquellen selbst durch blanke Metall-
flächen in Frage. Dabei ist zu beachten, daß zwischen dem Strahler (Ofen-
anlagen, Schmiedehämmer, Pressen, Rollgänge für heißes Material usw.)
und dem Schutzschirm ein genügend großer Abstand gewahrt bleibt, damit das blanke Metall beidseitig von Luft umströmt werden kann.

An all jenen Stellen, wo ein Objektschutz nicht möglich ist, der Arbeiter
aber intensiver Strahlung, nicht dagegen hohen Raumtemperaturen ausgesetzt ist, bietet die Benutzung strahlungsreflektierender Bekleidung
einen weitgehenden Schutz. Sie besteht aus einem Stoffgewebe mit auf-
gewalzter Aluminiumfolie von etwa 0,01 mm Dicke [Tempex[2])]. Das
Material ist gegen mechanische Beanspruchung relativ empfindlich;
Knickstellen und Verschmutzung vermindern seine Wirkung beträchtlich. Mit Hilfe dieser Schutzkleidung können Hitzearbeiten nicht nur
wesentlich erleichtert werden, sondern auch gewisse Arbeiten, wie z. B.
Heißreparaturen ausgeführt werden, die sonst kaum zumutbar erschienen.

Die Frage, inwieweit Gläser geeignet sind, einen Strahlungsschutz zu
bieten, ist dann von Bedeutung, wenn eine Durchsicht durch die Schutz-
wand gefordert wird. Im allgemeinen wird also eine Durchlässigkeit
lediglich im sichtbaren Gebiet angestrebt. Gläser mit Strahlungsschutz-
Eigenschaften werden als Verglasung von Steuer-, Meß- und Beobach-
tungsständen, von Krankabinen, als Augenschutzgläser und bei der groß-
flächigen Verglasung von Dächern und Außenwänden zur Verminderung
der Sonneneinstrahlung benötigt. Grundsätzlich kann die Durchlässigkeit der Wärmeschutzgläser durch Absorption oder durch Reflexion
herabgesetzt werden. Über die Absorptionseigenschaften von verschiedenen Gläsern geben die *Abb. 89* bis *93* Auskunft[3]). Der Nachteil der ab-

---

[1]) Bezugsquellen: Rheinische Blattmetall AG, Grevenbroich/Ndrh.; Hueck
u. Büren KG, Lüdenscheid; Aluminium-Werke Singen G. m. b. H., Singen;
Klebemittel für Al-Folien: Henkel & Cie, Düsseldorf.

[2]) Bezugsquelle: Concordia-Elektrizitäts-AG, Dortmund.

[3]) Spezialgläser mit selektiver Absorption liefert u. a. die Firma Schott &
Gen., Mainz.

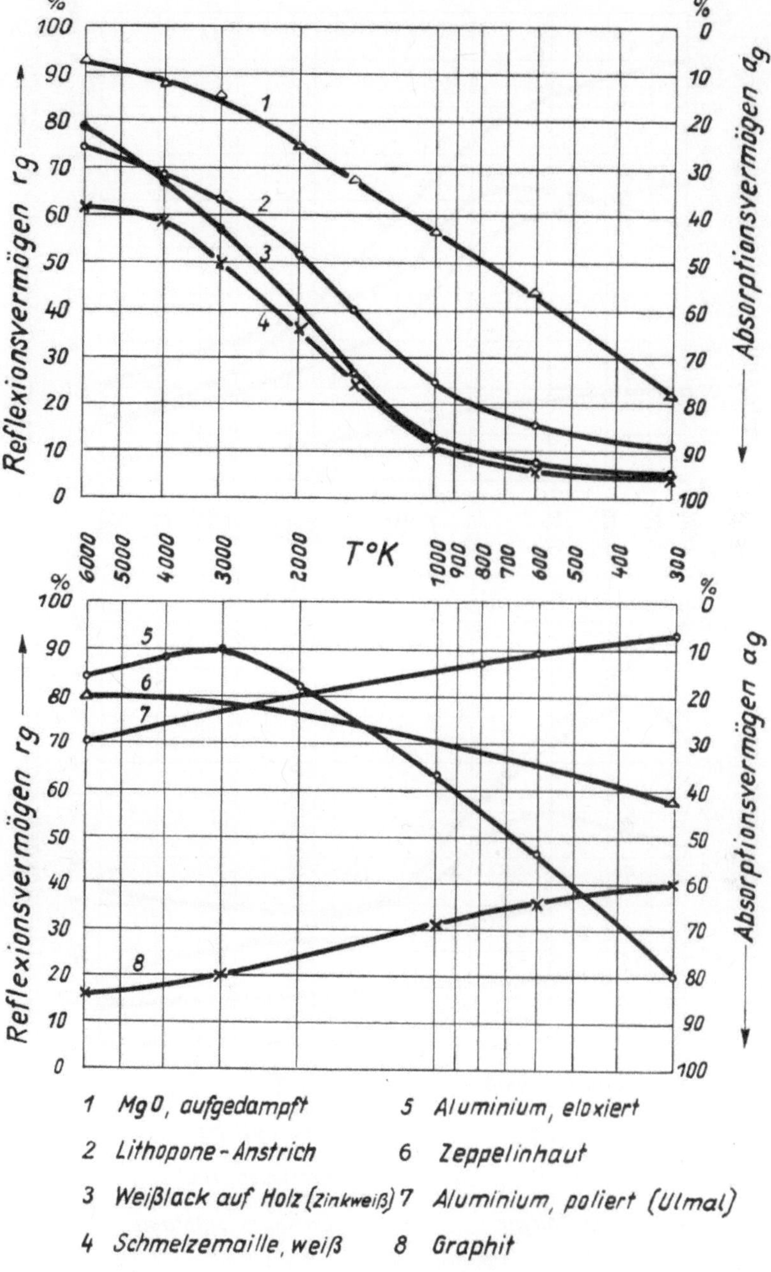

Abb. 163. Gesamtreflexionsvermögen von Werk- und Baustoffen bei Raumtemperatur für schwarze Strahlung verschiedener Temperatur (nach SIEBER)

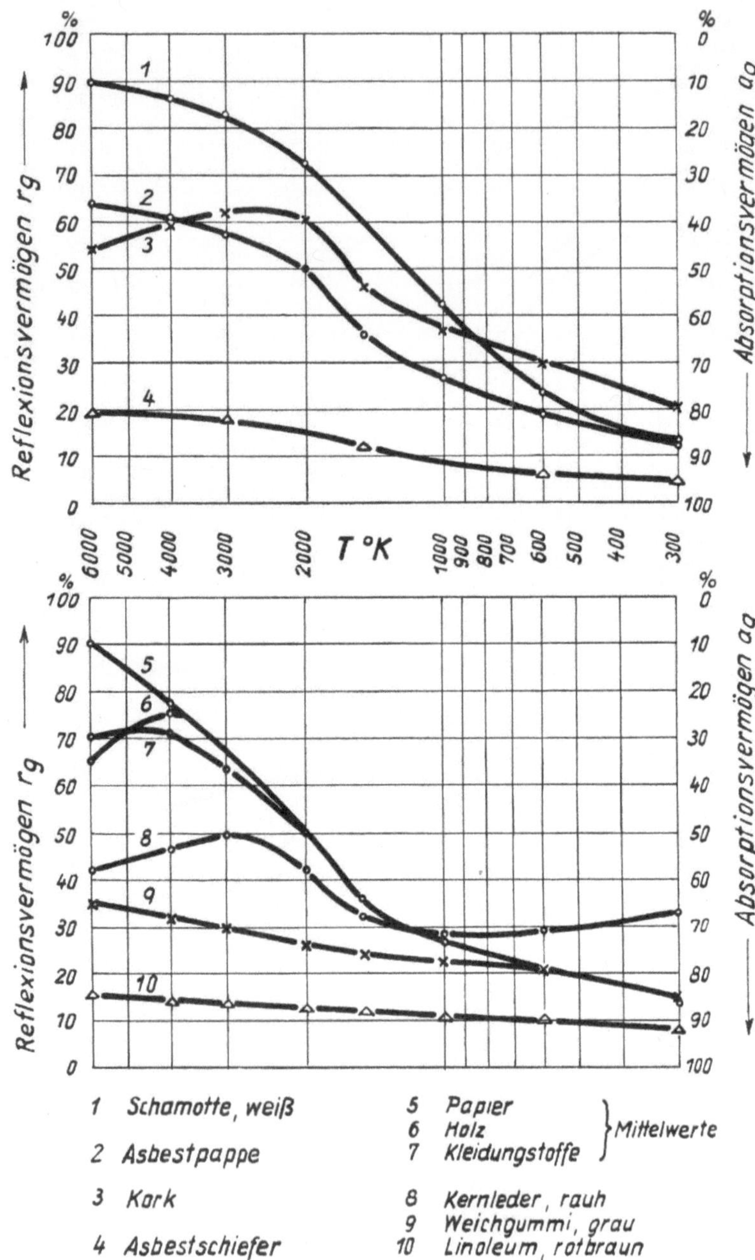

Abb. 164. Wie unter Abb. 163

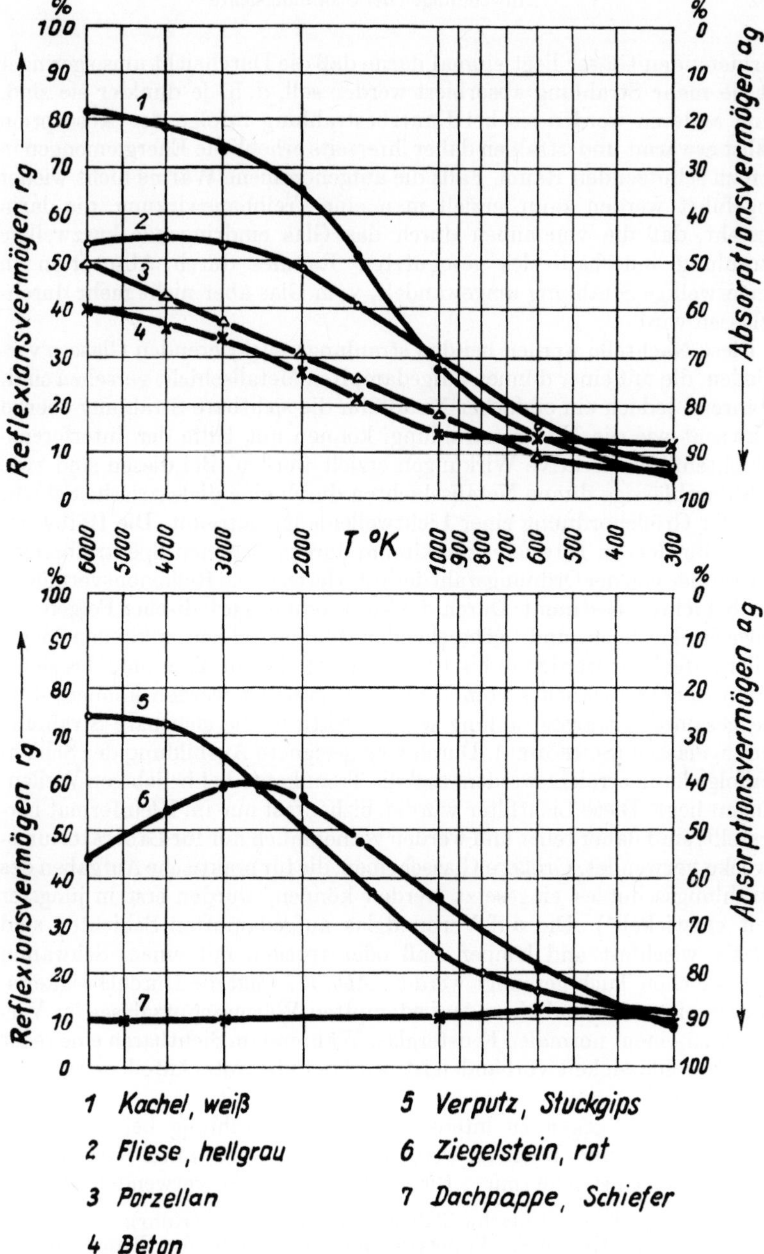

Abb. 165. Wie unter Abb. 163

sorbierenden Gläser liegt einmal darin, daß die Durchsicht umso geringer ist, je mehr Strahlung absorbiert werden soll, d. h. je dunkler sie sind. Zum anderen werden sie bei Dauerbestrahlung infolge der Absorption selbst erwärmt und strahlen daher ihrerseits erhebliche Energiemengen in den zu schützenden Raum. Falls die aufgenommene Wärme nicht wieder abgeführt werden kann, erzielt man eine Treibhauswirkung, die darin besteht, daß die von außen durch das Glas eindringende kurzwellige Strahlung innerhalb des geschützten Raumes durch Absorption in längerwellige Strahlung umgewandelt, vom Glas aber nicht mehr durchgelassen wird.

Diese Nachteile werden bei den strahlungsreflektierenden Gläsern vermieden, die mit einer dünnen aufgedampften Metallschicht versehen sind. Während jedoch ein einfacher Metallfilm die sichtbare Strahlung ebenso schwächt wie die Ultrarotstrahlung, können mit Hilfe der Interferenzschichtenfilter selektive Wirkungen erzielt werden. Bei diesen sind zwei lichtdurchlässige dünne Metallschichten durch eine dielektrische Schicht von der Größenordnung einer Lichtwellenlänge getrennt. Die Halbwertbreite für den im Interferenzmaximum durchgelassenen Spektralbereich wird außer von der Ordnungszahl der Interferenz vom Reflexionsvermögen der Schichten bestimmt. Durch die Verwendung periodischer Folgen aus abwechselnd hoch- und tiefbrechenden dünnen Schichten können Lichtteiler aufgebaut werden (6 bis 10 Schichten), die zur Trennung des sichtbaren Spektralbereiches vom Ultrarot verwendet werden können, d. h. die gesamte Ultrarotstrahlung wird reflektiert, die sichtbare Strahlung durchgelassen (SCHRÖDER). Durch eine geeignete Ausbildung der Schichtenfolge kann erreicht werden, daß die Trennkante bei beliebigen Wellenlängen liegt. Diese Lichtfilter wurden bisher fast nur im Kleinformat hergestellt, sind daher teuer und werden vornehmlich nur für Laboratoriumszwecke verwendet. Größere Glasscheiben, die für praktische Aufgaben des Strahlungsschutzes eingesetzt werden können, wurden erst in jüngster Zeit entwickelt[1]). Die auf Verbundglas aufgedampften Schichten sind relativ wischfest und können naß oder trocken mit einem Schwamm oder weichen Tuch gereinigt werden. *Abb. 177* zeigt die Durchlässigkeitskurven eines Cu- und eines Au-bedampften Wärmeschutzglases im Vergleich zu einem normalen Fensterglas. Während im Sichtbaren eine recht gute Durchlässigkeit vorhanden ist, wird der ultrarote Anteil weitgehend ausgefiltert.

Zum Schutz gegen zu intensive Sonneneinstrahlung bei verglasten Außenwänden und Dächern werden neben den erwähnten Gläsern besondere Glasanstriche mit „Blendschutzfarben"[2]) verwendet, die im

---

[1]) Bezugsquellen: Deutsche Tafelglas AG., Witten (Ruhr).
[2]) Fa. Dr. K. Herberts, Wuppertal-Barmen; Vereinigte Ultramarin-Fabriken, Duisburg.

Sichtbaren etwa 50% der Strahlung durchlassen, den Rest vorwiegend reflektieren. Die Farben werden in einer Dicke von etwa 0,025 mm aufgetragen, sind aber nicht sehr witterungsbeständig. Sie können in der kälteren Jahreszeit abgewaschen werden, da die Sonnenstrahlung im Winter zum Teil als zusätzliche Raumheizung erwünscht ist.

Neuartige lichtdurchlässige Platten für Dachfenster [„Toplite"[1])] bilden einen Schutz gegen die Strahlung der hoch am Horizont stehenden Sonne, lassen hingegen die Strahlung der tief am Horizont stehenden Sonne passieren. Dies wird durch eine geeignete geometrische Anordnung von evakuierten Hohlglasblöcken erreicht, die an ihrer oberen Innenseite prismatische Körper besitzen, die die Strahlung der fast senkrecht stehenden Sonne seitlich ablenken, die schräg einfallende Strahlung aber durchlassen. Die Unterseite der Blöcke ist uneben, damit eine gleichmäßige diffuse Zerstreuung der Strahlung erreicht wird.

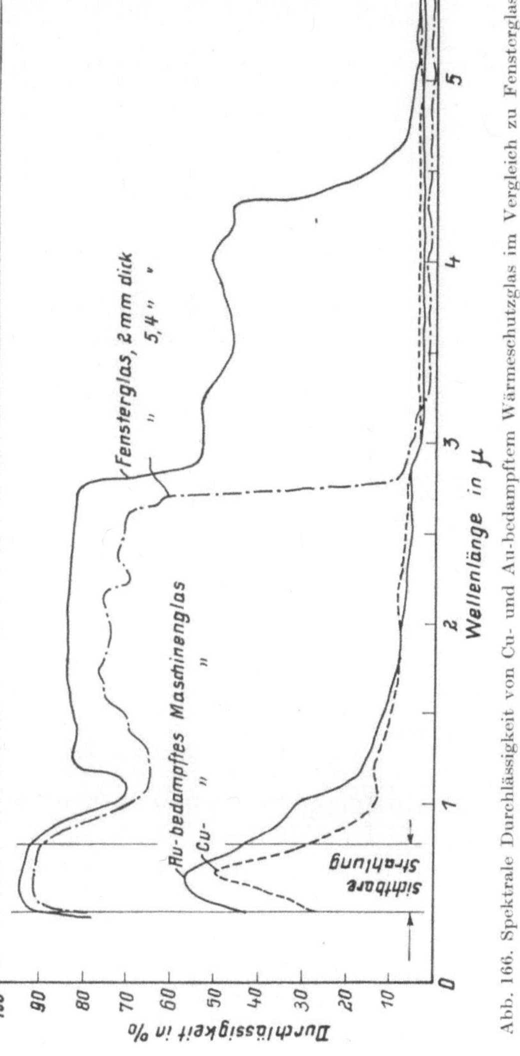

Abb. 166. Spektrale Durchlässigkeit von Cu- und Au-bedampftem Wärmeschutzglas im Vergleich zu Fensterglas

---

[1]) Bezugsquelle: Kimble-Glass Co., Toledo, Ohio (USA).

Anhang: Spektrale Energieverteilung für schwarze Strahlung nach Gl. 5, S. 13.

Die tabellierten Werte für A und n ergeben die Energiewerte nach: $E_\lambda = A \cdot 10^n$ [erg $\cdot$ cm^{-3} $\cdot$ sec^{-1}]

Die quergestrichenen Werte bedeuten: $-n$

$T(°K)$	25		50		75		100		125		150		175		200		225		250	
$\lambda(\mu)$	A	n	A	n	A	n	A	n	A	n	A	n	A	n	A	n	A	n	A	n
1,0	3,7	$\overline{234}$	1,3	$\overline{109}$	4,1	$\overline{68}$	2,2	$\overline{47}$	6,0	$\overline{35}$	1,2	$\overline{26}$	1,0	$\overline{20}$	2,8	$\overline{16}$	8,1	$\overline{13}$	4,7	$\overline{10}$
1,5	4,9	$\overline{152}$	4,9	$\overline{69}$	2,3	$\overline{41}$	1,6	$\overline{27}$	3,1	$\overline{19}$	1,1	$\overline{13}$	1,0	$\overline{9}$	8,8	$\overline{7}$	1,8	$\overline{4}$	1,23	$\overline{2}$
2,0	3,9	$\overline{111}$	6,8	$\overline{49}$	3,8	$\overline{28}$	8,8	$\overline{18}$	1,5	$\overline{11}$	2,1	$\overline{7}$	1,9	$\overline{4}$	3,2	$\overline{2}$	1,72	0	4,2	1
2,5	9,9	$\overline{87}$	6,4	$\overline{37}$	2,4	$\overline{20}$	4,8	$\overline{12}$	4,6	$\overline{7}$	9,6	$\overline{4}$	2,27	$\overline{1}$	1,36	1	3,26	2	4,2	3
3,0	1,6	$\overline{70}$	5,0	$\overline{29}$	3,3	$\overline{15}$	2,7	$\overline{8}$	3,8	$\overline{4}$	2,26	$\overline{1}$	2,12	1	6,5	2	9,2	3	7,7	4
3,5	5,1	$\overline{59}$	1,9	$\overline{23}$	1,4	$\overline{11}$	1,17	$\overline{5}$	4,2	$\overline{2}$	9,8	0	4,8	2	9,1	3	8,8	4	5,4	5
4	2,1	$\overline{50}$	2,8	$\overline{19}$	6,5	$\overline{9}$	1,00	$\overline{3}$	1,29	0	1,54	2	4,6	3	6,0	4	4,40	5	2,16	6
5	1,9	$\overline{38}$	1,5	$\overline{13}$	3,0	$\overline{5}$	4,2	$\overline{1}$	1,30	2	5,9	3	9,1	4	7,1	5	3,47	6	1,25	7
6	1,6	$\overline{30}$	8,6	$\overline{10}$	7,1	$\overline{3}$	2,03	1	2,40	3	5,8	4	5,62	5	3,11	6	1,18	7	3,38	7
7	6,1	$\overline{25}$	3,7	$\overline{7}$	3,1	$\overline{1}$	2,84	2	1,70	4	2,60	5	1,83	6	7,87	6	2,46	7	6,13	7
8	8,6	$\overline{21}$	3,1	$\overline{5}$	4,8	0	1,88	3	6,76	4	7,4	5	4,05	6	1,46	7	3,95	7	8,75	7
9	1,4	$\overline{17}$	9,3	$\overline{4}$	3,8	1	7,6	3	1,84	5	1,55	6	7,02	6	2,19	7	5,30	7	1,08	8
10	4,7	$\overline{15}$	1,32	$\overline{2}$	1,87	2	2,21	4	3,89	5	2,63	6	1,03	7	2,87	7	6,36	7	1,204	8
12	2,7	$\overline{11}$	6,3	$\overline{1}$	1,81	3	9,7	4	1,06	6	5,20	6	1,62	7	3,81	7	7,42	7	1,264	8
14	1,1	$\overline{8}$	8,9	0	8,1	3	2,46	5	1,92	6	7,50	6	1,99	7	4,15	7	7,36	7	1,167	8
16	9,8	$\overline{7}$	5,9	1	2,30	4	4,56	5	2,73	6	9,02	6	2,13	7	4,06	7	6,72	7	1,011	8
18	2,90	$\overline{5}$	2,39	2	4,84	4	6,84	5	3,36	6	9,76	6	2,10	7	3,73	7	5,87	7	8,47	7
20	4,14	$\overline{4}$	6,9	2	8,2	4	8,95	5	3,76	6	9,83	6	1,96	7	3,31	7	5,00	7	6,99	7
25	4,18	$\overline{2}$	4,00	3	1,82	5	1,233	6	3,91	6	8,49	6	1,490	7	2,289	7	3,22	7	4,26	7
30	7,68	$\overline{1}$	1,08	4	2,62	5	1,295	6	3,41	6	6,58	6	1,063	7	1,525	7	2,071	7	2,647	7
40	2,16	1	2,80	4	3,07	5	1,035	6	2,18	6	3,619	6	5,36	6	7,24	6	9,24	6	1,133	7
50	1,25	2	3,85	4	2,65	5	7,15	5	1,331	6	2,058	6	2,859	6	3,713	6	4,60	6	5,52	6
75	7,5	2	3,50	4	1,327	5	2,712	5	4,33	5	6,06	5	7,89	5	9,77	5	1,167	6	1,362	6
100	1,20	3	2,24	4	6,43	4	1,160	5	1,725	5	2,316	5	2,920	5	3,536	5	4,158	5	4,777	5

$T(°K)$	273		275		300		325		350		373		375		400		500		600	
$\lambda(\mu)$	A	n	A	n	A	n	A	n	A	n	A	n	A	n	A	n	A	n	A	n
1,0	5,9	$\bar{8}$	8,8	$\bar{8}$	6,7	$\bar{6}$	2,6	$\bar{4}$	6,1	$\bar{3}$	7,6	$\bar{2}$	9,4	$\bar{2}$	1,03	$\bar{1}$	1,32	3	1,58	5
1,5	3,1	$\bar{1}$	4,0	$\bar{1}$	7,2	0	8,4	1	6,8	1	3,7	2	4,2	3	2,08	4	2,46	6	5,94	7
2,0	4,6	2	5,6	2	4,9	3	3,10	4	1,51	5	5,3	5	5,8	5	1,93	6	6,92	7	7,55	8
2,5	2,88	4	3,37	4	1,91	5	8,3	5	2,92	6	8,0	6	8,8	6	2,27	7	4,00	7	2,69	9
3,0	3,84	5	4,36	5	1,86	6	6,3	6	1,80	7	4,16	7	4,56	7	9,94	7	1,08	9	5,32	9
3,5	2,16	6	2,41	6	8,3	6	2,38	7	5,85	7	1,20	8	1,27	8	2,52	8	1,96	9	7,68	9
4	7,2	6	7,9	6	2,36	7	5,90	7	1,30	8	2,44	8	2,57	8	4,66	8	2,80	9	9,25	9
5	3,26	7	3,54	7	8,4	7	1,75	8	3,30	8	5,45	8	5,68	8	9,17	8	3,85	9	1,006	10
6	7,56	7	8,05	7	1,66	8	3,07	8	5,19	8	7,90	8	8,18	8	1,218	9	4,04	9	9,07	9
7	1,22	8	1,29	8	2,40	8	4,06	8	6,37	8	9,15	8	9,42	8	1,327	9	3,73	9	7,51	9
8	1,60	8	1,68	8	2,89	8	4,59	8	6,81	8	9,36	8	9,61	8	1,298	9	3,23	9	6,01	9
9	1,84	8	1,92	8	3,12	8	4,71	8	6,70	8	8,90	8	9,11	8	1,194	9	2,710	9	4,75	9
10	1,96	8	2,03	8	3,14	8	4,56	8	6,28	8	8,12	8	8,30	8	1,060	9	2,236	9	3,71	9
12	1,90	8	1,96	8	2,83	8	3,87	8	5,07	8	6,32	8	6,43	8	7,92	8	1,489	9	2,36	9
14	1,660	8	1,706	8	2,35	8	3,08	8	3,90	8	4,73	8	4,81	8	5,78	8	1,020	9	1,530	9
16	1,381	8	1,414	8	1,880	8	2,40	8	2,96	8	3,52	8	3,53	8	4,22	8	7,07	8	1,024	9
18	1,122	8	1,147	8	1,484	8	1,851	8	2,246	8	2,632	8	2,664	8	3,103	8	5,01	8	7,076	8
20	9,04	7	9,24	7	1,158	8	1,434	8	1,716	8	1,986	8	2,011	8	2,317	8	3,627	8	5,032	8
25	5,29	7	5,39	7	6,59	7	7,85	7	9,15	7	1,039	8	1,051	8	1,188	8	1,767	8	2,371	8
30	3,206	7	3,255	7	3,892	7	4,550	7	5,23	7	5,865	7	5,920	7	6,626	7	9,53	7	1,252	8
40	1,332	7	1,349	7	1,572	7	1,799	7	2,028	7	2,242	7	2,262	7	2,496	7	3,453	7	4,426	7
50	6,379	6	6,458	6	7,409	6	8,37	6	9,35	6	1,025	7	1,033	7	1,132	7	1,535	7	1,935	7
75	1,544	6	1,557	6	1,754	6	1,952	6	2,151	6	2,335	6	2,351	6	2,551	6	3,357	6	4,166	6
100	5,366	5	5,416	5	6,050	5	6,683	5	7,32	5	7,906	5	7,958	5	8,60	5	1,116	6	1,374	6

$T(°K)$	800		1000		1200		1400		1600		1800		2000		2200		2400		2600		2800	
$\lambda(\mu)$	A	n	A	n	A	n	A	n	A	n	A	n	A	n	A	n	A	n	A	n	A	n
0,20	1,5	$\overline{20}$	9	$\overline{13}$	1,4	$\overline{7}$	6,9	$\overline{4}$	4,1	$\overline{1}$	6,0	1	3,2	3	8,3	4	1,25	6	1,24	7	8,9	7
0,30	1,8	$\overline{8}$	2,7	$\overline{3}$	7,9	0	2,3	3	1,65	5	4,5	6	6,5	7	5,7	8	3,46	9	1,60	10	5,9	10
0,40	1,28	$\overline{2}$	1,00	2	3,9	4	2,8	6	6,8	7	8,2	8	6,0	9	3,08	10	1,19	11	3,75	11	1,00	12
0,41	3,4	$\overline{2}$	2,1	2	7,2	4	4,6	6	1,04	8	1,18	9	8,2	9	4,01	10	1,52	11	4,65	11	1,22	12
0,42	8,5	$\overline{2}$	4,3	2	1,27	5	7,4	6	1,56	8	1,65	9	1,10	10	5,2	10	1,90	11	5,6	11	1,45	12
0,43	2,04	$\overline{1}$	8,5	2	2,19	5	1,16	7	2,26	8	2,30	9	1,46	10	6,6	10	2,35	11	6,8	11	1,71	12
0,44	4,7	$\overline{1}$	1,61	3	3,7	5	1,78	7	3,24	8	3,10	9	1,91	10	8,4	10	2,87	11	8,2	11	2,00	12
0,45	1,04	0	3,0	3	6,0	5	2,67	7	4,6	8	4,17	9	2,45	10	1,04	11	3,47	11	9,6	11	2,31	12
0,46	2,2	0	5,3	3	9,5	5	3,9	7	6,3	8	5,46	9	3,09	10	1,27	11	4,15	11	1,13	12	2,64	12
0,47	4,5	0	9,2	3	1,49	6	5,6	7	8,5	8	7,2	9	3,87	10	1,54	11	4,93	11	1,30	12	3,01	12
0,48	9,1	0	1,57	4	2,28	6	8,0	7	1,14	9	9,2	9	4,77	10	1,86	11	5,75	11	1,50	12	3,41	12
0,49	1,74	1	2,60	4	3,42	6	1,11	8	1,51	9	1,15	10	5,9	10	2,22	11	6,7	11	1,71	12	3,82	12
0,50	3,3	1	4,2	4	5,0	6	1,53	8	1,97	9	1,44	10	7,1	10	2,60	11	7,7	11	1,94	12	4,23	12
0,51	6,0	1	6,7	4	7,3	6	2,08	8	2,54	9	1,79	10	8,5	10	3,05	11	8,8	11	2,17	12	4,73	12
0,52	1,06	2	1,05	5	1,04	7	2,74	8	3,22	9	2,20	10	1,01	11	3,52	11	1,01	12	2,43	12	5,18	12
0,53	1,85	2	1,60	5	1,45	7	3,60	8	4,07	9	2,65	10	1,19	11	4,07	11	1,13	12	2,69	12	5,67	12
0,54	3,16	2	2,40	5	2,02	7	4,7	8	5,1	9	3,18	10	1,40	11	4,66	11	1,27	12	2,97	12	6,17	12
0,55	5,3	2	3,50	5	2,74	7	6,1	8	6,3	9	3,80	10	1,62	11	5,30	11	1,42	12	3,27	12	6,69	12
0,56	8,6	2	5,2	5	3,7	7	7,7	8	7,6	9	4,50	10	1,86	11	5,98	11	1,58	12	3,58	12	7,22	12
0,57	1,38	3	7,5	5	5,0	7	9,8	8	9,2	9	5,29	10	2,14	11	6,68	11	1,74	12	3,89	12	7,8	12
0,58	2,19	3	1,05	6	6,4	7	1,22	9	1,11	10	6,2	10	2,44	11	7,5	11	1,91	12	4,21	12	8,3	12
0,59	3,38	3	1,46	6	8,4	7	1,51	9	1,33	10	7,1	10	2,76	11	8,3	11	2,09	12	4,54	12	8,9	12
0,60	5,2	3	2,02	6	1,08	8	1,86	9	1,56	10	8,2	10	3,10	11	9,2	11	2,27	12	4,89	12	9,4	12

Fortsetzung siehe nächste Seite.

0,61	7,8	3	2,76	6	1,38	8	2,26	9	1,85	10	9,4	10	3,47	11	1,01	11	2,46	12	5,23	12	1,00	18
0,62	1,15	4	3,70	6	1,75	8	2,73	9	2,15	10	1,07	11	3,87	11	1,10	11	2,66	12	5,57	12	1,05	13
0,63	1,68	4	4,96	6	2,18	8	3,27	9	2,50	10	1,21	11	4,29	11	1,21	11	2,86	12	5,93	12	1,11	13
0,64	2,41	4	6,5	6	2,71	8	3,92	9	2,88	10	1,36	11	4,74	11	1,31	11	3,06	12	6,28	12	1,16	13
0,65	3,44	4	8,5	6	3,36	8	4,61	9	3,31	10	1,53	11	5,21	11	1,42	11	3,28	12	6,64	12	1,22	13
0,66	4,83	4	1,10	7	4,08	8	5,5	9	3,78	10	1,71	11	5,71	11	1,53	11	3,49	12	6,99	12	1,27	13
0,67	6,7	4	1,41	7	5,0	8	6,4	9	4,30	10	1,90	11	6,22	11	1,64	11	3,70	12	7,34	12	1,32	13
0,68	9,3	4	1,80	7	6,0	8	7,4	9	4,86	10	2,10	11	6,76	11	1,76	11	3,92	12	7,7	12	1,37	13
0,69	1,25	5	2,27	7	7,2	8	8,6	9	5,5	10	2,31	11	7,32	11	1,88	11	4,14	12	8,0	12	1,42	13
0,70	1,69	5	2,84	7	8,6	8	9,9	9	6,1	10	2,53	11	7,91	11	2,00	11	4,36	12	8,4	12	1,47	13
0,71	2,26	5	3,52	7	1,02	9	1,13	10	6,8	10	2,77	11	8,52	11	2,13	12	4,57	12	8,7	12	1,52	13
0,72	3,00	5	4,35	7	1,21	9	1,28	10	7,6	10	3,02	11	9,12	11	2,26	12	4,79	12	9,1	12	1,57	13
0,73	3,96	5	5,3	7	1,40	9	1,45	10	8,4	10	3,28	11	9,76	11	2,38	12	5,01	12	9,4	12	1,61	13
0,74	5,14	5	6,5	7	1,64	9	1,64	10	9,2	10	3,55	11	1,04	12	2,51	12	5,23	12	9,7	12	1,66	13
0,75	6,6	5	7,9	7	1,90	9	1,84	10	1,02	11	3,83	11	1,11	12	2,64	12	5,44	12	1,00	13	1,70	13
0,76	8,5	5	9,4	7	2,19	9	2,06	10	1,11	11	4,12	11	1,18	12	2,77	12	5,66	12	1,04	13	1,74	13
0,77	1,08	6	1,13	8	2,52	9	2,31	10	1,22	11	4,42	11	1,24	12	2,90	12	5,87	12	1,07	13	1,78	13
0,78	1,36	6	1,34	8	2,90	9	2,56	10	1,32	11	4,74	11	1,32	12	3,03	12	6,08	12	1,10	13	1,82	13
0,79	1,72	6	1,61	8	3,26	9	2,84	10	1,44	11	5,06	11	1,39	12	3,16	12	6,28	12	1,12	13	1,85	13
0,80	2,13	6	1,88	8	3,71	9	3,14	10	1,55	11	5,39	11	1,46	12	3,29	12	6,49	12	1,15	13	1,89	13
0,90	1,43	7	7,6	8	1,08	10	7,21	10	2,99	11	9,03	11	2,19	12	4,51	12	8,25	12	1,38	13	2,14	13
1,00	6,17	7	2,21	9	2,41	10	1,33	11	4,78	11	1,29	12	2,86	12	5,50	12	9,47	12	1,50	13	2,23	13
1,50	3,18	9	3,46	10	1,70	11	5,30	11	1,25	12	2,43	12	4,15	12	6,44	12	9,27	12	1,269	13	1,662	13
2,00	1,49	10	8,96	10	2,96	11	6,98	11	1,33	12	2,20	12	3,31	12	4,63	12	6,16	12	7,85	12	9,71	12
2,50	2,94	10	1,23	11	3,22	11	6,43	11	1,08	12	1,64	12	2,29	12	3,03	12	3,79	12	4,70	12	5,62	12
3,00	3,90	10	1,29	11	2,90	11	5,20	11	8,11	11	1,15	12	1,52	12	1,961	12	2,412	12	2,888	12	3,38	12
4,00	4,16	10	1,04	11	1,93	11	3,03	11	4,31	11	5,72	11	7,24	11	8,83	11	1,048	11	1,219	12	1,395	12
5,00	3,39	10	7,15	10	1,19	11	1,76	11	2,37	11	3,03	11	3,71	11	4,421	11	5,15	11	5,89	11	6,64	11
10,00	7,41	9	1,16	10	1,61	10	2,08	10	2,56	10	3,04	10	3,54	10	4,033	10	4,53	10	5,04	10	5,54	10

$T\,(°K)$	3 000		4 000		5 000		6 000		7 000		8 000		9 000		10 000		15 000		20 000		25 000	
$\lambda\,(\mu)$	A	n	A	n	A	n	A	n	A	n	A	n	A	n	A	n	A	n	A	n	A	n
0,20	4,9	8	1,92	11	6,9	12	7,5	13	4,1	14	1,49	15	4,04	15	8,95	15	9,84	16	3,31	17	6,98	17
0,30	1,86	11	9,9	12	1,08	14	5,32	14	1,66	15	3,90	15	7,59	15	1,296	16	6,58	16	1,525	17	2,647	17
0,40	2,36	12	4,66	13	2,80	14	9,25	14	2,18	15	4,16	15	6,88	15	1,034	16	3,62	16	7,24	16	1,133	17
0,41	2,79	12	5,13	13	2,95	14	9,46	14	2,18	15	4,10	15	6,72	15	1,000	16	3,44	16	6,74	16	1,049	17
0,42	3,26	12	5,60	13	3,08	14	9,68	14	2,18	15	4,04	15	6,54	15	9,66	15	3,25	16	6,29	16	9,71	16
0,43	3,77	12	6,06	13	3,21	14	9,79	14	2,18	15	3,97	15	6,37	15	9,32	15	3,06	16	5,86	16	9,02	16
0,44	4,33	12	6,54	13	3,34	14	9,91	14	2,16	15	3,90	15	6,19	15	9,00	15	2,89	16	5,48	16	8,38	16
0,45	4,93	12	7,00	13	3,45	14	9,98	14	2,14	15	3,82	15	6,01	15	8,67	15	2,732	16	5,13	16	7,79	16
0,46	5,56	12	7,46	13	3,54	14	1,006	15	2,12	15	3,74	15	5,83	15	8,35	15	2,578	16	4,80	16	7,26	16
0,47	6,25	12	7,91	13	3,64	14	1,010	15	2,10	15	3,66	15	5,64	15	8,04	15	2,435	16	4,49	16	6,76	16
0,48	6,93	12	8,35	13	3,72	14	1,011	15	2,07	15	3,57	15	5,47	15	7,73	15	2,300	16	4,21	16	6,32	16
0,49	7,65	12	8,77	13	3,79	14	1,010	15	2,04	15	3,48	15	5,29	15	7,44	15	2,176	16	3,96	16	5,90	16
0,50	8,41	12	9,16	13	3,85	14	1,008	15	2,01	15	3,39	15	5,12	15	7,15	15	2,058	16	3,714	16	5,52	16
0,51	9,18	12	9,56	13	3,91	14	1,002	15	1,97	15	3,30	15	4,95	15	6,87	15	1,947	16	3,488	16	5,17	16
0,52	9,99	12	9,92	13	3,95	14	9,96	14	1,94	15	3,21	15	4,78	15	6,61	15	1,846	16	3,282	16	4,84	16
0,53	1,08	13	1,03	14	3,98	14	9,89	14	1,90	15	3,12	15	4,62	15	6,35	15	1,746	16	3,089	16	4,54	16
0,54	1,16	13	1,06	14	4,01	14	9,79	14	1,86	15	3,03	15	4,46	15	6,10	15	1,657	16	2,910	16	4,266	16
0,55	1,24	13	1,09	14	4,04	14	9,72	14	1,82	15	2,95	15	4,31	15	5,87	15	1,572	16	2,745	16	4,009	16
0,56	1,33	13	1,12	14	4,05	14	9,58	14	1,78	15	2,86	15	4,16	15	5,64	15	1,492	16	2,589	16	3,771	16
0,57	1,41	13	1,15	14	4,06	14	9,46	14	1,745	15	2,78	15	4,01	15	5,43	15	1,417	16	2,447	16	3,547	16
0,58	1,50	13	1,18	14	4,06	14	9,34	14	1,703	15	2,70	15	3,87	15	5,21	15	1,347	16	2,313	16	3,345	16
0,59	1,58	13	1,20	14	4,05	14	9,20	14	1,665	15	2,61	15	3,74	15	5,00	15	1,279	16	2,187	16	3,154	16
0,60	1,66	13	1,22	14	4,05	14	9,06	14	1,623	15	2,53	15	3,60	15	4,80	15	1,217	16	2,071	16	2,978	16

Fortsetzung siehe nächste Seite.

0,61	1,74	13	1,24	14	4,03	14	8,92	14	1,584	15	2,46	15	3,48	15	4,62	15	1,158	16	1,961	16	2,812	16
0,62	1,82	13	1,26	14	4,01	14	8,77	14	1,547	15	2,381	15	3,36	15	4,45	15	1,103	16	1,858	16	2,660	16
0,63	1,90	13	1,28	14	3,99	14	8,62	14	1,507	15	2,308	15	3,24	15	4,28	15	1,049	16	1,762	16	2,516	16
0,64	1,98	13	1,29	14	3,96	14	8,47	14	1,469	15	2,235	15	3,13	15	4,11	15	9,99	15	1,671	16	2,381	16
0,65	2,06	13	1,30	14	3,93	14	8,31	14	1,429	15	2,165	15	3,01	15	3,96	15	9,53	15	1,587	16	2,256	16
0,66	2,13	13	1,30	14	3,91	14	8,16	14	1,393	15	2,099	15	2,91	15	3,81	15	9,10	15	1,508	16	2,139	16
0,67	2,20	13	1,31	14	3,86	14	7,99	14	1,357	15	2,032	15	2,81	15	3,66	15	8,67	15	1,433	16	2,027	16
0,68	2,27	13	1,32	14	3,82	14	7,84	14	1,319	15	1,970	15	2,713	15	3,52	15	8,28	15	1,363	16	1,925	16
0,69	2,34	13	1,325	14	3,78	14	7,68	14	1,286	15	1,908	15	2,614	15	3,39	15	7,91	15	1,297	16	1,829	16
0,70	2,40	13	1,327	14	3,74	14	7,51	14	1,250	15	1,848	15	2,525	15	3,26	15	7,55	15	1,235	16	1,737	16
0,71	2,46	13	1,330	14	3,69	14	7,37	14	1,217	15	1,790	15	2,437	15	3,14	15	7,23	15	1,178	16	1,653	16
0,72	2,52	13	1,332	14	3,64	14	7,20	14	1,184	15	1,735	15	2,356	15	3,03	15	6,91	15	1,123	16	1,573	16
0,73	2,58	13	1,329	14	3,59	14	7,05	14	1,151	15	1,682	15	2,274	15	2,918	15	6,61	15	1,071	16	1,497	16
0,74	2,63	13	1,329	14	3,54	14	6,90	14	1,121	15	1,627	15	2,195	15	2,812	15	6,33	15	1,022	16	1,428	16
0,75	2,68	13	1,326	14	3,49	14	6,74	14	1,089	15	1,561	15	2,120	15	2,710	15	6,06	15	9,76	15	1,360	16
0,76	2,73	13	1,321	14	3,44	14	6,59	14	1,059	15	1,527	15	2,047	15	2,610	15	5,80	15	9,32	15	1,297	16
0,77	2,77	13	1,317	14	3,39	14	6,44	14	1,030	15	1,482	15	1,979	15	2,518	15	5,56	15	8,91	15	1,238	16
0,78	2,82	13	1,313	14	3,34	14	6,30	14	1,003	15	1,436	15	1,916	15	2,431	15	5,34	15	8,52	15	1,183	16
0,79	2,86	13	1,304	14	3,28	14	6,15	14	9,75	14	1,391	15	1,850	15	2,342	15	5,12	15	8,15	15	1,129	16
0,80	2,89	13	1,298	14	3,23	14	6,01	14	9,48	14	1,348	15	1,788	15	2,261	15	4,91	15	7,80	15	1,079	16
0,90	3,12	13	1,193	14	2,71	14	4,75	14	7,19	14	9,93	14	1,289	15	1,602	15	3,316	15	5,15	15	7,04	15
1,00	3,15	13	1,059	14	2,235	14	3,70	14	5,49	14	7,413	14	9,46	14	1,161	15	2,316	15	3,537	15	4,784	15
1,50	2,11	13	4,88	13	8,47	13	1,245	14	1,672	14	2,120	14	2,578	14	3,049	14	5,476	14	7,96	14	1,048	15
2,00	1,162	13	2,316	13	3,626	13	5,03	13	6,49	13	7,99	13	9,51	13	1,105	14	1,889	14	2,687	14	3,487	14
2,50	6,59	12	1,187	13	1,768	13	2,372	13	2,990	13	3,622	13	4,258	13	4,899	13	8,15	13	1,143	14	1,471	14
3,00	3,892	12	6,63	12	9,53	12	1,252	13	1,558	13	1,862	13	2,176	13	2,489	13	4,065	13	5,651	13	7,24	13
4,00	1,572	12	2,497	12	3,454	12	4,419	12	5,410	12	6,40	12	7,40	12	8,40	12	1,341	13	1,844	13	2,348	13
5,00	7,41	11	1,132	12	1,531	12	1,935	12	2,343	12	2,752	12	3,160	12	3,572	12	5,626	12	7,70	12	9,76	12
10,00	6,05	10	8,60	10	1,116	11	1,373	11	1,630	11	1,888	11	2,144	11	2,404	11	3,666	11	4,988	11	6,277	11

Literatur

VON ANGERER, E. u. H. EBERT, Technische Kunstgriffe bei physikalischen Untersuchungen (Braunschweig 1952).

ANGSTRÖM, K., Ann. Phys. **6**, 163 (1901).

D'ANS, J., u. E. LAX, Taschenbuch für Chemiker u. Physiker, 2. Aufl. (Berlin-Göttingen-Heidelberg 1949).

ARONS, L., Ann. Phys. **39**, 545 (1912).

ASCHKINASS, E., Ann. Phys. **17**, 960 (1905).

VON BAHR, E., Verh. Dtsch. Phys. Ges. **13**, 617 (1911); **15**, 673, 710 (1913); Ann. Phys. **29**, 780 (1909); **33**, 585 (1910).

BARBER, C. R. u. E. C. PYAT, J. Sci. Instrum. **27**, 4 (1950).

BARITEL, A., Chal. Industr. **19**, 237, 299 (1938).

BARTELS, H., Z. Phys. **125**, 598 (1949); **126**, 108 (1949); **127**, 243 (1950); **128**, 546 (1950).

BEATTIE, J. R., J. Soc. Glass Technol. **38**, 457 (1954).

BECKER, A., Ann. Phys. **28**, 1017 (1909).

BEHRENS, W., Diss. (Hannover 1935).

BEHRENS, H. u. F. RÖSSLER, Z. Naturforschg. **5a**, 311 (1950).

BERGMANN, P. u. W. GUERTLER, Z. techn. Phys. **16**, 235 (1935).

BLUMER, H., Z. Phys. **32**, 119 (1925); **38**, 304, 920 (1926).

BONHOEFFER, K. F., Z. Elektrochem. **42**, 449 (1936).

BONHOEFFER, K. F. u. H. REICHARDT, Z. phys. Chem. **139**, 75 (1928).

BREVORT, M. J., Rev. Sci. Instr. **7**, 342 (1936).

BREWER, L., P. W. GILLES u. F. A. JENKINS, J. chem. Phys. **16**, 797 (1948).

BREWER, L., L. K. TEMPLETON u. F. A. JENKINS, J. Amer. chem. Soc. **73**, 1462 (1951).

BROEZE, J. J., G. RIBAUD u. O. A. SAUNDERS, Chal. Industr. **27**, 3 (1951).

BRÜGEL, W., (a) Physik und Technik der Ultrarotstrahlung (Hannover 1951)
(b) Einführung in die Ultrarotspektroskopie (Darmstadt 1954)
(c) Z. Phys. **127**, 400 (1950)
(d) Elektrotechn. Z. **71**, 526 (1950).

CHAMULEAU, F. J., Physica 1, 518 (1934).

COBLENTZ, W. W., Phys. Rev. **16**, 72 (1903); **17**, 51 (1903); Bull. Bur. Stand. 7, 198 (1911); 8, 81 (1912).

COMPTON, K. T., Phys. Rev. **21**, 266 (1923).

CONSTABLE, F. H., Proc. Roy. Soc. (A) **117**, 376 (1927/28).

CZERNY, M., Z. Physik **139**, 302 (1954).

CZERNY, M. u. L. GENZEL, Glastechn. Ber. **25**, 134, 387 (1952).

CZERNY, M., L. GENZEL u. G. HEILMANN, Glastechn. Ber. **28**, 185 (1955).

CZERNY, M. u. P. MOLLET, Z. techn. Phys. **18**, 582 (1937).

DAVISSON, C. u. J. R. WEEKS, J. Opt. Soc. Amer. **8**, 581 (1924).

DAWS, L. F. u. M. W. THRING, Chal. Industr. **28**, 387 (1952).

DEBYE, P., J. phys. coll. Chem. **51**, 18 (1947).

DREISCH, TH., Z. Phys. **42**, 428 (1927).

DRUDE, P., Physik des Äthers (Berlin 1894), S. 574; Wied. Ann. **51**, 77 (1894); Ann. Phys. **31**, 1017 (1910).
EBELING, I., Z. Phys. **32**, 489 (1925).
ECKERT, E., (a) Forschg. Geb. Ingenieurwes. H. 387 (Berlin 1937)
      (b) Technische Strahlungsaustauschberechnungen (Berlin 1937)
      (c) Z. VDI **79**, 1495 (1935).
EICHERT, G., Stahl u. Eisen **74**, 95 (1954).
EITEL, W., Physikal. Chemie der Silikate, 2. Aufl. S. 106, (Leipzig 1941).
ENGELHARDT, H. u. H. FRIESS, Kolloid-Z. **81**, 129 (1937).
EULER, J., (a) Elektrotechn. Z. **70**, 427 (1949)
      (b) ATM, Lief. 227 (J 321–6) (1954)
      (c) Z. angew. Phys. **1**, 252 (1949)
      (d) Z. angew. Phys. **2**, 505 (1950).
EULER, J. u. R. LUDWIG, Z. angew. Phys. **2**, 362 (1950).
EULER, J. u. W. SCHNEIDER, Z. angew. Phys. **3**, 459 (1951).
EVANS, U. R., Korrosion, Passivität und Oberflächenschutz von Metallen (Berlin 1939).
EVANS, U. R. u. L. C. BANNISTER, Proc. Roy. Soc. (A) **125**, 372 (1929).
FÉRY, CH., C. R. **137**, 909 (1903).
FOCK, J., Z. Phys. **90**, 44 (1934).
FOOTE, P. D., Bull. Bur. Stand. **11**, 607 (1915).
FÖRSTERLING, K. u. V. FRÉEDERICKSZ, Ann. Phys. **40**, 201 (1912).
FORSYTHE, W. E., J. opt. Soc. Amer. **7**, 1115 (1923).
FORSYTHE, W. E. u. A. G. WORTHING, Astrophys. J. **61**, 146 (1925).
VON FRAGSTEIN, K., Ann. Phys. **17**, 1 (1933).
FRASER, J. J., Elektr. Engng. **17**, 340 (1945).
FRITSCH, W., Diplomarbeit TH Aachen 1956.
FRÖHLICH, H., Elektronentheorie der Metalle (Berlin 1936).
GANS, R., Ann. Phys. **29**, 277 (1909); **37**, 881 (1912); **47**, 270 (1915); **62**, 331 (1926).
GAYDON, A. G., Spectroscopy and Combustion Theorie, 2. Aufl. (London 1948).
GEFFKEN, W., Glastechn. Ber. **25**, 392 (1952); **29**, 42 (1956).
GEILING, L., Z. angew. Phys. **1**, 252 (1949).
GENZEL, L., (a) Z. Phys. **135**, 177 (1953)
      (b) Glastechn. Ber. **24**, 55 (1951).
GERLACH, W., Phys. Z. **14**, 577 (1913).
GERLACH, W. u. E. LÖWE, Ann. Phys. **25**, 209 (1936).
GILLE, G. u. J. WILLEMS, Stahl u. Eisen **69**, 759 (1949).
GOBRECHT, H. u. W. WEISS, Z. angew. Phys. **5**, 207 (1953).
DE GRAAF, J. E. u. M. W. THRING, Chal. Industr. **27**, 5, 175 (1951).
GRASS, G., Z. Phys. **139**, 358 (1954); Z. Metallkde **45**, 538 (1954).
GRIFFITH, E. u. J. H. AWBERY, Proc. Roy. Soc. (A) **123**, 401 (1929).
GROVE, F. J. u. P. E. JELLYMAN, Journ. Soc. Glass Technol. **39**, 3 (1955).
GRÜSS, H. u. G. HAASE, Siemens-Z. **11**, 297 (1931).
GUTHMANN, K., (a) Stahl u. Eisen **56**, 481 (1936)
      (b) Stahl u. Eisen **57**, 1245, 1269 (1937)
      (c) Stahl u. Eisen **69**, 8 (1949)
      (d) Stahl u. Eisen **72**, 185 (1952)
      (e) Stahl u. Eisen **74**, 1418 (1954).
      (f) Chem.-Ing.-Techn. **25**, 169 (1953).
HAASE, G., Ann. Phys. **20**, 75 (1934).
HAGEN, E. u. H. RUBENS, Ann. Phys. **8**, 1 (1902); Verh. Dtsch. Phys. Ges. **6**, 128 (1904); Berlin. Ber. **1903**, 269; **1909**, 478; **1910**, 467.
HALL, J. A., J. Iron Steel Inst. **155**, 55 (1947); **157**, 197 (1947).

HAMAKER, G. u. L. S. ORNSTEIN, Physica 3, 561 (1936).
HANSEN, G., Optik 1, 227 (1946); Phys. Z. 29, 904 (1928).
HASE, R., (a) Phys. Z. 29, 904 (1928).
HASE, R., (b) Arch. Eisenhüttenwes. 4, 261 (1930/31); 8, 93 (1934/35).
HAXEL, O., F. G. HOUTERMANS u. K. SEEGER, Z. Phys. 130, 109 (1951).
VAN DER HELD, E. F. M., Appl. Sci. Res. (A) 3, 237 (1952); 4, 77 (1953);
Allgem. Wärmetechn. 4, 236 (1953).
HENDUS, H., Z. Naturforsch. 2a, 505 (1947).
HENNING, F., Temperaturmessung (Leipzig 1951).
HENNING, F. u. W. HEUSE, Z. Phys. 16, 63 (1923); 20, 132 (1923).
HENNING, F. u. C. TINGWALDT, Z. Phys. 48, 805 (1928).
HENNING, F. u. H. T. WENSEL, Ann. Phys. 17, 620 (1933).
HERTZ, G., Verh. Dtsch. Phys. Ges. 13, 617 (1911).
HERZBERG, G., Molecular Spectra and Molecular Structure, 2 Bde (New York
1949/50).
HERZBERG, G. u. D. A. RAMSAY, J. Chem. Phys. 20, 347 (1952).
HETTNER, G., Optik 1, 2 (1946).
HETTNER, G. u. F. SIMON, Z. phys. Chem. 1, 293 (1928).
HILD, K., Mitt. K. W.-Inst. Eisenforsch. 14, 59 (1932).
HOFFMANN, F. u. W. MEISSNER, Ann. Phys. 60, 201 (1919).
HOFFMANN, F. u. C. TINGWALDT, Optische Pyrometrie (Braunschweig 1938).
HOLL, H., Optik 1, 213 (1946).
HOLLAND, A. J. u. W. E. S. TURNER, J. Soc. Glass Techn. 25, 164 (1941).
HOLST, G., E. LAX, E. OESTERHUIS u. M. PIRANI, Z. techn. Phys. 9, 186
(1928).
HORST, D. u. C. KRYGSMAN, Physica 1, 114 (1934).
HOTTEL, H. C., Trans. Amer. Inst. Chem. Eng. 19, 173 (1935).
HOTTEL, H. C. u. F. B. BROUGHTON, Ind. Eng. Chem. anal. 4, 166 (1923).
HOTTEL, H. C. u. R. B. EGBERT, ASME 1941 297.
HOTTEL, H. C. u. H. G. MANGELSDORF, Trans. Amer. Inst. Chem. Eng. 31,
517 (1935).
HOUDREMONT, E., Arch. Eisenhüttenwes. 21, 413 (1950).
HOUDREMONT, E. u. O. RÜDIGER, Naturwiss. 17, 399 (1952).
HULDT, L., Eine spektroskopische Untersuchung des elektrischen Licht-
bogens (Upsala 1948).
HUNSINGER, W. u. H. W. GRÖNEGRESS, Z. VDI 92, 285 (1950).
HUNT, J. N., M. P. WISHERD u. L. C. BONHAM, Analyt. Chemistry 22, 1478
(1950).
HURST, C., Proc. Roy. Soc. (A) 142, 466 (1933).
HYDE, E. P., F. E. CADY u. W. E. FORSYTHE, Phys. Rev. 10, 398 (1917).
JAGERSBERGER, A., Bull. Schweiz. Elektrotechn. Ver. 40, 179 (1949).
JAGERSBERGER, A. u. F. LIENEWEG, DRP 741510 (1943).
JAKOB, M., Der Chemieingenieur, Bd. 1 (Leipzig 1938), S. 301.
JÜRGENS, G., Phys. Ber. 29, 618 (1950).
JUSTI, E., Leitfähigkeit und Leitungsmechanismus fester Stoffe (Göttingen
1948).
KELLET, B. S., J. opt. Soc. Amer. 42, 339 (1952); J. Soc. Glass Technol. 165,
115 (1952).
KENT, C. V., Phys. Rev. 14, 459 (1919).
KING, A. S., Astrophys. J. 48, 13 (1918); 56, 318 (1922).
KOHN, H., Ann. d. Phys. 44, 749 (1914).
KREUTZER, C., Stahl u. Eisen 59, 1017 (1939).
KRONIG, R., Nature 132, 601 (1933).
KURLBAUM, F., Phys. Z. 3, 187, 332 (1902).

KURODA, M., Sci. Papers Inst. phys. chem. Res. **12**, 308 (1930).
KUSSMANN, H. W., Z. Phys. **48**, 831 (1928).
LAND, T., J. Iron Steel Inst. **155**, 568 (1947).
LAND, T. u. R. BARBER, J. Soc. Glass Technol. **38**, 45 (1954).
LANDFERMANN, C., Chem. Ing. Techn. **21**, 295 (1949).
LANDOLT-BÖRNSTEIN, Physik. Chem. Tab., 3. Aufl. (Berlin 1934). S. 610.
LANGE, B., Z. phys. Chem. **132**, 27 (1928).
LAX, E. u. M. PIRANI, Handbuch der Physik, Bd. 21 (Berlin 1931).
LEE, E. u. R. C. PARKER, Nature **158**, 518 (1946).
LEO, W. u. W. HÜBNER, Z. angew. Phys. **2**, 454 (1950).
LEWIS, B. u. G. von ELBE, Naturwiss. **34**, 320 (1947).
LIENEWEG, F., Arch. techn. Messen, Liefg. 218, V 2117-2 (1954).
LIENEWEG, F. u. A. SCHALLER, Siemens-Z. **28**, 67 (1954).
LOCHTE-HOLTGREVEN, N. W. u. H. MAECKER, Z. Phys. **105**, 1 (1937).
LORENZ, R. u. W. EITEL, Pyrosole (Leipzig 1926).
LOWAN, A., National Defence Research Committee, Division 10, Report OSRD Nr. 1857.
LUMMER, O. u. F. KURLBAUM, Verh. Dtsch. Phys. Ges. **17**, 106 (1898).
LUMMER, O. u. E. PRINGSHEIM, Verh. Dtsch. Phys. Ges. **1**, 215 (1899).
MAECKER, H., Erg. Naturwiss. **25**, 293 (1951).
MALLORY, W. S., Phys. Rev. **14**, 54 (1919).
MANNKOPFF, R., Z. Physik **76**, 396 (1932); **86**, 161 (1933).
MARGENAU, H., Phys. Rev. **33**, 1035 (1929).
MARSHALL, P. R. u. D. K. MACKENZIE, J. sci. Instrum. **27**, 33 (1950).
MATOSSI, F. u. H. BLUSCHKE, Z. Phys. **108**, 295 (1938).
MAYER, H., Physik dünner Schichten S. 57. (Stuttgart 1950).
MEIER, E., Ann. Phys. **31**, 1017 (1910).
MERREM, W. J. R., J. Soc. Glass Technol. **35**, 230 (1951).
MIE, G., Ann. Phys. **25**, 372 (1908).
MIETHING, H., Wiss. Veröff. Siemens-Konz. **6**, 135 (1927).
MÖGLICH, F., N. RIEHL u. R. ROMPE, Z. techn. Phys. **21**, 128 (1940).
MOHLER, F. L., Bur. Stand. J. Res. 8, 358 (1925); J. Res. Nat. Bur. Stand. 16, 227 (1936); 17, 45 (1937).
MOSER, H., U. STILLE u. C. TINGWALDT, Naturwiss. **35**, 60 (1948).
MOTT, N. F. u. C. ZENER, Proc. Cambr. Phil. Soc. **30**, 249 (1934).
MOUTET, A., Rech. Aeronautiques 27, 21 (1952); 28, 21 (1952).
MURMANN, H., Z. Phys. **54**, 741 (1929).
NAESER, G., (a) Mitt. K.-W.-Inst. Eisenforsch. **12**, 299, 365 (1930)
       (b) Mitt. K.-W.-Inst. Eisenforsch. **18**, 21 (1936)
       (c) Stahl u. Eisen **59**, 592 (1939).
NAESER, G. u. G. ENGELS, Stahl u. Eisen **69**, 508 (1949).
NAESER, G. u. W. PEPPERHOFF, (a) Stahl u. Eisen **69**, 325 (1949)
       (b) Stahl u. Eisen **70**, 22 (1950)
       (c) Arch. Eisenhüttenwes. **21**, 293 (1950)
       (d) Arch. Eisenhüttenwes. **22**, 9 (1951)
       (e) Kolloid-Z. **125**, 33 (1952).
NAESER, G., W. PEPPERHOFF u. H. RIEDEL, Stahl u. Eisen **75**, 1244 (1955).
NEUROTH, W., Glastechn. Ber. **25**, 242 (1952).
NUSSELT, W., (a) VDI Z. **70**, 763 (1926).
       (b) VDI Z. **72**, 673 (1928).
ORNSTEIN, L. S., Phys. Z. **32**, 517 (1931).
ORNSTEIN, L. S. u. H. BRINKMANN, Physica 1, 797 (1934).
ORNSTEIN, L. S., H. BRINKMANN u. D. VERMEULEN, Proc. (Amsterdam) 34, 33, 498, 764 (1934).

ORNSTEIN, L. S. u. J. KEY, Physica 1, 945 (1934).
ORTHS, K., Stahl u. Eisen 72, 1349 (1952).
PASCHEN, F., Ann. Phys. 49, 50 (1893).
PEPPERHOFF, W.,   (a) Optik 8, 354 (1951)
                 (b) Kolloid-Z. 133, 123 (1953)
                 (c) Z. Elektrochem. 58, 520 (1954)
                 (d) DBP Nr. 804494.
PEPPERHOFF, W. u. A. BÄHR, Arch. Eisenhüttenwes. 23, 335 (1952).
PEPPERHOFF, W. u. H. J. BRACKSIECK, Stahl u. Eisen 1956.
PEPPERHOFF, W. u. G. GRASS, Arch. Eisenhüttenwes. 26, 9 (1955).
PEPPERHOFF, W. u. F. ZIRM, Arch. Eisenhüttenwes. 22, 295 (1951).
PIRANI, M. u. R. ROMPE, Wiss. Abh. Osram 4, 59 (1936).
PLANCK, W., Phys. Z. 15, 563 (1914).
POGANY, B., Ann. Phys. 49, 531 (1916); Phys. Z. 17, 251 (1916).
POHL, R. W., Optik und Atomphysik (Berlin, Göttingen, Heidelberg 1954).
PRATT, T. H., J. sci. Instr. 24, 312 (1947).
PRIEST, J. G., J. Opt. Soc. Amer. 7, 1175 (1925); 23, 41 (1933).
PRZIBRAM, K., Verfärbung und Lumineszenz (Wien 1953).
RASSWEILER, G. M. u. L. WITHROW, S.A.E.J. 36, 125 (1935).
RÄTHER, H. u. W. KRANERT, Ann. Phys. 43, 520 (1943).
REEGER, E. u. H. SIEDENTOPF, Optik 1, 15 (1946).
REINKOBER, O., Ann. Phys. 34, 343 (1911).
RIBAUD, G., Mesure des Temperatures (Paris 1936); C. R. 205, 901 (1937);
     Glastechn. Ber. 24, 107, (1951).
RIEZLER, W. u. L. HARDT, Z. angew. Phys. 6, 497 (1954).
ROESER, W. F., F. R. CALDWELL u. H. T. WENSEL, Bur. Stand. J. Res. 6,
     1119 (1931).
RÖSSLER, F., (a) Z. angew. Phys. 2, 161 (1950); (b) 4, 22 (1952); (c) 6, 229 (1954);
     (d) Optik 10, 531 (1953).
RÖSSLER, F. u. H. BEHRENS, Optik 6, 145 (1950).
RUSSEL, H. W., C. F. LUCKS u. L. G. TURNBULL, Temperature (New York
     1941), S. 1159.
SAHA, MEGH NAD, Phil. Mag. 40, 472 (1920); Z. Phys. 6, 40 (1921).
SAVOSTIANOWA, M., Z. Phys. 64, 262 (1930).
SCHACK, A.,   (a) Der industrielle Wärmeübergang, 4. Aufl. (Düsseldorf 1953)
              (b) Z. techn. Phys. 5, 267 (1924)
              (c) Z. techn. Phys. 6, 530 (1925).
SCHÄFER, CL., Ann. Phys. 16, 93 (1905).
SCHÄFER, CL., u. F. MATOSSI, Das ultrarote Spektrum (Berlin 1930).
SCHAUM, K. u. H. WÜSTENFELD, Z. wiss. Photogr. 10, 304 (1911/12).
SCHEIL, E. u. H. STADELMAIER, Z. Metallkde 43, 227 (1952).
SCHMIDT, E.,   (a) Beihefte z. Gesundheitsing. Reihe 1, H. 20 (München u.
                  Berlin 1927).
              (b) Forschg. Gebiete Ingenieurwes. 3, 57 (1932)
              (c) Z. VDI 77, 1162 (1933).
SCHMIDT, E. u. E. ECKERT, Forsch. Gebiete Ingenieurwes. 6, 175 (1935); 8,
     87 (1937.
SCHMIDT, H., Ann. Phys. 29, 971 (1909).
SCHMIDT, H. u. E. FURTHMANN, Mitt. K.-W.-Inst. Eisenforschg. 10, 225 (1928).
SCHMIDT, H. u. E. LIESEGANG, Mitt. K.-W.-Inst. Eisenforschg. 10, 71 (1928).
SCHNAUTZ, H., Spectrochim. Acta 1, 173 (1939).
SCHOPPER, H., Z. Phys. 143, 93 (1955).
SCHRÖDER, H., Z. angew. Phys. 3, 53 (1951).
SCHUBERT, M., Diss. (Breslau 1916).

SCHÜLER, H. u. L. REINEBECK, Z. Naturforschg. 6a, 160 (1951).
SCHULZE, R., Ann. Phys. 34, 24 (1937).
DE SÉLINCOURT, M., Proc. Roy. Soc. (A) 107, 247 (1925).
SENFTLEBEN, H. u. E. BENEDICT, Ann. Phys. 54, 65 (1917); 60, 297 (1919).
SHARP, C. H., J. opt. Soc. Amer. 20, 62 (1930).
SIEBER, W., Diss. (Hannover 1939); Z. techn. Phys. 22, 130 (1941).
SKAUPY, F., Phys. Z. 28, 842 (1927).
SKAUPY, F. u. G. LIEBMANN, Phys. Z. 31, 373 (1930).
SPEITH, K. G. u. G. ENGELS, Stahl u. Eisen 70, 861 (1950).
VAN STEIN-CALLENFELS, G. W. u. R. MAYORCAS, Chal. Industr. 27, 59 (1951).
STRAUBEL, H., Z. angew. Phys. 6, 264 (1954).
STRONG, J., J. opt. Soc. Amer. 29, 520 (1939).
SUGENO, T., Tetsu to Hagane 27, 59 (1941).
SUITS, C. G., Gen. electr. Rev. 39, 194 (1936).
SWEETS, M. H., J. opt. Soc. Amer. 30, 568 (1940).
TAMMANN, G., Lehrbuch der Metallkunde (Leipzig 1932). Z. anorg. allg. Chem. 107, 115 (1919); 111, 78 (1920).
TAYLOR, A. M. u. E. K. RIDEAL, Proc. Roy. Soc. (A) 115, 589 (1931).
THRING, M. W., J. Inst. Fuel 26, 189 (1953); Stahl u. Eisen 74, 1219 (1954).
TINGWALDT, C., (a) Phys. Z. 35, 715 (1934)
               (b) Phys. Z. 39, 1 (1938)
               (c) VDI Z. 78, 1070 (1934)
TOLKSDORF, S., Z. phys. Chem. 132, 161 (1928).
ULJANIN, V., Ann. Phys. 62, 528 (1897).
VAN DER VEEN u. L. S. ORNSTEIN, Physica 6, 439 (1939).
WALTHER, A., J. DÖRR u. E. ELLER, Glastechn. Ber. 26, 133 (1953).
WANNER, H., Phys. Z. 1, 226 (1900).
WARMUTH, K., Wiss. Veröff. Siemens-Konz. 7, 307 (1928).
VON WARTENBERG, H. u. S. AOYAMA, Z. Elektrochem. 33, 144 (1927).
WEISS, K., Ann. Phys. 2, 1 (1948).
WEIZEL, W. u. R. ROMPE, Theorie elektrischer Lichtbögen und Funken (Leipzig 1949).
WENIGER, W. u. A. H. PFUND, Phys. Rev. 14, 427 (1919).
WIELAND, K., Z. Phys. 133, 229 (1952).
WITTE, H., Z. Phys. 88, 419 (1934).
WOLFHARD, H. G., Z. Phys. 112, 107 (1939).
WOLTERSDORFF, W., Z. Phys. 91, 230 (1934).
WOOD, R. W., Phil. Mag. 7, 376 (1904); Phys. Rev. 44, 353 (1933).
WORTHING, A. G., Phys. Rev. 28, 174 (1926).
WREDE, B., Mitt. K.-W.-Inst. Eisenforschg. 13, 131 (1931).
WULFF, J., J. opt. Soc. Amer. 24, 223 (1934).
ZEISE, H., Forschg. Geb. Ingenieurwes. 11, 58 (1940).
ZENER, C., Nature 132, 968 (1933).

Sachverzeichnis

Einführung in die Mikrowellenphysik

Von Prof. Dr. **G. Klages**

Physikalisches Institut der Universität Mainz

(Wissenschaftliche Forschungsberichte, Band 64)

XII, 279 Seiten mit 135 Abbildungen. 1956. Brosch. DM 29,—, Ganzl. DM 31,—

Aus dem Inhalt:

Leitungswellen · Hohlrohrwellen · Resonanzkreise · Erzeugung und Nachweis · Meßgeräte und -methoden · Mikrowellenstrahler · Literatur und Sachregister

Die grundlegenden und besonderen Gesetzmäßigkeiten der Mikrowellen, die dieses Übergangsgebiet zwischen Radio- und Lichtwellen physikalisch kennzeichnen und beherrschen, werden nach der stürmischen Entwicklung dieses Gebietes in Wissenschaft und Technik zusammenfassend dargestellt. In anschaulicher und elementarer Betrachtungsweise ist das Buch eine Einführung in die Methodik der Mikrowellen nicht nur für den Physiker jeglicher Arbeitsrichtung, sondern auch für die Interessenten aus Chemie, Biologie, Medizin und besonders der Nachrichtentechnik.

„Der Verfasser unternimmt den gelungenen Versuch, in die grundsätzlichen Betrachtungsweisen, Gesetzmäßigkeiten und Meßmethoden der Mikrowellenphysik einzuführen. Es wird ein gut fundierter Überblick gegeben, so daß der mitarbeitende und mitdenkende Leser in die Lage versetzt wird, jede spezielle Anwendung prinzipiell zu durchschauen.
Die Darstellung arbeitet vornehmlich mit der Anschauung und stellt spezifisch physikalische Überlegungen in den Mittelpunkt. Rechnungen und mathematische Formulierungen sind so einfach wie möglich und fast durchweg elementar gehalten. Vorausgesetzt wird nur die Kenntnis der Grundelemente der Physik, insbesondere der elektromagnetischen Felder. Eine nach Sachgebieten gegliederte, umfangreiche Literaturübersicht sowie ein Sachregister erhöhen den Wert des sauber gedruckten und mit guten Skizzen, Schaltbildern und Diagrammen ausgestatteten, empfehlenswerten Buches.“

Frequenz

VERLAG VON DR. DIETRICH STEINKOPFF · DARMSTADT

Einführung in die Ultrarotspektroskopie

Von Dr. **W. Brügel**-Ludwigshafen

(Wissenschaftliche Forschungsberichte, Band 62)

XII, 366 Seiten mit 140 Abbildungen. 1954. Brosch. DM 46,—, Ganzl. DM 49,—

Die rapide Entwicklung der Ultrarotspektroskopie und ihre Anwendung bei der Strukturanalyse niedrigmolekularer Verbindungen sowie in der organischen Chemie hat bereits wiederholt den Wunsch nach einer zusammenfassenden Darstellung laut werden lassen. Während entsprechend den beiden zitierten Anwendungsgebieten, im angelsächsischen Sprachgebiet bereits ausgezeichnete, wenn auch oft stark spezialisierte Werke existierten, in denen die Ultraspektroskopie, sei es vom rein theoretischen Standpunkt der Schwingungsanalyse, sei es von einem empirisch nach Stoffgruppen und charakteristischen Gruppenfrequenzen ordnenden Standpunkt aus behandelt wird, so fehlte doch bis jetzt eine prägnante Einführung in das gesamte Gebiet der Ultraspektroskopie. – Von diesem Standpunkt aus betrachtet ist Brügels Einführung in die Ultraspektroskopie eine begrüßenswerte Neuerscheinung. **Chimia**

Ultrarotspektrum und chemische Konstitution

Von **L. J. Bellamy** B. Sc., Ph. D. - London

Autorisierte Übersetzung von Dr. **W. Brügel** - Ludwigshafen

XVI, 300 Seiten mit 35 Abbildungen. 1955. Ganzleinen DM 24,—

Es ist nur konsequent gehandelt, daß Brügel sein Buch über Ultrarotspektroskopie durch die vorliegende Übersetzung des Buches von Bellamy fortgesetzt hat. Die bei Brügel im 4. Abschnitt gegebene kurze systematische Zusammenstellung der erhaltenen Spektren bildet den ausschließlichen Inhalt des Buches von Bellamy. Der Charakter des Bellamyschen Buches ist in seiner Grundhaltung allerdings ein anderer. Es gibt die Zuordnung von Schwingung und Konstitution rein empirisch, ohne eine Erklärung der beobachteten Schwingungen, im physikalischen Sinne anzustreben. Auch die Raman-Schwingungen werden nicht behandelt. Wenn man das Buch durchblättert, so ist man von der Fülle des Materials überrascht, das bereits hier vorliegt (das Inhaltsverzeichnis nennt 852 Verbindungen), und man erkennt zugleich, in welch starkem Maße sich das ganze Gebiet von der Physik entfernt hat und zu einem Zweige speziell der organischen Chemie geworden ist. Demgemäß ist das Buch in allererster Linie für organische Chemiker von Bedeutung, ist aber auch so einfach abgefaßt, und das ist nach dem Vorwort der Sinn der Übersetzung, daß es den Technikern in die Hand gegeben werden kann.

Zusammenfassend handelt es sich bei dem vorliegenden Buch um ein für Ultrarotspektroskopiker und organische Chemiker unentbehrliches Nachschlagewerk. **Physikalische Blätter**

VERLAG VON DR. DIETRICH STEINKOPFF · DARMSTADT

Die Glaselektrode und ihre Anwendungen

Von Dr. L. Kratz-Mainz

(Wissenschaftliche Forschungsberichte, Band 59)

XII, 377 Seiten mit 77 Abb. und 20 Tab. 1950. Brosch. DM 41,50, Ganzl. DM 44,—

Aus dem Inhalt:

Einführung · Grundlagen und Methoden der p_H-Messungen mit der Glaselektrode · Anwendungen der Glaselektrode zur p_H-Bestimmung, p_H-Titration und als Bezugselektrode bei r_H-Untersuchungen.

Nach grundsätzlichen Betrachtungen über den p_H-Begriff gibt der Autor einen Überblick über die Grundlagen der p_H-Messung mit der Glaselektrode, ihre Methoden und ihre Anwendung in Chemie, Medizin, und Technik. Die Darstellung ist klar, präzise und kritisch; sie verrät die große Erfahrung des Autors und seinen umfassenden Kontakt mit der Praxis der p_H-Messung. Das Studium des Buches ist jedem, der p_H-Messungen mit der Glaselektrode ausführt, dringend zu empfehlen; es wird manchen Untersucher davon abhalten, die Anzeige seines Meßinstrumentes bedenkenlos dem p_H-Wert gleichzusetzen. **Angewandte Chemie**

Kolloid-Zeitschrift

Zeitschrift für reine und angewandte Kolloid-Wissenschaft einschließlich der makromolekularen Substanzen

Organ für die Veröffentlichung der Kolloid-Gesellschaft Zur Zeit vereinigt mit den Kolloid-Beiheften

Herausgegeben von

Prof. Dr. F. Horst Müller
Marburg/Lahn

Prof. Dr. Joachim Stauff
Frankfurt/Main

Ab Band 150 (d. h. ab 1. Januar 1957) erscheint die Kolloid-Zeitschrift jährlich in 6 Bänden, statt wie bisher in fünf. 2 Hefte bilden sodann einen Band. Der Gesamtumfang der Zeitschrift erweitert sich von 960 auf 1152 Seiten im Jahr. Register und Einbanddecken werden künftig für je 3 Bände hergestellt. Der Abonnementspreis beträgt weiter **unverändert DM 24,— pro Band zuzüglich Porto,** der Preis der Einbanddecken wie bisher je DM 3,50. Mitglieder der Kolloid-Gesellschaft erhalten 20% Nachlaß.

Die Kolloid-Zeitschrift bringt aus der Feder namhafter Autoren des In- und Auslandes laufend Originalarbeiten über Probleme und Forschungsergebnisse aus dem Gesamtgebiet der reinen und angewandten Kolloidwissenschaft. Auf beste typographische Wiedergabe und Gesamtaufmachung ist allergrößter Wert gelegt. Wissenschaftliche Kurzberichte, Tagungsberichte, Buchbesprechungen und Referate bilden den weiteren Inhalt der Bände.

VERLAG VON DR. DIETRICH STEINKOPFF · DARMSTADT